高等教育规划教材

卓越 工程师教育培养计划系列教材

包宗宏　武文良 ◎ 主编

化工计算与软件应用

第二版

U0387795

化学工业出版社

·北京·

《化工计算与软件应用》（第二版）以 Aspen Plus 及其系列软件为计算工具，以实例为线索，介绍化工计算过程中的基本原理、计算方法与解题技巧。全书共分 6 章，第 1 章介绍模拟软件用于物性数据的查询与估算、相平衡模拟、实验相平衡数据处理；第 2 章介绍稳态条件下各种化工过程的模拟方法；第 3 章介绍节能技术在化工分离过程中的应用；第 4 章介绍化工设备的工艺计算；第 5 章介绍化工过程的动态控制模拟；第 6 章介绍间歇反应、间歇精馏、吸附过程、色谱过程和模拟移动床吸附的间歇过程模拟；案例部分介绍了 4 个综合化工过程的工业装置流程模拟。部分例题可通过扫描二维码阅读。书后附录中有综合过程数据包"Datapkg"和电解质过程数据包"Elecins"中的物性数据文件简介，供读者参考。

《化工计算与软件应用》（第二版）可作为高等学校化工类专业本科生与研究生的教学参考书，也可供从事化工过程开发与设计的工程技术人员参考。

图书在版编目（CIP）数据

化工计算与软件应用/包宗宏，武文良主编.—2 版.—北京：化学工业出版社，2018.3（2023.1重印）
高等教育规划教材 卓越工程师教育培养计划系列教材
ISBN 978-7-122-31528-1

Ⅰ．①化… Ⅱ．①包…②武… Ⅲ．①化工计算-应用软件-高等学校-教材 Ⅳ．①TQ015.9
中国版本图书馆 CIP 数据核字（2018）第 031443 号

责任编辑：杜进祥 何 丽　　　　　　文字编辑：丁建华 马泽林
责任校对：边 涛　　　　　　　　　　装帧设计：关 飞

出版发行：化学工业出版社（北京市东城区青年湖南街 13 号 邮政编码 100011）
印　　装：高教社（天津）印务有限公司
787mm×1092mm 1/16 印张 24¾ 字数 645 千字 2023 年 1 月北京第 2 版第 4 次印刷

购书咨询：010-64518888　　　　　　售后服务：010-64518899
网　　址：http://www.cip.com.cn
凡购买本书，如有缺损质量问题，本社销售中心负责调换。

定　　价：56.00 元

前　言

本书自第一版发行以来，受到许多高校本科生、研究生和企业工程技术人员的欢迎，许多读者对本教材表达了肯定。随着 AspenOne 工程套装软件在化工专业课程教学、课程设计以及设计竞赛活动中应用的普及与深入，对模拟软件在应用范围和应用深度方面的需求也日益显现。

为顺应这一需求，在保持编写风格一致的基础上，对第一版教材的各章内容进行了一定的改写，把第一版教材的第 5 章内容改为"工业装置流程模拟案例"放第 6 章后，新增加了第 5 章"过程的动态控制"和第 6 章"间歇过程"。同时，根据行业进展情况，对第一版教材的部分内容进行了适当调整，配有二维码，部分例题及案例可通过扫描二维码阅读。

本书共分 6 章，第 1 章介绍 Aspen Plus 软件和热力学数据搜索引擎 NIST-TDE 工具软件用于化工物性数据查询、基础热力学性质估算与应用、实验相平衡数据处理。第 2 章介绍稳态条件下各种化工过程的模拟方法，包括简单物理过程、含化学反应过程、含循环物流过程和分离复杂组成混合物的流程模拟。第 3 章介绍节能技术在化工分离过程中的应用，包括 Aspen Energy Analyzer 软件在热集成网络分析过程的应用、蒸汽优化配置、多效蒸发过程、各种节能精馏过程等。第 4 章介绍化工设备的工艺计算，包括采用 Aspen Plus 软件进行塔设备、反应器、流体输送设备的工艺设计，采用 Aspen EDR 软件进行管壳式换热器设计，采用 Aspen MUSE 软件进行板翅式换热器设计。第 5 章介绍了 Aspen Plus Dynamics 软件在化工过程动态控制中的应用方法，包括储罐的液位控制、反应器的换热控制、单一精馏塔和耦合精馏塔的控制、动态换热器与精馏塔联合控制等。第 6 章介绍了 3 个 Aspen 系列软件的使用方法，包括 Aspen Batch Modeler 软件在间歇反应、间歇精馏过程中的应用，Aspen Adsorption 软件在吸附过程中的应用，Aspen Chromatography 软件在色谱过程和模拟移动床吸附过程中的应用。案例部分介绍了 4 个综合化工过程的工业装置流程模拟，包括环己烷-环己酮-环己醇混合物的高效分离过程、丙烯腈工艺废水四效蒸发浓缩过程、硫黄制酸过程和从醚后 C_4 烃中提取高纯异丁烯过程。

本书工业装置流程模拟案例中案例一由南京中图数码科技有限公司范会芳编写，其余章节由南京工业大学包宗宏、武文良编写。南京英斯派工程技术有限公司的谢佳华为第 1 章纯物质热力学性质估算提供了新的案例与模拟方法，已毕业研究生汤磊为第 5 章过程的动态控制提供了参考资料，南京凯通粮食生化研究设计有限公司的吴鹏对第 6 章的"6.5 节模拟移动床吸附"提供了编写建议。本书在修订过程中，许多使用本教材的高校教师、阅读本教材的学生和企业工程设计人员以不同方式、通过不同途径对教材内容提出了宝贵的修改建议。在此对以上人员致以衷心的感谢。

  本书可以作为化学化工类专业高校本科生的化工计算、化工软件课程或相近课程的教材，也可作为化工课程设计、化工本科毕业设计、化工设计竞赛培训等的参考用书以及化工类研究生相关课程的选修教材。本书作为中高级 Aspen Plus 及其系列软件的学习教材，对从事化工过程开发与设计的工程技术人员也有一定参考价值。

  由于编者的水平所限，书中疏漏难免，敬请读者批评指正。

编　者
2018 年 3 月

第一版前言

化工计算是化学工程与工艺专业学生的一门专业技术课程，一般包括物性数据的查询与估算、物料衡算和热量衡算、设备工艺计算、稳态过程的物料与能量联合衡算等。化工计算的目的，一是取得设备设计所需要的数据，二是为流程单元操作的调节和生产过程的控制提供依据，三是掌握原材料消耗量，中间产品和产品的生成量，估计能量以及水、电、蒸汽等动力消耗以及对生产操作进行经济分析。在化工厂设计时，化工计算是工厂或车间设计由定性规划转入定量计算的第一步；在现有装置进行技术改造时，对存在问题进行评价和对生产流程的经济性评价也是必不可少的。开设化工计算课程，可以训练学生的运算能力以及将化工专业理论知识运用于工程实际的能力。

化工过程涉及的计算问题大多较繁杂，求解大型非线性方程组、常微分方程组或偏微分方程组、大型矩阵等司空见惯。例如，对含 C 个组分的混合物进行绝热闪蒸计算时，涉及的 Jacobian 偏导数矩阵共有 $(2C+2)^2$ 个元素，每个元素都要进行超越函数的偏导数计算。又比如用 Naphtali-Sandholm 同时校正法计算含 C 个组分、N 块理论板的精馏塔时，需要求解 $N(2C+3)$ 维非线性方程组。这些计算工作量巨大，手工难以完成。

根据计算工具的发展沿革，化工计算课程的发展可以划分为三个阶段：20 世纪 70 年代以前，化工计算的工具是计算尺，借助于这些原始计算工具，人们可以对一些简化、理想的数学模型进行求解，再借助于实际工作经验，工程师们进行化工厂的设计计算；20 世纪 70 年代以后，小型、微型数字计算机开始普及，人们可以自己动手编制一些小型的、独立的汇编语言程序，求解一些复杂一点的、手工难以计算的化工计算问题，比如固定床反应器的温度分布、泡点法精馏塔核算等。在此阶段，编制计算程序往往依赖个人的知识与经验，编制的程序也缺乏普遍性，只适用于个例；20 世纪 80 年代以后，美国、加拿大、英国的一些公司开发了基于流程图的过程稳态、动态模拟软件，这些软件经过不断的发展、更新、融合，功能越来越强大，应用范围越来越广泛，准确性、实用性越来越好，其中最具代表性的软件是美国 AspenTech 公司的 Aspen Plus 化工流程模拟软件。

古人说，"工欲善其事，必先利其器"。化工流程模拟软件就是化工计算的有力利器，它用严格和最新的计算方法，提供近似准确的单元操作模型，进行单元和全过程的计算，还可以评估已有装置的优化操作或新建、改建装置的优化设计。软件系统功能齐全，规模庞大，可应用于化工、炼油、石油化工、气体加工、煤炭、医药、冶金、环境保护、动力、节能、食品等许多工业领域。可以毫不夸张地说，使用模拟软件的水平，反映了一个人化工计算能力的高低。

化学工程与工艺专业的大四年级本科生、参加卓越工程师教育培养计划的学生已经学完了专业基础课程和部分专业课程，对化学工程的基础理论知识已有一定的掌握，但综合应用各门课程的知识去研究、分析实际化工问题仍需要一定训练，化工计算是一个很好的训练途径，同时又是一项实用的专业技能。针对此背景，本书以 Aspen Plus 及其系列软件为计算工具，以实例为线索，侧重于介绍如何应用化工专业知识结合软件求解化工计算中的一般问题，包括化工物性数据、相平衡数据的查询与估算、物料衡算与能量衡算、节能分离技术应用、设备工艺计算、综合流程模拟等内容。

书中的例题与习题部分来源于编者为本科生、研究生讲授化工原理、化工分离工程、化工设计等课程准备的例题与习题，部分取材于编者指导本科生、研究生毕业论文的课题，部分取材于编者指导在校生参加全国大学生化工设计大赛提交的作品。这些例题与习题涵盖了化工设计过程中常见的一般计算问题，读者可以在学习例题、完成习题的基础上举一反三，以解决化工设计、技术改造中的其他问题，提高自己的化工工艺设计能力。

本书编写过程中，注意把物理化学、化工原理、化工热力学、化学反应工程、分离工程、化工设计等先修课程的专业知识与软件解题过程相结合，灵活应用这些知识对软件解题过程中、解题完成后的数据进行分析，以提高读者分析问题与解决问题的能力。学习一个软件的操作并不难，而正确使用软件并不容易。把所学的化工专业知识用于软件的操作过程、对软件中间计算数据分析、对计算结果正确性的评判，这才是难点所在。

本书以 Aspen Plus 及其系列软件为计算工具，以化工过程实例为线索，介绍化工计算中的基本原理、计算方法与解题技巧。全书共分 5 章，第 1 章介绍化工物性数据、相平衡数据的查询、估算与数据处理方法；第 2 章介绍化工过程物料衡算与能量衡算方法；第 3 章介绍节能技术在化工分离过程中的应用；第 4 章介绍化工设备的工艺计算；第 5 章介绍工业装置流程模拟方法。书后附录中有 Aspen Plus 物性术语对照表、综合过程数据包"Datapkg"和电解质过程数据包"Elecins"中的物性数据文件简介，以供读者在解题或在扩展学习中查询、应用。本书第 5 章的 5.2 节由南京中图数码科技有限公司范会芳编写，其余章节由南京工业大学包宗宏、武文良编写，在读研究生张少石、张杰等编译了附录 1，在读研究生汤磊对书稿进行了校验。

本书不仅可以作为高校本科生、参加卓越工程师教育培养计划学生的化工计算教材，也可作为化工类研究生的选修教材，还可作为中级 Aspen Plus 及其系列软件的学习教材，对从事化工过程开发与设计的工程技术人员也有一定参考价值。由于编者的水平所限，书中错误难免，敬请读者批评指正。

编　者
2013 年 3 月于南京

目　录

第1章

物性数据和相平衡数据的查询与估算

化工物性数据与相平衡数据是化工计算的依据。在化工设计过程中，物性数据与相平衡数据的查询与估算是耗时最多的工作。能够熟练地查找、分析、处理、应用所需数据是化工专业人员的基本功之一。在实际化工计算中，涉及物性数据和相平衡数据的计算占有相当大的比重，有时甚至是整个计算过程的关键步骤。

化工物性数据内容很多，数量庞大，纯物质的物性数据一般可以归纳为以下 5 类：

① 基础物性，如沸点、临界常数、偏心因子、三相点、凝固点等不随温度变化的性质；

② 参考状态性质，如标准生成自由焓、标准生成自由能；

③ 与温度相关的热力学性质，如蒸气压、汽化热、液体摩尔体积、焓、熵、热容等；

④ 化学反应与热化学数据，如反应热、生成热、燃烧热、反应速率常数、活化能、化学平衡常数等；

⑤ 与温度相关的传递性质，如等张比容、液体黏度、液体热导率、表面张力、扩散系数等。

以上②~⑤类数据必须知道系统的温度、压力，然后通过计算（函数关系式）或插值（表列数据）才能得到。混合物的物性数据往往需要在纯物质物性数据的基础上由合适的混合规则计算得到。

相平衡数据有两个来源，一是通过相平衡实验获得数据，经过上百年的积累，已经有了相当数量的气（汽）液、液液、固液、气固等相平衡的实验数据，一般都以数据列表的形式存在；二是通过合适的状态方程进行计算，状态方程的参数一般由相平衡实验数据回归得到，且各种状态方程对物系类型有一定的适应性，需要使用者能够正确选择使用。

1.1 化工物性数据的查询

1.1.1 从文献中查找

前人对各种常见物质的物性数据已经进行了系统的归纳总结，一般以公式、表格或图形的形式表示，可以从有关化学化工物性数据的专著、手册、百科全书等工具书中查询。

1.1.1.1 中文工具书

（1）《化工辞典》 王箴主编，化学工业出版社出版。中型化工工具书，1969 年首次出版，目前最新版本是 2014 年的第 5 版，改由姚虎卿、管国锋主编，共收词 16000 余条。正文词条按汉语拼音字母顺序排列，有英文名称和英文索引。

（2）《石油化工基础数据手册》 卢焕章主编，化学工业出版社 1984 年出版。共两篇，第一篇介绍各种化工介质物理、化学性质和数据的计算方法，第二篇将 387 个化合物的各种数据列成表格，以供查阅。这些数据包括临界参数及其在一定温度压力范围内的饱和蒸气压、汽化热、热容、密度、黏度、热导率、表面张力、压缩因子、偏心因子等 16 个物理参数。

1993 年化学工业出版社出版了由马沛生主编的《石油化工基础数据手册（续编）》，续编包括 552 个新化合物的 21 项物性。

（3）《化学工程手册》　《化学工程手册》编辑委员会编，化学工业出版社出版。第 1 版共 26 篇，于 1980～1989 年按篇分册出版，1989 年又分 6 卷合订出版。第 2 版由时钧、汪家鼎、余国琮、陈敏恒主编，分上、下两册于 1996 年出版，篇幅较第 1 版做了压缩，共 29 篇，另有附录及索引。

（4）《化工百科全书》　化学工业出版社 1991～1998 年出版，正文 19 卷，索引 1 卷，全书 4800 多万字，是一套全面介绍化学工艺各分支的主要理论知识和实践成果，并反映化学工业及其相关工业的技术现状与发展趋势的大型专业性百科全书，由陈冠荣等 4 位院士主编。收录主词条达 800 余条，按条目标题的汉语拼音顺序编排，方便读者检索。

1.1.1.2　外文工具书

（1）"Perry's Chemical Engineer's Handbook"　美国 McGraw-Hill 公司 1934 年首次出版后，至 2008 年已出版了 8 个版本。手册中包含大量的化工信息和数据，包括化工基本原理、基础数据、化工工艺、化工设备和计算机应用。在基础数据部分，包含各种物质的物理和化学数据、临界常数、热力学性质、传递性质、热学性质、安全性质等各种数据表和图。

（2）"CRC Handbook of Chemistry and Physics"　美国 CRC Press 公司 1913 年首次出版，含有约 20000 种物质的准确可靠和最新的化学物理数据。几乎逐年进行修订再版，后来又改为每两年再版一次，内容不断扩充更新。目前最新的版本为 2017 年出版的第 98 版。

（3）"Lange's Chemistry Handbook"　美国 McGraw-Hill 公司 1934 年首次出版，目前最新版本是 2004 年出版的第 16 版，由 J G Speight 主编。本书是供化学及相关学科使用的单卷式化学数据手册，第 16 版中包含约 4400 种有机化合物、1400 种无机化合物的物性数据。

（4）"Kirk-Othmer Encyclopedia of Chemical Technology"　美国 John Wiley & Sons Inc 公司出版，第 1 版于 1947～1960 年间出版，含正编 15 卷加 2 个补编。此后版本不断更新，目前最新版为第 5 版，2004～2007 年出版，共 26 卷加 1 卷补编。该书主要介绍各种化工产品的性质、制法、较新的经济资料、分析与规格、毒性与安全以及用途等有关内容。

（5）"DECHEMA Chemistry Data Series"　德国化工与生物技术学会（DECHEMA）编辑出版的系列化学化工数据手册。该系列手册中数据重点是化合物和混合物，尤其是流体相态的热物理性质数据，涵盖了 36500 个化合物和 124000 个混合物，且这些数据均经过分析、评估。该系列手册从 1977 年开始出版，目前已经出版了 13 卷，各卷内容见表 1-1。

表 1-1　DECHEMA 系列化学化工数据手册卷名

卷号	卷名	卷号	卷名
I	汽液平衡数据大全	IX	无限稀溶液的活度系数
II	纯物质的临界数据	X	流体混合物的热导率与黏度数据
III	混合热数据大全	XI	电解质溶液的相平衡与相图
IV	化合物和二元混合物推荐数据	XII	电解质数据大全
V	液液平衡数据大全	XIV	聚合物溶液数据大全
VI	低沸点混合物的汽液平衡数据大全	XV	复杂化学品的溶解度和相关性质
VIII	固液平衡数据大全		

1.1.2　从 Aspen Plus 软件数据库中查找

图书馆内关于化工物性数据的专著、手册、图册、教材琳琅满目，对于新加入化工领域的学生来说，查找物性数据往往耗时很多，而使用化工过程模拟软件查找、计算、估算化工物性数据，则为他们提供一条查找物性数据的快捷通道。即使是经验丰富的工程师，掌握软件的物性数据查找、估算、计算功能，也会对他们的设计工作提供一个事半功倍的利器，大大提高工作效率，成为他们设计工作中爱不释手的有力工具。

Aspen Plus 软件中的化工物性数据库，若按数据库来源分类，可以大致分为两类，一类是由 AspenTech 公司自己开发应用，另一类是根据一项长期战略合作协议，由美国国家标准技术研究院（NIST）开发并提供给 Aspen Plus 软件用户使用。若按数据库中数据的性质分类，Aspen Plus 软件中的化工物性数据库也可以大致分为两类，一类是纯组分物性数据库，另一类是混合物物性数据库。

AspenTech 公司开发的数据库称为系统数据库，其中含有大量的纯物质和混合物的物性数据，可被方便地查询、调用。一般而言，从软件中查询得到的物性数据与手册中的数据基本一致，如果有差异，应以手册中的数据为准。

系统数据库是 Aspen Plus 软件的一部分，并与 Aspen Plus 软件一起同时被安装。系统数据库适用于每一个 Aspen Plus 程序的运行，物性参数会自动从四个子数据库中检索出来，以满足大部分化工过程模拟的需要。这四个子数据库分别是纯组分物性数据库（PURE），固体组分数据库（SOLIDS）、水溶液组分数据库（AQUEOUS）、无机物组分数据库（INORGANIC）。如果需要从其他子数据库中导出数据，则需要人工操作，调用目标数据库参与运算。

Aspen Plus 软件的系统数据库由若干个子数据库构成，每个子数据库都具有自己的专业特点。随着软件版本的不断升级，子数据库数量也不断增加，且子数据库中的数据内容不断更新、扩展和改进。因此 Aspen Plus 软件新版本的某个子数据库中参数值可能改变。新版本的 Aspen Plus 软件数据库具有向上兼容性，如果使用更新的数据库进行模拟计算，可能会引起模拟结果的差异。纯组分物性数据库以版本号命名，使用者可以采用新版本 Aspen Plus 软件中保留的旧版本数据库进行模拟计算，以得到与旧版本相同的模拟结果。

1.1.3 用 NIST-TDE 热力学数据搜索引擎查找

"NIST"是美国国家标准技术研究院（National Institute of Standards and Technology）的简称。NIST 从事物理、生物和工程方面的基础和应用研究，以及测量技术和测试方法方面的研究，提供标准、标准参考数据及有关服务。NIST 的标准参考数据库系列包括 50 多个子数据库，根据学科可分为：分析化学，原子和分子物理，生物技术，化学与晶体结构，化学动力学，工业流体与化工，材料性能，热力学与热化学以及 NIST 的其他数据库。

Aspen Plus V7.0 以后的版本中，均包含了 NIST 数据库的查询功能，称为热力学数据搜索引擎（Thermo Data Engine，TDE）。TDE 是由 NIST 开发，通过 Aspen Plus 软件提供给用户使用的一个大型数据查询工具。NIST 热力学研究中心（TRC）的源数据库收集存储了超过 3 百万个热化学和热物理的化合物物性实验数据点，化合物的数量超过 1.7 万种，且该数据库在不断更新中，为 TDE 软件提供了充分的源数据。TDE 软件对 TRC 存储的原始热力学实验数据进行关联、评价和预测，然后再提供给用户使用。TDE 软件提供的热力学数据和传递性质数据均是在实验数据基础上，经过 TRC 数据评价系统用热力学和动力学原理严格评价后才给出，因此具有相对的可靠性。

TDE 软件在 Aspen Plus 的用户界面提供了两种数据查询功能，分别是纯物质和二元混合物的性质查询。TDE 软件给出的纯组分主要单点物性由基于化合物分子结构的各种基团贡献方法估算得到，纯组分与温度相关的主要物性估算方法由对比状态方法计算得到。如果一种物性可以由几种不同的估算方法得到，则在实验数据的基础上，按照估算方法的准确性高低排列估算方法模型名称，但仅提供准确性最高估算方法的计算值，同时给出该数据的误差范围。

1.1.4 物性查询举例

例 1-1 查询硫化氢和硫黄的基础物性。

解 ① 选择计量单位集、计算模式 双击 Aspen Plus 软件用户界面图标，软件弹出开启模式询问窗口，选择"Template"模板开启，进入计量单位集、计算模式选择窗口，如图 1-1 所示。选择"General with Metric Units"公制计量单位模板，默认计算模式（"Run type"）为"Flowsheet"。

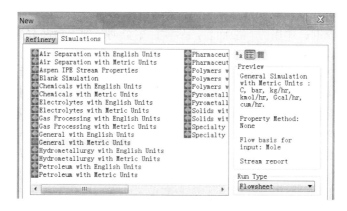

图 1-1 选择公制计量单位集

② 全局性参数设置 点击工具栏数据浏览器图标，在"Global"页面，填入程序名称，选择"SI-CBAR"计量单位集，如图 1-2 所示。

图 1-2 设置计算程序的计量单位

③ 定义化学组分 在"Components"文件夹的"Specifications|Selection"页面，输入组分硫化氢和硫黄的化学结构式，如图 1-3 所示。

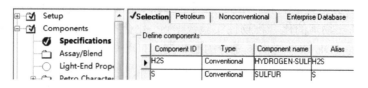

图 1-3 更改组分的"Componet ID"名称

在"Components"文件夹的"Enterprise Database"页面，可看到软件可用数据库名称和已调用数据库名称，如图 1-4 所示。点击"Selection"页面下方的"Review"按钮，软件显示数据库中硫化氢和硫黄的纯组分基础物性，如图 1-5 所示。若把软件查询数据与相关手册数据比较，可以看到两者是基本一致的。

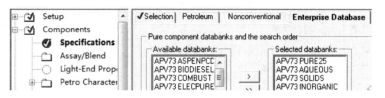

图 1-4　调用的数据库名称

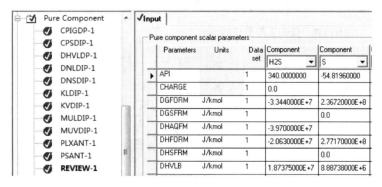

图 1-5　硫化氢和硫黄的纯组分基础物性

例 1-2　查询丁酸异戊酯的基础物性。

丁酸异戊酯是一种常用的有机合成试剂与溶剂，CAS 号106-27-4，试查询其全部基础物性。

解　① 全局性参数设置　打开软件，选择公制计量模板，选择"SI-CBAR"计量单位集，默认计算模式"Flowsheet"。

② 输入组分　在组分输入页面，点击左下方的"Find"按钮，在弹出对话框的"Components"页面中填入丁酸异戊酯 CAS 号"106-27-4"并回车，软件显示 Aspen Plus V7.3 系统数据库中没有丁酸异戊酯这个组分。

在"Specifications|Enterprise Database"页面，把子数据库"NIST-TRC"从可用区域"Available databanks"调用到选用区域"Selected databanks"，见图 1-6。重新检索丁酸异戊酯，软件显示已经找到，见图 1-7，双击其名称将其选入模拟程序。

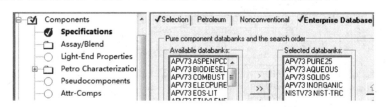

图 1-6　调用"NIST-TRC"数据库

③ 查询丁酸异戊酯物性　简单物性可以在点击"Review"按钮后出现，更详细的物性则需要通过"NIST-TDE"软件查询获得。在下拉菜单"Tools"中点击 "NIST Thermo Data Engine (TDE)…"，启动"NIST-TDE"数据评价软件。待评价的数据是纯组分丁酸异戊酯的物性，在"NIST-TDE"数据查询窗口填写见图 1-8，点击"Evaluate now"按钮开始评价数据，数据输出界面见图 1-9。

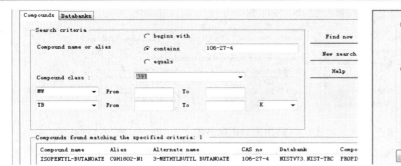

图 1-7　查询丁酸异戊酯组分　　　　　　　图 1-8　"NIST-TDE"查询窗口

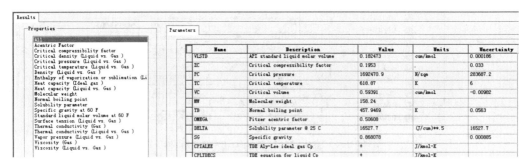

图 1-9　丁酸异戊酯组分物性查询总输出界面

图 1-9 左侧是输出物性数据项目的条目，右侧是具体详细数据。对于单点物性数据，右侧包括数据名称、数据描述、数值、单位、误差。对于与温度相关的物性数据，右侧由若干个页面给出具体详细数据，包括物性计算关联式系数、物性实验值和数据源文献、预测值与评价值。点击数据下方的"Plot"按钮，可以把数据绘图；点击"Save"按钮，可以把需要的数据保存在本模拟文件的"Properties|Data"文件夹中，方便下次直接使用数据。

图 1-10 是丁酸异戊酯液相密度与温度的关系曲线，图中标注了经过评价后采纳的实验值、拒绝的实验值、预测值，连续曲线是评价值。

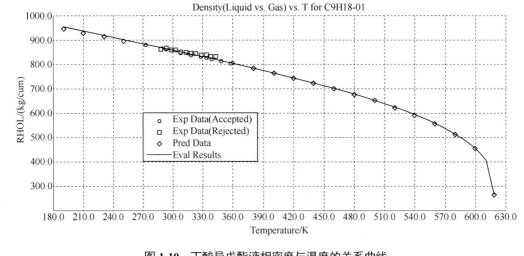

图 1-10　丁酸异戊酯液相密度与温度的关系曲线

1.2 纯物质的物性估算

化工物性数据以实验测定值最可靠，但实验测定受到人力、物力、试剂来源、实验条件等诸多限制，故实验测定数据的量往往是有限的。化学工业中化合物品种繁多，且不同温度、不同压力下物性值的变化范围可能非常大，当实验测定数据的种类与范围不能满足需要、文献中没有或在文献数据测定范围之外时，就需要对物性数据进行估算。

对纯物质物性估算内容一般包括 3 个方面：一是基础物性，如沸点、熔点、临界常数、偏心因子、偶极矩等；二是与温度相关的热力学性质，如气体的热容、黏度、热导率，液体的蒸气压、蒸发焓、密度、热容、热导率等；三是与温度相关的传递性质，如等张比容、液体黏度、液体热导率、表面张力、扩散系数等。这些物性参数的估算方法在物理化学、化工热力学等先修课程中有介绍，在诸多的化学化工数据手册中也有详细的介绍。

Aspen Plus 软件数据库中纯组分参数在模拟过程中可以直接调用，但在实际工艺设计中经常遇见软件数据库中没有的化合物，即非数据库组分，它们的物性无法直接调用，需要人工添加或采用 Aspen Plus 软件的物性估算系统（PCES）来估算这些物质的物性。PCES 提供了很多物性估算方法，且为不同的应用场合推荐了不同的估算方法。

1.2.1 基础物性常数

基础物性常数有沸点（TB）、临界常数（TC、PC、VC、ZC）、偏心因子（OMEGA）等。前四种参数的估算方法见表 1-2。沸点是参数估计最重要的信息之一，是估计很多其他参数的基本数据。如果有沸点的实验值，应该尽量输入软件中，以提高软件对其他参数估算的精确度。

表 1-2   Aspen Plus 软件中通用常数估算方法

参　　数	估　算　方　法
TB	Joback, Ogata-Tsuchida, Gani, Mani
TC	Joback, Lydersen, Ambrose, Fedors, Simple, Gani, Mani
PC	Joback, Lydersen, Ambrose, Gani
VC	Joback, Lydersen, Ambrose, Riedel, Fedors, Gani

表 1-2 中各种估算方法都是基于官能团贡献法。对于沸点，用 Joback 方法计算了 400 种有机化合物，绝对平均误差是 12.9K。Ogata-Tsuchida 方法优于 Joback 方法，统计了 600 种单官能团化合物，80%的误差在 2K 以内。Gani 方法的估计误差大约是 Joback 方法的 40%。

对于临界温度，Joback 方法平均误差是 4.8K，平均相对误差为 0.8%。Lydersen 方法误差通常小于 2%，对于分子量大的非极性化合物（MW≫100），误差为 5%或更高。Gani 方法估计的精确度一般要优于其他方法，对于测试的 400 种化合物平均相对误差为 0.85%，平均误差为 4.85 K。

对于临界压力，Joback 方法统计的 390 种有机化合物平均相对误差为 5.2%，平均误差为 2.1bar（1bar=0.1MPa）。Gani 方法对于被测试的 390 种有机化合物平均相对误差为 2.89%，平均误差为 1.13bar。

对于临界体积，Joback 方法对于被测试的 310 种有机化合物平均相对误差为 2.3%，平均误差为 7.5cm^3/mol。Gani 方法的精确度一般优于其他方法，对于被测试的 310 种有机物，平均相对误差为 1.79%，平均误差为 6.0cm^3/mol。

临界压缩因子和偏心因子通过基本定义式计算。对于烃类组分，偏心因子还可用 Lee-Kesler 方法估算，该方法依赖于 TB、TC 和 PC 的值。

参考状态性质，如理想气体标准摩尔生成自由焓（DHFORM）、理想气体标准摩尔生成自由能（DGFORM），PCES 给出了三种估算方法，分别是 Joback、Benson 和 Gani 方法。所有方法都是适用于较广范围的化合物官能团贡献法，Joback 方法的平均误差是（5～10）kJ/mol，Benson 方法和 Gani 方法平均误差都为 3.7kJ/mol，推荐使用 Benson 方法。

1.2.2 与温度相关的热力学性质

与温度相关的热力学性质包括理想气体热容（CPIG）、液体热容（CPLDIP）、液体摩尔体积（RKTZRA）、液体蒸气压（PLXANT）、汽化潜热（DHVLWT）等。

PCES 用理想气体热容多项式、Benson 方法和 Joback 方法计算理想气体热容，后两种方法是基于化合物官能团贡献法，使用的温度范围 280～1100K，误差 1%～2%。用理想气体热容多项式保存 ASPENPCD、AQUEOUS 和 SOLIDS 子数据库中组分的性质。在 PCES 中，这些模型也用于计算理想气体焓、熵和 Gibbs 自由能。

PCES 用 DIPPR、PPDS、IK-CAPE、NIST 等液体热容关联式计算临界温度以下纯组分液体热容和液体焓。对于非数据库组分，采用基于基团贡献法的 Ruzicka 方法估计 DIPPR 液体热容关联式的参数。该方法对 970 多种化合物的液体热容测试表明，非极性和极性化合物的液体热容估算平均误差分别为 1.9% 和 2.9%。

PCES 用带有 RKTZRA 参数的 Rackett 模型方程计算液体摩尔体积。对于非数据库组分，PCES 采用以 Rackett 方程为基础的 Gunna-Yamada 和 Le Bas 方法进行液体摩尔体积估算，前者用于非极性和轻微极性的化合物（对比温度<0.99 时），准确度好于后者。Le Bas 方法对于 29 种不同的化合物报告的平均误差为 3.9%。

Aspen Plus 纯组分数据库中有许多扩展的 Antoine 方程参数（PLXANT），可用于计算液体饱和蒸气压。对于非数据库组分，PCES 采用 Riedel、Li-Ma、Mani 三种方法来估计液体蒸气压。Riedel 方法通过 Riedel 参数、沸点下蒸气压是 1atm、在临界点的 Plank-Riedel 约束条件等来估计 PLXANT。Riedel 方法对于非极性化合物是精确的，但对于极性化合物不是很精确。Li-Ma 方法对于极性和非极性化合物都是精确的，对于 28 个不同的化合物估算的平均误差为 0.61%。

汽化潜热用 Clausius-Clapeyron 方程和 Watson 方程进行估算。对于非数据库组分，PCES 采用以 Watson 方程为基础的 Vetere、Gani、Ducros、Li-Ma 等化合物官能团贡献方法进行汽化潜热估算，Vetere 方法的平均误差为 1.6%，Li-Ma 方法平均误差为 1.05%。

1.2.3 与温度相关的迁移性质

与温度相关的迁移性质有等张比容（PARC）、液体黏度（MULAND）、液体热导率（KLDIP）、表面张力（SIGDIP）等。

PCES 采用官能团贡献法 Parachor 估计 PARC 值。液体黏度用 Andrade 方程估算。对于非数据库组分，PCES 采用以 Andrade 方程为基础、依赖于液体摩尔体积的官能团贡献法 Orrick-Erbar 和 Letsou-Stiel 方程估算。Orrick-Erbar 方法适用于冰点以上到对比温度 0.75，对于 188 种有机液体报告的平均误差为 15%。Letsou-Stiel 方法适合于高温和对比温度 0.76～0.92 的范围，对于 14 种液体的平均误差为 3%。汽相黏度用基于基团贡献法的 Reichenberg 方法估算，对于非极性化合物预期的误差范围为 1%～3%，对于极性化合物误差高一些，但通常小于 4%。

液体热导率使用 DIPPR 方程进行估算。对于非数据库组分，PCES 采用 Sato-Riedel 方法估算液体热导率，误差变化范围为 1%～20%，对于轻烃和支链烃类精确度比较差。

表面张力使用 DIPPR 方程进行估算。对于非数据库组分，PCES 采用 Brack-Bird、Macelod-Sugden、Li-Ma 方法估算液体混合物的表面张力。Brack-Bird 方法用于非氢键的液体，期望误差<5%。Macelod-Sugden 方法应用于非极性、极性和含氢键的液体，对于含氢键的液体误差为 5%～10%。Li-Ma 方法是一个用于估计不同温度下表面张力的官能团贡献法，该方法以分子结构和 TB 作为输入，对于 427 种不同化合物报告的平均误差为 1.09%。

在用软件估算物性过程中，若能提供部分实验测定的物性数据，则可以改进参数估计的质量，将参数估计值的不确定性误差减到最小。

1.2.4 纯物质物性估算举例

例 1-3 估算环八硫的物性参数。

工业废气中的硫化氢都采用 CLAUS 工艺转化为液态硫黄进行回收。经测定，熔融状态硫黄的主要结构是环八硫（S_8），另外还有其他的缔合结构。由于 S_8 分子的形状基本上是球形，分子之间交错运动的阻力较小，S_8 的结构可以一直保持到 159℃而不致被迅速破坏。因此，温度低于 159℃时液态硫的黏度较小，有利于管道输送。从相关数据手册查到的 S_8 物性数据如例 1-3 附表所示，试估算 S_8 其他缺失的物性参数。

例 1-3 附表　S_8 的部分物性数据

PC/MPa	TC/K	VC/(cc/mol)	ZC	OMEGA
10.4209	1115.0292	278.2738	0.3128	0.5581

注：1cc=1mL。

解　① 全局性参数设置　选择计算模式"Property Estimation"，表示将进行性质估计。输入模拟文件的标题信息、计量单位集等基本信息，见图 1-11。在组分输入窗口，输入"S8"并回车，见图 1-12。单击"Next"按钮，要求 Aspen Plus 估算所有缺失性质，见图 1-13。

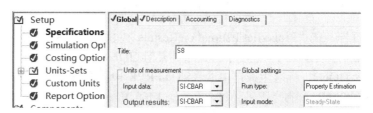

图 1-11　选择计算类型与计量单位集

图 1-12　输入组分"S8"　　　**图 1-13　要求估算所有缺失性质**

② 输入结构式　在"Molecular Structure"页面，输入 S_8 的分子结构式，见图 1-14。在"Structure"页面，观察软件绘制的 S_8 分子结构是否正确，见图 1-15。

③ 输入补充数据　在"Properties|Parameters|Pure Component"文件夹中，创建一个名为"PURE-1"的纯组分参数输入文件，纯组分参数类型选择"Scalar"，输入附表数据，见图 1-16。

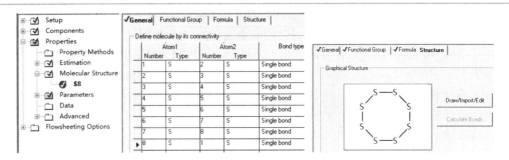

图 1-14　输入 S_8 的分子结构式

图 1-15　S_8 分子结构

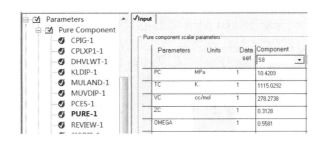

图 1-16　输入纯组分性质参数

④ 观察估算结果　模拟计算结果显示警告，如图 1-17 所示，提醒使用者软件中缺乏 S—S 键 UNIFAC 基团的贡献值。

```
*   WARNING IN PHYSICAL PROPERTY SYSTEM
    FUNCTIONAL GROUP GENERATION FOR THE UNIFAC METHOD CANNOT BE COMPLETED
    FOR COMPONENT S8.  THE FOLLOWING ATOMS WERE NOT MATCHED:
    S 1  S 2  S 3  S 4  S 5  S 6
    S 7  S 8
```

图 1-17　计算结果带警告提示

可忽略此警告，在“Properties|Estimation|Results”页面观察 S_8 物性估算结果，如图 1-18 所示，包括沸点（TB）、三个温度下理想气体热容（IDEAL GAS CP）、标准生成热（STD. HT. OF FORMATION）、标准生成自由能（STD.FREE ENERGY FORM）、沸点下汽化热（HEAT OF VAP AT TB）、沸点下液体摩尔体积（LIQUID MOL VOL AT TB）、溶解度参数（SOLUBILITY PARAMETER）等。在“Properties|Parameters|Pure Component”文件夹内，还可看到若干与温度相关物性关联式参数的估算值，包括理想气体热容（CPIG-1）、液相热容（CPLXP1-1）、Watson 汽化热（DHVLWT-1）、液体热导率（KLDIP-1）、液体黏度（MULAND-1）、气相黏度（MUVDIP-1）、表面张力（SIGDIP-1）等。

Estimated pure component parameters

PropertyName	Parameter	Estimated value	Units	Method
NORMAL BOILING POINT	TB	614.8	K	JOBACK
IDEAL GAS CP AT 300 K		157927.826	J/KMOL-K	BENSON
AT 500 K		171651.88	J/KMOL-K	BENSON
AT 1000 K		180874.203	J/KMOL-K	BENSON
STD. HT.OF FORMATION	DHFORM	101840000	J/KMOL	BENSON

图 1-18　S_8 组分物性估算结果

例 1-4 估算对二甲苯（PX）的固体标准生成焓（DHSFRM）与固体标准 Gibbs 自由能（DGSFRM）。

在使用 Aspen Plus 软件模拟计算时，固体组分的性质计算是依据 DHSFRM 和 DGSFRM 进行的。如果软件数据库中缺少这些参数，固体组分的性质计算是不可靠的。为正确计算固体组分的性质，可通过查阅文献资料获取参数后再添加到软件数据库中，或利用软件的估算功能对这两个参数进行估算。

根据热力学定义，在 1atm、298.15K 条件下，由稳定单质生成 1mol 化合物过程的热效应称为该化合物的标准生成焓，过程的 Gibbs 自由能变化值称为该化合物的标准生成 Gibbs 自由能。由于焓与 Gibbs 自由能参数均为体系的状态函数，因此可以通过设计多步的可逆过程，计算 PX 的 DHSFRM 与 DGSFRM。

在用软件估算 PX 在 25℃ 的 DHSFRM 与 DGSFRM 时，基于热力学的两个基本算式。在 1atm、纯组分的熔融温度上：

$$\Delta G = G^{L} - G^{S} = 0 \tag{1-1}$$

$$\Delta H = H^{L} - H^{S} \tag{1-2}$$

式中，ΔG 是固液平衡时的 Gibbs 自由能变化值；G^{L} 和 G^{S} 分别是液相与固相的 Gibbs 自由能，由式（1-1）可计算 DGSFRM 数值；ΔH 是固体熔融热；H^{L} 和 H^{S} 分别是液相焓与固相焓。在 Aspen Plus 软件纯组分性质中可找到固体熔融热（HFUS），由式（1-2）可计算 DHSFRM 数值。

解 （1）全局性参数设置

① 计算模式"Flowsheet"，物流类型"MIXCISLD"，表示物流中有传统固体存在，但是固体没有粒子颗粒分布。此外，再输入模拟文件的标题信息、计量单位集等基本信息。输入常规 PX 和固体 PX（即 PX-S），固体 PX 的组分类型设置为"Solid"，见图 1-19。

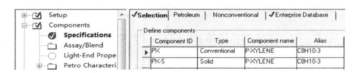

图 1-19　输入组分

② 选择性质方法　PX 是非极性烃类组分，可以选择各种立方型状态方程或"CHAO-SEA"性质方法，本例选择后者。

③ 选择液相焓的计算路径　在"CHAO-SEA"性质方法中，计算液相焓的路径有多种。由于物性计算在常压下进行，可以选择路径 HL00，该路径以理想气体状态方程、Watson 模型计算纯组分 PX 的液相焓 HL，以扩展的 Antoine 方程、理想气体状态方程、Watson 模型计算纯组分液相 PX 的焓差 DHL，见图 1-20。

④ 查看基础物性　在"Properties|Parameters|Pure Component|Review"页面，可以看到液体 PX 和固体 PX 的部分物性，如图 1-21 所示，可见 PX 的熔融温度（FREEZEPT）是 13.26℃，熔融热（HFUS）是 1.711×10^{7} J/kmol。

（2）估算参数设置　在"Properties|Prop-Sets"文件夹中，建立纯组分 PX 的液相 Gibbs 自由能、固相 Gibbs 自由能、液相焓、固相焓等 4 个参数计算文件，文件名分别为 PX-GL、PX-GS、PX-HL 和 PX-HS，并逐一对它们进行定义。液相 Gibbs 自由能计算文件 PX-GL 定义见图 1-22，固相 Gibbs 自由能计算文件 PX-GS 定义方法类似，注意组分相态是"Solid"，

组分名称是"PX-S"。 固相焓计算文件 PX-HS 定义见图 1-23, 液相焓计算文件 PX-HL 定义方法类似, 注意组分相态是 "Liquid", 组分名称是 "PX"。对于汽固平衡计算, 可把对应的液相 Gibbs 自由能参数修改为汽相 Gibbs 自由能参数, 对应的液相焓参数修改为汽相焓参数。

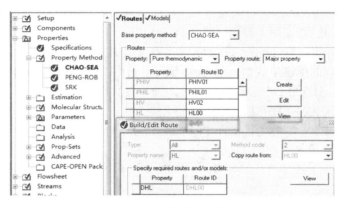

图 1-20　选择液相焓的计算路径

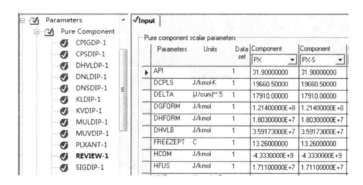

图 1-21　液体 PX 和固体 PX 常规物性

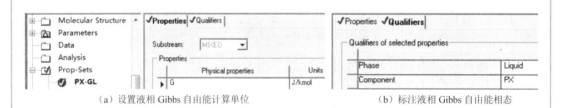

（a）设置液相 Gibbs 自由能计算单位　　　　　　　　　　（b）标注液相 Gibbs 自由能相态

图 1-22　纯组分液相 Gibbs 自由能参数设置

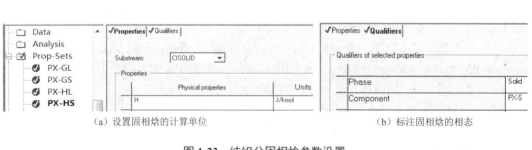

（a）设置固相焓的计算单位　　　　　　　　　　　　　　（b）标注固相焓的相态

图 1-23　纯组分固相焓参数设置

（3）计算流程设置

①点击"Model Library"中的"Heat Exchangers"标签，选择简捷换热器模块"Heater"，拖放到工艺流程图窗口，用物流线连接换热器的进出口，见图1-24。

图 1-24　计算流程图

② 设置进口物流信息，压力1atm，温度为PX的凝固点，流率随意。必须同时设置主物流和子物流的信息，见图1-25，换热器模块参数设置见图1-26。

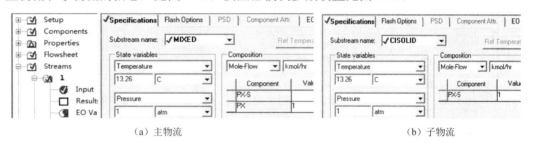

（a）主物流　　　　　　　　　　　　　　　　　　　（b）子物流

图 1-25　进口物流信息设置

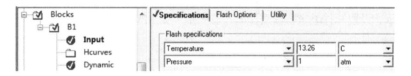

图 1-26　换热器模块参数设置

（4）估算方法设置　在"Flowsheeting Options|Design Spec"文件夹，建立纯组分PX的DGSFRM估算文件"DGS"。在"DGS|Input|Define"页面，定义两个考察变量"GL"与"GS"，分别用来记录反馈计算过程中获得的液体PX与固体PX标准Gibbs自由能数值，如图1-27（a）及图1-27（b）所示。在计算中，需设置一个虚拟流股计算结果变量"SUMMY"来获得一个正确的计算顺序，如图1-27（c）所示。

由式（1-1），固液平衡时，纯组分PX的固液两相Gibbs自由能相等，设置方法如图1-28所示。应用软件的反馈计算功能，在0～1×10^{10} J/kmol范围内搜索PX的DGSFRM，设置方法如图1-29所示。

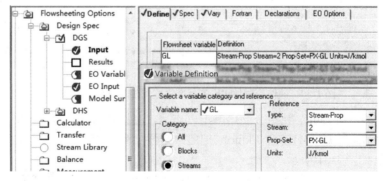

（a）定义PX的液相Gibbs自由能参数

图 1-27

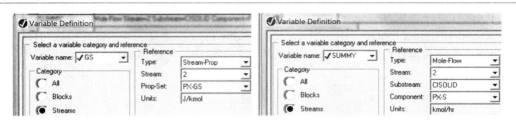

（b）定义 PX 的固相 Gibbs 自由能参数　　　　　（c）定义虚拟计算流股

图 1-27　PX 的 Gibbs 自由能估算文件参数设置

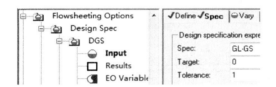

图 1-28　设置固液两相 Gibbs 自由能相等　　　图 1-29　设置 DGSFRM 搜索范围

　　在"Flowsheeting Options|Design Spec"文件夹，建立纯组分 PX 的 DHSFRM 估算文件"DHS"。在"DHS|Input|Define"页面，定义两个考察变量"HL"与"HS"，分别用来记录反馈计算过程中获得的液体 PX 与固体 PX 标准生成焓的数值，如图 1-30（a）及图 1-30（b）所示。设置一个虚拟流股计算结果变量"SUMMY"来获得一个正确的计算顺序，如图 1-30（c）所示。

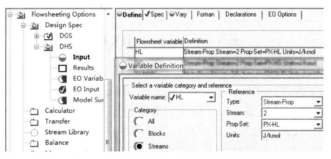

（a）定义 PX 的液相焓参数

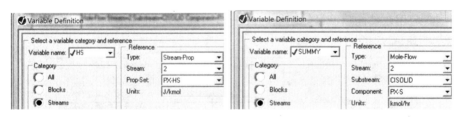

（b）定义 PX 的固相焓参数　　　　　　（c）定义虚拟计算流股

图 1-30　液体与固体 PX 的标准生成焓估算文件参数设置

　　由式（1-2），在 1atm、纯组分的熔融温度点上，液相焓与固相焓的差值是熔融热。已知固体 PX 的熔融热是 17117458 J/kmol，把此数据添加到 DHSFRM 反馈计算文件"DHS"中，设置方法如图 1-31 所示。

　　应用软件的反馈计算功能，在 -1×10^{10}～1×10^{10} J/kmol 范围内搜索 PX 的 DHSFRM，设置方法如图 1-32 所示。

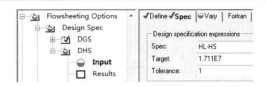

图 1-31　添加固体 PX 的熔融热数据

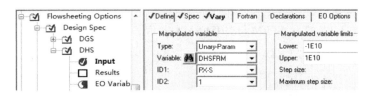

图 1-32　设置 PX 的 DHSFRM 搜索范围

（5）运行估算程序并查看计算结果　估算结果见图 1-33，可见固体 PX 的 DGSFRM 值为 111959400J/kmol，固体 PX 的 DHSFRM 值为–41428869J/kmol。

（a）固体 PX 的 DGSFRM

（b）固体 PX 的 DHSFRM

图 1-33　固体 PX 的标准 Gibbs 自由能和标准生成焓估算结果

（6）估算结果验证　在"Properties|Parameters|Pure Component"文件夹中，建立一个纯组分性质输入文件"PURE-1"，把固体 PX 的 DGSFRM 和 DHSFRM 估算值输入软件中，如图 1-34 所示，然后隐藏参数 DGSFRM 和参数 DHSFRM 的估算文件"DHS"和"DGS"。

设计验证计算流程。选择 Gibbs 反应器模块"RGibbs"，连接反应器的进出口物流，如图 1-35 所示。进口物流的设置参照图 1-25（a），温度改为 15℃，只填写主物流信息，不设置子物流信息。

"RGibbs"反应器模块有两个页面需要填写。在"Specifications"页面，"Operating conditions"栏目填写 1atm 和 13℃；"Calculation options"栏目选择"Calculate phase equilibrium and chemical equilibrium"，软件应用平衡状态的混合体系总自由焓最小原理搜索最终状态参数；"Phases"栏目设置最大流体相态数为 2，如图 1-36（a）所示；点击"Solid Phase"按钮，在弹出的页面上设置最大固相数量为 1；在"RGibbs"反应器模块的"Products"页面，计算模式选择"Identify possible products"，对固相产物进行识别设置，如图 1-36（b）所示。

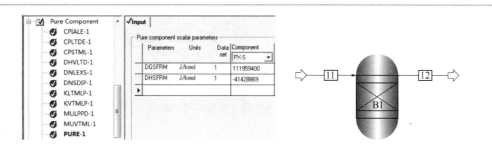

图 1-34　输入 PX 的 DGSFRM 与 DHSFRM 估算值　　图 1-35　验证计算流程

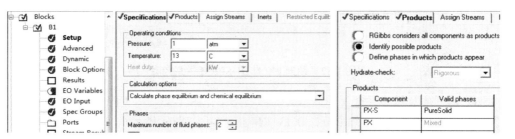

（a）计算模式设置　　　　　　　　　　　　　　　（b）固相识别设置

图 1-36　反应器模块设置

应用软件的"Sensitivity"分析功能，考察 PX 凝固点随温度的变化情况。在"Model Analysis Tools|Sensitivity"子目录，建立一个模拟对象文件"S-1"，定义一个考察变量"W"，记录出口物流中固体 PX 的数量，如图 1-37 所示。设置反应器温度变化范围与温度变化步长，如图 1-38 所示。

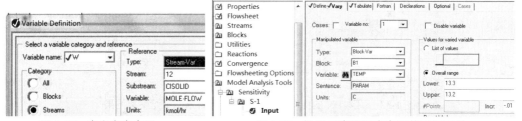

图 1-37　定义考察变量　　　　　　　　　图 1-38　设置反应器温度变化范围与步长

运行程序，计算结果如图 1-39 所示。可见当反应器温度大于 13.26℃时，出口物流中固体 PX 的流率为 0，当反应器温度小于 13.26℃时，出口物流中固体 PX 的流率为 1.0kmol/h，故 PX 的凝固点是 13.26℃，说明 PX 的固体标准生成焓（DHSFRM）与固体标准 Gibbs 自由能（DGSFRM）参数估算正确。

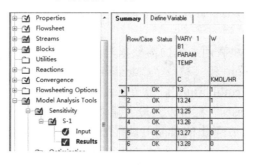

图 1-39　凝固点验证结果

1.3 混合物的物性估算

化工生产中遇到的物流基本上是混合物，在工艺计算时经常需要利用混合物的性质进行相关计算。某些化工数据工具书中收录了部分混合物的物性数据供人们查询使用。由于物流的温度、压力、浓度等工艺条件都会影响混合物的物性值，故工具书中混合物的物性数据显得稀少短缺，远远不能满足实际应用需求。一般地，人们在工艺计算中需要的混合物物性数据都是采用合适的方法进行估算。

与纯物质的物性数据估算内容比较，混合物的物性数据估算内容既有类似之处，又有自身特点，一般包括三个方面：①混合物的热力学性质，如流体的 pVT 关系，不同液体混合时的体积变化，液体混合物密度，液体混合时混合热、气体或固体溶质在液体中的溶解热等；②混合物的传递性质，如气体与液体混合物的黏度，气体与液体混合物的热导率，气体与液体混合物的扩散系数，液体混合物的表面张力等；③混合物的平衡性质，如混合物的泡点与露点，气（汽）液、液液、固液、气固混合物的相平衡关系等。

相对于纯物质的物性，实际化工生产中混合物性质的非理想性较强，混合物物性估算方法复杂。经过近几十年的积累，人们已经提出了许多数学模型、严格方程式、经验方程式、混合规则等对混合物的物性进行估算，这些也是物理化学、化工热力学等先修课程的重要内容。

Aspen Plus 软件对混合物物性数据的估算方法严格且全面，因篇幅限制，只能对估算方法作简单介绍。因混合物的平衡性质内容较多，故放在 1.4 节中介绍，本节仅介绍混合物的热力学性质和传递性质的估算方法。

1.3.1 估算热力学性质的模型

对混合物的热力学性质，Aspen Plus 软件采用典型的热力学性质模型进行估算，如各种状态方程模型、活度系数模型等。

Aspen Plus 软件中有 30 多种状态方程模型，既有通用的状态方程模型，也有专业的状态方程模型。这些状态方程可以用于均相混合物的热力学性质计算，如 pVT 关系、蒸气压、组分逸度、密度、摩尔体积、混合热、混合熵及溶解热等。在用软件求取混合物的热力学性质时，可根据具体计算的混合物类型选择合适的状态方程模型。

Aspen Plus 软件中含有五种基本的活度系数方程（NRTL、UNIFAC、UNIQUAC、VAN LAAR、WILSON），它们仅适用于低压下、非电解质溶液的组分活度系数计算。为适应加压下非电解质溶液的应用计算，Aspen Plus 软件把这五种活度系数方程与不同的状态方程配合，或对基本活度系数方程进行各种改进，形成了 30 多种的性质计算方法，应用范围扩大到加压、含缔合组分、含氢氟化物、含高分子组分、液液平衡体系等非电解质溶液的活度系数、焓和 Gibbs 自由能的计算，由使用者自行选用。

对于电解质溶液，Aspen Plus 软件中有两种基本的活度系数方程（Pitzer，ELECNRTL）用于活度系数计算。Aspen Plus 软件把它们与不同的状态方程配合，或对基本活度系数方程进行各种改进，形成 10 多种性质方法，应用范围扩大到加压、含缔合组分、含氢氟化物、含高分子组分等电解质溶液的活度系数计算。

Aspen Plus 软件中含有若干特定混合物热力学性质计算专用的热力学模型，其特性与用途见表 1-3。

表 1-3　Aspen Plus 软件中的若干专用模型

缩写	方　程	用途与适用范围
AMINES	Kent-Eisenberg amines model	计算液相组分的逸度系数与焓值，适用于含 H_2S、CO_2、各种乙醇胺的水溶液体系
APISOUR	API sour water model	计算组分的挥发度，适用于含 NH_3、H_2S、CO_2 的酸性水溶液体系，温度范围 20～140℃
BK-10	Braun K-10 K-value correlations	计算组分的相平衡常数，适用于沸点范围 450～700 K 的烃类混合物
CHAO-SEA	Chao-Seader corresponding states model	计算液相组分的逸度系数，适用于含 H_2S、CO_2 等轻气体组分的烃类混合物（无 H_2）
GRAYSON	Grayson-Streed corresponding states model	计算液相组分的逸度系数，适用于含 H_2、H_2S、O_2 等轻气体组分的烃类混合物
STEAM-TA	ASME 1967 steam table correlations	计算水与水蒸气体系所有的热力学性质
STEAMNBS	NBS/NRC steam table equation of state	同上，精度优于 STEAM-TA
SOLIDS	Ideal Gas/Raoult's law/Henry's law/solid activity coefficients	非均相混合物热力学性质计算，适用于含一般固体颗粒，如煤炭、冶金矿粉的固液体系，或含淀粉、高分子聚合物的混溶体系

　　液体混合物的摩尔体积和密度是工艺计算中的常用物性，除了可选用表 1-3 中的状态方程模型计算外，Aspen Plus 软件中还有多个模型计算此项参数，如计算液体混合物中超临界组分在无限稀的偏摩尔体积的 VL1BROC 模型，计算混合溶剂电解质溶液液体摩尔体积的 VAQCLK 模型，计算烃类混合物的液体摩尔体积（$T_r>0.9$）的 VL2API 模型等。

　　除了活度系数模型，Aspen Plus 软件中还有几个热力学模型可以计算液体混合物的焓值，如 Cavett 液体焓模型、计算无机化合物的 Gibbs 自由能、焓、熵和热容的 BARIN 方程、电解质溶液的 NRTL 液体焓与 Gibbs 自由能模型、由液相热容关联式计算的液相焓、基于不同参考状态焓的"WILS-LR"模型和"WILS-GLR"模型等。

1.3.2　估算传递性质模型

　　Aspen Plus 软件中有 12 个内置的计算混合物黏度的模型，有 8 个内置的计算混合物热导率的模型，有 7 个内置的计算混合物扩散系数的模型，有 4 个内置的计算混合物表面张力的模型等，详细内容可参看 Aspen Plus 用户手册中的性质方法和模型章节。

1.3.3　混合物的物性估算举例

例 1-5　求甲基二乙醇胺水溶液的部分物性。

　　工业上常用 0.3（质量分数）的甲基二乙醇胺（MDEA）水溶液作为尾气中 H_2S 的吸收剂，吸收塔和解吸塔的操作温度范围 40～120℃，求此温度范围吸收液的密度、黏度、表面张力、热导率。假设吸收液压力 2bar。

　　解　可以用两种方法估算，方法一是用软件从空白程序开始估算，方法二是用软件附带的数据文件开始估算。

　　方法一：从空白程序开始估算。

　　① 全局性参数设置　计算类型"Property Analysis"，表示将进行性质分析。此外再输入模拟文件的标题信息、选择计量单位集等，如图 1-40 所示。在组分输入窗口输入 H2O 和 MDEA。因为软件数据库中缺乏水与 MDEA 的二元交互作用参数，选择"UNIFAC"性质方法计算液相的活度系数。

　　② 创建分析文件　在"Properties|Analysis"文件夹中新建一个"PT-1"的性质分析文件，如图 1-41 所示。在"PT-1"文件的"System"页面，填写吸收剂溶液的组成，如

图 1-42 所示。在"PT-1"文件的"Variable"页面，填写固定状态变量为压力 200kPa，可调变量为温度，填写温度变化范围，指定计算的步长，如图 1-43 所示。

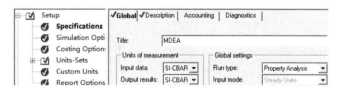

图 1-40　全局性参数设置

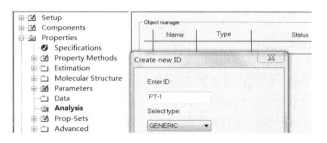

图 1-41　新建一个"PT-1"的性质分析文件

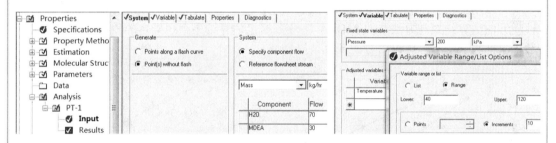

图 1-42　填写吸收剂溶液的组成　　　　图 1-43　填写温度范围与计算步长

在"Properties|Prop-Sets"文件夹，建立一个输出物性文件"PS-1"。在"PS-1"文件的"Properties"页面，选择需要估算的 4 个溶液物性数据和物性单位，如图 1-44 所示。在"PS-1"文件的"Qualifiers"页面，选择溶液的相态为"liquid"。在"PT-1"文件的"Tabulat"页面，把已经建立的物性数据文件"PS-1"选入右侧待计算区域，如图 1-45 所示。

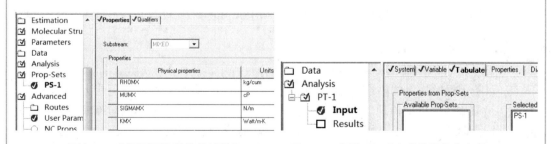

图 1-44　选择需要估算的物性数据　　　　图 1-45　选择已经建立的物性输出文件

③ 观察估算结果　进行性质计算，计算结果显示正常收敛。在"PT-1"文件的"Results"页面，可看到吸收液在操作温度范围内各物性的计算结果，如图 1-46 所示。

TEMP	LIQUID RHOMX	LIQUID MUMX	LIQUID SIGMAMX	LIQUID KMX
C	kg/cum	cP	N/m	Watt/m-K
40	990.5836	0.8546317	0.0678008	0.316344
50	979.8045	0.7011753	0.065916	0.3130653
60	968.8825	0.5852883	0.06404	0.3095329
70	957.8093	0.4962209	0.0621684	0.3057795
80	946.576	0.4266709	0.0602965	0.301833
90	935.1726	0.3715753	0.0584202	0.297717
100	923.588	0.3273564	0.0565355	0.2934515
110	911.8101	0.2914417	0.0546387	0.2890539
120	899.8253	0.2619517	0.0527261	0.284539

图 1-46　吸收剂物性计算结果

方法二：用软件附带的数据文件开始估算。选择软件附带的综合过程数据包"Datapkg"文件夹中的 MDEA 溶液脱硫脱碳过程数据文件"kemdea.bkp"进行计算。该数据文件包含的组分有 H_2O、MDEA、H_2S、CO_2，选用的性质方法为 ELECNRTL，包含了计算该体系需要的热力学和动力学数据，适用温度 25～120℃、CO_2 分压≤64.8atm、MDEA 溶液质量分数 0.12～0.51。在软件安装目录"GUI"文件夹的"Datapkg"子文件夹中，选择数据文件"kemdea.bkp"，把此文件拷贝到另一文件夹中打开使用，模拟计算步骤同上。

可以用图示直观表示两种计算方法的结果，见图 1-47。由图可见，方法一的 UNIFAC 性质方法估算结果与方法二的 MDEA 溶液数据包估算结果存在一定的差异。在没有实验数据验证的情况下，应以后者的计算结果为准。

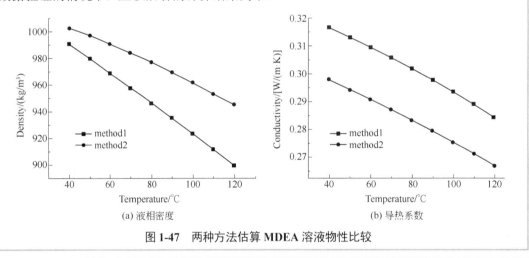

(a) 液相密度　　　　　　　　　(b) 导热系数

图 1-47　两种方法估算 MDEA 溶液物性比较

例 1-6　估算乙二醇水溶液的凝固点降低。

在化工流程的保温、冷却、冷凝等单元操作过程中，往往需要知道不同浓度溶液的凝固点，以防保温时提供的热量不够或者冷凝过度造成溶液凝固。在汽车工业上，利用乙二醇水溶液凝固点降低的原理，可以把一定质量分数的乙二醇水溶液作为防冻液。根据范特霍夫凝固点降低公式，乙二醇质量分数越大，凝固点越低，但是过多的乙二醇则会造成浪费和污染，因此知道不同浓度乙二醇水溶液的凝固点显得尤为必要。虽然数据手册中可以查到很多种类不同浓度的溶液凝固点数据，但如果能用化工模拟软件估算凝固点数据将会更加方便实用。在乙二醇质量浓度 0～0.6 范围内，乙二醇水溶液凝固点的文献数据见例 1-6 附表，试用 Aspen Plus 软件进行模拟，并与文献数据比较。

例 1-6 附表　文献中不同质量分数的乙二醇水溶液凝固点						
乙二醇质量分数	0.1015	0.2044	0.2988	0.4023	0.5018	0.5937
凝固点/℃	−3.5	−8.0	−15.0	−24.0	−36.0	−48.0

解　在一定压力下，溶液凝固点是指溶液中的溶剂和它的固态共存时的温度，不同浓度的溶液凝固点不同。在溶剂和溶质不形成固溶体的情况下，溶液的凝固点低于纯溶剂的凝固点。实验和理论推导结果表明，凝固点降低的数值与稀溶液中所含溶质的质量成正比，即遵循范特霍夫稀溶液凝固点降低原理。计算溶液凝固点降低有两种途径：一是分别计算凝固组分在液相和固相的逸度；二是计算固液混合物的摩尔混合自由焓。

（1）由凝固组分在液相和固相的逸度相等计算　固液平衡时，凝固组分 i 在固、液两相中的逸度相等，可用式（1-3）表示，式中上角标 S、L 分别表示固相与液相。如果凝固组分 i 的逸度用活度系数表示，则式（1-3）可写成式（1-4）。式中，x_i、z_i 分别是组分 i 在液相与固相的摩尔分数；γ_i^L、γ_i^S 分别是组分 i 在液相与固相的活度系数；f_i^L、f_i^S 分别是在凝固点上纯液体与纯固体的逸度。选用软件提供的合适的逸度计算方法，就可以计算一定溶质浓度下溶液的凝固点。

$$\hat{f}_i^S = \hat{f}_i^L \tag{1-3}$$

$$x_i \gamma_i^L f_i^L = z_i \gamma_i^S f_i^S \tag{1-4}$$

（2）由固液混合物的摩尔混合自由焓计算　固液平衡时，混合体系的摩尔混合自由焓最小。用此种方法计算时，需要固体组分在 25℃ 的标准生成自由焓（DHSFRM）与标准生成自由能（DGSFRM）的数值。因软件中缺乏乙二醇的 DHSFRM 与 DGSFRM 数据，下面用第一种方法估算乙二醇水溶液的凝固点。

① 全局性参数设置　计算类型"Property Analysis"，表示将进行性质分析，在"Component ID"中输入水和乙二醇两个组分。选择"NRTL"模型计算液相的活度系数，确认乙二醇与水的二元交互作用参数。

② 创建物性计算文件　在"Prop-Sets"页面，新建一个"PS-1"的物性计算文件，选择凝固点物性的计算。在 Aspen Plus 物性中有多个凝固点参数，如"FREEZEPT"、"FREEZE-R"等，但这二者均是指石油混合组分凝固点。此处选择"TFREEZ"，表示溶液中的组分因冷却结晶析出时的凝固点温度，如图 1-48 所示；然后选择需要计算的物性相态，结晶组分选 H_2O，如图 1-49 所示。

图 1-48　选择物性名称　　　　　　　　　图 1-49　选择物性相态

在"Properties|Analysis"页面，新建一个"PT-1"的性质分析文件，见图 1-50。在"PT-1"文件的"System"页面，填写乙二醇水溶液的组成，见图 1-51，此处的组成可以任意填写。

在"PT-1"文件的"Variable"页面，填写固定状态变量为温度−100℃，压力 100kPa，可调变量为乙二醇质量浓度。填写乙二醇质量浓度的变化范围，指定计算的步长，如图 1-52 所示。在"PT-1"文件的"Tabulate"页面，选择需要输出的物性数据集，如图 1-53 所示。

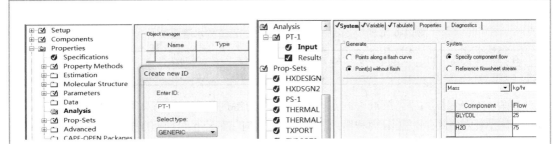

图 1-50　新建一个性质分析文件　　　　　　　图 1-51　填写乙二醇水溶液的组成

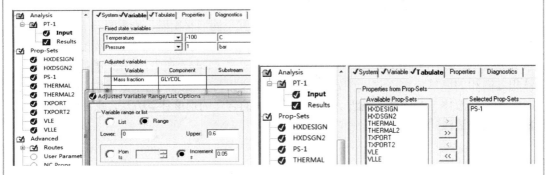

图 1-52　填写浓度范围和计算步长　　　　　　图 1-53　选中并导出新建的物性数据集

③ 调整计算路径　在"Properties|Advanced"页面，建立一个计算路径调整文件"R-1"，在其"Specifications"页面填写纯组分固相与液相逸度系数的计算路径。计算类型选纯组分热力学（Pure thermodynamic）；计算固体逸度系数（PHIS）的方法有 3 种，分别是直接使用用户模型计算，由固相蒸气压、汽相逸度系数和 Poynting 因子计算，以及由固体熔融热和虚拟液体逸度系数计算，此处选择方法 3；方法 3 下计算 PHIS 的路径（Route）有若干条，可直接选用第 1 条路径 PHIS06，该路径使用的默认模型为 PHS0LIQ，该模型使用虚拟液体基准态和经 Bostom-Mathias 改进的 Peng-Robinson 状态方程计算 PHIS。对于液相系统，液体纯组分逸度系数（PHIL）的计算路径选 PHIL06，该路径用扩展的 Antoine-Nothnagel-Rackett 模型加 Poynting 因子计算 PHIL。调整计算路径文件"R-1"的填写见图 1-54。

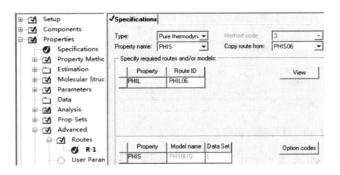

图 1-54　纯组分固相与液相逸度系数的计算路径

在"Properties|Property Methods|NRTL|Routes"页面，更改性质方法"NRTL"的默认 PHIS 计算路径为新建的计算路径"R-1"，如图 1-55 所示。

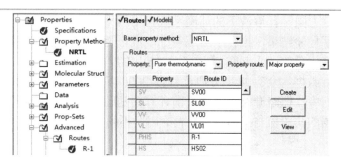

图 1-55　更改 "NRTL" 的默认 PHIS 计算路径

④ 模拟计算　在 "Analysis|PT-1|Results" 页面，可看到所求乙二醇水溶液凝固点的计算结果，如图 1-56 所示。可见在乙二醇质量浓度 0～0.6 范围内，随着溶液乙二醇浓度逐渐增加，水溶液中水的结晶温度逐渐降低，与文献值的比较如图 1-57 所示，可知溶液中乙二醇质量分数小于 0.2 时，软件估算值与文献值几乎相同，当溶液中乙二醇浓度增加后，软件估算值与文献值的误差逐渐增加。需要说明的是，在步骤③选择纯组分固相与液相逸度系数的计算路径不是唯一的，因计算模型的适用范围和模型参数的完备性不同，选择不同的计算路径可能得到近似或有差异的结果，甚至因为模型参数不全而不能进行计算。

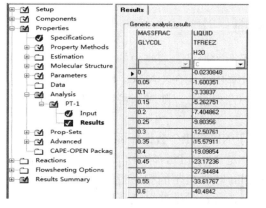

图 1-56　乙二醇水溶液凝固点的计算结果

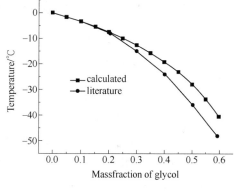

图 1-57　乙二醇水溶液的凝固点曲线

1.4　相平衡数据查询、计算与参数估算

1.4.1　从相平衡数据手册中查询

目前公认的收集相平衡数据最全的工具书是 DECHEMA 系列化学化工数据手册，各卷内容详见表 1-1，其中部分卷含有若干分册，这些分册都是精装本，已经陆续出版，如第Ⅰ卷就有 33 个分册，每个分册篇幅在 200～1100 页。

第Ⅰ卷汽液平衡数据大全包含约 16000 套等温或等压汽液平衡数据，混合物组分数量从二元体系到多元体系，相平衡压力从低压到中压范围。在 Part 1 分册，简要介绍了汽液平衡计算的基础理论与方法。对每一汽液平衡体系，给出了 UNIQUAC，NRTL，Wilson，Van Laar，Margules 等活度系数方程的参数，同时给出了这些方程计算值与实验值的偏差、最佳拟合曲线与实验值的相图、无限稀释溶液下的活度系数。用两种方法对汽液平衡数据进行了热力学一致性检验，给出了检验结果，推荐了对应每一汽液平衡体系合适的活度系数方程，给出了每一汽液平衡体系纯组分的 Antoine 方程参数与使用温度范围。

第 V 卷液液平衡数据大全有 4 个分册，包含 2000 多套二元、三元和四元体系的液液平衡数据。在第一分册中，概略介绍了液液平衡计算的基础知识。以表格与 T-x 图的形式，给出二元液液平衡数据的实验值与平滑值，列表给出了不同温度下 UNIQUAC 方程和 NRTL 方程参数。

第 VI 卷低沸点混合物的汽液平衡数据大全有 4 个分册，第一分册介绍了用状态方程与混合规则计算相平衡的方法，综述了相平衡实验与理论研究进展，对 200 多套相平衡数据用 SI 单位制以 p-x-y 相图和 K-p 相图的形式列出，图中标出实验点和计算等温线以显示误差，列出了二元拟合参数值和压力、汽相组成的平均拟合误差，对 LKP、BWRS、RKS、PR 四种状态方程的应用结果进行了评述。

第 VIII 卷固液平衡数据大全仅一册，有 180 多套相平衡数据，介绍了固液平衡计算的理论基础知识，列出了活度系数方程与状态方程的拟合值。

第 XI 卷电解质溶液的相平衡与相图仅一册，含有二元电解质水溶液和非水溶液的汽液相平衡、溶解度、焓值等数据，以表格和相图的形式给出，介绍了电解质溶液的相平衡数据关联方法以及在电解质高浓区的处理方法。

1.4.2　从 NIST-TRC 软件数据库中查询

从繁浩的纸质文献上和电子文献中查找相平衡数据是一项吃力的工作，找到以后还需要用相应的方程回归参数，然后才能用于相平衡计算中。现在，Aspen Plus 软件中已经包含了大量的相平衡数据和描述这些相平衡数据的各种方程参数，随时都可以调出来参与运算，这就大大节省了设计人员的时间。

因在 Aspen Plus V7.0 以后的版本中均包含了 NIST-TRC 数据库的查询功能，因此 Aspen Plus 软件中的相平衡数据就包括两部分内容：一是 Aspen Plus 软件自带的相平衡数据；二是 NIST-TRC 软件数据库中的相平衡数据。Aspen Plus 软件自带的相平衡数据以各种描述相平衡的状态方程参数和活度系数方程参数的形式出现，并提供软件自动调用，每一组二元混合物体系对应一套相平衡的方程参数。NIST-TRC 软件数据库中的相平衡数据以详细原始数据的形式出现，每一组二元混合物体系对应若干套相平衡原始实验数据，如等压相平衡实验数据、等温相平衡实验数据或其他条件下的相平衡实验数据，并带有对相平衡实验数据热力学一致性检验的结论，以及相平衡实验数据的来源文献。因此，经由 Aspen Plus 软件查询 NIST-TRC 软件数据库中的相平衡数据非常快捷方便，而且同一课题的相平衡数据相对集中、完整。

例 1-7 查询甲醇与 2,2-二甲氧基丙烷（2,2-Dimethoxypropane，DMP，CAS 号 77-76-9）二元混合物的汽液相平衡数据。

DMP 是一种重要的有机中间体，在医药、农药及精细化工产品的生产中用途广泛。DMP 可由甲醇和丙酮合成，在反应体系中，反应物甲醇、丙酮与产物 DMP 形成共沸物，DMP 的分离纯化困难。为设计分离方案，需要查询甲醇与 DMP 二元混合物的汽液相平衡数据。

解　① 全局性参数设置　默认计算模式"Flowsheet"。在"Components"文件夹的"Enterprise Database"页面，把子数据库 NIST-TRC 从备用区域调用到选用区域。在组分输入页面，点击"Find"按钮，在弹出的对话框中填入"2,2-Dimethoxy propane"，见图

1-58。然后点击"Find now"，可见组分 DMP 被从 NIST-TRC 数据库中检出。选中 DMP，再添加甲醇，点击"Review" 按钮，观察两组分的部分基础物性，可见 DMP 的基础数据远少于甲醇。

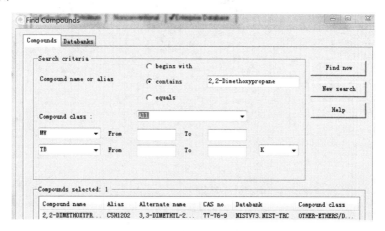

图 1-58　从 NIST-TRC 数据库中检出 DMP

② 查询相平衡数据　因为混合物为互溶极性组分，可以选择 WILSON、NRTL、UNIQUC 等活度系数方程计算组分之间的相平衡。单击"Next"按钮，进入"Properties|Parameters|WILSON-1|"页面，发现没有 DMP 与甲醇的二元交互作用参数，说明 Aspen Plus 软件中没有关于 DMP 与甲醇的相平衡数据。

启动 NIST-TDE 检索。在下拉菜单"Tools"下方点击工具条"NIST Thermo Data Engine（TDE）…"启动 NIST-TDE 热力学数据检索软件。在 NIST-TDE 数据查询窗口的"Property data type"栏选中"Binary mixture"；在"Component(s) to evaluate"分别选填 DMP 和甲醇，填写见图 1-59。点击"Retrieve data"按钮开始检索数据，输出数据界面见图 1-60。

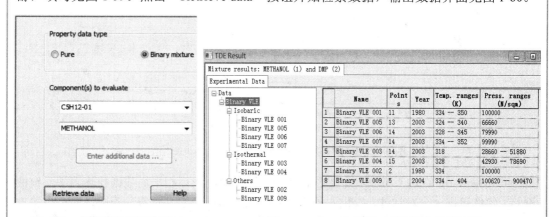

图 1-59　相平衡数据查询窗口　　　图 1-60　DMP 与甲醇二元相平衡数据概况

图 1-60 左边列出了 DMP 与甲醇二元相平衡数据的总数量，共有 8 套汽液平衡数据，分别是等压条件下汽液平衡数据 4 套，等温条件下汽液平衡数据 2 套，其他条件下汽液平衡数据 2 套。图 1-60 右边列出了各套汽液平衡数据测定的条件，包括实验点数、测定年份、温度和压力范围。点击左边任何一套相平衡数据文件名，右边则给出此套汽液平衡数据实验点的详细数据。以点击数据文件名"Binary VLE 001"为例，右边依次显示 11 个数据点的液相组成、温度、汽相组成和压力，数据下方给出了该组数据的来源文献，如图 1-61 所示。

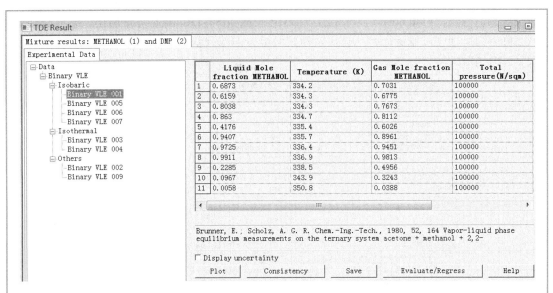

图 1-61　DMP 与甲醇在 100kPa 下的汽液平衡数据

图 1-61 下方有一排功能按钮，点击第一个"Plot"按钮，可以绘制实验数据的散点图，如图 1-62 所示，可见甲醇与 DMP 在 100kPa 下的汽液平衡相图具有正偏差共沸点，常压下普通精馏过程难以分离甲醇与 DMP 的混合物。

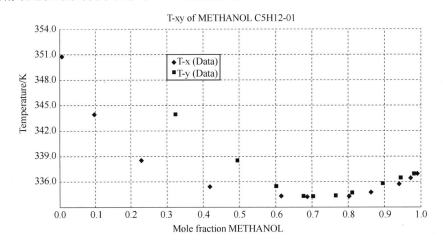

图 1-62　DMP 与甲醇在 100kPa 下的汽液平衡相图

点击图 1-61 右边下方第二个"Consistency"按钮，进行相平衡数据的热力学一致性检验。软件弹出一个对话框，提供 4 种热力学一致性检验方法共选择。若选择面积检验方法"Herington test"，其检验结果见图 1-63。对于等压汽液平衡数据，评判标准为 ABS（D-J）<10。本组相平衡数据的检验结果是 ABS（D-J）= 0.9701<10，满足热力学一致性检验评判标准。点击图 1-63 上的"Plot"按钮，可以显示面积检验方法 A 和 B 的积分面积。类似地，也可以选择点检验法进行相平衡数据的热力学一致性检验。在图 1-63 中点选"Van Ness test"，软件显示点检验法的结果。根据评判标准，这组等压汽液平衡数据也满足热力学一致性要求。

点击图 1-61 右边下方第三个"Save"按钮，可以把已经选择的 NIST-TRC 软件中的

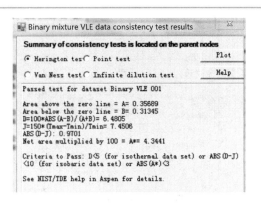

图 1-63　热力学一致性检验结果

相平衡数据文件"Binary VLE 001"保存到 Aspen Plus 软件的"Properties"文件夹中，方便用户利用 Aspen Plus 软件的"Data Regression"功能，对这组相平衡数据进行活度系数方程参数的回归操作。点击图 1-61 右边下方第四个"Evaluate/Regress"按钮，软件操作界面跳回到 Aspen Plus 软件的"Properties|Data Regression"页面，准备进行数据回归操作，这部分内容将在 1.4.4 节详细介绍。

1.4.3　用软件计算相平衡数据与绘制相图

1.4.3.1　汽液平衡相图

混合物的汽液或液液平衡相图能够提供很多有用的信息，如泡点、露点、汽液平衡、液液平衡、汽相分率、液相分率等，这些信息在化工设计中经常遇到。若能利用 Aspen Plus 的绘图功能，熟练、快速地绘制汽液或液液平衡相图，将大大加快工艺计算的速度。

例 1-8　混合物的泡、露点压力求取。

一烃类混合物含有甲烷 5%（摩尔分数，下同），乙烷 10%，丙烷 30%，异丁烷 55%，求混合物 25℃时的泡点压力和露点压力。

解　① 全局性参数设置　默认计算类型"Flowsheet"，在"Component ID"中输入甲烷、乙烷、丙烷和异丁烷。因为混合物均为烃类组分，选择"SRK"性质方法，确认"SRK"方程的二元交互作用参数，可以看到 6 对二元交互作用参数齐全。

② 输入物流信息　在绘图窗口用物流线绘出一股物流，双击物流线，输入物流信息。其中混合物摩尔组成准确输入，温度压力流率填写随意。

③ 绘制相图　用鼠标选中物流线，单击下拉菜单"Tools|Analysis|Stream…|Bubble/Dew…"，如图 1-64 所示。进入绘图页面，在绘图页面填写预测的压力范围，见图 1-65。点击"Go"，软件绘出混合物的泡点压力和露点压力随温度的变化曲线，如图 1-66 所示。由图可见，25℃时混合物的露点压力约 0.53MPa，泡点压力约 1.72MPa。

图 1-64　选择绘图页面

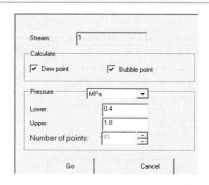

图 1-65　填写压力范围

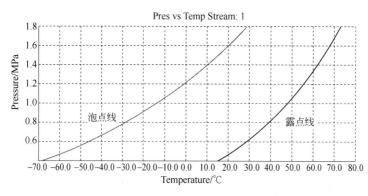

图 1-66　泡点压力和露点压力随温度的变化

1.4.3.2　固液平衡相图

研究固液平衡问题可以不考虑压力影响，常见的固液平衡体系有液相互溶，固相完全互溶、完全不互溶、部分互溶。通常固液平衡相图由实验测定，可通过相平衡数据手册查询。当缺乏固液平衡实验数据时，也可以基于固液平衡的基本原理，用 Aspen Plus 软件对固液平衡进行估算。

> **例 1-9**　硝酸钠与硝酸钾混合物固液熔融平衡相图。
> 　　硝酸钠与硝酸钾的混合物常用作蓄热传热介质，在反应介质、熔盐电解液、废热利用、金属及合金制造和高温燃料电池等方面得到广泛应用。质量分数 0.6 硝酸钠和 0.4 硝酸钾的熔盐体系因在太阳能电站作为蓄热介质被广泛使用，故又被称作太阳盐 "solar salt"。已知硝酸钠与硝酸钾混合物的熔融液为理想溶液，固相不互溶，试估算常压下硝酸钠与硝酸钾固液熔融平衡（SLE）关系，求：①SLE 相图；②最低共熔点温度和组成。
> 　　**解**　① 全局性参数设置　采用固体过程模板 "Solids with Metric Units"，计算模式 "Flowsheet"；物流类型 "MIXCISLD"，表示物流中有传统固体存在，但没有粒子颗粒分布。在 "Component ID" 中输入硝酸钠与硝酸钾，固液成分分别设置，把固体硝酸钠与固体硝酸钾的组分类型设置为 "Solid"，见图 1-67。因熔融液相可以看作理想溶液，选择 "SOLIDS" 性质方法。
> 　　② 计算流程设置　选择 Gibbs 反应器模块进行 SLE 计算，该模块根据系统的 Gibbs 自由能趋于最小值的原则，可以计算同时达到化学平衡和相平衡时的系统组成和相平衡。点击 "Model Library" 中的 "Reactors" 标签，选择 Gibbs 反应器模块 "RGibbs"，拖放到

工艺流程图窗口，用物流线连接反应器的进出口，如图 1-68 所示。

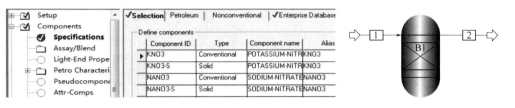

图 1-67　输入太阳盐组分　　　　　　　　图 1-68　计算流程图

设置进口物流的信息。已知硝酸钾的熔点是 336.85℃，故进口物流温度设置为 340℃，保证起始状态是液态。压力对 SLE 影响很小，设置为 1bar（1bar=0.1MPa）。只需设置主物流信息，不必设置子物流信息，如图 1-69 所示；反应器模块参数设置如图 1-70 所示，注意固相数量设置为 1。

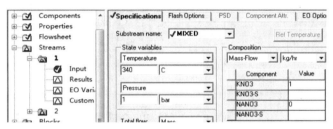

图 1-69　进口物流信息设置

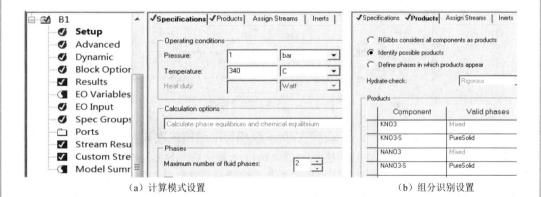

（a）计算模式设置　　　　　　　　　　　（b）组分识别设置

图 1-70　反应器模块参数设置

③ 计算方法设置　应用"Sensitivity"功能，考察硝酸钾和硝酸钠熔融液浓度和温度变化对 SLE 的影响。熔融液浓度考察范围为硝酸钾质量分数（0～1），温度考察范围为230～340℃。改变熔融温度的方法可以直接由"Sensitivity"功能实现，改变浓度的方法可以通过软件的"Calculator"功能与"Sensitivity"功能联合实现。

在"Flowsheeting Options|Calculator"子目录，建立一个计算器对象文件"C-1"。在"C-1"文件的"Define"页面，定义 3 个全局性的计算变量，如图 1-71（a）所示。其中，图 1-71（b）的变量"PARAM"为熔融液浓度变化变量，由"Sensitivity"功能动态赋值。若控制硝酸钾和硝酸钠进料总量为 1kg/h，则硝酸钾和硝酸钠各自的进料量也等于进料的质量分数。图 1-71（c）变量为硝酸钾进料量，也是进料浓度，由"PARAM"变量控制。硝酸钠浓度变量的设置与硝酸钾相同。在"C-1"文件的"Calculate"页面，用 Fortran 语言编写两句话，对进料中硝酸钾和硝酸钠的浓度赋值，见图 1-72。

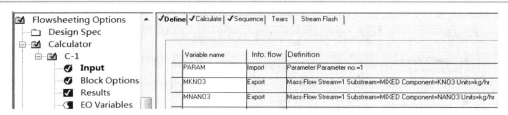

（a）定义 3 个计算变量文件

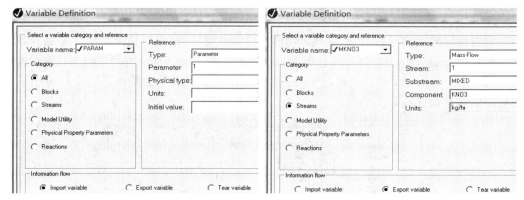

（b）熔融液浓度变化变量　　　　　　　　　　（c）硝酸钾进料浓度变量

图 1-71　定义浓度变量

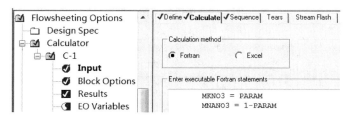

图 1-72　对进料浓度赋值

下面利用"Sensitivity"功能改变 Gibbs 反应器的进料浓度和平衡温度。在"Model Analysis Tools|Sensitivity"页面，建立一个灵敏度分析文件"S-1"。为了观察 Gibbs 反应器出口物流中是否含有结晶的固体，设置 3 个考察指标，考察出口物流的固含率。在"S-1"文件的"Define"页面，定义 3 个考察变量，见图 1-73（a）。其中，"LIQUIFY2"定义为出口子物流的液相分率，见图 1-73（b）。LIQUIFY2=0，说明出口子物流中没有液体，有结晶固体；LIQUIFY2≠0，说明出口物流中没有结晶固体。"SK"定义为出口子物流中固体硝酸钾流率，见图 1-73（c）。"SNA"定义为出口子物流中固体硝酸钠流率，设置方法同"SK"。根据图 1-73 定义的 3 个考察变量，可以判断出口物流中是否存在固体以及固体的种类与流率。

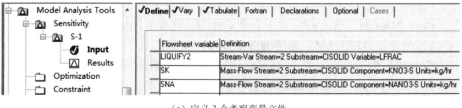

（a）定义 3 个考察变量文件

图 1-73

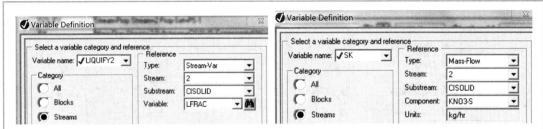

（b）出口子物流液相分率　　　　　　　　　　（c）出口子物流中固体硝酸钾流率

图 1-73　定义考察变量

为全面考察硝酸钾与硝酸钠熔融体系 SLE 状态，对全浓度范围和可能的温度范围进行网格化扫描计算。在"S-1"文件的"Vary"页面，定义 2 个考察变量：一个改变考察温度范围；一个改变考察浓度范围。温度变化范围与温度步长设置见图 1-74（a），进口物料浓度变化范围与步长设置见图 1-74（b），参数输出格式见图 1-74（c）。其中设置温度范围 230～340℃，步长 0.5℃，221 个点；设置浓度范围 0～1，步长 0.05，21 个点，共需要计算 4641 个数据点。

④ 模拟计算与结果分析　部分计算结果如图 1-75 所示。在 317℃、硝酸钾质量分数 0.95 和 1.0 处，LIQUIFY2=0，出口子物流的液相分率为 0，说明有固体结晶出现；硝酸钾质量分数=1 时，SK=1kg/h，说明进料全部固化，处于相图的右端点；硝酸钾质量分数=0.95 时，SK=0.02839kg/h，说明结晶刚刚开始。故 317℃、硝酸钾质量分数 0.95 是 SLE 线上的一个点。

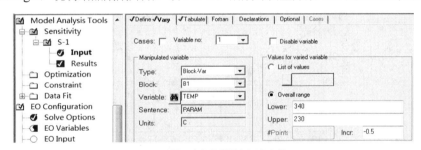

（a）设置温度变化范围与温度步长

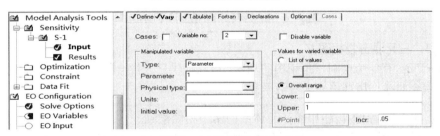

（b）设置进口物料浓度变化范围与步长

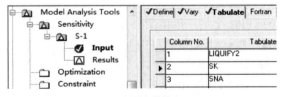

（c）设置参数输出

图 1-74　设置反应器温度和浓度变化

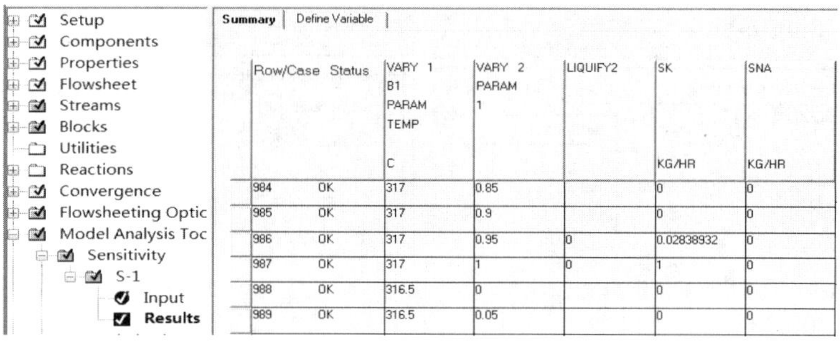

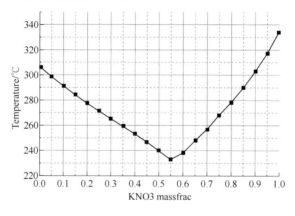

Setup
Components
Properties
Flowsheet
Streams
Blocks
Utilities
Reactions
Convergence
Flowsheeting Optic
Model Analysis Toc
Sensitivity
S-1
Input
Results
Summary
Define Variable
Row/Case Status
VARY 1 B1 PARAM TEMP C
VARY 2 PARAM 1
LIQUIFY2
SK KG/HR
SNA KG/HR
984 OK 317 0.85 0 0
985 OK 317 0.9 0 0
986 OK 317 0.95 0 0.02838932 0
987 OK 317 1 0 1 0
988 OK 316.5 0 0 0
989 OK 316.5 0.05 0 0

图 1-75 固液平衡计算结果

网格化扫描计算共计算了 4641 个数据点，仔细寻找不同硝酸钾浓度下第一次出现固体状态点的温度和浓度，标绘在温度-组成图上，就构成了硝酸钾和硝酸钠的 SLE 相图，如图 1-76 所示。由图可见，最低共熔点温度为 233℃，硝酸钾质量分数为 0.55。如果在硝酸钾质量分数 0.5～0.6 之间进一步细化计算网格，进行更仔细的计算搜寻，可找到最低共熔点温度为 232.8℃，硝酸钾质量分数为 0.57。在太阳能电站作为蓄热介质广泛使用的太阳盐含 60%硝酸钾 40%硝酸钠，文献报道太阳盐的熔点是 238℃。在图 1-76 中，该组成的点温度为 238.5℃，与文献数据基本吻合。

340
320
300
280
260
240
220
Temperature/℃
0.0 0.1 0.2 0.3 0.4 0.5 0.6 0.7 0.8 0.9 1.0
KNO3 massfrac

图 1-76 硝酸钾和硝酸钠固液平衡相图

1.4.3.3 三元混合物相图

Aspen Plus 有一个绘制三角相图的功能，可以提供三元混合物相图的各种信息，如沸点、共沸点、剩余曲线、精馏边界、液液平衡等。

例 1-10 正己烷-醋酸甲酯-甲醇三元体系的常压相图绘制。

拟用正己烷为共沸剂在常压下分离含醋酸甲酯 35%（摩尔分数）和甲醇的混合物，试分析精馏分离的可行性。

解 通过利用 Aspen Plus 绘制三角相图来分析可行性。

① 全局性参数设置 默认计算类型为“Flowsheet”，输入醋酸甲酯、正己烷和甲醇。因为混合物为醇、酯和烃混合物，极性差异大，可能会出现部分互溶，可选择 NRTL 方程，但软件中缺乏 NRTL 方程的醋酸甲酯-正己烷的二元交互作用参数，重新选用 UNIFAC 方程。

② 绘制相图 单击下拉菜单“Tools|Conceptual Design|Ternary Maps”，如图 1-77 所示，进入绘图页面。在绘图页面相应的压力选项框内填写 1，单位选“ATM”，在浓度

选项框内选择"Mole Fraction",相态选项框内选择"VAP-LIQ-LIQ",绘制 VLL 相图,如图 1-78 所示。

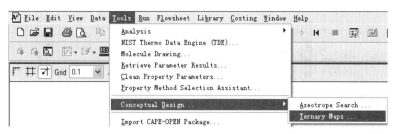

图 1-77　选择绘图项目

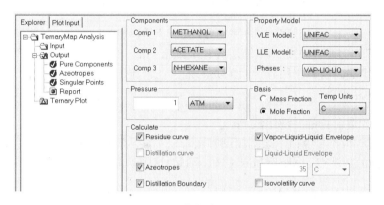

图 1-78　定制绘图要求

点击"Ternary Plot"开始绘图,结果如图 1-79 所示。由图 1-79 可见,醋酸甲酯-甲醇-正己烷三元混合物在常压下有 3 个二元共沸点(49.71℃,51.73℃,53.85℃),一个三元共沸点(47.48℃);连接三元共沸点与二元共沸点的三条精馏边界构成了三个蒸馏区域;一条 LLE 包络线形成一个 LLE 分离区域;原料点位于醋酸甲酯-甲醇直角边上。依据图 1-79 中溶解度曲线及精馏区域的限制,结合原料组成状况,根据分离工程原理,以正己烷为共沸剂,可以设置一个双塔共沸精馏流程进行分离,见图 1-80。

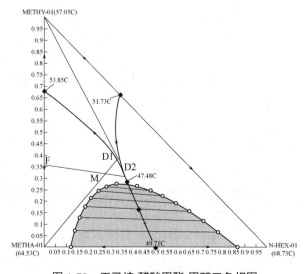

图 1-79　正己烷-醋酸甲酯-甲醇三角相图

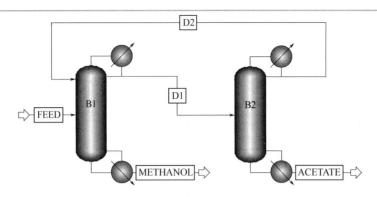

图 1-80　分离醋酸甲酯-甲醇混合物的双塔共沸精馏流程

由图 1-80 可知，两塔塔顶的共沸物分别引入对方塔中进行精馏，共沸物在两塔之间循环，从而使精馏过程两次穿越精馏边界完成混合物的分离，从两塔的塔底分别得到纯净的甲醇和醋酸甲酯。所以采用正己烷为共沸剂，在常压下共沸精馏分离醋酸甲酯-甲醇混合物的方法是可行的。

1.4.3.4　多元混合物的共沸组成

对于组分数≥4 的混合物，绘制相图有困难，不能从相图上直观地观察共沸点情况。对于多组分混合物的共沸点，Aspen Plus 提供了书面报告功能。

例 1-11　含甲基异丁基酮（MIBK）多组分混合物的共沸点求取。

MIBK 合成反应器出口物流主要成分是水、丙酮、MIBK、2-甲基戊烷和二异丁基甲酮（DIBK）。求该混合物在 150kPa 下可能的共沸点温度与组成。

解　① 全局性参数设置　默认计算类型"Flowsheet"，输入反应产物的 5 个组分，因为混合物含水、酮、烃，可能会出现部分互溶，选择"UNIQUAC"性质方法。进料中有 5 个组分，应该有 10 对二元交互作用参数。但软件显示的二元交互作用参数只有 5 对。这时，可以在下方"Estimate missing parameters by UNIFAC"前面的方框内打钩，由 UNIFAC 方程计算缺失的二元交互作用参数。另外，由文献查得 MIBK 的性质是微溶于水，MIBK 与水的二元交互作用参数应来源于 LLE 数据库，但软件自动选择来源于 VLE 数据库"APV73VLE-IG"，应该手动更改为"APV73 LLE-ASPEN"。

② 执行搜索　单击下拉菜单"Tools|Conceptual Design|Azeotrope Search"，进入共沸点搜寻页面，见图 1-81。填写压力 150，单位选择"KPA"，在组分前面方框内打钩，见图 1-82。点击"Report"，软件开始搜寻共沸点，结果如图 1-83 所示。

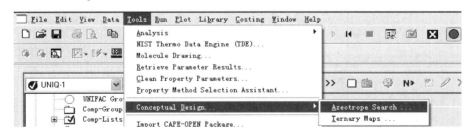

图 1-81　选择共沸点搜寻页面

由图 1-83 可知，含甲基异丁基酮多组分混合物在 150kPa 下有 4 个二元共沸点，1 个三元共沸点，图中给出了共沸点属性、共沸温度、共沸点摩尔分数和质量分数。

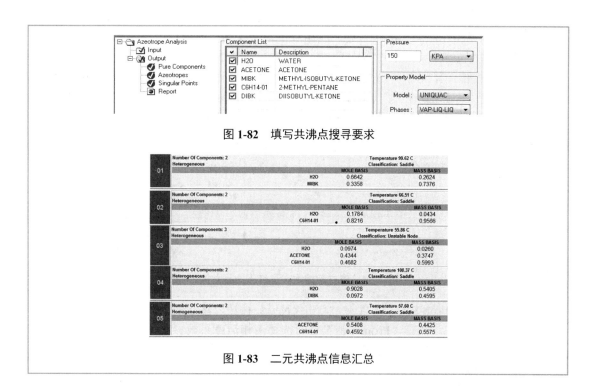

图 1-82 填写共沸点搜寻要求

图 1-83 二元共沸点信息汇总

1.4.3.5 萃取精馏塔内的适宜溶剂浓度

分离含近沸或共沸混合物的一个有效方法是萃取精馏，通过在精馏塔上部塔板添加高沸点萃取溶剂，增大近沸或共沸组分之间的相对挥发度，使普通精馏不能分离的混合物得以分离。塔内加入萃取溶剂后，液相中原组分的浓度下降，因而减弱了原组分之间的相互作用。只要添加的溶剂浓度足够大，就突出了原组分蒸气压差异对相对挥发度的贡献。在该情况下，溶剂稀释了原组分之间的相互作用。若原组分的沸点相近、非理想性不大时，在相对挥发度接近于 1 的情况下普通精馏也无法分离。加入萃取溶剂后，若溶剂与一组分形成具有较强正偏差的非理想溶液，则与另一组分形成负偏差溶液或理想溶液，从而也提高了原组分的相对挥发度，以实现原组分混合物的分离。此时溶剂的作用在于对原组分相互作用的强弱有较大差异。

溶剂作用下原两组分的相对挥发度可以通过相关热力学方程式计算。假设萃取精馏塔常压操作，气相为理想气体，溶液为非理想溶液，则溶剂作用下原两组分相对挥发度可用式(1-5)计算。式中，$(\alpha_{12})_S$ 是溶剂作用下原两组分相对挥发度，p_i^S 是原两组分的饱和蒸气压，可用 Antoine 方程计算；γ_i 是活度系数，可用活度系数方程计算。由于实用的活度系数方程如 Wilson 方程、NRTL 方程或 UNIQUAK 方程等过于繁复，手工计算工作量太大，可以用 Aspen Plus 软件的物性计算功能求取溶剂作用下的相对挥发度。

$$(\alpha_{12})_S = p_1^S \gamma_1 / (p_2^S \gamma_2) \tag{1-5}$$

例 1-12 计算丙酮和甲醇萃取精馏塔内适宜溶剂浓度。

已知常压下丙酮和甲醇能形成正偏差共沸物，普通精馏难以完全分开。拟用萃取精馏方法进行分离，采用水为萃取溶剂。试确定在 50℃、110kPa 时，塔内液相中溶剂浓度为多大时，才能使丙酮和甲醇的相对挥发度在任何浓度下都大于 1.5。

解 ① 全局性参数设置 默认计算类型"Flowsheet"，在组分输入窗口添加丙酮、甲醇、水。因为操作压力在常压附近，气相看作理想气体，混合物由含水极性组分构成，液相看作非理想溶液，故选择"NRTL"性质方法，确认 NRTL 方程二元交互作用参数。

② 建立物性计算文件　在"Properties|Prop-Sets"文件夹，建立一个丙酮液相饱和蒸气压计算文件"PS1"。在其"Properties"页面选择液相饱和蒸气压参数"PL"，选择量纲"kPa"，见图 1-84（a）；在其"Qualifiers"页面指定相态和组分，如图 1-84（b）所示。类似地，建立甲醇液相饱和蒸气压计算文件"PS2"。

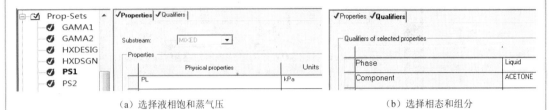

（a）选择液相饱和蒸气压　　　　　　　　　　　（b）选择相态和组分

图 1-84　建立液相饱和蒸气压计算文件

在"Properties|Prop-Sets"文件夹，点击"New"按钮，建立一个丙酮液相活度系数计算文件"GAMA1"。在其"Properties"页面选择液相活度系数参数"GAMMA"，无量纲，见图 1-85（a）；在其"Qualifiers"页面指定相态和组分，见图 1-85（b）。类似地，建立甲醇液相活度系数计算文件"GAMA2"。

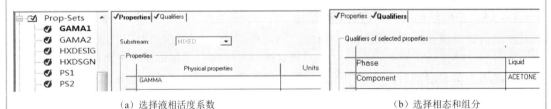

（a）选择液相活度系数　　　　　　　　　　　（b）选择相态和组分

图 1-85　建立液相活度系数计算文件

③ 计算流程设置　点击模块库中的"Separators"标签，选择汽液闪蒸器模块，拖放到工艺流程图窗口，用物流线连接闪蒸器的进出口，如图 1-86 所示。填写进口物流信息和闪蒸器模块参数设置。由题给条件，填写进口物流温度 50℃和压力 110kPa，进料总流率填写 1kmol/h，摩尔组成可以任意填写。这样，各组分的进料流率与摩尔组成在数值上相等。后面由软件的"Calculator"功能与"Sensitivity"功能联合对闪蒸器的进料组成进行动态赋值。闪蒸器模块参数亦设置为 50℃和压力 110kPa。

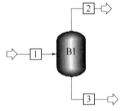

图 1-86　相对挥发度计算流程图

④ 计算方法设置　由题意，需要考察各组分液相浓度变化对丙酮和甲醇相对挥发度的影响。在本例中，液相中丙酮的脱溶剂浓度 x_1' 考察范围为 0.1～1（摩尔分数）之间，溶剂浓度 x_3 考察范围为 0～0.6（摩尔分数）之间。丙酮的脱溶剂浓度 x_1' 与三元混合物中丙酮的摩尔分数 x_1 按式（1-6）换算，液相中甲醇的摩尔分数 x_2 由摩尔浓度总和方程式计算。

$$x_1 = (1 - x_3)x_1' \tag{1-6}$$

改变溶剂浓度 x_3 的方法可以由"Sensitivity"功能实现，而改变丙酮脱溶剂浓度 x_1' 的方法可由人工直接输入，且需要通过软件的"Calculator"功能与"Sensitivity"功能联合

实现。不同的丙酮脱溶剂浓度和不同溶剂浓度下的液相组成由软件的"Calculator"功能计算。在"Flowsheeting Options|Calculator"子目录，建立一个计算器文件"C-1"。在其"Input|Define"页面，定义 3 个全局性的液相摩尔浓度变量，见图 1-87（a）。X1、X2 和 X3 分别表示丙酮、甲醇和溶剂水的液相摩尔浓度，指定 X1、X2 是输出变量，由式（1-6）和摩尔浓度总和方程式计算，指定 X3 是输入变量，由"Sensitivity"功能输入。丙酮的液相摩尔浓度定义方法见图 1-87（b），类似地可以定义其他两个组分浓度。

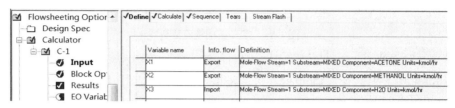

（a）定义 3 个浓度变量

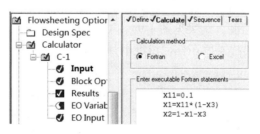

（b）定义丙酮摩尔浓度

图 1-87　定义浓度变量

在"C-1"文件的"Calculate"页面用 Fortran 语言按式（1-6）和摩尔浓度总和方程式编写液相丙酮和甲醇浓度计算语句，如图 1-88 所示，以对闪蒸器进料物流的液相浓度进行换算并赋值。图中用 X11 表示 x_1'，由人工直接赋值，X3 由"Sensitivity"功能赋值。

图 1-88　计算液相浓度

下面利用软件的"Sensitivity"功能改变溶剂浓度。在"Model Analysis Tools|Sensitivity"页面，建立一个灵敏度分析文件"S-1"，对丙酮和甲醇的饱和蒸气压、活度系数和 3 个液相摩尔浓度进行定义，见图 1-89，定义方法同图 1-84、图 1-85 和图 1-87。

在"S-1"文件的"Vary"页面，对溶剂浓度变化范围和变化步长进行定义，见图 1-90。因为闪蒸器进料物流 1 的总流率是 1kmol/h，各组分的进料流率与摩尔组成在数值上相等，故如图 1-90 所示改变物流 1 中的溶剂流率就是改变溶剂浓度。

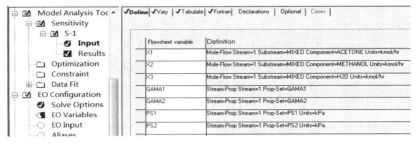

图1-89　定义液相物流变量

在"S-1"文件的"Fortran"页面，编写计算丙酮与甲醇相对挥发度和丙酮脱溶剂浓度的语句，见图1-91。在"Tabulate"页面，指定输出丙酮与甲醇相对挥发度和丙酮脱溶剂浓度，如图1-92所示。

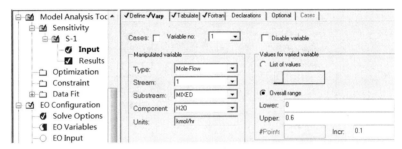

图1-90　定义溶剂浓度变化

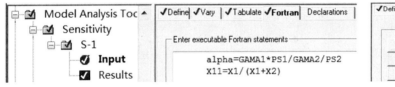
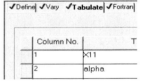

图1-91　计算相对挥发度和脱溶剂浓度　　　　图1-92　指定输出参数

⑤ 模拟计算与结果分析　丙酮脱溶剂浓度 x_1' 为 0.1 时的相对挥发度计算结果见图1-93。把图1-93中数据复制到 Excel 中，然后修改图1-88中的 X11 数值，再次计算，最后用 Origin 软件把数据绘图，结果见图1-94。可见塔内液相中溶剂摩尔分数 $x_{H_2O}>0.4$ 时，就能使丙酮和甲醇的相对挥发度在任何浓度下都大于1.5。

Row/Case	Status	VARY 1 1 MIXED H2O MOLE FLOW KMOL/HR	X11	ALPHA
1	OK	0	0.1	2.45234307
2	OK	0.1	0.1	2.64610267
3	OK	0.2	0.1	2.85801867
4	OK	0.3	0.1	3.0901882
5	OK	0.4	0.1	3.34503298
6	OK	0.5	0.1	3.62537029
7	OK	0.6	0.1	3.93450492

图1-93　相对挥发度计算结果

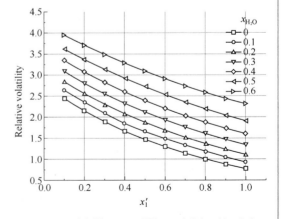

图1-94　溶剂作用下丙酮与甲醇的相对挥发度

1.4.4 溶液活度系数方程参数估算

相平衡是化工生产中普遍的平衡现象，如闪蒸器中的汽液两相、溶剂萃取器中的液液两相、精馏塔中离开塔板的汽液两相、汽液相反应器中的物流等。在这些设备的工艺设计时，都会出现关于相平衡计算的问题。一般而言，相平衡计算可以采用状态方程法或活度系数法。对于高压非极性混合物体系，采用状态方程法；对于低压极性混合物体系，采用活度系数法。

常见的活度系数方程如早期的 Margules 和 Van Laar 方程，现在应用较多的有用于完全互溶物系和非理想溶液汽液平衡计算的 Wilson 方程、可用于互溶和部分互溶物系液液平衡计算的 NRTL、UNIQUAC 方程，以及基于基团贡献法、可用于极性和非极性多元混合物体系的汽液和液液平衡计算的 UNIFAC 方程。

溶液活度系数方程中的参数来源于对相平衡实验数据的回归，Aspen Plus 软件中包含了大量的活度系数方程参数。但对于特定的化工过程体系，如果软件中缺乏某些组分的活度系数方程参数，则不能进行模拟计算或计算结果不可靠，设计人员仍然需要人工到文献资料中查询相平衡实验数据，或直接测定相平衡实验数据并进行回归处理，或用基于基团贡献方法的方程估算活度系数方程参数，以补充软件数据库的不足，然后才能开始流程模拟计算。

1.4.4.1 用 UNIFAC 方程估算

溶液活度系数方程的二元交互作用参数一般来源于相平衡实验数据的回归，其准确性对相平衡性质计算至关重要。在实际应用中，有时往往找不到适用于所选溶液活度系数方程的二元交互作用参数，比较简单的方法是对该活度系数方程的参数进行估算。

例 1-13　估算丙酮与 2-甲基戊烷的 NRTL 方程参数。

已知文献报道丙酮与 2-甲基戊烷在常压下形成共沸物，在共沸点丙酮的质量分数为 44%，共沸温度 47℃。试估算丙酮与 2-甲基戊烷的 NRTL 方程二元交互作用参数，并以此为依据绘制丙酮与 2-甲基戊烷在常压下的 T-xy 相图，并与文献数据作比较。

解　① 全局性参数设置　计算类型"Property Estimation"，在"Component ID"中输入丙酮、2-甲基戊烷。

② 选择物性估算内容　在"Estimation|Input|Setup"页面，选择"Estimate only the selected parameters"按钮，要求估算指定参数，见图 1-95。

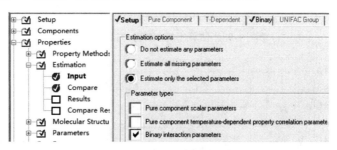

图 1-95　选择物性估算按钮

③ 确定参数估算方法　在"Estimation|Input|Binary"页面，选择需要估算参数的方程、估算方法、参数估算的温度范围等。在"Parameters"下拉框内，有 4 个方程的参数可以估算，分别是 NRTL、WILSON、UNIQUAC、SRK，这里选择 NRTL；在"Method"下拉框内，有 4 种参数估算方法，分别是 UNIFAC、UNIFAC-LL、UNIFAC-LBY、UNIFAC-DMD，这里选择 UNIFAC；参数估算的温度范围要包含两个纯组分的沸点，这里设定 50～65℃，见图 1-96。

④ 进行参数估算 在"Estimation|Results|"页面，可看到由 UNIFAC 方法估算的丙酮与 2-甲基戊烷的 NRTL 方程二元交互作用参数，见图 1-97。

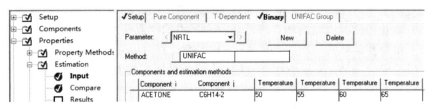

图 1-96 选择需要估算的参数与估算范围

图 1-97 估算丙酮与 2-甲基戊烷的 NRTL 方程参数

⑤ 观察估算结果 把计算模式由"Property Estimation"改为"Flowsheet"；选择"NRTL"性质方法，在"Properties|Parameters|Binary Interaction|NRTL-1"页面，查看软件 PCES 物性估算系统估算出的丙酮与 2-甲基戊烷的 NRTL 方程二元交互作用参数，如图 1-98 所示。应用软件的相图绘制功能与共沸点查询功能，得到丙酮与 2-甲基戊烷的 T-xy 图（图 1-99）与共沸点数据（图 1-100）。共沸温度 46.2℃，共沸点丙酮质量分数 0.436，与实验值很接近。

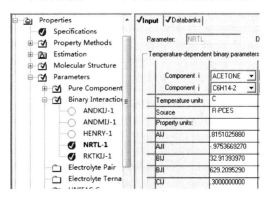

图 1-98 估算出的 NRTL 方程参数

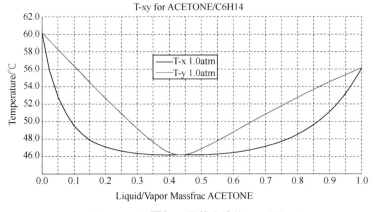

图 1-99 丙酮与 2-甲基戊烷的 T-xy 图

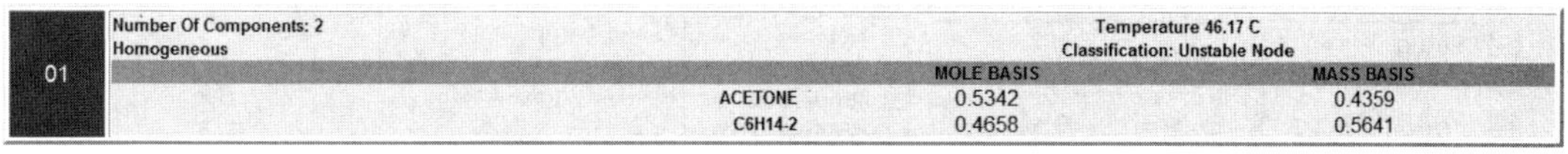

	Number Of Components: 2				Temperature 46.17 C	
01	Homogeneous				Classification: Unstable Node	
			MOLE BASIS			MASS BASIS
		ACETONE	0.5342			0.4359
		C6H14-2	0.4658			0.5641

图 1-100　丙酮与 2-甲基戊烷的共沸组成

1.4.4.2　二元汽液相平衡数据回归分析

二元 VLE 数据是相平衡文献中种类最全、数量最大的一类，其重要性随着局部组成概念活度系数方程的普遍使用而受到重视，因为在用局部组成概念活度系数方程进行多元体系相平衡计算时，只需要使用二元体系组分间的交互作用参数，而这些参数可以从二元体系相平衡实验数据回归得到。相对于多元体系相平衡实验，二元体系相平衡实验的工作量要小得多，容易得多。

由二元 VLE 实验数据回归活度系数方程参数，一般需要借助于最优化数学方法，可以自己编程求取，也可以由 Aspen Plus 软件的数据回归功能求取，后者更为方便快捷。

> **例 1-14**　活度系数方程 VLE 参数回归。
>
> 例 1-14 附表中列出了 40℃和 70℃乙酸乙酯与乙醇二元体系等温 VLE 实验数据，请用 Aspen Plus 软件回归 Wilson、NRTL 与 UNIQUAC 方程的二元交互作用参数。

例 1-14 附表　乙酸乙酯（ETOAC）-乙醇（ETHANOL）二元体系等温 VLE 实验数据

$t/℃$	p/kPa	x_{ETOAC}	y_{ETOAC}	$t/℃$	p/kPa	x_{ETOAC}	y_{ETOAC}
40	18.21	0.006	0.022	70	73.14	0.0065	0.0175
40	20.12	0.044	0.144	70	74.58	0.018	0.046
40	21.74	0.084	0.227	70	84.47	0.131	0.237
40	24.40	0.187	0.37	70	88.61	0.21	0.321
40	25.58	0.242	0.428	70	90.71	0.263	0.367
40	26.62	0.32	0.484	70	93.83	0.387	0.454
40	27.77	0.454	0.56	70	94.66	0.452	0.493
40	28.02	0.495	0.574	70	94.95	0.488	0.517
40	28.24	0.552	0.607	70	94.82	0.625	0.597
40	28.42	0.663	0.664	70	94.18	0.691	0.641
40	28.28	0.749	0.716	70	93.03	0.755	0.681
40	27.28	0.885	0.829	70	90.55	0.822	0.747
40	26.74	0.92	0.871	70	86.87	0.903	0.839
40	26.04	0.96	0.928	70	84.71	0.932	0.888
				70	82.07	0.975	0.948

注：浓度单位为摩尔分数。

解　① 全局性参数设置　运行模式"Data Regression"，在"Component ID"窗口输入乙酸乙酯与乙醇，选择"Wilson"性质方法。

② 创建实验数据输入文件　在"Properties|Data"页面创建一个实验数据输入文件"D-1"，数据性质选择"MIXTURE"，表明是混合物，如图 1-101 所示。

③ 输入实验数据　在"D-1"文件的"Setup"页面上，填写数据的类别、类型、组分名称、温度和浓度单位等，如图 1-102 所示。

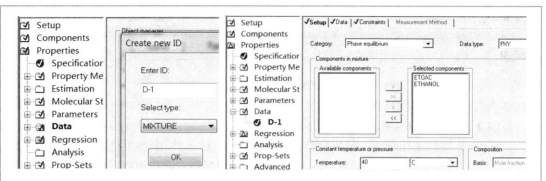

图 1-101　创建实验数据输入文件　　　图 1-102　设置实验数据的类别与类型

在"D-1"文件的"Data"页面上，输入第一组 VLE 实验数据，如图 1-103 所示。只需要输入压力、组分 1 的液相与汽相摩尔分数即可，组分 2 的两相摩尔分数不必输入，软件会根据组分摩尔分数归一化原理自动计算出来。

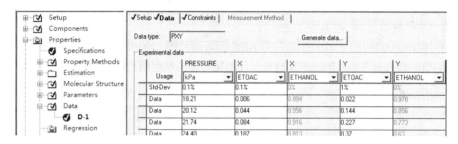

图 1-103　输入第一组汽液相平衡实验数据

图 1-103 输入实验数据表的第一行是软件自动设置的实验数据标准偏差，默认压力和液相摩尔分数的测量误差都是 0.1%，汽相摩尔分数的测量误差是 1%，可以对默认误差进行修改。也可以对某几行实验数据采用一套测量误差值，另几行实验数据采用另一套测量误差值。测量误差设置方法是点击"Usage"按钮，选择"select Std-Dev"，设置数据的标准偏差。软件在回归计算时，在此标准偏差行下面的所有数据点都采用这行标准偏差值进行处理，直到遇到另一个"Std-Dev"标准偏差为止。标准偏差以百分数或绝对值形式输入数据回归系统，不要求标准偏差值很精确，通常只需确定数量级和比例。

参照"D-1"文件创建方法，创建第二组实验数据输入文件"D-2"，并输入第二组 VLE 实验数据。

④ 创建实验数据回归文件　在"Properties|Regression"页面上，创建一个实验数据回归文件"R-1"，用于存放第一组实验数据的回归结果，如图 1-104 所示。

图 1-104　创建实验数据回归文件

⑤ 回归参数检验方法设置　在"R-1"文件的"Input|Setup"页面上，从"Data set"窗口调用"D-1"实验数据文件，准备对其进行数据回归处理。默认此组数据的权重因子

为 1，默认进行热力学一致性检验。检验方法有面积检验法"Area test"和点检验法"Point test"，判别标准分别是 10%和 0.01。在"Test method"窗口，对一套汽液相平衡实验数据，可以选择面积检验法，可以选择点检验法，也可两者都选（Both tests），如图 1-105 所示。

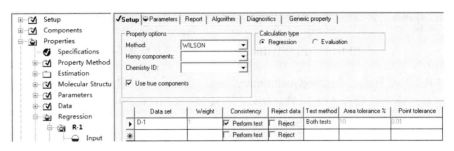

图 1-105　回归参数经验方法设置

⑥ 回归参数的初值设置　在"R-1"文件的"Input|Parameters"页面上，输入欲回归参数的初始值。一般 Wilson 方程用两个参数（B_{ij}，B_{ji}）即可。为提高计算精度，Aspen Plus 软件中设置有四个参数（A_{ij}，A_{ji}，B_{ij}，B_{ji}），参数的编号分别为"1，1，2，2"。在"Parameters to be regressed"窗口，需对四个参数格式进行设置，填写四个参数回归初值，如图 1-106 所示。

因为 Aspen Plus 软件中已经含有乙酸乙酯与乙醇二元体系活度系数方程的参数，可以直接借鉴作为本组实验数据回归用的初值。对应每个初值，在"Usage"窗口，有"Regress"、"Exclude"、"Fix"三种选项，对应三种初值处理方法，即"回归"、"不回归"、"数值固定"三种方法。若选择"Regress"，计算结果会给出相应初值的回归值；若选择"Exclude"，计算过程对标记"Exclude"的初值不参加回归运算；若选择"Fix"，计算过程对标记"Fix"初值的参数只参与运算，不作回归处理，计算结果也不显示。在图 1-106 中，对（A_{ij}，A_{ji}）的初值作数值固定设置，对（B_{ij}，B_{ji}）进行回归运算设置。

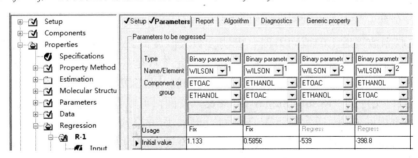

图 1-106　回归参数初值设置

⑦ 回归计算　软件默认的目标函数优化方法是最大似然法（Maximum-likehood），最大迭代次数 20 次，收敛准则 10^{-4}。如果要对回归计算的默认参数进行调整，可以在"R-1"文件的"Input|Algorithm"页面上修改。

单击"Next"按钮，进行运算，若回归计算收敛，软件弹出对话框，询问是否用回归参数置换计算程序原来的参数，由操作者决定。若选择"Yes to all"，表明用新回归参数值替代计算程序中原有参数值；若选择"No to all"，则不替代，回归参数保存在软件 VLE 数据库"BINARY"的"R-1"文件夹中，供用户随时调用。

⑧ 检查回归效果　在"R-1"文件的"Results|Parameters"页面，可以看到回归得到

的 Wilson 方程的两个参数值和其标准误差值，如图 1-107 所示。

图 1-107　两个 Wilson 方程参数回归值与标准误差值

在"R-1"文件的"Results|Consistency test"页面，可以看到第一组实验数据的热力学检验结果，面积检验误差 1.125%<10%，点检验误差 0.00629<0.01，均通过了热力学一致性检验，检验结果显示"PASSED"，如图 1-108 所示。

在"R-1"文件的"Results|Residual"页面，单击">"或"<"按钮，可以依次看到各实验点温度、压力、各组分的液相组成、汽相组成回归值的标准偏差、绝对偏差与相对偏差。单击"Deviations"按钮，可以看到温度、压力、液相组成、汽相组成回归值的标准偏差、绝对偏差与相对偏差的各项统计量。

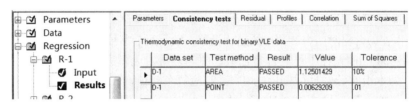

图 1-108　热力学一致性检验结果

在"R-1"文件的"Results|Profiles"页面，可以看到各实验点温度、压力、各组分的液相组成、汽相组成实验值与回归值的列表比较。

在"R-1"文件的"Results|Correlation"页面，可以看到各回归参数的相关性。相关性矩阵非对角线元素的值表明了任何两个参数间的关联程度。当参数完全独立时，关联系数是 0。关联系数接近 1.0 或–1.0 时，表明参数关联度高。一般选择没有关联的参数。有一个重要的情况例外，活度系数模型不对称的二元参数是高度关联的，B_{ij} 和 B_{ji} 参数都要求有最好的拟合。可以看到，第一组实验数据回归的 WILSON 方程参数 B_{ij} 和 B_{ji} 高度关联。

在"R-1"文件的"Results|Sum of Squares"页面，可以看到目标函数收敛值的加权平方和值与均方根残差值。通常对于 VLE 数据回归，均方根残差值应小于 10，对于 LLE 数据回归，均方根残差应小于 100。本例第一组实验数据的均方根残差 2.90，比较小。

重复步骤④～⑧，对第二组实验数据进行回归，计算结果面积检验值为 0.573%，点检验值为 0.00561，均满足热力学一致性要求，如图 1-109 所示。同时，在不同页面上可以看到其他各项回归计算结果的指标。

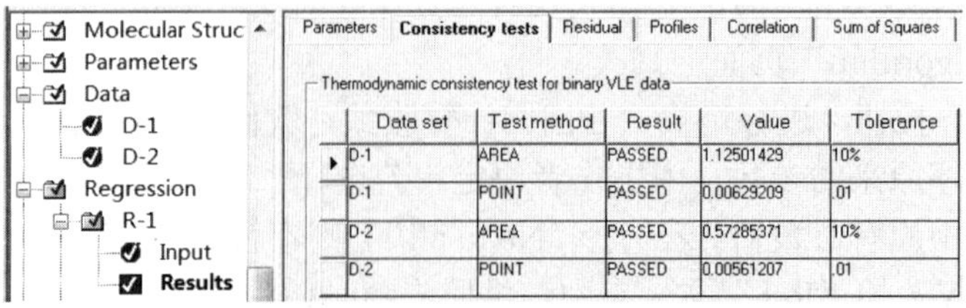

图 1-109　第二组实验数据回归计算结果

⑨ 数据作图　为直观表达回归计算效果，可以用作图向导进行绘图，显示实验数据与计算值之间的拟合程度。在"R-1"文件的"Results"页面上，从下拉菜单"Plot"中点击"Plot Wizard"按钮，弹出作图向导对话框，点击"Next"按钮，进入选图界面，如图1-110所示。可以选择绘制各类相图。

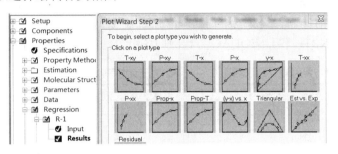

图1-110　选图界面

若想把两组 VLE 实验数据与回归数据同时标绘在一张图上，点击"P-xy"图标，连续点击"Next"按钮，最终得到的图像如图1-111所示。可见实验数据与计算曲线重合非常好，也说明用 Wilson 方程拟合这两组实验数据是合适的。

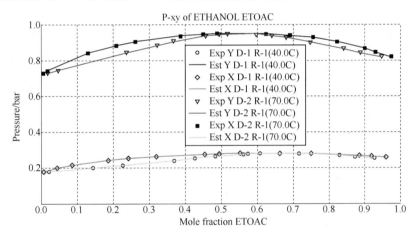

图1-111　两组汽液平衡实验数据 WILSON 方程回归 *p-xy* 图

⑩ 拟合其余方程参数　在"Properties|Regression"页面上，创建第二个实验数据回归文件"R-2"，选择 NRTL 方程，重复步骤③~⑨的步骤，即可完成回归计算。需要注意的是NRTL 方程有三组参数，其中第三组参数只有一个，即溶液特性参数，一般作为固定值参与回归计算。用 NRTL 方程拟合这两组实验数据的均方根残差值为3.118，说明回归效果较好。

类似地，在"Properties|Regression"页面上，创建第三个实验数据回归文件 "R-3"，选择 UNIQUAC 方程，重复步骤③~⑨的步骤，即可完成回归计算。用 UNIQUAC 方程拟合这两组实验数据的均方根残差值为3.11，说明回归效果较好。

至此，用 Wilson 方程、NRTL 方程、UNIQUAC 方程回归乙酸乙酯与乙醇二元体系在等温下的两组 VLE 实验数据全部完成。

1.4.4.3　三元液液相平衡数据回归分析

虽然局部组成概念活度系数方程可以用二元体系组分间的交互作用参数进行多元体系相平衡的计算，但对于一些强非理想溶液体系，这种预测性计算往往有一定误差，若能够直接对多元体系的相平衡实验数据进行回归，由此得到的组分间的交互作用参数会使液液相衡数据计算值与实验值比较贴近。

例 1-15 三元体系液液相平衡（LLE）数据回归计算。

用异丙醚作为萃取溶剂，萃取水溶液中的醋酸，在进行工艺计算时涉及异丙醚-醋酸-水三元体系 LLE 的计算。从文献中查到一组异丙醚-醋酸-水三元体系 LLE 实验数据见例 1-15 附表，试用 NRTL 和 UNIQUAC 方程回归各组分间的二元交互作用参数。

例 1-15 附表　异丙醚（1）-醋酸（2）-水（3）三元体系 LLE 实验数据（25℃，1atm）

富水相质量分数			富醚相质量分数		
x_1	x_2	x_3	x_1	x_2	x_3
0.0149	0.0141	0.971	0.989	0.0037	0.0073
0.0161	0.0289	0.955	0.984	0.0079	0.0081
0.0188	0.0642	0.917	0.971	0.0193	0.0097
0.023	0.133	0.844	0.933	0.0482	0.0188
0.034	0.255	0.711	0.847	0.114	0.039
0.044	0.367	0.589	0.715	0.216	0.069
0.096	0.453	0.451	0.581	0.311	0.108
0.165	0.464	0.371	0.487	0.362	0.151

解　三元体系 LLE 的回归计算与二元体系 VLE 的回归计算类似，步骤①～③与例 1-14 类似，热力学方法选择 NRTL 方程，单击"Next"按钮，软件要求操作者检查内置的二元交互作用参数。对于三元体系相平衡，应该有三对二元交互作用参数，但软件中只有异丙醚-水一对二元交互作用参数。虽然最终可以通过对三元体系相平衡实验数据回归获得这三对二元交互作用参数，但缺乏两对二元交互作用参数的初值，会增加一点麻烦。这时，可以在页面底部"Estimate missing parameters by UNIFAC"前面的方框内打钩，由UNIFAC 方程计算缺失的二元交互作用参数，并以此作为回归计算时的初值。因为异丙醚-水是部分互溶体系，在二元交互作用参数数据源窗口"Source"中选择"LLE-ASPEN"，表明是 LLE 二元交互作用参数，见图 1-112。

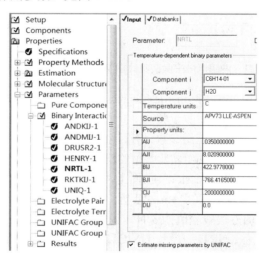

图 1-112　软件内置的异丙醚-水二元交互作用参数

① 创建数据输入文件　与二元系 VLE 实验数据的输入方式不同，对三元系 LLE 而言，需要同时输入两液相的平衡组成数据。在"Properties Data"页面创建一个实验数

据输入文件"D-1"，数据性质选择"MIXTURE"，表明数据是混合物。

② 设置实验数据的类别与类型 在"D-1"文件的"Setup"页面上，把数据的类别"Category"设置为"Phase equilibrium"，数据类型"Data type"设置为"TPXX"；在"Components in mixture"栏目，把"Available components"窗口中的 3 个组分移动到"Selected components"窗口中；在"Composition"栏目，选择浓度计量单位"Mass fraction"，与题目一致。

在"D-1"文件的"Data"页面上，输入温度、压力、组分 1 和组分 2 的两液相质量分数，组分 3 的两相质量分数不必输入，软件会根据组分质量分数归一化原理自动计算出来。首先输入各点温度、压力，全部为 25℃、1bar；然后输入富水相组分的质量分数 x_1、x_2，最后输入富醚相组分的质量分数 x_1、x_2，如图 1-113 所示。输入数据的上面一行是自动设置的数据误差，默认压力、组分 1 和组分 2 的两液相摩尔分数 x_1、x_2 数据的测定误差是 0.1%，x_3 的测定误差是 0。

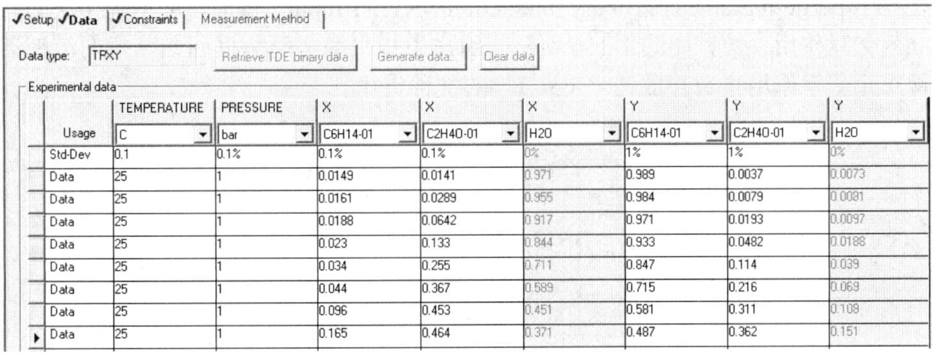

	TEMPERATURE	PRESSURE	X	X	X	Y	Y	Y
Usage	C	bar	C6H14-01	C2H4O-01	H2O	C6H14-01	C2H4O-01	H2O
Std-Dev	0.1	0.1%	0.1%	0.1%	0%	1%	1%	0%
Data	25	1	0.0149	0.0141	0.971	0.989	0.0037	0.0073
Data	25	1	0.0161	0.0289	0.955	0.984	0.0079	0.0081
Data	25	1	0.0188	0.0642	0.917	0.971	0.0193	0.0097
Data	25	1	0.023	0.133	0.844	0.933	0.0482	0.0188
Data	25	1	0.034	0.255	0.711	0.847	0.114	0.039
Data	25	1	0.044	0.367	0.589	0.715	0.216	0.069
Data	25	1	0.096	0.453	0.451	0.581	0.311	0.108
Data	25	1	0.165	0.464	0.371	0.487	0.362	0.151

图 1-113 输入三元体系液液相平衡数据

③ 创建实验数据回归文件 在"Properties|Regression"页面上，创建一个实验数据回归文件"R-1"，用于存放 NRTL 方程回归实验数据的结果。

④ 回归参数经验方法设置 在"R-1"文件的"Input|Setup"页面上，从"Data set"窗口调用"D-1"实验数据文件，准备对其进行数据回归处理。默认此组数据的权重因子为 1，因为软件对非二元体系汽（气）液平衡数据不能进行热力学一致性检验，故默认不进行热力学一致性检验。

⑤ 回归参数的初值设置 在"R-1"文件的"Input|Parameters"页面上，输入欲回归参数的初始值。一般 NRTL 方程用三个参数（B_{ij}，B_{ji}，α_{12}）即可。为提高计算精度，Aspen Plus 软件中设置有五个参数（A_{ij}，A_{ji}，B_{ij}，B_{ji}，α_{12}），参数的编号分别为"1，1，2，2，3"。在"Parameters to be regressed"窗口，需对五个参数格式进行设置，填写五个参数初值。由于软件中缺乏异丙醚-醋酸和醋酸-水两对二元交互作用参数，对这两对二元交互作用参数可以不考虑（A_{ij}，A_{ji}）参数的输入。约定对所有的二元交互作用参数只回归（B_{ij}，B_{ji}），其余参数作为固定值参加运算。先把软件内置的异丙醚-水二元交互作用参数作为初值填入 Parameters 页面上的相应空格内，对其余两组（B_{ij}，B_{ji}，α_{12}）统一设置为（0，0，0.3），如图 1-114 所示。

⑥ 回归计算 若回归计算收敛，软件弹出对话框，询问是否用回归参数置换计算程序原来的参数，选择"No to all"，回归参数保存在"Results"文件夹中。此时，在"Properties|Estimation|Results|Binary"页面，可以看到软件应用 UNIFAC 方法估计的三元 LLE 体系三对二元交互作用参数，如图 1-115 所示。

图 1-114　三元体系 LLE 数据回归参数的初值设置

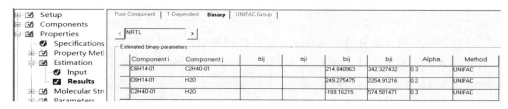

图 1-115　UNIFAC 方法估计的三对二元交互作用参数

在"Properties|Parameters|Binary interaction|NRTL-1|Input"页面，可见到初次回归出的三对二元交互作用参数，如图 1-116 所示。用户由相平衡实验数据回归获得的溶液活度系数方程二元交互作用参数存放在"R-R-1"的文件夹中。

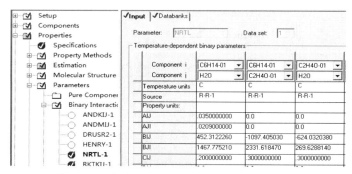

图 1-116　初次回归出的三对二元交互作用参数

把初次回归出的三对二元交互作用参数输入到回归文件的"Input|Parameters"页面对应的空格内，再次进行回归运算。

⑦　检查回归效果　在"R-1"文件的"Results|Parameters"页面，可以看到回归得到的 NRTL 方程的三对二元交互作用参数（B_{ij}，B_{ji}）和其标准误差值，见图 1-117。

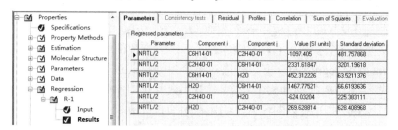

图 1-117　NRTL 方程的三对二元交互作用参数

在"R-1"文件的"Results|Residual"页面，可以看到各实验点温度、压力、两液相组成回归值的绝对偏差与相对偏差。依次单击"Deviations"按钮，可以看到温度、压力、两液相组成回归值绝对偏差与相对偏差的各项统计量。可以看到，温度回归值的平均绝对误差为 0.11℃，平均相对误差为 0.43%；压力回归值没有误差；在富水相，醋酸回归值的平均绝对误差为 0.015（质量分数），平均相对误差为 5.0%；在富醚相，醋酸回归值的平

均绝对误差为 0.013（质量分数），平均相对误差为 6.7%。在"R-1"文件的"Results|Profiles"页面，可以看到各实验点温度、压力、两液相组成实验值与回归值的列表比较。在"R-1"文件的"Results|Correlation"页面，可以看到各回归参数的相关性。可以看到，由这组 LLE 实验数据回归的 NRTL 方程参数 B_{ij} 和 B_{ji} 存在不同程度的关联度。在"R-1"文件的"Results|Sum of Squares"页面，可看到目标函数收敛值的加权平方和值是 27725，均方根残差值 373，均方根残差值比较大。

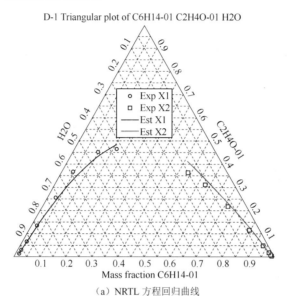

（a）NRTL 方程回归曲线

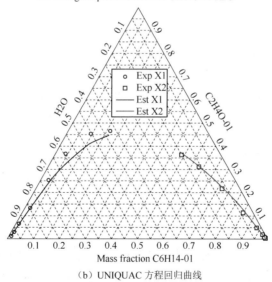

（b）UNIQUAC 方程回归曲线

图 1-118　异丙醚（1）-醋酸（2）-水（3）三元体系 LLE 相图

⑧ 数据绘图　在"R-1"文件的"Results"页面上，从下拉菜单"Plot"中点击"Plot Wizard"按钮，弹出绘图向导对话框，选择"Triangular"图标绘制 NRTL 方程回归曲线，见图 1-118（a）。重复步骤③～⑧，选择 UNIQUAC 方程，对该组实验数据重新进行回归。由回归结果可以看到，温度回归值的平均绝对误差为 0.04℃，平均相对误差为 0.15%；压

力回归值没有误差；在富水相，醋酸回归值的平均绝对误差为 0.0165（质量分数），平均相对误差为 5.18%；在富醚相，醋酸回归值的平均绝对误差为 0.008（质量分数），平均相对误差为 5.55%；目标函数收敛值的加权平方和值是 308161，均方根残差值 392.5，均方根残差值比 NRTL 方程稍大，由 UNIQUAC 方程绘制的回归曲线见图 1-118（b）。

习题

1-1 估算乙基溶纤剂的物性。

乙基溶纤剂（Ethylcellosolve）为无色液体，常用作有机合成反应介质、溶剂、清洁剂、稀释剂等。某种乙基溶纤剂的沸点为 195℃，结构式：$CH_3CH_2—O—CH_2CH_2—O—CH_2CH_2—OH$，试估算其物性。

1-2 估算异丁基醇的物性。

异丁基醇（2-Methyl-1-propanol）是一种有机合成的原料，也用作高级溶剂。已知其沸点 107.6℃，临界温度 274.6℃，临界压力 43bar。试估算异丁基醇的全部纯组分物性，并把估算结果与 Aspen Plus 软件数据库中的物性数据列表比较。

1-3 估算三乙基苯的物性。

已知 1，3，5-三乙基苯（1，3，5-Triethylbenzene）熔点与沸点分别是 –66℃和 215℃，25℃时的密度为 0.862 g/mL。试估算其全部纯组分物性，并把估算结果与 Aspen Plus 软件数据库中的物性数据列表比较。

1-4 估算非数据库组分二甲基己二酸酯物性。

已知二甲基己二酸酯沸点为 235.68℃，60℉下的密度为 1.06g/mL，试估算二甲基己二酸酯的物性参数。

1-5 苯熔点参数估算。

估算苯的固体标准生成焓与固体标准 Gibbs 自由能。

1-6 估算甲基异丁基酮合成反应器出料性质。

该物料温度 56.4℃，压力 6.1bar，主要成分见本题附表，求该混合物的焓值（kJ/kg）、热容［kJ/(kg·K)］、热导率［W/(m·K)］、密度（kg/m³）、黏度（Pa·s）、表面张力（N/m）等性质。

习题 1-6 附表　MIBK 合成反应物组成

组分	H_2O	丙酮	MIBK	二异丁基甲酮	2-甲基戊烷	合计
质量分数	0.0522	0.6930	0.2410	0.0086	0.0052	1.0000

1-7 计算湿空气流的准数。

含水蒸气的空气流在内径为 12.06cm 的固定床中干燥，吸附剂为当量直径 3.3mm 的活性氧化铝，其空隙度为 0.442。床层压力为 653.3kPa，温度为 21℃，气体流率为 1.327kg/min，露点温度为 11.2℃。计算空气流 Prandtl 数、Reynolds 数与 Schmidt 数。

1-8 计算水蒸气潜热和 Prandtl 数。

估算常压下、0~100℃温度范围内水的 Prandtl 数值和 100~200℃范围内水的汽化潜热，并与本题附表文献数据比较误差。

1-9 估算二氧六环水溶液凝固点。

求二氧六环水溶液在常压、质量分数 0~1.0 范围内的凝固点曲线。

1-10 估算常压下全浓度范围内甲醇-水溶液的凝固点。

温度/℃	0	20	40	60	80	100
Prandtl 数	13.47338	6.99771	4.32545	2.98128	2.21821	1.74917
温度/℃	100	120	140	160	180	200
汽化潜热/(kJ/kg)	2256.6	2202.4	2144.6	2082.3	2014.5	1940.1

1-11　求乙酸乙酯和乙醇溶液的泡点温度和露点温度。

求常压下含 0.8（摩尔分数）乙酸乙酯（A）和 0.2 乙醇（E）物流的泡点温度和露点温度。液相活性系数用 Van Laar 方程，$A_{AE}=0.144$，$A_{EA}=0.170$。

1-12　求萘与苯混合物在常压下的固液熔融平衡（SLE）相图。

已知萘与苯混合物的熔融液为理想溶液，固相不互溶，试估算常压下萘与苯二元 SLE 关系，求：①SLE 相图；②最低共熔点温度和组成各是多少。

1-13　求甲乙酮与水共沸相图。

已知甲乙酮与水形成共沸，求该物系在常压和 7atm 下的共沸组成。

1-14　求丙酮-甲醇-氯仿三元物系在常压下的共沸温度与共沸组成。

1-15　求丙酮-乙醇-氯仿三元物系在 63.2℃下的共沸压力与共沸组成。

1-16　计算 2,4-二甲基戊烷与苯萃取精馏塔内适宜溶剂浓度。

已知 2,4-二甲基戊烷与苯能形成共沸物，它们的蒸气压非常接近，例如在 60℃时，纯 2,4-二甲基戊烷的蒸气压为 52.395kPa，而苯是 52.262kPa。为了改变它们的相对挥发度，考虑加入己二醇 $(CH_3)_2C(OH)CH_2CH(OH)CH_3$ 为萃取精馏溶剂，纯己二醇在 60℃ 的蒸气压仅为 0.133kPa。试确定在 60℃ 时，至少应维持己二醇的浓度为多大，才能使 2,4-二甲基戊烷与苯的相对挥发度在任何浓度下都不会小于 1。

1-17　查询二甲醚与水二元体系的全部 LLE 与 VLE 实验数据。

列表说明各组实验数据的温度、压力、浓度测定范围、实验数据发表文献名称与发表时间。

1-18　乙酸乙酯与乙醇二元体系 VLE 数据回归。

附表中列出了 1atm 下乙酸乙酯与乙醇二元体系 VLE 实验数据，请回归 Wilson、NRTL 与 UNIQUAC 方程的二元交互作用参数，在 T-xy 相图上绘制实验点与回归曲线。

习题 1-18 附表　乙酸乙酯（1）-乙醇（2）二元体系 VLE 数据（p=1atm）　　　浓度单位：摩尔分数

t/℃	x_{ETOAC}	y_{ETOAC}	t/℃	x_{ETOAC}	y_{ETOAC}	t/℃	x_{ETOAC}	y_{ETOAC}
78.45	0	0	73.8	0.2098	0.3143	72.3	0.7192	0.6475
77.4	0.0248	0.0577	73.7	0.2188	0.3234	72.5	0.7451	0.6725
77.2	0.0308	0.0706	73.3	0.2497	0.3517	72.8	0.7767	0.702
76.8	0.0468	0.1007	73	0.2786	0.3781	73	0.7973	0.7227
76.6	0.0535	0.1114	72.7	0.3086	0.4002	73.2	0.8194	0.7449
76.4	0.0615	0.1245	72.4	0.3377	0.4221	73.5	0.8398	0.7661
76.2	0.0691	0.1391	72.3	0.3554	0.4331	73.7	0.8503	0.7773
76.1	0.0734	0.1447	72	0.4019	0.4611	73.9	0.8634	0.7914
75.9	0.0848	0.1633	71.95	0.4184	0.4691	74.1	0.879	0.8074
75.6	0.1005	0.1868	71.9	0.4244	0.473	74.3	0.8916	0.8216
75.4	0.1093	0.1971	71.85	0.447	0.487	74.7	0.9154	0.8504
75.1	0.1216	0.2138	71.8	0.4651	0.4934	75.1	0.9367	0.8798
75	0.1291	0.2234	71.75	0.4755	0.4995	75.3	0.9445	0.8919

t/℃	x_{ETOAC}	y_{ETOAC}	t/℃	x_{ETOAC}	y_{ETOAC}	t/℃	x_{ETOAC}	y_{ETOAC}
74.8	0.1437	0.2402	71.7	0.51	0.5109	75.5	0.9526	0.9038
74.7	0.1468	0.2447	71.7	0.5669	0.5312	75.7	0.9634	0.9208
74.5	0.1606	0.262	71.75	0.5965	0.5452	76	0.9748	0.9348
74.3	0.1688	0.2712	71.8	0.6211	0.5652	76.2	0.9843	0.9526
74.2	0.1741	0.278	71.9	0.6425	0.5831	76.4	0.9903	0.9686
74.1	0.1796	0.2836	72	0.6695	0.604	77.15	1	1
74	0.1992	0.3036	72.1	0.6854	0.6169			

1-19　异丙醚-1-丙醇-水三元体系 LLE 数据回归。

从文献中查到两组等温异丙醚-1-丙醇-水三元体系 LLE 的实验数据，见本题附表，试用 NRTL 方程和 UNIQUAC 方程回归各组分间的二元交互作用参数，在三角相图上绘制实验点与回归曲线。

习题 1-19 附表　异丙醚（1）-1-丙醇（2）-水（3）三元体系 LLE 实验数据

条件	富水相摩尔分数			富醚相摩尔分数		
	x_1	x_2	x_3	x_1	x_2	x_3
298.2 K，1atm	0.0016	1×10^{-7}	0.9984	0.9984	1×10^{-7}	0.0016
	0.0072	0.064	0.9288	0.9061	0.0889	0.005
	0.017	0.128	0.855	0.7991	0.1899	0.011
	0.0229	0.1521	0.825	0.7297	0.2528	0.0175
	0.0417	0.1992	0.7591	0.6312	0.3208	0.048
	0.0936	0.2887	0.6177	0.584	0.341	0.075
	0.15	0.3405	0.5095	0.5554	0.351	0.0936
313.2 K，1atm	0.0038	1×10^{-7}	0.9962	0.9662	1×10^{-7}	0.0338
	0.0043	0.0677	0.928	0.9064	0.0472	0.0464
	0.0084	0.1075	0.8841	0.8195	0.1097	0.0708
	0.0149	0.145	0.8401	0.768	0.144	0.088
	0.0227	0.1872	0.7901	0.6683	0.2065	0.1252
	0.0388	0.2288	0.7324	0.6154	0.2381	0.1465
	0.0706	0.2987	0.6307	0.5408	0.2802	0.179

参考文献

[1]　姚虎卿，管国锋. 化工辞典[M]. 第 5 版. 北京：化学工业出版社，2014.

[2]　卢焕章. 石油化工基础数据手册[M]. 北京：化学工业出版社，1984.

[3]　马沛生. 石油化工基础数据手册续编[M]. 北京：化学工业出版社，1993.

[4]　《化学工程手册》编辑委员会. 化学工程手册[M]. 第 2 版. 北京：化学工业出版社，1996.

[5]　陈冠荣. 化工百科全书[M]. 北京：化学工业出版社，1998.

[6]　Perry R H，Green D W. Perry's Chemical Engineers' Handbook[M]. 8th ed. New York: McGraw Hill, 2008.

[7]　Haynes W M. CRC handbook of chemistry and physics (Internet Version)[M]. 92nd ed. Boca Raton, FL: CRC Press/Taylor and Francis，2012.

[8]　Speight J G. Lange's Chemistry Handbook [M]. 16th ed. New York: McGraw Hill, 2004.

[9] Kirk-Othmer. Kirk-Othmer Encyclopedia of Chemical Technology[M]. 5th ed. New York: John Wiley & Sons, 2007.

[10] 郑秀玉, 吴志民, 陆恩锡. 国际权威化工数据库 DECHEMA 及其应用[J]. 当代化工, 2011, 40（1）: 94-103.

[11] 廖文俊, 丁柳柳. 熔融盐蓄热技术及其在太阳热发电中的应用[J].装备机械, 2013, 46（3）: 55-60.

[12] Gmehling J, Onken U, Arlt W, et al. Vapor-liquid equilibrium data collection[M]. DECHEMA, Chemistry Data Series，vol.1, Frankfurt am Main, Germany: Deutsche Gesellschaft für Chemisches Aparatewesen, 1977-2016.

[13] Diky V, Chirico R D, Muzny C D, et al. ThermoData Engine (TDE) Software Implementation of the Dynamic Data Evaluation Concept 7. Ternary Mixtures[J]. J Chem Inf Model, 2012, 52(1): 60-276.

[14] Diky V, Chirico R D, Muzny C D, et al. ThermoData Engine (TDE) Software Implementation of the Dynamic Data Evaluation Concept. 8. Properties of Material Streams and Solvent Design[J]. J Chem Inf Model, 2013, 53(1): 249-266.

[15] Beneke D，Peters M，Glasser D. Understanding Distillation Using Column Profile Maps[M]. Hoboken: John Wiley & Sons Inc, 2013.

[16] Seader J D，Henley E J, Roper D K. Separation Process Principles-Chemical and Biochemical Operations [M]. 3rd ed. Hoboken: John Wiley & Sons Inc, 2011.

[17] 刘光明, 王伟鹏. 基于 Aspen Plus 物性分析计算甲醇水溶液凝固点[J].化学工程, 2013, 46(6): 63-65.

[18] Ghanadzadeh H, Ghanadzadeh A, Bahrpaima Kh. Measurement and prediction of tieline data for mixtures of (water+1-propanol+diisopropyl ether): LLE diagrams as a function of temperature[J]. Fluid Phase Equilibria, 2009, 277: 126-130.

第2章

稳态过程的物料衡算与能量衡算

物料衡算是化工生产过程中用以确定物料比例和物料转变定量关系的计算过程，也是能量衡算的依据。对于新设计的生产车间，物料衡算与能量衡算的目的是确定设备主要工艺尺寸，确定设备的热负荷，选择设备传热型式、计算传热面积，确定传热所需要的加热剂或冷却剂用量及伴有热效应的温升情况。对于已投产生产车间，物料衡算与能量衡算目的是对设备进行工艺核算，找出装置的生产瓶颈，提高设备效率，降低单位产品的能耗和生产成本。因此，物料衡算与能量衡算是进行化工工艺设计、过程经济评价、节能分析以及过程最优化的基础。用 Aspen Plus 软件进行稳态过程的物料衡算与能量衡算，虽然可以大大提高计算的速率，但仍然需要遵守物料衡算与能量衡算的基本规则，把规则应用于软件的操作之中，软件计算结果才可能合理与可行。

2.1 衡算方法

2.1.1 基本概念

在化工过程中，物料平衡是指在单位时间内进入系统的全部物料质量等于离开该系统的全部物料质量再加上损失掉的与积累起来的物料质量，遵守质量守恒定律。物料衡算按操作方式可分为间歇操作、连续操作以及半连续操作三类衡算。间歇过程及半连续过程是不稳态操作，连续过程在正常操作期间，属于稳态操作；在开、停工期间或操作条件变化和出现故障时，则属于不稳态操作。化工过程操作状态不同，物料衡算方法也不同。

能量衡算是根据能量守恒定律，利用能量传递和转化规则，以确定能量比例和能量转变定量关系的过程。能量衡算的理论依据是热力学第一定律，即体系的能量总变化等于体系所吸收的热减去环境对体系所做的功。由于化工过程能量的流动比较复杂，往往几种不同形式的能量同时在一个体系中出现。在能量衡算之前，必须分析体系可能存在的能量形式。

简单化工操作单元的物料衡算与能量衡算可以手工进行，复杂流程的物料衡算与能量衡算用手工计算非常困难，而任何情况下使用模拟软件进行物料衡算与能量衡算都是很方便的。

2.1.2 衡算方程式

根据质量守恒定律，一个体系内质量流动及变化的情况可用数学公式描述物料平衡关系，称为物料平衡方程式，其基本表达式为式（2-1）。

$$\Sigma F_0 = \Sigma D + A + \Sigma B \qquad (2\text{-}1)$$

式中，F_0 为输入体系的物料质量流率；D 为离开体系的物料质量流率；A 为体系内积累的物料质量流率；B 为过程损失的物料质量流率。

式（2-1）为物料平衡的普遍式，可以对进出体系的总物料流率进行衡算，也可以对体系内的任一组分或任一元素的质量流率进行衡算。

稳态过程的总能量衡算式是伯努利方程式，但化工过程的位能变化、动能变化相对较小，可忽略不计，因此稳态过程总能量衡算可简化成式（2-2）。

$$Q_1 + Q_2 + Q_3 = Q_4 + Q_5 + Q_6 + Q_7 \qquad (2\text{-}2)$$

式中，Q_1 为物料带入热，如有多股物料进入，应是各股物料带入热量之和；Q_2 为过程放出的热，包括反应热、冷凝热、溶解热、混合热和凝固热等；Q_3 为从加热介质获得的热量；Q_4 为物料带出热，如有多股物料带出，应是各股物料带出热量之和；Q_5 为冷却介质带出的热；Q_6 为过程吸收的热，包括反应吸热、汽化吸热、溶解吸热、解吸吸热和熔融吸热等；Q_7 为热损失。

式（2-2）的理论依据是热力学第一定律，该式表明，对于稳态过程，输入系统的热量总和等于输出系统的热量总和加上系统热量损失。

2.1.3　衡算的基本步骤

化工流程多种多样，物料衡算与能量衡算的具体内容和计算方法可以有多种形式。手工计算时，必须首先进行物料衡算，绘制以单位时间为基准的物料流程图，确定热量平衡范围，然后进行热量衡算。用 Aspen Plus 软件计算时，物料衡算与能量衡算是同时进行的，为了有层次地、循序渐进地进行衡算，必须遵循一定的设计规范，按一定的步骤和顺序进行，以加速计算过程收敛。

（1）收集数据资料　一般需要收集的数据和资料包括生产规模和生产时间（即年生产时数）、有关的定额、收率、转化率、原料、辅助材料、产品、中间产品的规格、与过程计算有关的物理化学常数等。

（2）选定计算基准　温度的计量单位可采用摄氏温度或热力学温度，压力的计量单位可采用"kPa"、"atm"或其他，压力基准可选用绝对压力或表压。在工程设计中，用表压进行计算更符合工厂现场实况。物流量的计算基准可选质量基准、摩尔基准、体积基准。对于连续生产，以"s、h、d"作为投料量或产品量的时间基准，这种基准可直接联系到生产规模和设备设计计算。用 Aspen Plus 软件进行衡算时，以单位时间的投料量为起点进行计算比较方便。当系统介质为固体或液体时，一般以质量为计算基准，对气体物料进行计算时，一般以体积作为计算基准。若用标准体积为计算基准，即把操作条件下的体积换算为标准状态下的体积，这样不仅与温度、压力变化没有关系，而且可以直接换算为物质的量（mol）。选用恰当的基准可使计算过程简化，一般有化学变化的过程宜用质量作基准，没有化学变化的过程常采用质量或物质的量作基准。计算过程中，必须把计量单位统一，并且在计算过程中保持前后一致，可避免出现差错。

（3）确定化学反应方程式　列出各个过程的主、副化学反应方程式，明确反应前后的物料组成及各个组分之间的定量关系，若计算反应器大小，还需要掌握反应动力学数据。当副反应很多时，对那些次要的，而且所占的比重也很小的副反应，可以略去，或将类型相近的若干副反应合并，以其中之一为代表，以简化计算，但这样处理所引起的误差必须在允许误差范围之内，而对于那些产生有害物质或明显影响产品质量的副反应，其量虽小，却不能随便略去，因为这是进行某些分离、精制设备设计和三废治理设计的重要依据。

（4）确定计算任务　根据工艺流程示意图和化学反应方程式，分析物流、热流经过每一过程、每一设备在数量、组成及物流、热流走向所发生的变化，并分析数据资料，进一步明确已知项和待求的未知项。对于未知项，判断哪些是可以查到的，哪些是必须通过计算求出的，从而弄清计算任务。

（5）画出工艺流程示意图　对于稳态过程，着重考虑物流、热流的流向，对设备的外形、尺寸、比例等并不严格要求，与物料、能量衡算有关的内容必须无一遗漏，所有物流、热流管线均须画出。

（6）根据工艺流程图抽象构成软件模拟流程　充分理解基本工艺路线，明确本流程的主干与枝干，选择软件中合适的模块或模块组合构成软件模拟流程，以反映流程的模拟需求。

（7）校核计算结果　当计算全部完成后，对计算结果进行整理，编制物料、热量平衡表或绘制物料、热量流程图。通过物料、热量平衡表可以直接检查计算是否准确，分析结果组成是否合理，并易于发现存在的问题，从而判断其合理性，提出改进方案。

2.1.4　用软件进行物料衡算与能量衡算的要点

以上物料衡算和能量衡算步骤表达了衡算过程的一般规则，对手工计算或软件计算都是同样适用的，但软件计算的完整性、严谨性、迅捷性，又具有自身特点，在用软件进行物料衡算和能量衡算时充分注意到这些特点，可以少走弯路，加快衡算进度。

（1）选择合适的计量单位模板　模板"Template"是 Aspen Plus 软件为不同计算过程编制的含缺省项的起始空白程序，包括计量单位集、物流组成信息和性质、物流报告格式以及其他特定的应用缺省项。模板分为普通模拟过程与石油加工过程两大类，每大类又含有若干套，每套都包含英制与公制两种计量单位集，见表 2-1。在模拟过程的开始，选择一套合适的模板，可以简化模拟过程在输入与输出数据时的操作工作量，减少数据输入时的误差，提高模拟结果的可读性。例如，模拟开始时选择公制计量单位集的电解质模板，软件默认的计量单位为：温度（℃），压力（bar），质量流率（kg/h），摩尔流率（kmol/h），体积流率（m^3/h）；默认热力学方法是 ELECNRTL，并自动设置为全局性性质方法；默认输出物流的基准是质量流率，模拟结果默认采用"ELEC_M"的输出格式；自动选择水作为物流的第一组分，并自动把水的所有物性数据从数据库中调入运算程序中。

表 2-1　Aspen Plus 软件中的模板名称

普通模拟过程	石油加工过程
Air Separation 空气分离	Aromatics - BTX Column and Extraction 芳烃精馏与萃取
Aspen IPE Stream Properties 投资估算	
Blank Simulation 空白模拟	Catalytic Reformer 催化重整
Chemicals with Metric Units 化学过程	Crude Fractionation 原油分馏
Electrolytes with Metric Units 含电解质过程	Customized Stream Report 传统物流性质
Gas Processing with Metric Units 气体分离	FCC and Coker 催化裂化和焦化
General with Metric Units 通用过程	
Hydrometallurgy with Metric Units 湿法冶金	Gas Plant 气体工厂
Petroleum with Metric Units 石油加工	Generic with Customized Stream Report 通用和传统物流性质
Pharmaceuticals with Metric Units 药物加工	
Polymers with Met-C_bar_hr Units 高聚物加工	
Pyrometallurgy with Metric Units 热法冶金	HF Alkylation 氢氟酸烷基化
Solids with Metric Units 含固体	Sour Water Treatment 酸水处理
Specialty Chemicals with Metric Units 专用化学品	Sulfur Recovery 硫回收

（2）选择合适的性质方法　Aspen Plus 软件把模拟计算一个流程所需要的热力学性质与传递性质的计算方法与计算模型都组合在一起，称之为性质方法，每种性质方法以其中主要

的热力学模型冠名，软件中共有 80 多种性质方法供操作者选择使用。针对不同的模拟体系，选择合适的性质方法用于模拟过程是获得正确计算结果的前提。

流程模拟中几乎所有的单元操作模型都需要热力学性质与传递性质的计算，其中主要有逸度系数、相平衡常数、焓、熵、Gibbs 自由能、密度、黏度、热导率、扩散系数、表面张力等。迄今为止，没有任何一个热力学模型与传递模型能适用于所有的物系和所有的过程。因此，性质方法的恰当选择和正确使用决定着计算结果的准确性、可靠性和模拟成功与否。一方面，若性质方法选择不当，只要模拟过程收敛，即使结果不合理，软件也不会提示出错信息。另一方面，即使性质方法选择正确，但使用不当也会产生错误结果。因为性质方法计算的准确程度由模型方程式本身和它的用法所决定，如热力学模型的使用往往涉及原始数据的合理选取、模型参数的估计、从纯物质参数计算混合物参数时混合规则的选择等问题，均需要正确处理。如果对选择性质方法心存疑虑，可以参考图 2-1 选择性质方法的参考指南，供选择性质方法时参考。

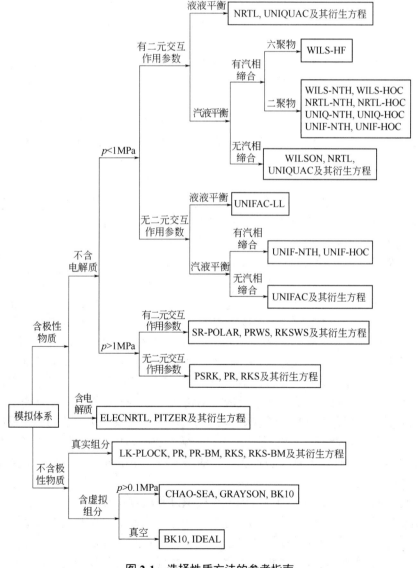

图 2-1　选择性质方法的参考指南

使用图 2-1 的前提是已知模拟过程的物流组成、体系压力、温度范围，其中虚拟组分是指石油馏分或化学结构相似的集总组分。图 2-1 并未概括软件中所有的性质方法，随着软件版本的更新，新的性质方法也会不断充实进来，但该图给出了一个性质方法的选择方向。

（3）输入组分的数量要完整　与人工物料衡算不同，用软件进行物料衡算时，首先必须向软件输入组分名称，通知软件调用数据库中该组分的全部物性数据参与运算。输入的组分数量要完整，包括所有输入物流与输出物流中的全部组分。对于物理过程，输入物流中的组分数等于输出物流中的组分数；对于含化学反应的过程，输入物流中的组分数不一定等于输出物流中的组分数，在模拟计算起始向软件输入组分时，一定要把化学反应中可能新生成的组分添加进去。对于非数据库组分，可将软件运行模式改成性质估算模式"Property Estimation"，对非数据库组分的物性进行估算后，再将软件运行模式改成流程模拟模式"Flowsheet"进行物料衡算。对于含电解质的过程，要考虑可能存在的离子反应，借助于软件中的电解质向导，构建体系中的真实组分、表观组分及结晶化合物。

（4）熟悉模块功能及其计算方法　软件中的模块本质上是计算方法的图形显示，有的一个模块仅对应一种算法，如混合器、分配器、单相分离器及精馏塔的简捷计算等模块等；有的一个模块可包含几种算法，如精馏塔的严格计算模块"RadFrac"中包含了速率模型和平衡级模型两大类算法，其中平衡级模型又包括内外法、流率加和法、同时校正法等，可根据操作者意愿选择运行。熟悉软件的模块功能，可快速正确地建立起物料衡算与能量衡算的模拟流程。

（5）了解软件对物性术语的缩写　Aspen Plus 是英文软件，操作界面上的指令都用英文表示，易于理解。但物流的物性均用缩略语表示，很难记忆。在编制物料平衡表时，需要同时列出各物流的物性，就要向软件提出输出特定物性的要求，若能熟悉软件常用物性术语的缩写方式，则可方便地输出物流的物性。

（6）尽量使用软件自带的过程数据包　在软件安装目录中，有一个"GUI"文件夹，包含了多个软件模拟计算例题的子文件夹。在这些子文件夹中，有的是软件使用方法的介绍，如绘图向导"Plotwizard"文件夹；有的是对各种化工过程完整模拟计算的文件，如"App"文件夹；有的是仅提供原始实验数据，如"Asy"文件夹中包含了全球各地原油的实沸点数据；有的是提供特定化工过程的基础数据包，如综合过程数据包"Datapkg"文件夹与电解质过程数据包"Elecins"文件夹。"Datapkg"文件夹中包含了 15 个综合化工过程的".bkp"数据包文件，"Elecins"文件夹中包含 93 个电解质过程的".bkp"数据包文件。这两个文件夹的详细内容介绍见附录 1 和附录 2。在每一个数据包文件中，模拟体系的组分、工艺条件、性质方法已经确定，尤其是已经包含了针对该体系模拟计算需要的热力学基础数据，部分还包含了动力学数据。对于电解质过程，数据包文件中包含了体系中的全部分子组分与离子组分，各级电离过程的反应方程式、化学反应平衡常数与各离子对的二元交互作用参数。以软件自带的".bkp"数据包文件作为模拟计算的起点，可以免除性质方法选择、反应方程式输入等步骤，直接进行流程绘制与物流输入，模拟计算结果正确的可能性要大得多。如果".bkp"数据包文件中的组分与操作者欲模拟计算过程的组分有少量的差异，也可以对数据包文件中的组分进行调整。

（7）学会判断计算结果的正确性　当一个模拟过程运算正常收敛后，软件状态栏上提示"Results Available"，表示计算有了结果，这并不表示结果正确。结果是否正确，不能指望模拟软件提供结论，而应依靠软件操作者自己的判断。判断的基础是对模拟过程的细致了解、化工专业知识的深刻领会、模拟过程工业背景的熟悉程度、工业装置的现场操作数据等综合评价等。

2.2 简单物理过程

2.2.1 混合过程

在化工生产中，固体、液体、气体物质溶解于溶剂的过程是常见的单元操作，涉及溶解度和溶解热的计算。物质溶解于溶剂的过程通常经过两个过程：一种是溶质分子（或离子）在溶剂中的扩散过程，这种过程为物理过程，需要吸收热量；另一种是溶质分子（或离子）和溶剂分子作用，形成溶剂化分子的过程，这是化学过程，放出热量。当放出的热量大于吸收的热量时，溶液温度就会升高，如浓硫酸、氢氧化钠等；当放出的热量小于吸收的热量时，溶液温度就会降低，如硝酸铵等；当放出的热量等于吸收的热量时，溶液温度不变，如盐、蔗糖等。多股物料的混合与一股物料分流成多股物料是化工生产中常见的操作，其物料与能量衡算可以用 Aspen Plus 中的混合器与分流器进行模拟。

例 2-1 混酸过程——电解质过程数据包应用。

硝基苯是一种有机合成中间体，常用作生产苯胺、染料、香料、炸药等的原料。其生产方法是以苯为原料，以硝酸和硫酸的混合酸为硝化剂进行苯的硝化而制得。现用三种酸（组成见例 2-1 附表 1）常压下配制硝化混合酸，要求混合酸含 0.27（质量分数）HNO_3 及 0.60（质量分数）H_2SO_4，混合酸流率 2000kg/h。求：（1）三种原料酸的流率；（2）若原料酸的温度均为 25℃，混合过程绝热，计算混合酸的温度、密度、黏度、表面张力。

例 2-1 附表 1　三种酸的组成 （质量分数）

酸类型	温度/℃	硝酸含量	硫酸含量	水含量	合计
浓硝酸	25	0.9		0.1	1.00
浓硫酸	25		0.93	0.07	1.00
循环酸	25	0.22	0.57	0.21	1.00

解　首先物料衡算求原料用量　设混合过程稳定，无物料损失，根据式（2-1），输入体系的物料质量流率应该等于离开体系的物料质量流率。以 x, y, z 分别代表循环酸、浓硫酸、浓硝酸的原料质量流率，列出以下物料衡算方程组：

$$0.22x + 0.9z = 2000 \times 0.27$$
$$0.57x + 0.93y = 2000 \times 0.6$$
$$0.21x + 0.07y + 0.1z = 2000 \times (1 - 0.27 - 0.6)$$

解出循环酸 x = 768.85kg/h，浓硫酸 y = 819.09kg/h，浓硝酸 z = 412.06kg/h。下面用 Aspen Plus 软件中的混合器模块"Mixer"模拟计算。

① 选择电解质过程数据包　在软件安装位置"GUI"文件夹的"Elecins"子文件夹中，选择水与硫酸电解质过程数据包"eh2so4"，把此文件复制到另一文件夹中打开，默认计算类型"Flowsheet"。对物流的数据格式进行设置，在"Setup| Report Options|Stream"页面的"Fraction basis"栏中选择质量流率和质量分数，在"Stream format"栏中选择"ELEC_E"电解质输出格式。单击"Next"按钮，进入组分输入窗口，原数据包中已包含了水、硫酸体系的所有分子组分与离子组分，只需要在"Component ID"中再加入硝酸组分。

② 再次确定体系的构成　加入硝酸后，溶液中的离子成分需要重新确定，点击"Elec Wizard"按钮，进入电解质体系构建方法向导窗口，见图 2-2。单击"Next"按钮，进入

基础组分与离子反应选择页面，把混合酸溶液的各个电解质组分选入到"Selected components"栏目中，离子反应类型用默认选择，如图 2-3 所示。

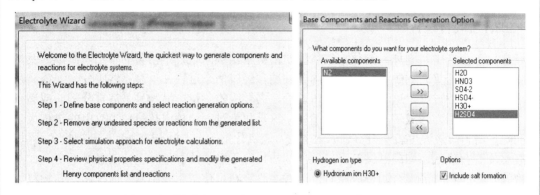

图 2-2　电解质体系构建方法向导　　　图 2-3　基础组分与离子反应类型选择

单击"Next"按钮，进入溶液离子种类和离子反应方程式确认页面。热力学模型选用"ELECNRTL"，如图 2-4 所示，单击"Next"按钮予以确认。在软件询问电解质溶液组成表达方式时，选择"Apparent component approach"，使计算结果仍然用溶液的表观组成表示，以方便阅读计算结果。连续单击"Next"按钮，确认软件已选择的热力学模型参数、电解质离子对参数。软件"Elec Wizard"功能构建的混合酸溶液电解质体系的实际组分如图 2-5 所示。

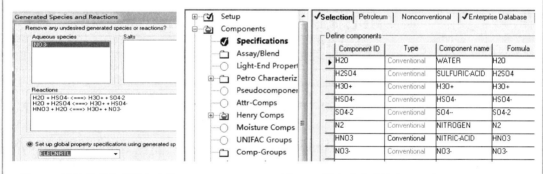

图 2-4　溶液体系构成要素确认　　　图 2-5　混合酸溶液的实际组分

③ 画流程图　选择混合器模块"Mixers"，拖放到工艺流程图窗口，用物流线连接混合器的进出口，如图 2-6 所示。依次双击进料物流号，把三股原料酸的进料物流信息填入对应栏目中。

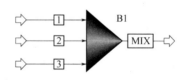

图 2-6　混合流程图

④ 设置混合器参数　在混合器模块"Input|Flash options"页面，填写闪蒸压力 1atm、液相混合。

⑤ 设置物性输出　在"Properties|Prop-Sets|Properties"页面，创建一个输出物性集名"PS-1"，选择题目要求输出的物性名称，如图 2-7 所示。在"Qualifiers"页面，选择物流

的相态为"Liquid"。在"Setup|Report Options|Stream"页面，点击"Property-Sets"按钮，在弹出的对话框中选择物性集"PS-1"，使"PS-1"数据能够输出，见图2-8。至此，混合器模拟计算需要的信息已经设置完毕，点击计算。

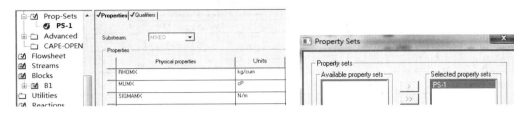

图 2-7　设置输出物性的名称与计量单位　　　　图 2-8　选择输出物性集

⑥ 查看计算结果　计算结果如图2-9所示。

	1	2	3	MIX
Temperature C	25.0	25.0	25.0	45.1
Mass Flow kg/hr	412.060	819.090	768.850	2000.000
Volume Flow cum/hr	0.266	0.461	0.473	1.212
Enthalpy　MMBtu/hr	-1.623	-6.996	-6.521	-15.140
Mass Flow kg/hr				
H2O	41.206	57.336	161.458	260.001
H2SO4		761.754	438.245	1199.998
HNO3	370.854		169.147	540.001
Mass Frac				
H2O	0.100	0.070	0.210	0.130
H2SO4		0.930	0.570	0.600
HNO3	0.900		0.220	0.270
∞∞∞ LIQUID PHASE ∞∞∞				
Density kg/cum	1550.787	1777.933	1624.451	1649.600
Viscosity cP	0.867	24.858	5.030	4.204
Surface Ten N/m	0.057	0.072	0.082	0.075

图 2-9　酸混合过程计算结果

由图2-9可知，混合酸的质量流率2000kg/h，等于三种原料酸的质量流率和，即混合过程总物料平衡。由于采用了电解质溶液的表观组成表示方法，各物流中只显示表观组分含量，混合酸的硫酸质量分数是 60%，硝酸的质量分数是 27%，达到题目要求。另外，可以看到各物流的物性，其中混合酸的温度为 45.1℃，密度 1649.6kg/m^3，黏度 4.2cP（1cP=1×10^{-3}Pa·s），表面张力 0.075N/m。

此混合过程也可手工计算，依据是硫酸溶于水的积分溶解热曲线，或依据25℃时1mol硫酸溶解到水中的积分溶解热与水物质的量 n 的关系［式（2-3）］。因硝酸溶于水的积分溶解热数值相对很小，可忽略不计。引用图2-9对4股物流的物性计算值，由式（2-3）计算得到的各物流的放热量见例-1附表2。

$$\Delta H = -74.73n / (n+1.789) \qquad (kJ/molH_2SO_4) \qquad (2\text{-}3)$$

混合过程总的放热量：$Q = [-363310-(-176490-108170)] = -78650(kJ/h)$

查出混合酸的热容是 105.9kJ/(kmol·K)、混合酸的摩尔流率为 35.238kmol/h，故混合酸的温升是：

$$\Delta t = \Delta Q / (wC_p) = 78650 / (35.24 \times 105.9) = 21.1 \quad (℃)$$

则混合酸的温度是 $25 + 21.1 = 46.1$（℃），与模拟计算的混合酸温度近似。

例 2-1 附表 2　混合过程各物流的放热量

项　目	物　流　号			
	1	2	3	4
温度/℃	25.00	25.00	25.00	
质量流率/(kg/h)				
H_2O	161.46	57.34	41.21	260.00
H_2SO_4	438.24	761.75	0.00	1200.00
HNO_3	169.15	0.00	370.85	540.00
Σ	768.85	819.09	412.06	2000.00
H_2O/H_2SO_4 摩尔比	2.01	0.41		1.18
1mol 硫酸放热/kJ	−39.50	−13.93		−29.69
物流放热/(kJ/h)	−176490	−108170		−363310

2.2.2　汽化过程

汽化热是温度不变时，单位质量液体物质在汽化过程中吸收的热量。化工生产中有很多不同温度等级的高温物流，除了可以进行冷热物流的相互换热外，也可以利用高温物流作为热源来生产水蒸气，使生产过程所需的动力和热能得以全部或部分自给，提高整个工厂的热效率和经济效益。

例 2-2　废热锅炉产汽量——"Heatx"模块应用。

某化工厂计划用高温废气生产水蒸气，进入废热锅炉的废气温度 450℃，压力 300kPa，出口废气的温度 260℃，进入锅炉的水温 25℃，产生 3.0MPa 的饱和水蒸气，试计算每 100kmol 废气可产生的水蒸气量。

解　① 全局性参数设置　计算类型"Flowsheet"，用氮气代替废气，在组分输入窗口"Component ID"中输入氮气、水，把氮气设置为亨利组分，选用"TEAM-TA"质方法计算水蒸气性质。

② 绘制流程图　废热锅炉采用两股流体换热器"HeatX"模块计算，热流体可能较脏走管程，冷流体一般比较洁净走壳程，流程见图 2-10。

③ 设置流股信息　把题目给定的氮气物流信息填入对应栏目中，水的用量不知，暂时填写 200kg/h，由"Design Specs"功能确定准确值。

④ 设置模块信息　在换热器模块的"Setup|Specifications"页面，指定采用换热器的简捷模式计算，指定冷流体出口汽化分率为 1.0。在换热器模块的"Block Options|Properties"页面，管程氮气物流的物性计算采用 SRK 方程，见图 2-11。

⑤ 反馈计算求进水量　在"Flowsheeting Options|Design Specs|Input|Define"页面，创建一个流程变量"N2OUT"，定义为废热锅炉氮气出口温度；在"|Input|Spec"页面，规定变量"N2OUT"为 260℃，设置计算允许误差 0.01℃；在"|Input|Vary"页面，设置废热锅炉进水"3H2O"的流率范围为 100~300kg/h。

⑥ 模拟计算　结果见图 2-12，图 2-12（a）给出了冷热流体的始终状态与废热锅炉

的热负荷，图 2-12（b）给出了冷热流体的流率。可见热流体的出口温度为规定的 260℃，冷流体的出口温度为 233.9℃，废热锅炉的热负荷为 160kW，生产 3.0MPa 饱和水蒸气 213.9kg/h。

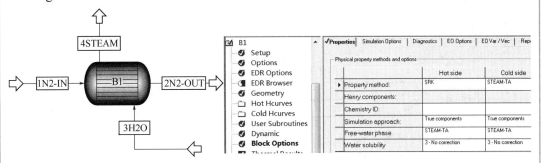

图 2-10　废热锅炉流程图　　　　图 2-11　壳程与管程的物性计算选择不同的性质方法

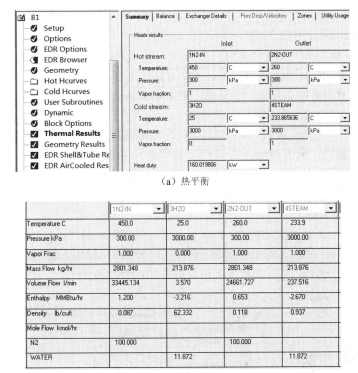

（a）热平衡

（b）进出口物流

图 2-12　废热锅炉计算结果

2.2.3　单级相平衡过程

单级相平衡过程是指两相流体经一次充分混合、相互传质达到平衡后再分离的过程。由于平衡两相的组成不同，因而可起到一个平衡级的分离作用。化工过程中常见到的一些单元操作，如闪蒸罐、蒸发器、分液罐等，其操作原理近似于单级相平衡过程，在进行相关的设计计算时，可归纳为单级相平衡分离计算。这些计算包括汽（气）液平衡、液液平衡、汽（气）液液三相平衡、液固平衡、气固平衡等，对应于 Aspen Plus 软件中的 Flash2、Decanter、Flash3、

Crystallzer、HyCyc 等计算模块，可根据需要选择使用。

例 **2-3** 汽-液-液三相平衡计算——Sensitivity 功能考察相变点温度。

已知合成苯乙烯固定床反应器出口气体流率如附表，如果将该物料在 300kPa 下从150℃降温到 38℃，问：（1）是否分相；（2）若分相，求各相的流率与组成；（3）分相时的温度。

例 2-3 附表　混合气体组成

组分	氢气	甲醇	水	甲苯	乙苯	苯乙烯
流率/(kmol/h)	350	107	491	107	141	350

解　因为混合物中含有氢气、水、醇、烃组分，降温后形成汽液液三相平衡的可能性较大，可用 Aspen Plus 中的汽液液三相平衡计算模块"Flash3"求解。

① 全局性参数设置　选择公制计量单位模板，计算类型"Flowsheet"，输入混合物中的所有组分，把氢气设置为亨利组分。

② 选择性质方法　考虑到可能会出现部分互溶，应选择"NRTL"性质方法。另外平衡压力为 300kPa，应该考虑汽相的非理想性，故可选择 NRTL-RK 方程。单击"Next"按钮，进入"Properties|Parameters|NRTL-1"页面，要求确认 NRTL 方程的二元交互作用参数。进料中有 6 个组分，应该有 15 对二元交互作用参数。可以看到软件显示的二元交互作用参数不全，只有 8 对。这时，可以在"Estimate missing parameters by UNIFAC"前面的方框内打钩，由 UNIFAC 方程计算缺失的二元交互作用参数。

③ 画流程图　选择汽液液三相平衡闪蒸器"Flash3"模块，拖放到工艺流程图窗口，用物流线连接进出口。为方便阅读，对物流编号进行更改，如图 2-13 所示。

④ 设置流股信息　双击进料物流号，把物流信息填入对应栏目中。

⑤ 设置闪蒸器操作参数　在闪蒸器模块的"Input|Specifications"页面，填写闪蒸温度 38℃，闪蒸压力 300kPa。

⑥ 模拟计算　计算结果如图 2-14 所示。在闪蒸器模块的"Results|Summary"页面，可看到闪蒸后的汽相分率为 0.239；闪蒸器的热负荷为–17.5MW，表明为维持 38℃的闪蒸温度，需要移除 17.5MW 的热量；有机相占总液相的分率 0.522。

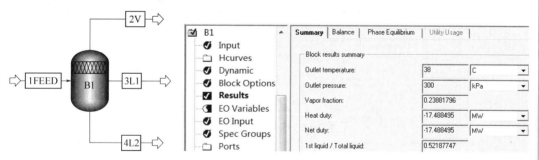

图 2-13　三相闪蒸流程图　　　　图 2-14　三相平衡闪蒸计算结果

在闪蒸器模块的"Results|Balance"页面，可看到进料总流率与三股出料的总流率之和相等，达到物料平衡。在闪蒸器模块的"Results|Phase Equilibrium"页面，可看到闪蒸后的相平衡数据，包括进料、闪蒸后三股物流的组成，汽相中各组分分别与两液相中组分的相平衡常数。在闪蒸器模块的"Streams Results|Material"页面，可看到闪蒸前后物流的详细信息，包括组分流率、摩尔分数、总流率、物流焓与熵、物流密度，平均分子量，如

图 2-15 所示。若希望增加出口物流的其他热力学性质或者传递性质的输出数据,可参照例 2-1 的方法进行设置。

	1FEED	2V	3L1	4L2
Temperature C	150.0	38.0	38.0	38.0
Pressure kPa	300.000	300.000	300.000	300.000
Vapor Frac	1.000	1.000	0.000	0.000
Mole Flow kmol/hr	1546.000	369.213	614.139	562.649
Mass Flow kg/hr	74261.243	1451.067	61490.254	11320.089
Volume Flow cum/hr	17689.683	3188.079	70.282	12.289
Enthalpy Gcal/hr	-15.439	-0.728	7.615	-37.364
Mole Flow kmol/hr				
H2	350.000	349.997	< 0.001	< 0.001
METHANOL	107.000	8.660	16.468	81.872
H2O	491.000	7.147	3.503	480.352
C7H8	107.000	1.430	105.466	0.105
C8H10-4	141.000	0.733	140.253	0.015
C8H8	350.000	1.246	348.450	0.306

图 2-15 闪蒸前后的物流信息

⑦ 考察相变温度点 为考察反应器出口混合气体在冷凝冷却过程中的相变温度点,可以利用软件的"Sensitivity"分析功能进行进一步的详细模拟计算。在"Model Analysis Tools|Sensitivity"页面,建立一个灵敏度分析文件"S-1",对闪蒸器的 3 股产品物流进行定义,对汽相物流的定义方式如图 2-16 所示。在"S-1"文件的"Input|Vary"页面,对自变量闪蒸温度进行定义,变化范围为 150~30℃,步长–1℃,如图 2-17 所示。在"S-1"文件的"Input|Tabulate"页面,设置计算数据输出格式,如图 2-18 所示,其中"V/1546"是要求软件输出汽相分率的计算值,以便观察相变点。

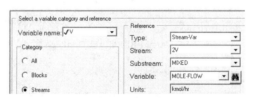

图 2-16 定义汽相物流

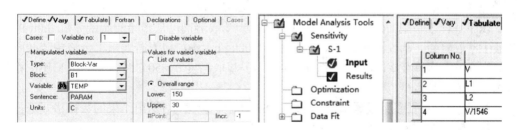

图 2-17 定义闪蒸器温度变化　　　图 2-18 定义输出物流

⑧ 模拟计算 计算结果见图 2-19。由图 2-19(a)可知,当反应器出口混合气体在 150~30℃的区间冷凝冷却时,汽相分率从 1.0 下降到 0.234,最终汽相中的主要成分是氢气;不同温度下的汽相分率曲线在 143℃和 107℃出现转折点,且在转折点的下方汽相分率加速下降,说明在这两个转折点上出现了相变。由图 2-19(b)可知,在 143℃开始产生第一液相,在 107℃开始产生第二液相,同时汽相流率曲线在这两个转折点上出现下降

转折点。综合两图信息，可以判断 143℃为体系一次露点，开始出现有机相冷凝，107℃为体系二次露点，出现水相冷凝，107℃也是体系泡点。

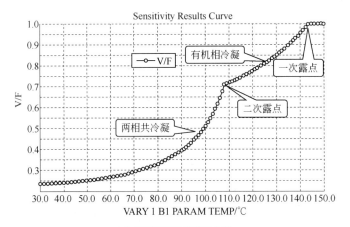

（a）不同温度下的汽相分率

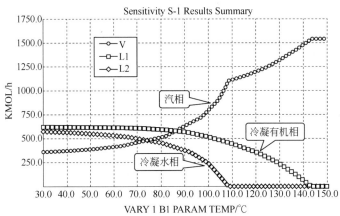

（b）不同温度下的物流流率

图 2-19　冷凝冷却过程中的相变温度点考察

例 2-4　液液相平衡（LLE）计算——Design Specifications 功能调整溶剂用量。

以甲基异丁基酮（$C_6H_{12}O$，简记 MIBK）为萃取溶剂，从含醋酸质量分数 0.08 的水溶液中萃取醋酸。萃取温度 25℃，进料量 13500kg/h。求：（1）若要求萃余液中醋酸质量分数为 0.01，问单级萃取时溶剂量为多少；（2）萃取温度 0～50℃时，醋酸在 MIBK 相和水相中的浓度是多少。

解　① 全局性参数设置　选择 SI-CBAR 计量单位集，对输出结果的数据格式选择质量分数，输入 MIBK、醋酸、水。

② 选择性质方法　因为是 LLE 计算，选择 UNIQUAC 方程，确认 UNIQUAC 方程的二元交互作用参数。进料中有 3 个组分，应该有 3 对二元交互作用参数。可以看到软件显示的二元交互作用参数齐全。同一对组分的二元交互作用参数可能有不同的数据库来源，如来源于汽液平衡（VLE），或者来源于 LLE。对于 LLE 计算，应该选择来源于 LLE 数据库的二元交互作用参数。在"Properties|Parameters|UNIQ-1|Input"页面，点击"Source"栏目，选择来源于 LLE 数据库的二元交互作用参数，见图 2-20（a）。应用软件的相图绘

制功能，绘制出 MIBK-醋酸-水体系在常压、25℃下的 LLE 相图，见图 2-20（b）。由图可见，萃取溶剂 MIBK 与醋酸互溶，与水微溶，因此可以从水相中萃取醋酸。

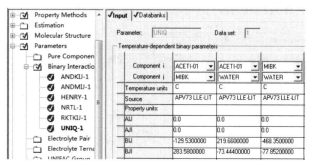

（a）UNIQUAC 方程的二元交互作用参数

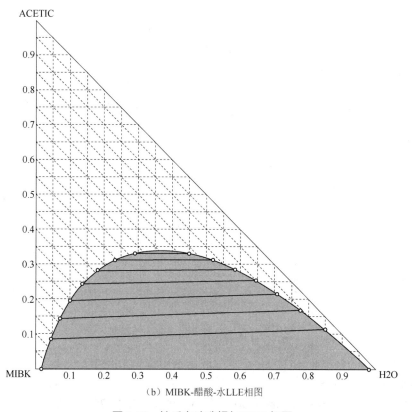

（b）MIBK-醋酸-水 LLE 相图

图 2-20　性质方法选择与 LLE 相图

③ 画流程图　把模块库中的"Decanter"模块拖放到工艺流程图窗口，用物流线连接萃取器的进出口，如图 2-21 所示。双击进料物流号，把题目给定的进料物流信息填入对应栏目中。溶剂 MIBK 的用量暂时不知道，以估计的 140000kg/h 填入。

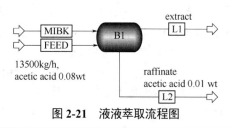

图 2-21　液液萃取流程图

④ 设置模块信息　"Decanter"模块参数设置如图2-22所示。运行计算，在"Results Summary|Streams"页面，可看到萃取后的两平衡液相物流信息，如图2-23所示。可见萃余液中醋酸质量分数0.0117>0.01，说明萃取溶剂的流率还不足。

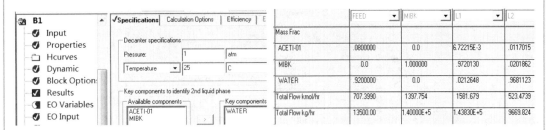

	FEED	MIBK	L1	L2
Mass Frac				
ACETI-01	.0800000	0.0	6.72215E-3	.0117015
MIBK	0.0	1.000000	.9720130	.0201862
WATER	.9200000	0.0	.0212648	.9681123
Total Flow kmol/hr	707.3990	1397.754	1581.679	523.4739
Total Flow kg/hr	13500.00	1.40000E+5	1.43830E+5	9669.824

图2-22　设置模块信息　　　　　图2-23　初次单级萃取计算后的两平衡液相

⑤ 调整萃取溶剂用量　在"Flowsheeting Options|Design Specs"子目录，点击"New"按钮，建立一个模拟对象文件"DS-1"。给因变量（萃余相醋酸质量分数）取名"XL2"，对"XL2"的定义见图2-24（a），对"XL2"设定收敛要求和容许误差，见图2-24（b），对萃取溶剂用量的设定见图2-24（c）。

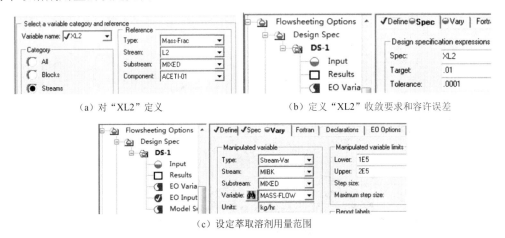

（a）对"XL2"定义　　　　　　（b）定义"XL2"收敛要求和容许误差

（c）设定萃取溶剂用量范围

图2-24　反馈计算调整萃取溶剂用量

⑥ 模拟计算　结果见图2-25，可见萃取溶剂用量为168540kg/h时，萃余相中醋酸质量分数为0.010，达到分离要求。

在"B1"模块的"Results|Summary"页面，可见为维持25℃的LLE温度，外部环境需要向分相器提供290kW的热量。第一液相（有机相）的质量分数为进入分相器总量的0.795。在"B1"模块的"Results|Balance"页面，可见进口的两液相质量流率之和等于出口的两原料流率之和，总物料达到平衡。在"B1"模块的"Results|Phase equilibrium"页面，可见两液相平衡组成和相平衡常数值。

⑦ 求取不同温度下的溶解度　进一步地，利用软件的"Sensitivity"分析功能，可以计算不同温度下醋酸在MIBK相和水相中的浓度。在"Model Analysis Tools|Sensitivity"子目录，建立一个模拟对象文件"S-1"。在"S-1"文件的"Define"页面，给萃取相的醋酸质量分数取名"XL1"，对"XL1"的定义见图2-26。类似地，定义萃余相的醋酸质量分数"XL2"。在"S-1"文件的"Vary"页面，对萃取温度及其变化范围进行定义，设定温度步长5℃，如图2-27所示。在"S-1"文件的"Tabulate"页面，给出计算数据的输出格式。

	FEED	MIBK	L1	L2
Temperature C	25.0	25.0	25.0	25.0
Pressure atm	1.00	1.00	1.00	1.00
Vapor Frac	0.000	0.000	0.000	0.000
Mole Flow kmol/hr	707.399	1682.698	1899.121	490.976
Mass Flow kg/hr	13500.000	168540.133	172983.304	9056.830
Volume Flow l/min	227.300	3526.963	3569.499	152.629
Enthalpy MMBtu/hr	-194.552	-521.589	-581.897	-133.255
Mass Flow kg/hr				
ACETI-01	1080.000		989.432	90.568
MIBK		168540.133	168359.232	180.903
WATER	12420.000		3634.641	8785.359
Mass Frac				
ACETI-01	0.080		0.006	0.010
MIBK		1.000	0.973	0.020
WATER	0.920		0.021	0.970

图 2-25　萃取过程模拟计算结果

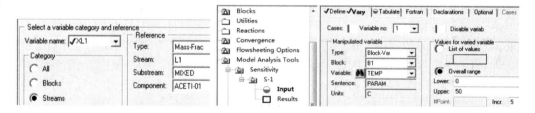

图 2-26　定义萃取相醋酸质量分数　　　　　图 2-27　定义萃取温度

把"B1"模块中萃取溶剂物流"MIBK"的流量修改为准确值 168540kg/h，隐藏反馈计算文件"DS-1"。运行灵敏度设置文件"S-1"，计算结果见图 2-28。可见随着温度上升，水相中的醋酸浓度逐步降低，MIBK 相中醋酸浓度逐步增加。在 25℃，醋酸在水相中的质量分数是 0.01。相平衡问题也可以用"RGibbs"模块模拟计算，模拟流程见图 2-29，参数设置见图 2-30，溶剂用量 140000kg/h 时的计算结果与用 Decanter 模块计算结果相同。

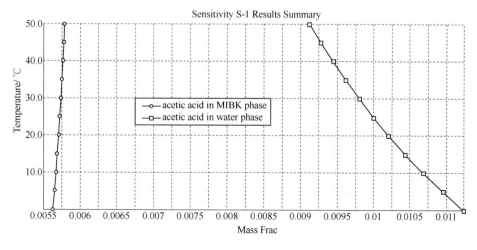

图 2-28　不同温度下醋酸在 MIBK 相和水相中的浓度

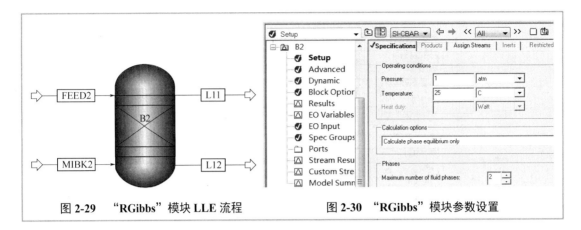

| 图 2-29 "RGibbs"模块 LLE 流程 | 图 2-30 "RGibbs"模块参数设置 |

例 2-5 固液溶解平衡计算——Sensitivity 功能调整结晶温度。

质量分数为 0.3 的硫酸钠水溶液以 5000kg/h 的流率在 50℃下进入冷却型结晶器，首先结晶出来的是十水硫酸钠（GLAUBER），假设常压操作，求开始结晶的温度。

解 ① 选择数据包 在软件安装目录"GUI"文件夹的"Elecins"子文件夹中，选择电解质过程数据包"pitz_3"，把此文件拷贝到另一文件夹中打开使用，计算类型"Flowsheet"。因为数据包"pitz_3"中已包含题目中的所有分子组分与离子组分，已经选择了"PITZER"性质方法，因此"组分输入"与"物性选择"两项操作均可省略，直接进入流程图绘制步骤。另外，在数据包"pitz_3"中的分子组分与离子组分远大于本题所涉及的组分数，不必删除或修改，不影响后续计算。

② 画流程图 选择模块库中的"Crystallizer"模块，拖放到工艺流程图窗口，用物流线连接结晶器的进出口，对模块、物流改名，见图 2-31，把题目给定的进料物流信息填入对应栏目中。

③ 设置模块信息 在"Saturation calculation method"栏目下，有 3 种结晶饱和度的计算方法供选择：一是输入固液平衡数据（Solubility）；二是由电解质化学反应计算电解质盐的溶解度（Chemistry）；三是由用户子程序计算固液平衡（User subroutine）。本例选择"Chemistry"，结晶饱和度数据由软件自带的电解质化学反应平衡常数计算得到。在"Salt specifications|Salt component ID"栏目下，指定结晶物质名称为 GLAUBER。在"Valid phases"栏目下，选择物流相态"Liquid-Only"。在"Operating mode"栏目下，选择操作模式"Crystallizing"，见图 2-32。软件自带的 GLAUBER 电解质化学反应平衡常数可在"Reaction|Chemiastry|PITZ-3"文件夹中看到。至此，结晶器模拟计算需要的信息已经全部设置完毕。点击软件运行计算，结果报警，提示没有结晶生成，说明结晶温度设置 50℃太高。

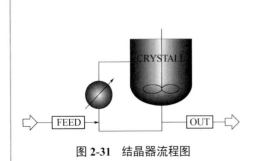

图 2-31 结晶器流程图

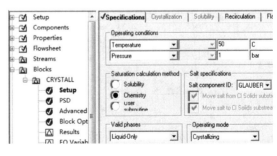

图 2-32 结晶器模块设置

④ 寻找开始结晶温度点　在"Model Analysis|Tools|Sensitivity"页面，建立一个灵敏度分析文件"S-1"，定义因变量"W"代表 GLAUBER 晶体的质量流率，如图 2-33 所示。在"S-1"文件夹的"Input|Vary"页面，定义自变量为结晶温度，变化范围 32～30℃，步长–0.05℃，如图 2-34 所示。在"S-1"文件夹的"Input|Tabulate"页面，设置灵敏度计算输出格式。

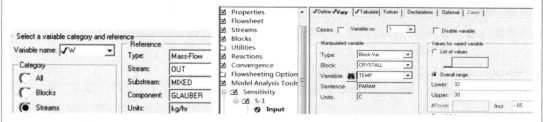

图 2-33　定义晶体质量流率　　　　　　图 2-34　灵敏度分析自变量设置

点击"Next"按钮，软件运行，部分温度点没有结晶生成而报警，如图 2-35 所示。由灵敏度计算结果可知，结晶开始温度点为 31.3℃，产生十水硫酸钠晶体 10.783kg/h，当温度升到 31.35℃时结晶全部溶解。

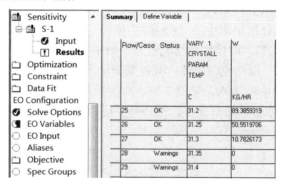

图 2-35　灵敏度分析计算结果

图 2-36 是文献中硫酸钠水溶液结晶相图，可以看到，质量分数 30%的硫酸钠水溶液起始结晶温度约在 31℃，软件计算结果与文献数据吻合。在 31.3℃结晶时，进出结晶器物流总质量流率平衡，GLAUBER 晶体 10.783kg/h，进料中的其余硫酸钠均以离子状态存在。在结晶器模块的"CRYSTALL|Results|Summary"页面，可见在 31.3℃结晶时，需要移除结晶热量 92.24kW。

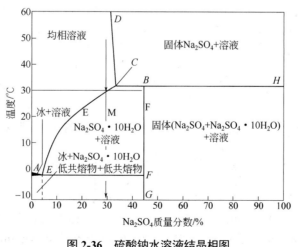

图 2-36　硫酸钠水溶液结晶相图

例 2-6 气固平衡计算——Design Specifications 功能调整热空气用量。

用 90℃ 热空气常压下干燥含水 0.005（质量分数）的 SiO_2 粉末 1000kg/h，湿粉末温度 20℃。要求粉末中水分含量降到 0.001（质量分数），求热空气需要量。

解 这是气固两相平衡计算问题，可用 Aspen Plus 中的固体模块求解，也可用气液模块求解。用气液模块求解时，软件把液体和固体合并为一相处理。下面用 "Flash2" 模块求解，选择含固体过程的公制计量单位模板 "Solids with Metric Units"。

① 全局性参数设置 计算类型 "Flowsheet"。因为本例物流中有固体颗粒，在 "Setup|Stream class|Flowsheet" 页面的 "Stream class" 栏目中，软件自动选择了物流类型为 "MIXCISLD"，说明物流中有常规固体存在，但是没有粒子颗粒分布。在组分输入窗口添加空气、水、SiO_2，在 "Type" 栏目中把 SiO_2 属性改为 "Solid"。因为是常压气固平衡计算，选择 "IDEAL" 性质方法。

② 设置物流的物性输出 在 "Properties|Prob-Sets|ALL-SUBS|Properties" 页面，为计算结果的物性选择合适的计量单位：混合物体积流率（VOLFLMX），混合物气相质量分率（MASSVFRA），混合物固相质量分率（MASSSFRA），混合物密度（RHOMX），混合物中组分质量流率（MASSFLOW），混合物温度（TEMP），混合物压力（PRES）。

③ 画流程图 选择模块库中的 "Flash2" 模块，拖放到工艺流程图窗口，用物流线连接干燥器模块的进出口，对模块、物流改名，如图 2-37 所示。

④ 设置流股信息 对热空气物流，只需要一个页面提供物流信息，因为用量暂时不知道，以估计的 1.0kmol/h 填入，见图 2-38。对湿粉末物流需要两个页面提供物流信息，图 2-39 为设置物流中水分的质量流率，图 2-40 为设置物流中固体颗粒的质量流率。

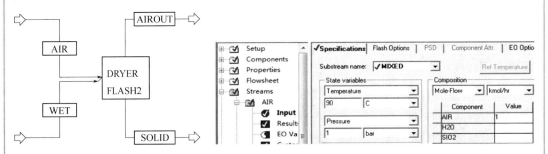

图 2-37　气固平衡计算流程图　　　　　　　图 2-38　热空气物流设置

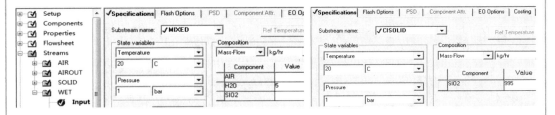

图 2-39　水分质量流率设置　　　　　　图 2-40　固体颗粒质量流率设置

⑤ 设置模块信息 干燥器模块的参数填写见图 2-41。至此，干燥器模拟计算需要的信息已经全部设置完毕。点击 "Next" 按钮，软件运行计算。

⑥ 查看初步计算结果 在干燥器模块的 "Results Summary|Streams" 页面，可看到干燥后的两平衡相物流信息，如图 2-42 所示。题目要求固相干燥后水分降到 0.001，即干燥器出口固相中水分为 0.995kg/h。而计算结果中固相中水分为 4.54kg/h，高于干燥要求，说

明热空气的流率还不足。

图 2-41 干燥器模拟计算设置

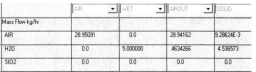
图 2-42 干燥器初步计算结果

⑦ 调整热空气的用量 在 "Flowsheeting Options|Design Specs" 子目录，点击 "New" 按钮，建立一个模拟对象文件 "DS-1"，干燥器出口固相中水分量定义为 "W"，见图 2-43；出口固相中颗粒分量定义为 "SIO2"，见图 2-44。

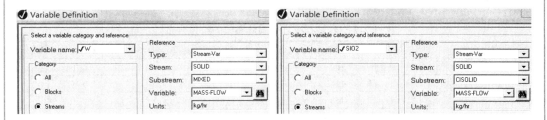
图 2-43 定义干燥器出口固相中水分量　图 2-44 定义干燥器出口固相中颗粒分量

⑧ 设定收敛要求和容许误差以及热空气用量 对因变量设定收敛要求和容许误差，如图 2-45 所示；对热空气用量的设定，如图 2-46 所示。

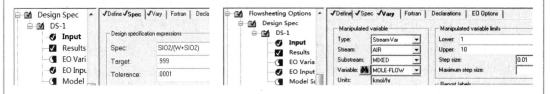
图 2-45 收敛要求和容许误差设定　　图 2-46 热空气用量的设定

⑨ 模拟运行与结果 在干燥器模块的 "Streams Results" 页面，可见当热空气用量准确值为 203.531kg/h 时，干燥器出口固相含量为 0.999，达到分离要求，如图 2-47 所示，干燥器进、出口总质量流率达到平衡，各组分质量流率也达到平衡。

	AIR	WET	AIROUT	SOLID
Temperature C	90.0	20.0	24.6	24.6
Pressure bar	1.000	1.000	1.000	1.000
Mass VFrac	1.000	0.000	1.000	0.000
Mass SFrac	0.000	0.995	0.000	0.999
＊＊＊ ALL PHASES ＊＊＊				
Mass Flow kg/hr	203.531	1000.000	207.576	995.955
Volume Flow cum/hr	212.267	0.381	179.614	0.377
Enthalpy Watt	3686.086	-4.2123E+6	-15110.762	-4.1935E+6
Density kg/cum	0.959	2627.114	1.156	2644.142
Mass Flow				
AIR	203.531		203.529	0.002
H2O		5.000	4.047	0.953
SIO2		995.000		995.000

图 2-47 干燥器模拟结果

2.2.4 机械分离过程

机械分离过程的分离对象是由两相或两相以上物流所组成的非均相混合物，目的是简单地将各相加以分离，操作特征是在分离过程中各相之间无质量传递现象。机械分离操作包括过滤、沉降、离心分离、旋风分离、旋液分离和静电除尘等化工过程常见的单元操作。

例 2-7 固液机械分离——HYCYC 模块应用。

用氢氧化钙与水混合制备碱性水用于酸性气体的吸收。已知氢氧化钙用量 740kg/h，水用量 5400kg/h，常压混合，温度20℃，石灰乳中固体颗粒的粒径分布见例2-7附表。若用旋液分离器除去固体颗粒，要求对固体颗粒的截留率达到0.99，求：（1）旋液分离器出口物流碱性水和含渣水的流率与组成；（2）旋液分离器的尺寸。

例2-7附表　石灰乳中固体颗粒的粒径分布

序号	粒径下限/μm	粒径上限/μm	质量分数
1	100	120	0.10
2	120	140	0.15
3	140	160	0.20
4	160	180	0.25
5	180	200	0.30

解　① 全局性参数设置　选择含固体过程的公制计量单位模板，计算类型"Flowsheet"，选择 SI-CBAR 计量单位集，把压力单位改为"atm"。因本例进料物流中含不同粒径分布的固体颗粒，需要在"Setup|Stream class|Flowsheet"页面的"Stream class"栏目中选择"MIXCIPSD"，说明物流中有常规固体粒子的颗粒分布存在。为输入进料物流中固体粒子颗粒分布数据，在"Setup|Substream|PSD|PSD"页面，输入粒径分布范围，如图 2-48 所示。

② 输入组分　在"Component ID"中输入水和氢氧化钙。点击"Elec Wizard"按钮，进行电解质组分的离子化设置，溶液的真实组分构成见图 2-49；采用电解质性质方法ELECNRTL计算石灰乳溶液物性。

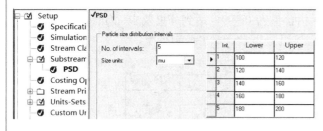

图 2-48　输入粒径分布范围　　　　　图 2-49　石灰乳溶液成分

③ 画流程图　选择混合器模块和"HYCYC"旋液器模块拖放到工艺流程图窗口。用物流线连接混合器和旋液器的进出口，构成旋液分离流程，对模块、物流改名，如图 2-50 所示。

④ 设置流股信息　双击进料物流号，把题目给定的进料物流信息填入对应栏目中。对水的物流，只需要一个页面提供物流信息：20℃，1atm，5400kg/h。对氢氧化钙物流有两个输入页面，其中第一页面在子物流 "CIPSD"栏目中填写氢氧化钙的物流信息，第二页面提供氢氧化钙颗粒的粒径分布数据，如图 2-51（a）及图 2-51（b）所示。

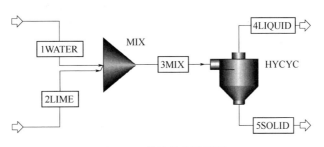

图 2-50　旋液分离流程图

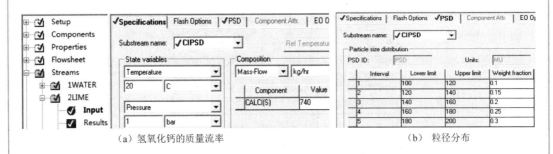

（a）氢氧化钙的质量流率　　　　　　　　　　（b）粒径分布

图 2-51　设置氢氧化钙物流信息

⑤ 设置模块操作参数　混合器不必设置，直接跳过。在旋液器模块的"Input|
Specification"页面，计算模式"Calculation mode"栏目选择"Design"，表明是设计型
计算。设计参数"Design parameters"栏目填写分离要求和对旋液器尺寸与运行压降的估
计数据，见图 2-52。至此，模拟计算需要的信息已经全部设置完毕，进行计算。计算结果
见图 2-53 和图 2-54。

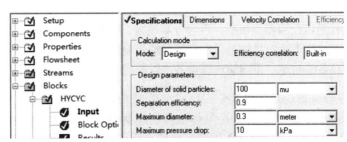

图 2-52　旋液器模块操作参数设置

图 2-53 给出了旋液器的操作数据与设备规格：操作压降 3.8kPa，旋液器长度 1.46m，
直径 0.29m，悬浮液进口管径 0.042m，溢流
口径 0.058m，底流口径 0.044m，悬浮液进口
流速 1.1m/s，旋液器中液体体积流率
5.41m³/h。

图 2-54 给出了旋液分离后的清液物流和
浊液物流的物料平衡数据，清液物流中的固
体颗粒质量流率是 4.54kg/h，浊液物流中的固
体颗粒质量流率是 735.46kg/h，进出物流中固
体颗粒的质量达到平衡，可计算出旋液器颗

HyCyc results		
Number of hydrocyclones:	1	
Pressure drop:	3.82155954	kPa
Length of cylinder:	1.45789974	meter
Diameter of cylinder:	0.29157995	meter
Diameter of inlet:	0.04166677	meter
Diameter of overflow:	0.05831598	meter
Diameter of underflow:	0.04373699	meter
Inlet liquid velocity:	1.10191053	m/sec
Liquid volumetric flow per cyclone:	5.40903125	cum/hr

图 2-53　旋液器设计尺寸

粒分离效率为 735.46/740×100%=99.4%，达到题目规定的分离要求。图 2-54 还给出了清液物流和浊液物流中颗粒分布数据，可见清液物流中的固体颗粒以 100～120μm 的细颗粒为主，达到 80%，浊液物流中的固体颗粒以 140～200μm 的粗颗粒为主，100～120μm 的细颗粒不到 10%。

	3MIX	4LIQUID	5SOLID
Temperature C	20.0	20.0	20.0
Pressure bar	1.013	0.975	0.975
Mass VFrac	0.000	0.000	0.000
Mass SFrac	0.121	0.001	0.312
*** ALL PHASES ***			
Mass Flow kg/hr	6140.000	3784.878	2355.122
Volume Flow cum/hr	5.739	3.789	1.950
Enthalpy Watt	-2.6582E+7	-1.6710E+7	-9.8721E+6
Density kg/cum	1069.840	998.993	1207.450
Mass Flow kg/hr			
H2O	5400.000	3780.340	1619.660
CALCI(S)	740.000	4.538	735.462
OH-	TRACE	TRACE	TRACE
*** SUBSTREAM CIPSD			
PSD			
1	.1000000	.8019075	.0956690
2	.1500000	.1802519	.1498130
3	.2000000	.0171909	.2011280
4	.2500000	6.49632E-4	.2515386
5	.3000000	0.0	.3018511

图 2-54 旋液器模块物料平衡数据

2.3 设备组合过程

典型的化工过程是以反应器为核心，包含分离设备、换热设备、流体输送设备构成。因此，由不同设备组合而成的化工流程是化工厂生产装置的普遍现象。在化工设计中，要求设计者能够熟练掌握各种化工设备的功能，正确地选择设备，以完成特定的化工过程模拟计算任务。

例 2-8 多模块联合分离烷烃混合物——Design Specifications 功能调整釜液流率。

一股含氮气和 C_1～C_6 的加压烷烃气体混合物经换热器 B1 换热和换热器 B2 冷却后进入闪蒸器 B3 绝热闪蒸。从闪蒸器 B3 顶部出来的富甲烷的汽相与进料 1 换热后离开系统；从闪蒸器 B3 底部出来的液相经减压阀 B4 节流膨胀后入汽提塔 B5 分离成两股物料，一股是从顶部出来的富丙烷的汽相物流 8，另一股是从底部出来的富己烷的液相物流 9。进料物流 1 的组成和性质见例 2-8 附表，分离流程见图 2-55。

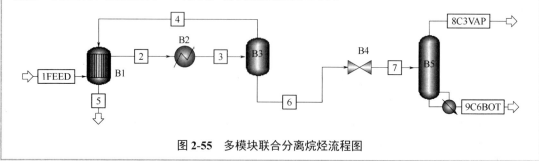

图 2-55 多模块联合分离烷烃流程图

给定条件：①物流 1 通过换热器 B1 和物流 2 通过换热器 B2 的压降都是 34.5kPa，物流 1 通过换热器 B1 时不能冷凝；物流 4 通过换热器 B1 的压降是 34.5kPa；物流 6 通过减压阀 B4 节流膨胀的压降是 448.2kPa，物流 7 通过汽提塔 B5 的压降是 34.5kPa。②汽提塔 B5 有 12 个理论级，物流 7 进入第一个理论级。

分离要求：①物流 9 中丙烷摩尔分数≤0.01；②物流 5 的露点≤−20℃。

例 2-8 附表　进料物流数据　　　　　　　　　　　　单位：kmol/h

$t/℃$	p/kPa	N_2	C_1	C_2	C_3	iC_4	nC_4	iC_5	nC_5	C_6	合计
23.9	1379	45.45	2043.7	233.15	97.07	8.71	8.25	11.97	6.35	6.35	2461

解　① 全局性参数设置　计算类型"Flowsheet"，选择 SI-CBAR 计量单位集，输入附表所有组分。因为是烷烃体系，选择"PENG-ROB"性质方法。

② 画流程图　按题目介绍内容绘制模拟流程见图 2-55，把题目给定的进料物流信息填入对应栏目中。

③ 设置模块信息　"B1"模块：采用两股流体换热的"HeatX"换热器模块，简捷算法，热流侧和冷流侧的压降均为 34.5kPa。在"B1"模块的"Setup|Secifications"页面的参数填写如图 2-56 所示。

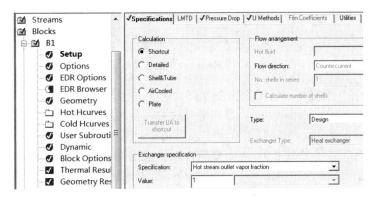

图 2-56　换热器 HeatX 模块简捷算法设置

"B2"模块：采用简单加热/冷却的"Heater"换热器模块，流体压降 34.5kPa，流体出口温度决定了物流 5 的露点，暂定为−20.6℃，参数设置如图 2-57 所示。

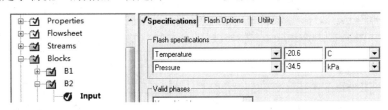

图 2-57　"Heater"模块参数设置

"B3"模块：采用"Flash2"两相闪蒸模块，绝热、等压闪蒸。

"B4"模块：节流阀流体压降 448.2kPa，参数设置见图 2-58。

"B5"模块：采用"RadFrac"模块模拟汽提塔，无冷凝器，塔顶进料，塔釜出料流率影响物流 9，暂定 12.42kmol/h，塔顶操作压力取进料物流压力 861.8kPa，塔内压降 34.5kPa，在"Setup|Configuration"页面的参数填写见图 2-59。

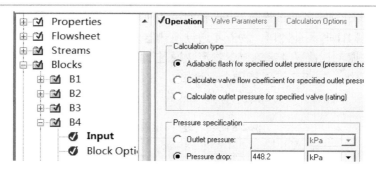

图 2-58　节流阀参数设置

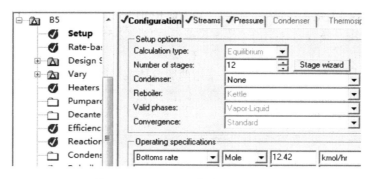

图 2-59　"RadFrac"模块参数设置

④ 模拟计算　汽提塔计算结果见图 2-60。可见物流 9 中丙烷的摩尔分数为 0.00026，远小于 0.01，与分离要求相距太远，显得分离过度，会增加产品成本。可以使用软件的反馈计算功能"Design Specs"调整釜液流率，以满足分离要求。

以釜液中丙烷摩尔分数 0.01 为因变量，以釜液出料流率 10～15kmol/h 为自变量范围，反馈计算结果为釜液出料流率 13.15kmol/h。把釜液出料流率 13.15kmol/h 代入"B5"模块设置，重新计算结果见图 2-61，可见物流 9 中丙烷的摩尔分数为 0.01，满足第一个分离要求。

Mole Frac	7	8C3VAP	9C6BOT
NITRO-01	4.35944E-4	1.09839E-3	2.1819E-21
METHA-01	.0854652	.2153351	7.7513E-15
ETHAN-01	.0904804	.2279712	1.04598E-8
PROPA-01	.1592236	.4007786	2.60194E-4
ISOBU-01	.0436705	.0546316	.0364572
N-BUT-01	.0585294	.0354759	.0737006

图 2-60　汽提塔初步计算结果

Mole Frac	7	8C3VAP	9C6BOT
N2	4.35935E-4	1.20649E-3	3.7258E-20
CH4	.0854639	.2365300	1.6691E-13
C2H6	.0904801	.2504122	3.44793E-7
C3H8	.1592233	.4229903	.0100000
C4H10-01	.0436704	.0217892	.0560495
C4H10-02	.0585296	.0200958	.0802731

图 2-61　汽提塔最终计算结果

⑤ 检查物流 5 的露点　用鼠标选中流程图上物流 5 的物流线，单击下拉菜单"Tools|Analysis|Stream|TV Curve"，进入绘图页面，设置温度范围如图 2-62（a）所示，点击"Go"按钮，软件绘制出物流 5 的温度-汽相分率图，如图 2-62（b）所示。

可见物流 5 的汽相分率为 1 时，温度为-21℃，满足露点不高于-20℃的要求，说明"B2"模块设置冷却温度-20.6℃是合适的。

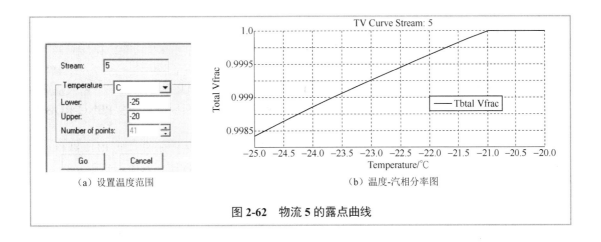

（a）设置温度范围　　　　　　　　　（b）温度-汽相分率图

图 2-62　物流 5 的露点曲线

2.4　含化学反应过程

典型的化工生产装置是以反应器为核心，配置分离设备、流体输送设备、换热设备等构成的一个化工过程。在反应器内，伴随着反应物分子重新组合成新物质的过程，会出现能量的消耗、释放和转化。反应物质量变化的数量关系可从物料衡算中求得，能量的变化数量关系则可从能量衡算中求得。

在化学反应过程中，反应物在反应器内通过化学反应转化为产物。由于化学反应种类繁多、机理各异，物料衡算工作量要比单纯物理分离过程大得多。手工计算时，根据化学反应方程式，按照实验得到或其他生产装置得到的反应物转化率、收率、选择性等参数，进行化工单元操作过程（或单个设备）的物料衡算，然后将各个过程汇总得到整个流程的物料衡算，进而完成物料流程图。软件模拟计算时，也需要告诉软件相关的化学反应资料，如化学反应方程式、反应动力学数据、反应器尺寸、反应的转化率、选择性与收率等参数。若工艺过程中多于一个反应器，或一个反应器中多于一个化学反应，则要求对每一设备中的各个反应方程式、化学反应平衡常数、反应动力学参数仔细填写清楚。为保证目的产品组分的产率和选择性，操作者必须了解特定反应过程的特点，选择适宜的反应器类型，熟悉模拟软件中可获得的反应器模块类型以及它们在过程模拟中的应用，保证模拟的正确性。

2.4.1　含反应器的组合流程

对于一个包含反应器、分离设备、流体输送设备、换热设备的组合流程的工艺设计，物料衡算将非常复杂。手工计算时，要通盘考虑，运算要非常小心，步步为营，一有错误就得从头开始。使用软件进行复杂工艺的物料衡算，工作量将大大降低。要求操作者对工艺过程要有充分的了解，能正确选取模块，能准确设置模块参数。在软件运行错误时，能应用化工基础理论知识和软件知识，对各模块的中间数据进行分析，找出错误的原因，用较短时间打通流程，得到正确的物料衡算结果。

例 2-9 甲烷水蒸气重整制氢——Calculator+Sensitivity 功能的综合使用。

甲烷在高温高压下与水蒸气反应，生成一氧化碳和氢气，反应方程式为：$CH_4+H_2O \longrightarrow 3H_2+CO$。已知原料甲烷温度 65.6℃，压力 62bar，原料水常压、20℃。两股原料混合后预热到 593℃、加压到 58.6bar 入重整反应器，反应温度 788℃，反应器压降1.4bar。设水蒸气摩尔流率是甲烷的 4 倍，甲烷的转化率为 0.995。当甲烷摩尔流率从

100kmol/h 增加到 500kmol/h 时，求反应器的热负荷变化。

解 用 Aspen Plus 软件的计算器功能设置两原料的比例，用灵敏度功能计算反应器的热负荷变化。

① 全局性参数设置　计算类型"Flowsheet"，选择 SI-CBAR 计量单位集，输入反应前后的所有组分。本例混合物中含极性组分，且涉及高温高压气相反应，选择"PENG-ROB"性质方法。

② 画流程图　按题目介绍内容绘制模拟流程，如图 2-63 所示。以甲烷进料量 100kmol/h 为基准，水量 400kmol/h，将题目给定的进料物流信息填入对应栏目中。

③ 设置模块信息　"HEAT"模块按给信息填写即可。反应器模块有两个页面需要填写，第一个页面是填写反应的温度、压力，第二个页面填写反应方程式与转化率，按题给信息填写即可。至此，两个模块模拟计算需要的信息已经全部设置完毕，计算结果见图 2-64，本次计算未考虑甲烷进料量的变化。

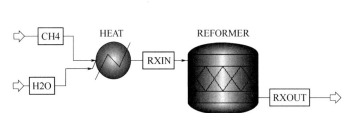

	RXIN	RXOUT
Temperature C	593.0	788.0
Pressure bar	58.60	57.20
Vapor Frac	1.000	1.000
Mole Flow kmol/hr	500.000	699.000
Mass Flow kg/hr	8810.388	8810.388
Volume Flow cum/hr	601.252	1086.758
Enthalpy MMBtu/hr	-88.547	-62.600
Mole Flow kmol/hr		
CH4	100.000	0.500
H2O	400.000	300.500
H2		298.500
CO		99.500

图 2-63　甲烷、水蒸气重整反应流程　　　　图 2-64　重整反应初步计算结果

④ 计算器设置　要使进料组分的流率在模拟过程中连续自动变化，可以应用软件的计算器功能。在本题中，把甲烷流率设置为自变量，水蒸气流率是因变量，保持水蒸气流率是甲烷流率的 4 倍。在"Flowsheeting Options|Calculator"子目录，建立一个模拟对象文件"C-1"，在此文件中定义两个变量"FCH4"和"FH2O"，分别表示甲烷和水的流率。其中甲烷流率"FCH4"是输入变量"Inport variable"，水的流率"FH2O"是输出变量"Export variable"。甲烷变量的定义方式见图 2-65，水的变量定义方式类似。在"Calculate"页面，用 Fortran 语言编写一句话，说明水摩尔流率与甲烷摩尔流率的关系，见图 2-66。

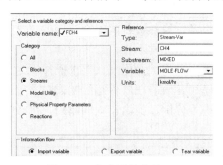

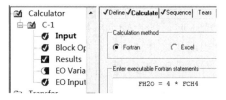

图 2-65　定义甲烷变量　　　　　图 2-66　说明水与甲烷的摩尔流率关系

⑤ 求反应器热负荷变化　在"Model Analysis Tools|Sensitivity"子目录，建立一个模拟对象文件"S-1"。在此文件中定义三个变量"DUTY"、"FCH4"、"FH2O"。其中"DUTY"表示反应器的热负荷，定义方式如图 2-67，变量"FCH4"、"FH2O"的定义方式与在计

算器文件"C-1"中相同。在"Vary"页面,定义甲烷流率的变化范围,如图2-68所示,然后指定灵敏度计算结果的数据输出。模拟结果见图2-69,可见甲烷、水蒸气流率变化时,反应器热负荷跟着变化。

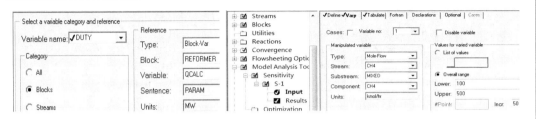

图2-67 定义反应器的热负荷   图2-68 定义甲烷流率的变化

Row/Case	Status	VARY 1 CH4 MIXED CH4 MOLE FLOW KMOL/HR	DUTY MW	FH2O KMOL/HR
1	OK	100	7.60424614	400
2	OK	150	11.4063692	600
3	OK	200	15.2084923	800
4	OK	250	19.0106153	1000
5	OK	300	22.8127384	1200
6	OK	350	26.6148615	1400
7	OK	400	30.4169846	1600
8	OK	450	34.2191076	1800
9	OK	500	38.0212307	2000

图2-69 甲烷水蒸气重整制氢反应器模拟结果

例2-10 硫黄回收——Claus+SCOT硫黄回收燃烧炉-废热锅炉计算。

在Claus+SCOT硫黄回收工艺中,通常采用高温燃烧、二级转化反应生成硫黄。在燃烧炉(F-61102)内,含硫化氢酸性气部分燃烧,产生的高温气体被引入废热锅炉(E-61101)中产生4MPa的蒸汽供工厂使用,工艺流程如图2-70所示。

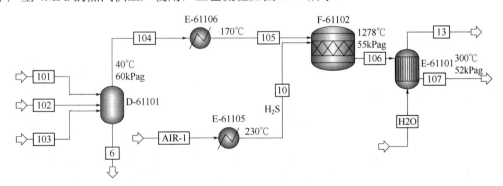

图2-70 Claus+SCOT硫黄回收燃烧炉工艺流程

燃烧炉内化学反应复杂,现考虑7个主要反应,见例2-10附表1。其中,S_2为元素硫的二聚体,其参数为:PC12.6005MPa,TC1198K,VC112.9768(cc/mol),ZC 0.1429,OMEGA 0.3413。已知进入废热锅炉的软水温度104℃、压力4MPa,求产生的蒸汽流率。

原料气和空气的数据见例 2-10 附表 2。

例 2-10 附表 1 硫黄回收过程燃烧炉内的化学反应

反应序号	化学反应方程式	备注
1	$2H_2S+O_2 \Longrightarrow S_2+2H_2O$	H_2S 转化率为 64.5%
2	$2H_2S+3O_2 \Longrightarrow 2SO_2+2H_2O$	H_2S 转化率为 9.1%
3	$2C_2H_6+5O_2 \Longrightarrow 4CO+6H_2O$	C_2H_6 的转化率为 100%
4	$4NH_3+3O_2 \Longrightarrow 2N_2+6H_2O$	NH_3 的转化率为 100%
5	$H_2S+CO_2 \Longrightarrow COS+H_2O$	H_2S 的转化率为 1%
6	$2H_2S+CO_2 \Longrightarrow CS_2+2H_2O$	H_2S 的转化率为 1.5%
7	$2H_2S \Longrightarrow S_2+2H_2$	H_2S 的转化率为 6%

例 2-10 附表 2 原料气和空气的组成

项　　目		物　　流			
		101	102	103	空气
流量/(kg/h)		9523	2020	2114	25602
流量/(kmol/h)		274.73	52.975	68.07	
温度/℃		40	40	40	80
压力/kPag		60	70	60	65
分子量/(kg/kmol)		34.663	38.131	31.056	
组成(mol)/%	H_2S	80	47.91	80	
	CO_2	13.7	47.685	1.81	0.96
	H_2		0.005		
	N_2		0.12		77.03
	NH_3	0.3		4.38	
	C_2H_6	2		2	
	H_2O	4	4.28	11.81	1.34
	O_2				20.67
合计		100	100	100	100

解 ① 全局性参数设置　计算类型"Flowsheet"，输入反应前后的所有组分。在"Properties|Parameters|Pure Components|REVIEW-1"页面的 S2 栏目内，手工输入 S_2 的物性数据，如图 2-71 所示。本题涉及高温高压气相反应，选择"PENG-ROB"性质方法。

Parameters	Units	Data set	Component O2	Component SO2	Component COS	Component CS2	Component CO	Component S	Component CH4	Component C2H6	Component S2
MW		1	31.99880000	64.06480000	60.07640000	76.14300000	28.01040000	32.06000000	16.04276000	30.06964000	64.13200000
OMEGA		1	.0221798000	.2453810000	.0970119000	.1106970000	.0481621000	.2463460000	.0115478000	.0994930000	0.3413
OMRKSS		1	.0190000000	.246000000	.0490000000		.0930000000		.0100000000	.0990000000	
PC	kPa	1	5043.000000	7884.100000	6349.000000	7900.000000	3499.000000	18208.10000	4599.000000	4872.000000	12600.5
PCRKSS	kPa	1	5080.000000	7883.000000	6178.000000		3499.000000		4617.000000	4884.000000	
RKTZRA		1	.2892400000	.2660300000	.2768300000	.2848300000	.2894400000	.1479900000	.2892700000	.2808500000	
S025E	cal/mol-K	1	48.99951916	56.65496322	0.0		25.87033056		63.79583453	96.37928728	
SG		1	.3000000000	1.370000000	.3000000000	1.258820000	.3000000000	1.845320000	.3000000000	.3564000000	
TB	C	1	-182.9620000	-10.02000000	-50.15000000	46.22500000	-191.4500000	444.6740000	-161.4900000	-88.60000000	
TC	C	1	-118.5700000	157.6000000	105.6500000	278.8500000	-140.2300000	1039.850000	-82.58600000	32.17000000	925
TCRKSS	C	1	-118.3800000	157.6000000	105.0000000		-140.2000000		-82.52000000	32.28000000	
TPT	C	1	-218.7890000	-75.48000000	-138.8500000	-112.0400000	-205.0000000	115.2100000	-182.4560000	-182.7980000	
VB	cc/mol	1	28.02250000	43.82280000	62.29500000	66.29500000	35.44260000	19.87840000	37.96940000	55.22910000	
VC	cc/mol	1	73.40000000	122.0000000	135.1000000	160.0000000	94.40000000	158.0000000	98.60000000	145.5000000	112.9768
VLSTD	cc/mol	1	53.55780000	46.88000000	53.55780000	60.63870000	53.55780000	17.42030000	53.55780000	84.71160000	
ZC		1	.2890000000	.2690000000	.2720000000	.2760000000	.2990000000	.2640000000	.2850000000	.2790000000	0.1429

图 2-71 手工输入 S_2 的物性数据

② 设置流股信息　按图 2-70 绘制模拟流程图，把例 2-10 附表 2 给定的进料物流信息填入对应栏目中。废热锅炉的软水进料流率填入估计值后使用 "Design Specs" 功能调整软水进料流率。

③ 设置模块信息　所有模块工艺参数按工艺流程图 2-70 上的信息填写。反应器模块有两个页面需要填写，第一个页面是填写反应的温度、压力，第二个页面填写反应方程式与转化率，按例 2-10 附表 1 上的题给信息填写即可，如图 2-72 所示。废热锅炉 "E61101" 模块需要两个物性选项，壳程走高温流体，仍然用 PENG-ROB 方程；管程走高压软水，选用水蒸气表 "STEAM-TA" 性质方法。

④ 模拟计算　初步计算结果显示水蒸气的汽化分率为 0.87，未达饱和，说明软水进料流率需要降低。使用 "Design Specs" 功能调整后的结果见图 2-73，由图 2-73 可知，可以生产 4MPa 水蒸气 22436kg/h。

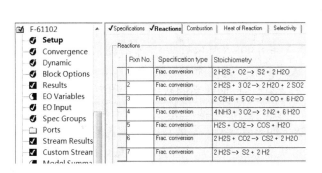

图 2-72　填写反应器模块中的反应方程式　　图 2-73　反馈计算废热锅炉产蒸汽量

2.4.2　反应精馏过程

反应精馏是把反应过程和精馏过程耦合在一个设备内同时进行的过程，也可看成在进行反应的同时用精馏方法分离出产品的过程。设计反应精馏的目的，可以是为提高分离效率而将反应与精馏相结合的一种分离操作，也可以是为了提高反应转化率而借助于精馏分离手段的一种反应过程。反应精馏在工业上应用广泛，利用精馏促进反应的反应精馏过程包括酯化、酯交换、皂化、胺化、水解、异构化、烃化、卤化、脱水、乙酰化和硝化等。利用反应促进精馏的反应精馏过程主要用于相近沸点的混合物、共沸物或同分异构体难分离体系的分离，利用异构体与反应添加剂之间的特殊反应，生成新的化合物后再进行精馏分离。

用 Aspen Plus 软件模拟反应精馏过程，必须选择 "RadFrac" 严格计算模块，化学反应过程使用动力学模型，标注反应段的起始塔板与终止塔板，标注反应段的塔板液相体积、或塔板液相持液量、或反应停留时间。分离过程与反应过程在同一设备中同时进行，一些进料组分浓度可能降低或消失，新的组分会生成。对于共沸体系，原有的共沸物可能会消失，新的反应共沸物可能会生成。相对于物理分离过程，描述反应精馏过程的计算方程式的数量与复杂程度增加，因而模拟过程不容易收敛，读者可以通过选择收敛方式、提供辅助信息、增加迭代次数等方法协助软件模拟过程收敛。

例 2-11　非均相反应精馏合成乙酸丁酯相图分析。

乙酸丁酯是优良的有机溶剂，广泛用于硝化纤维清漆中，在人造革、织物及塑料加工过程中用作溶剂，也是国标规定允许使用的食用香料。乙酸（A）与丁醇（B）通过酯化反应合成乙酸丁酯（C）和水（D），反应方程式为：

$$CH_3COOH + CH_3(CH_2)_3OH \underset{k_2}{\overset{k_1}{\rightleftharpoons}} CH_3COO(CH_2)_3CH_3 + H_2O$$

正、逆反应均为2级反应，反应速率方程式为：

$$-r_A = k_1 x_A x_B - k_2 x_C x_D \qquad [kmol/(m^3 \cdot s)]$$

式中，浓度计量单位为摩尔分数。

反应速率常数为（活化能单位 kJ/kmol）：

$$k_1 = 1303456000\exp[-70660/(RT)] \qquad [kmol/(m^3 \cdot s)]$$
$$k_2 = 390197500\exp[-74241.7/(RT)] \qquad [kmol/(m^3 \cdot s)]$$

已知两种反应原料为：液态纯丁醇139℃，2atm，56.5kmol/h；乙酸水溶液94℃，2atm，1752kmol/h，摩尔分数0.03226。反应精馏塔为泡罩塔板，常压精馏，塔径6m，理论板数30，反应段5～25塔板，回流温度50℃。

分离要求：（1）产品乙酸丁酯含量大于0.995（摩尔分数），丁醇摩尔收率大于90%；（2）废水中水的摩尔分数大于0.995。求：两股产物的流率与组成。

解 首先利用软件的绘制相图功能，绘制该反应体系的两个三元相图，并借助于这两个相图分析一下此精馏体系的特点。常压下，丁醇-乙酸-乙酸丁酯的三角相图见图2-74，可见有两个二元共沸点（丁醇-乙酸丁酯正偏差共沸点，发散点；丁醇-乙酸负偏差共沸点，稳定点），一个丁醇-乙酸-乙酸丁酯三元共沸点（鞍点）。丁醇-水-乙酸丁酯三角相图见图2-75，可见有三个二元正偏差共沸点（均为鞍点），一个三元正偏差共沸点（发散点），有两个液液部分互溶区域（分别是丁醇-水和乙酸丁酯-水）。因三元正偏差共沸点在相图上属于不稳点，且沸点最低，将首先从塔顶蒸出。由图2-75可知，馏出液冷凝后将分成水相和酯相。产物乙酸丁酯沸点最高，将从塔底流出。根据对体系相平衡分析，设计的反应精馏塔应该无塔顶冷凝器，汽相在外置冷凝器中冷凝后分相，酯相回流，水相排出，塔底得到产品乙酸丁酯。

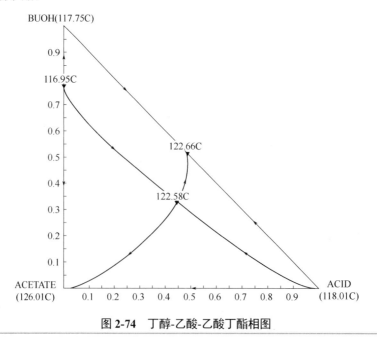

图2-74 丁醇-乙酸-乙酸丁酯相图

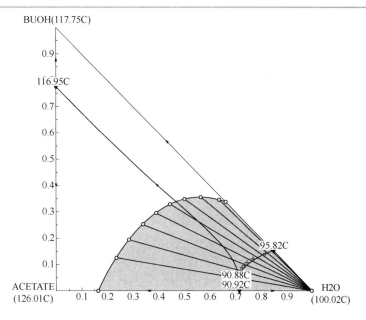

图 2-75　丁醇-水-乙酸丁酯相图

① 全局性参数设置　计算类型"Flowsheet"，输入反应前后的所有组分。

② 选择性质方法　本题涉及部分互溶区域，应选择 NRTL 方程计算液相的非理想性；又因涉及乙酸，考虑到乙酸汽相缔合，应选择 Hayden-O'Connell 方程计算汽相的非理想性，故最终选择"NRTL-HOC"性质方法进行模拟计算，确认 NRTL 方程的二元交互作用参数。对于部分互溶组分，如丁醇-水和乙酸丁酯-水二元交互作用参数的选择来源于 LLE 数据源的参数，如图 2-76 所示。

Component i	ACID	ACID	ACID	BUOH	BUOH	ACETATE
Component j	BUOH	ACETATE	H2O	ACETATE	H2O	H2O
Temperature units	C					
Source	APV73 VLE-HOC	APV73 VLE-HOC	APV73 VLE-HOC	APV73 VLE-HOC	APV73 LLE-ASPEN	APV73 LLE-ASPEN
Property units:						
AIJ	0.0	0.0	-1.976300000	1.689400000	204.2348000	147.1602000
AJI	0.0	0.0	3.329300000	-3.016500000	90.52630000	168.1173000
BIJ	550.1623000	17.33330000	609.8886000	-405.1504000	-9291.702100	-5855.284700
BJI	-381.5959000	261.2017000	-723.8881000	1116.694900	4983.154800	-8343.605500
CIJ	3000000000	3000000000	3000000000	3000000000	2000000000	2000000000

图 2-76　选择二元交互作用参数

③ 画流程图　按题目内容绘制流程如图 2-77 所示，液液分相器出口的第一液相为水

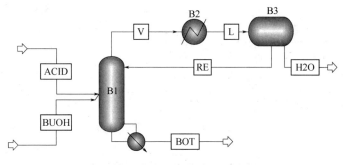

图 2-77　反应精馏合成乙酸丁酯流程图

相外排，第二液相为有机相，返回反应精馏塔的塔顶作为回流。把题目给定的进料物流信息填入对应栏目中。

④ 设置模块信息 "B1" 模块（"RadFrac"）：在精馏塔模块的 "Setup" 文件夹中，有 3 个页面需要填写。设理论板数 30，无冷凝器，共沸物收敛方式，设塔底热负荷 29MW。酯相回流从第 1 板进，乙酸从第 5 板进，丁醇从第 25 板进，常压精馏，设全塔压降 0.38atm。第一个页面填写见图 2-78。

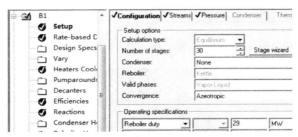

图 2-78　反应精馏塔参数设置

在精馏塔模块的 "Reaction" 文件夹中，有 2 个页面需要填写。在 "Secifications" 页面，标注反应段的起始板与终止板，创建一个化学反应方程式的文件夹，见图 2-79（a）；在 "Holdups" 页面，标注反应段的塔板液相体积。由塔径 6m，塔板上液位高度 0.05m，估算塔板上的液相体积 $1.4m^3$，见图 2-79（b）。在精馏塔模块的 "Estimates|Temperature" 页面，给出塔顶和塔底的温度估计值 90℃和 140℃。

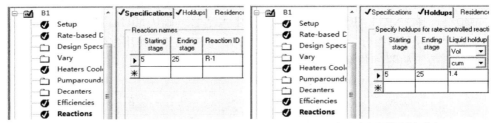

（a）标注反应段塔板位置　　　　　　　　（b）标注反应段塔板液相体积

图 2-79　反应段标注

"B2" 模块：假设无压降，汽相冷凝冷却至 50℃。

"B3" 模块：绝热、常压，第二液相主要成分为乙酸丁酯。

⑤ 设置化学反应方程式信息 正反应方程式设置方式如图 2-80（a）所示，动力学数据设置方式如图 2-80（b）所示。同理设置逆反应方程式、输入逆反应动力学数据。

（a）正反应方程式　　　　　　　　　　（b）正反应动力学数据

图 2-80　正反应动力学数据设置方式

⑥ 收敛方法与方式设置 在"Convergence|Conv Options|Defaults|Default Methods"页面，把撕裂流的收敛方法改为"Broyden"，即用拟牛顿方法计算撕裂流收敛，见图2-81。在"Convergence|Conv Options|Methods|Broyden"页面，把最大迭代次数改为100，见图2-82。在"Convergence|Tear"页面，把循环物流"RE"设置为撕裂流，见图2-83。

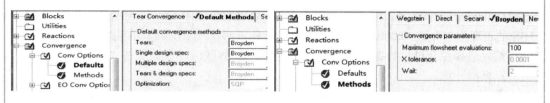

图 2-81　选择收敛方法　　　　　　　　图 2-82　修改最大迭代次数

图 2-83　设置撕裂流

⑦ 模拟计算 计算结果见图2-84，产品乙酸丁酯的摩尔分数为0.998，丁醇摩尔收率大于92.3%；废水中水的摩尔分数大于0.995，满足题目全部分离要求。

	ACID	BUOH	BOT	H2O
Mole Flow kmol/hr				
ACID	56.51952	0.0	.0372202	2.864404
BUOH	0.0	56.50000	.0454976	2.836935
ACETATE	0.0	0.0	52.08936	1.528277
H2O	1695.480	0.0	1.45208E-8	1749.098
Mole Frac				
ACID	.0322600	0.0	7.13413E-4	1.63091E-3
BUOH	0.0	1.000000	8.72069E-4	1.61527E-3
ACETATE	0.0	0.0	.9984145	8.70155E-4
H2O	.9677400	0.0	2.7832E-10	.9958837

图 2-84　乙酸丁酯反应精馏模拟结果

2.4.3　化学吸收与解吸过程

化学吸收是工业上应用广泛的单元操作，既用于气体的分离或净化，如用碳酸钾水溶液吸收二氧化碳、用醇胺溶液吸收硫化氢等，也用于直接生产化工产品，如煤气脱氨过程中用稀硫酸吸收煤气中的氨制造硫酸铵、用水吸收氮的氧化物制造硝酸等。化学吸收是气体混合物中溶质组分与吸收剂中的活性组分之间发生化学反应的吸收操作过程。与物理吸收相比，化学吸收的优点是化学反应将溶质组分转化为另一种物质,提高了吸收剂对溶质的吸收能力，可减少吸收剂用量。化学反应降低了吸收剂中游离态溶质的浓度，增大了传质推动力，可提高气体的吸收程度。化学反应改变了液相中溶质的浓度分布，因而可减小液相传质阻力，提高液相的传质分系数。与物理吸收相比，化学吸收传质速率高，设备尺寸小，选择性提高，能得到高纯度的解吸气体。

用 Aspen Plus 软件模拟化学吸收与解吸过程与模拟反应精馏过程类似，不同之处是化学吸收与解吸过程属于宽沸程体系，在选择收敛方法时应予以注意。

例 2-12 吸收液解吸 CO_2 和 H_2S——化学吸收模拟。

用带有部分冷凝器的再沸解吸塔对含 CO_2 和 H_2S 酸性气体的吸收液进行解吸。解吸塔的理论塔板数为 12，塔径 1.8m，塔顶压力 165kPa，塔板压降设为 0.7kPa/板。入塔吸收液流率 3568kmol/h，温度 100℃，压力 170kPa，溶液中各组分的表观摩尔分数分别是：二乙醇胺 0.063，CO_2 0.026，H_2S 0.001，其余为水。要求解吸液中 CO_2 的表观摩尔分数<0.001，H_2S 的表观摩尔分数<0.0001。求解吸塔冷凝器和再沸器（重沸器）的热负荷。

解 选择综合过程数据包"Datapkg"中的二乙醇胺溶液脱碳文件"kedea.bkp"为基础进行模拟计算。

① 全局性参数设置 计算类型"Flowsheet"，默认"kedea.bkp"文件内的所有分子组分、离子组分和已经选择的性质方法"NRTLELEC"。在"kedea.bkp"文件的"Reactions"文件夹中，已经输入了若干个化学反应组合的子文件夹。其中的"DEA-ACID"子文件夹中，包含了 8 个 DEA 与酸性气体组分在水溶液中的离子反应方程式、动力学方程参数和反应平衡常数，这些方程式和数据可用于本例的模拟计算。

② 画流程图 选用"RadFrac"模块画出解吸流程图，见图 2-85。把题给吸收液的物流信息填入进料物流栏目中。

③ 设置模块信息 在"Setup"文件夹中，有 3 个页面需要填写。在"Configuration"页面，填入理论级数 12，冷凝器选择"Partial-Vapor"，收敛方法选择"Strongly non-ideal liquid"。解吸塔操作条件选用两个参数，一是塔顶汽相出料量，填写 97.5kmol/h；回流量暂时填写 330kmol/h，见图 2-86。

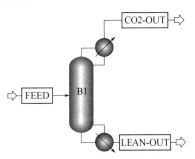

图 2-85 解吸流程图

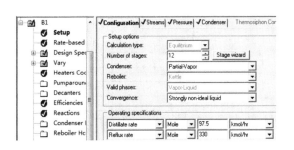

图 2-86 解吸塔"Configuration"页面设置

在"Streams"页面和"Pressures"页面按题目给定信息填写。为减少塔顶水汽的流失，设计规定控制塔顶温度为 40℃，调节手段为塔顶回流量，设置方法如图 2-87 所示。在解吸塔模块的"Reaction|Specifications"页面，标注解吸塔的反应段起始板与终止板，勾选化学反应方程式的文件"DEA-ACID"参与解吸计算，见图 2-88（a），设置估计的塔板总持液量，见图 2-88（b）。

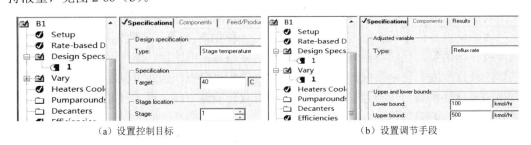

（a）设置控制目标 （b）设置调节手段

图 2-87 反馈计算控制塔顶温度及塔顶回流量

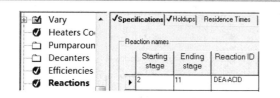
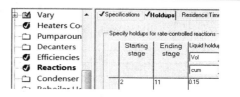

（a）设置化学反应区域 （b）设置反应段液相持液量

图 2-88　解吸塔化学反应设置

④ 辅助收敛参数设置　为了加速收敛，在解吸塔模块的"Estimates|Temperature"页面输入估计的塔顶温度 40℃，第 2 板 110℃，塔釜 118℃。为了增加迭代次数，在解吸塔模块"Convergence|Basic"页面的"Basic convergence"栏目，把最大迭代次数由 25 次改为 50 次。为了提高收敛的稳定性，把"Methods"栏目中的阻尼因子"Damping level"由"None"修改为"Severe"，见图 2-89。

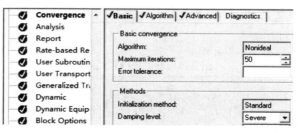

图 2-89　修改迭代参数与添加阻尼因子

⑤ 输出设置　为了使计算结果能够显示溶液中表观分子摩尔组成，在"Properties|Prop-Sets|Properties"页面，建立一个溶液组成输出文件"PS-1"，用来显示解吸溶液中酸性气体成分的表观分子摩尔组成，设置方法如图 2-90 所示。其中参数"XAPP"是软件自带的物流性质符号，仅在电解质体系中使用，表示组分的摩尔组成。为使溶液中表观分子摩尔组成在输出物流性质中显示，需要把"PS-1"文件添加到物流性质输出格式中。在"Setup|Report Options|Stream"页面，点击"Property Sets"按钮，把"PS-1"文件移动到"Selected prorperty sets"栏目中。

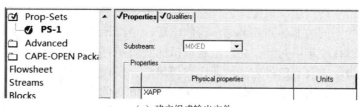

（a）建立组成输出文件

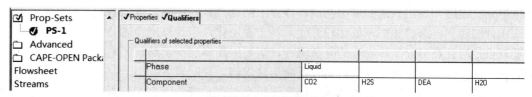

（b）标注输出酸性气体组分名称

图 2-90　设置表观分子摩尔浓度参数

⑥ 模拟计算　结果如图 2-91 所示，由图 2-91（a），解吸塔出口溶液中 CO_2 的表观摩

尔分数<0.001，H_2S 的表观摩尔分数<0.0001，达到分离要求。由图 2-91（b），塔顶和塔底热负荷分别是 4045kW 和 6579kW。

	FEED	CO2-OUT	LEAN-OUT
Temperature C	100.0	40.0	117.8
Pressure kPa	170.000	165.000	172.700
Vapor Frac	0.018	1.000	0.000
Mole Flow kmol/hr	3502.365	97.500	3467.275
Mass Flow kg/hr	86330.648	4140.474	82190.201
Mole Flow kmol/hr			
H2O	3212.161	4.449	3240.279
DEA	123.762	TRACE	220.088
H2S	0.805	3.508	TRACE
CO2	27.133	89.543	TRACE
*** LIQUID PHASE ***			
XAPP			
CO2	.0189351		9.29232E-4
H2S	7.97028E-4		1.74170E-5
DEA	.0641036		.0647699
H2O	.9161641		.9342834

Stage	Temperature	Pressure	Heat duty	Liquid from	Vapor from
	C	kPa	kW	kmol/hr	kmol/hr
1	40.0009678	165	-4044.6267	313.661208	97
2	109.925359	165.7	0	3899.06619	347.173014
3	113.078298	166.4	0	3959.26532	478.206301
4	114.613134	167.1	0	3992.82387	521.390141
5	115.445146	167.8	0	4012.2092	544.743536
6	115.955314	168.5	0	4024.31268	558.045662
7	116.311076	169.2	0	4032.62727	566.318549
8	116.588483	169.9	0	4038.9254	572.023253
9	116.824419	170.6	0	4044.17576	576.3762
10	117.038735	171.3	0	4049.01763	580.023933
11	117.24458	172	0	4053.96971	583.375176
12	117.775387	172.7	6578.58848	3467.30129	586.668417

（a）进出物流性质　　　　　　　　　　　（b）塔内参数分布

图 2-91　解吸塔模拟结果

2.5　含循环流过程

真实的化工过程往往都含有循环流。根据循环流的性质，可分为组分循环流与能量循环流。在萃取精馏、共沸精馏、液液萃取、气液吸收过程中，往往要把萃取溶剂、共沸剂、吸收剂等从产物物流中分离出来循环使用。在化学反应过程中，因为反应转化率的限制，反应物不能在反应器中一次全部反应，往往要从反应器出口物流中分离出未反应的组分再返回反应器入口进行二次反应。所有这些工艺设置或操作会在化工过程中产生组分循环流。

为回收利用产品物流的能量，往往要将高温物流与低温物流换热，这就有可能形成热量循环流。另外，在化工过程模拟过程中，进行反馈计算、灵敏度分析计算、最优化计算等，都会产生循环流的求解问题。根据工艺流程中循环流的复杂程度，又可分成独立循环、嵌套循环、交叉循环等不同的循环回路。循环流的出现，使得计算复杂化，产生许多大型非线性方程组，手工计算往往难以为继。化工过程模拟的实质是对大型非线性方程组的求解，就模型方法的求解而言，主要有三种方法，即序贯模块法、联立方程法、联立模块法。

序贯模块法从系统入口物流开始，经过接收该物流变量单元模块的计算得到输出物流变量，这个输出物流变量就是下一个相邻单元的输入物流变量，依次逐个地计算过程系统中的各个单元，最终计算出系统的输出物流。该方法的优点是与实际过程的直观联系较强，模拟系统软件的建立、维护和扩充都比较方便，易于通用化，当计算出错时易于诊断出错位置。主要缺点是对存在多股循环物流的复杂流程，需要采用多层嵌套迭代，求解计算效率低下，尤其在解决设计和过程优化问题时需要反复迭代求解，耗时较多。

联立方程法又称为面向方程法，是将描述整个过程系统的所有方程组成一个大型非线性代数方程组，同时求解此方程组得出模拟计算结果。联立方程法可以根据问题的要求灵活地确定输入输出变量，而不受实际物流和流程的影响。由于所有的方程同时求解、同步收敛，不存在嵌套迭代的问题，因此该方法计算效率较高，尤其计算优化问题具有明显优势。但该方法需要较大存储量和较复杂计算，计算出错诊断比较困难。

联立模块法可以看成是综合序贯模块法和联立方程法的优点而出现的一种折中方法，将过程系统的近似模型方程与单元模块交替求解，在每次迭代中都要求解过程的简化方程，以产生新的初值作为严格模型单元模块的输入，通过严格模型的计算产生简化模型的可调参数。联立模块法兼具序贯模块法和联立方程法的优点，既能使用序贯模块法开发的大量模块，又能将过程收敛和设计规定收敛等迭代循环合并处理，通过联立求解达到同时收敛的目的。

Aspen Plus 软件将序贯模块法和联立方程法两种算法同时包含在一个模拟工具中。序贯模块法提供了过程收敛计算的初值，联立方程法大大提高了流程模拟计算的收敛速度，使收敛困难的过程计算成为可能，并可节省计算时间。

Aspen Plus 软件包含的数值计算方法有韦格斯坦法（WEGSTEIN）、直接迭代法（DIRECT）、正割法（SECANT）、拟牛顿法（BROYDE）、牛顿法（NEWTON）、序列二次规划法（SQP）等。软件默认的数值计算方法是韦格斯坦法，当此方法不收敛时，可改用其他数值计算方法，以使含循环物流的流程模拟迅速收敛。

采用序贯模块法进行流程模拟计算时，要求所有进料物流的数据已知后才能进行计算，每个单元操作模块按流程顺序执行，每个模块计算出来的输出流股被作为下一个模块的进料使用。如果流程中没有循环物流，计算简单快捷。带有循环回路的过程计算必须循环求解，流程的执行要求选择撕裂流股，也就是具有所有由循环确定的组分流、总摩尔流、压力和焓的循环流股，可以是一个回路中的任意一股流股。若只有简单的一两股物流循环，软件会自己判断选择撕裂流股，对循环物流赋值。每个撕裂流股都有一个相关的收敛模块，由 Aspen Plus 生成收敛模块的名字，以字符\$开始。但是如果流程较复杂，为加快收敛，人为对撕裂流股赋值会较容易得到收敛结果。

对于复杂的多循环回路的过程，有效地加速收敛方法：一是将流程分段或分节后运算，二是将循环回路撕裂，给循环物流的下一次计算赋一个初值（温度，压力，流量，组成），然后计算。根据计算结果，再把计算结果作为下次赋值填入，反复迭代，直至循环物流相差很小时，再把撕裂流股接入循环物流的流程计算，这样会很快收敛。

2.5.1 萃取精馏

在相对挥发度接近 1 或等于 1 的原料中加入高沸点萃取溶剂，使原料中组分的相对挥发度增大，从而使难以精馏分离的原料得以分离，这种分离方法称为萃取精馏。通常在萃取精馏塔的后面要设置溶剂再生塔，并使回收的萃取溶剂循环利用。

> **例 2-13** 萃取精馏与溶剂回收组合流程——Calculator 功能应用。
>
> 甲苯和正庚烷都是含 7 个碳原子的烃类化合物，沸点相近，普通精馏分离困难。选择苯酚为萃取溶剂，用萃取精馏方法分离等摩尔甲苯正庚烷混合物。根据小试研究结果，规定摩尔溶剂比 2.7，操作回流比 5，饱和蒸汽进料，进料流率 100kmol/h，平均操作压力1.24bar。要求两塔塔顶产品中甲苯、正庚烷的摩尔分数不少于 0.98。求：（1）萃取精馏塔和溶剂再生塔的理论塔板数、进料位置；（2）两股产品的流率与组成；（3）若把回收溶剂返回到萃取精馏塔循环使用，求正常生产时需要补充的萃取溶剂流率。
>
> **解** 解题思路：（1）用 Aspen Plus 软件中的"RadFrac"模块串联操作，模拟萃取精馏塔和溶剂再生塔；（2）组合流程稳态运行时需要补充的萃取溶剂量等于两塔顶物流带出的萃取溶剂量之和。模拟过程分两步进行：①模拟两塔串联运行，溶剂不循环，求两塔运行参数；②模拟溶剂循环，求溶剂补充量。

（1）模拟两塔串联运行

① 全局性参数设置　计算类型"Flowsheet"，选择 SI-CBAR 计量单位集，输入甲苯、正庚烷和苯酚。因两塔内的液相都是均相体系，平均操作压力 1.24bar，汽相可看作理想气体，选择"WILSON"性质方法。

② 画流程图　先模拟萃取精馏塔，选择"RadFrac"模块拖放到工艺流程图窗口，用物流线连接精馏塔的进出口，对模块、物流进行改名，如图 2-92 所示。

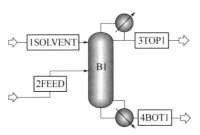

图 2-92　萃取精馏塔流程图

③ 设置流股信息　双击进料物流号，把题目给定的进料物流信息填入对应栏目中。进料物流入塔压力应该大于塔底压力，取 1.5bar。溶剂入塔温度应该与溶剂进料板上的温度接近，取 105℃；由题给溶剂比计算，溶剂入塔流率 270kmol/h。

④ 设置"B1"模块信息　对于一股进料两股出料的简单精馏塔，可以应用"DSTWU"模块估算精馏塔完成分离任务需要的理论塔板数和进料位置。但萃取精馏塔有两股进料，属于复杂塔，不能用"DSTWU"模块估算理论塔板数、进料位置和需要的操作回流比。理论上可以假设溶剂的浓度和焓沿塔高变化较小，在求取苯酚作用下甲苯、正庚烷的相对挥发度后，按二元精馏计算方法计算分离任务需要的理论塔板数、进料位置和操作回流比，最后设置若干溶剂回收塔板完成萃取精馏塔的设计计算，然后再把简捷计算结果输入软件中进行严格计算，但这一过程繁复且缓慢。"RadFrac"模块是操作型计算，一开始就要输入理论塔板数和进料位置。变通的办法是开始先填入理论塔板数和进料位置的估计值，然后根据分离要求，依据能耗最小的原则，采用软件的优化功能确定理论塔板数和进料位置的准确值。本例中，取萃取精馏塔理论塔板数 22，溶剂进料位置 7，混合物进料位置 13。根据混合物进料组成和塔顶流出物质量要求，估计塔顶出料量 50.7kmol/h。塔顶压力设为 1.05bar，每塔板压降 0.01bar。把这些信息填入"B1"模块"Setup"文件夹的三个页面，其中"Configuration"页面填写见图 2-93，模拟结果见图 2-94，馏出液中正庚烷的摩尔分数 0.985，脱溶剂浓度>0.99，达到分离要求。由"B1|Profiles"页面可见第 7 板温度 103.4℃，说明溶剂入塔温度设置为 105℃是合适的。

图 2-93　萃取精馏塔参数设置　　　　　图 2-94　萃取精馏塔模拟计算结果

由 B1 塔"Profiles"页面数据可绘制各种参数分布图。B1 塔汽相组成分布见图 2-95（a），第 13 塔板甲苯、正庚烷的汽相组成在 0.5 左右，与汽相进料组成相当，原料在此板入塔是合适的。B1 塔液相组成分布见图 2-95（b），第 7～21 板上溶剂苯酚浓度 0.55 左右，可近似看作恒定溶剂浓度，这是萃取精馏塔的操作特性之一。

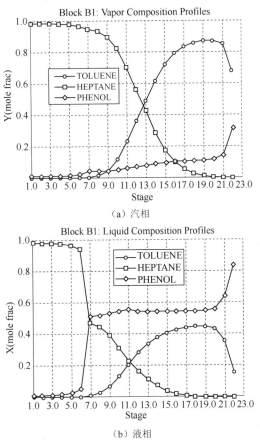

（a）汽相

（b）液相

图 2-95　萃取精馏塔内组成分布

溶剂作用下 B1 塔内正庚烷与甲苯相对挥发度分布见图 2-96，溶剂苯酚从第 7 板入塔后，精馏段与提馏段各块塔板上正庚烷与甲苯的相对挥发度均提高到 2 以上，使得正庚烷与甲苯的分离变得容易与可行，说明选择苯酚作为萃取溶剂是合适的。

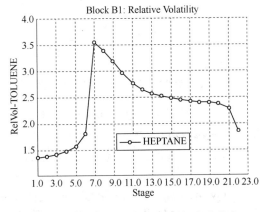

图 2-96　正庚烷与甲苯的相对挥发度分布

⑤ 溶剂再生塔的模拟计算　仍然用"RadFrac"模块模拟计算，为了预先估算溶剂再生塔的设置参数，先把 B1 塔釜液连接到一个流股复制器模块"DUPLICAT"，再把简捷计算模块"DSTWU"连接到"DUPLICAT"上。用"DSTWU"模块简捷计算溶剂再生塔需要的设置参数，如回流比、理论塔板数和进料位置。在"DSTWU"模块的"Input|Specifications"页面，设置操作回流比为最小回流比的 1.1 倍，塔顶甲苯回收率 0.99，苯酚 0.002，塔顶压力 1.05bar，塔底压力 1.2bar。经计算，"DSTWU"模块给出溶剂再生塔需要的理论塔板数为 17，回流比 1.1，进料位置 11，塔顶出料量 50.1kmol/h。

在 B1 塔后面串联一个"RadFrac"模块"B2"，进行溶剂再生塔的模拟计算。B2 塔的进料从流股复制器模块"DUPLICAT"上引入 B1 塔釜液，再把"DSTWU"模块计算结果输入到"B2"模块，模拟计算结果见图 2-97，溶剂再生塔塔顶馏出液中甲苯摩尔分数>0.985，脱溶剂浓度摩尔分数>0.99，达到纯度分离要求。进料总流率是 370kmol/h，三股出料流率总和也是 370kmol/h，两塔串联系统达到物料平衡。

	1SOLVENT	2FEED	3TOP1	5TOP2	6BOT2
Mole Frac					
TOLUENE	0.0	.5000000	8.45919E-4	.9861378	2.04906E-3
C7H16-1	0.0	.5000000	.9852681	9.35642E-4	1.12451E-7
PHENOL	1.000000	0.0	.0138859	.0129265	.9979508
Total Flow kmol/hr	270.0000	100.0000	50.70000	50.10000	269.2000
Total Flow kg/hr	25410.52	9617.228	5075.711	4617.895	25334.14
Total Flow cum/hr	23.35038	2160.727	8.235656	5.913623	27.38334
Temperature C	105.00000	116.6698	99.60417	112.2842	187.9426

图 2-97　两塔串联系统的物料平衡

（2）模拟溶剂循环　对模拟过程进行修改，删除"DUPLICAT"和"DSTWU"模块，添加混合器、冷却器、增压泵模块，用物流线连接各模块，添加补充萃取溶剂物流"MAKEUP"，构成溶剂循环流程，如图 2-98 所示。

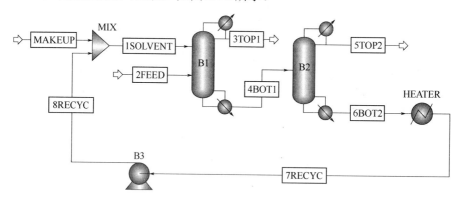

图 2-98　萃取精馏系统溶剂循环流程图

补充萃取溶剂模拟方法：采用软件的"Calculator"功能，计算两塔塔顶物流带出的萃取溶剂量之和，再赋值给补充萃取溶剂物流"MAKEUP"。

① 新增模块参数设置　增压泵出口压力设置为 2bar，混合器不必设置，溶剂冷却温度设置为 105℃。

② 定义物流名称　在"Flowsheeting Options|Calculator"文件夹中创建一个"MAKEUP"补充萃取溶剂的计算文件，然后在该文件夹"Input|Define"页面定义两塔塔顶带出的萃取

溶剂流率变量名称"FTOP1"、"FTOP2"和补充的萃取溶剂流率变量名称"MAUP",如图 2-99 所示。其中"FTOP1"和"FTOP2"是输入变量(Import variable),"MAUP"是输出变量(Export variable),补充萃取溶剂流率"MAUP"的定义如图 2-100 所示。

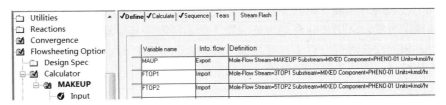

图 2-99　创建计算器文件

③ 计算器设置　在"MAKEUP"文件夹的"Calculate"页面,说明三个变量之间的关系,如图 2-101 所示,Fortran 语言编程规定运算语句从第 7 列开始编写。

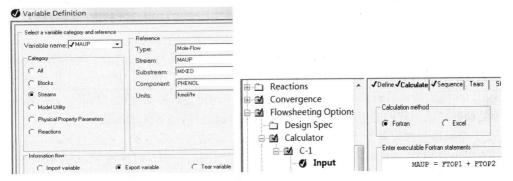

图 2-100　定义补充萃取溶剂流率变量　　　　图 2-101　定义三个变量运算关系

④ 模拟计算　计算结果见图 2-102,萃取精馏塔塔顶正庚烷含量(摩尔分数)0.985,脱溶剂浓度(摩尔分数)49.918/(49.918+0.119)=0.9976,达到分离要求。正庚烷收率 49.918/50=0.998;溶剂再生塔塔顶甲苯摩尔分数 0.996,脱溶剂浓度(摩尔分数)49.881/(49.881+0.082)=0.9984,达到分离要求,甲苯收率 49.881/50= 0.998;正常生产时需要补充的萃取溶剂流率 0.8kmol/h。

	MAUP	2FEED	3TOP1	5TOP2
Mole Frac				
TOLUENE	0.0	.5000000	2.33503E-3	.9956417
C7H16-1	0.0	.5000000	.9845814	1.63116E-3
PHENOL	1.000000	0.0	.0130835	2.72709E-3
Total Flow kmol/hr	.7999622	100.0000	50.70000	50.10000
Total Flow kg/hr	75.28687	9617.228	5075.350	4617.169
Total Flow cum/hr	.0746583	2160.727	8.234930	5.924283
Temperature C	105.0000	116.6698	99.61469	111.9480

图 2-102　带循环回路的萃取精馏系统计算结果

由模拟过程可知,萃取精馏系统稳定运行时,进入系统的两股物流总量是 100.8kmol/h,流出系统的两股物流总量 50.7+50.1=100.8kmol/h,进出系统的物流总量相等。由图 2-102 可看出,各个组分进出系统的量也是相等的。萃取精馏系统运行时的能量从两塔的再沸器输入,消耗的蒸汽能量值分别是 2.697MW 和 1.330MW。另外,增压泵耗能 0.001MW,换热器移除热量 1.340MW。

2.5.2 变压精馏

一般来说，若压力变化明显影响共沸组成，则可采用两个不同压力操作的双塔流程，不添加共沸剂，可实现二元混合物的完全分离。变压精馏是通过改变系统压力来改变体系共沸组成的特殊精馏方法，常用来分离均相共沸物。变压精馏与其他几种精馏方式相比，其优点在于避免引入和回收共沸剂。对于具有正偏差共沸物的稳态过程，变压精馏流程包括加压精馏塔和低压精馏塔，两塔塔顶的正偏差共沸物互相引入对方塔内进行分离，形成循环流，从两塔的塔底得到目标产物。

例 2-14 变压精馏——分离乙醇和苯。

已知乙醇和苯生成均相共沸物，因其共沸组成受压力影响明显，可以不添加共沸剂，采用常压和 1333kPa 双压精馏方法进行分离。若进料流率为 100kmol/h，含乙醇 0.35（摩尔分数），压力 1450kPa，温度 165℃。分离后乙醇产品纯度为 0.99（摩尔分数）和苯产品纯度 0.99（摩尔分数）。要求：（1）设计双压精馏流程实现该物系的分离；（2）确定各产品的流率和循环物料的流率。

解 解题思路：应用软件的相图绘制功能，绘制两个压力下的汽液平衡相图，根据不同压力下的共沸点数据以及进料组成，设计双压精馏流程。选用"RadFrac"模块进行精馏模拟，两塔的理论塔板数和进料位置可由经验初步确定，然后根据分离要求，依据能耗最小的原则，采用软件的优化功能确定理论塔板数和进料位置的准确值。

① 全局性参数设置　计算类型"Flowsheet"，输入乙醇与苯。乙醇与苯是互溶的，可以选用 WILSON 方程计算液相的非理想性；又因加压操作，可选择 Radlish-Kwong 方程计算汽相的非理想性，故最终选择"WILS-RK"性质方法，确认 WILSON 方程的二元交互作用参数。

② 绘制相图　点击"Tools|Analysis|Property|Binary"工具条，打开绘制相图窗口，在"Analysis type"栏目下选择"T-xy"，表示绘制温度-组成图。在"Pressure"栏目下选择"List of values"，在空格内填写两个压力值，点击"Go"按钮，软件绘制出乙醇与苯在两个压力下的温度-组成图，把进料和两个共沸点名称标绘到图上，如图 2-103 所示。依据相图分析和均相共沸精馏原理，只能在高压塔输入原料，高压塔塔顶共沸物 D1 作为低压塔的进料，低压塔塔顶共沸物 D2 返回到高压塔，由此构成循环。在高压塔塔釜得到纯苯，在低压塔塔釜得到纯乙醇。这样，不添加共沸剂，采用双塔双压精馏，可以实现乙醇与苯均相共沸物的分离。

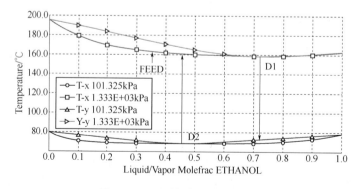

图 2-103　乙醇与苯温度-组成图

D1—高压塔塔顶共沸物；D2—低压塔塔顶共沸物

③ 绘制流程图　根据相图分析，设计双塔双压精馏分离乙醇与苯共沸物的流程，如图 2-104 所示。因为两塔压差太大，操作温度相差亦很大。低压塔顶共沸物进入高压塔之前需要升压升温，高压塔塔顶共沸物进入低压塔之前需要降温，因此在流程图上增设了两个换热器和一台增压泵。

为使两塔模块参数设置准确性好一些，可以用题目数据、相图数据及分离要求进行初步的物料衡算。

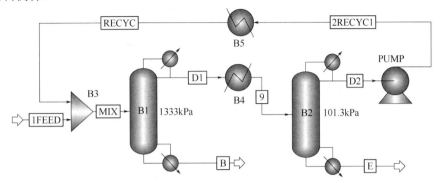

图 2-104　双压共沸精馏分离乙醇与苯流程

对两塔作物料衡算：$F=B+E$

对乙醇作物料衡算：$0.35F=0.01B+0.99E$

合并两式解出：$E=34.69\text{kmol/h}$；$B=65.31\text{kmol/h}$

对低压塔作总物料衡算：$D_1=D_2+E$

对低压塔乙醇作物料衡算：$0.7244D_1=0.4537D_2+0.99E$

合并两式解出：$D_2=34.04\text{kmol/h}$；$D_1=68.73\text{kmol/h}$。

以上物料衡算求得的 E、B、D_1、D_2 四个物流点流率数据，可用于图 2-104 分离过程的参数设置与调整。

④ 设置流股信息　把题目给定的进料物流信息填入对应栏目中。进料物流压力应该高于高压塔的操作压力，设为 1450kPa，液相进料。

⑤ 设置模块信息　"B1"模块：在"Setup"文件夹中，有 3 个页面需要填写。设理论板数 30，全凝器，收敛模式选择共沸精馏"Azeotropic"。暂定摩尔回流比为 2，后用"Sensitivity"功能确定。暂定摩尔蒸发比为 4，后用"Design Specs"功能确定。B2 塔顶共沸物与原料混合后从第 26 板进入，合适的进料位置用"Sensitivity"功能确定。塔顶压力 1333kPa，设每块塔板压降 1kPa。"B1"模块"Configuration"页面的填写如图 2-105 所示。

为保证塔釜物流中苯的摩尔分数达到 0.99，可以使用软件的反馈计算功能"Design Specs"调整塔釜的摩尔蒸发比。在"B1"模块的"Design Specs"文件夹中建立一个反馈计算指标控制文件"1"；在其"Specifications"页面填写塔釜物流中苯的浓度控制指标，在"Components"页面填写苯的组分代号，在"Feed/Product Streams"页面填写苯的物流代号。在"Specifications"页面的填写方式如图 2-106（a）所示。然后，在"B1"模块的"Vary"文件夹中建立一个操作参数变化文件"1"；在其"Specifications"页面填写满足塔釜物流中苯浓度控制指标的塔釜摩尔蒸发比的变化范围，如图 2-106（b）所示。

为选择合适的进料位置，在控制塔釜物流中苯浓度 0.99（摩尔分数）时，用"Sensitivity"功能计算不同进料位置所需要的塔釜热负荷。在"Model Analysis Tools|Sensitivity"页面，

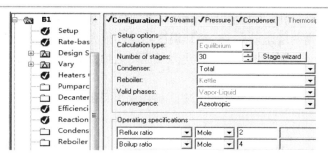

图 2-105　高压塔"Configuration"页面参数填写

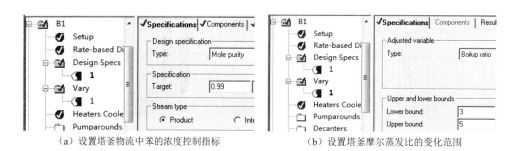

（a）设置塔釜物流中苯的浓度控制指标　　　　（b）设置塔釜摩尔蒸发比的变化范围

图 2-106　调整塔釜摩尔蒸发比控制塔釜物流中苯浓度

建立一个灵敏度分析文件"S-1"；在"S-1|Input|Define"页面，定义"B1"模块塔釜热负荷为 QN1，见图 2-107（a）；在"S-1|Input|Vary"页面，设置进料塔板位置范围和考察步长，见图 2-107（b）；在"S-1|Input|Tabulate"页面，设置输出不同进料位置的塔釜热负荷数据。

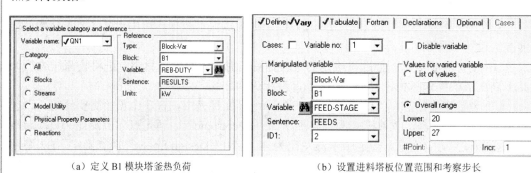

（a）定义 B1 模块塔釜热负荷　　　　　　（b）设置进料塔板位置范围和考察步长

图 2-107　考察不同进料位置的塔釜热负荷

由全系统物料衡算，D1 流率为 68.73kmol/h。在控制塔釜物流中苯浓度 0.99（摩尔分数）条件下，不同的回流比会导致不同的塔顶共沸物浓度和不同的共沸物流率。合适的回流比应该使得"B1"模块的塔顶共沸物浓度和流率接近相图值和物料衡算值，这可以用"Sensitivity"功能筛选获得。

在"Model Analysis Tools|Sensitivity"页面，建立一个灵敏度分析文件"S-2"；在"Input|Define"页面，定义"XD1"为"B1"模块塔顶共沸物 D1 中的乙醇摩尔分数，见图 2-108（a）；定义"WD1"为"B1"模块塔顶共沸物 D1 的摩尔流率，见图 2-108（b）；在"Input|Vary"页面，设置回流比考察范围和考察步长，见图 2-108（c）。

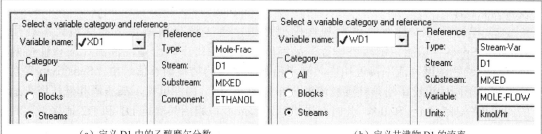

（a）定义 D1 中的乙醇摩尔分数　　　　　　（b）定义共沸物 D1 的流率

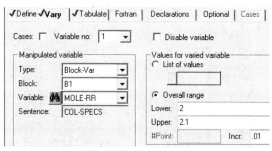

（c）设置回流比考察范围和考察步长

图 2-108　筛选"B1"模块的回流比

"B2"模块：在"Setup"文件夹中，有 3 个页面需要填写。设理论板数 20，全凝器，收敛模式选择共沸精馏"Azeotropic"。暂定摩尔回流比为 1，然后用"Sensitivity"功能确定。暂定摩尔蒸发比为 2，然后用"Design Specs"功能确定。B1 塔顶共沸物冷凝冷却到 72℃后从第 14 板进入，合适的进料位置用"Sensitivity"功能确定。塔顶压力 101.3kPa，设每块塔板压降 1kPa。"B2"模块"Configuration"页面的填写如图 2-109 所示。"B2"模块塔釜物流中乙醇浓度控制和回流比筛选方法与"B1"模块相同，此处不再赘述。

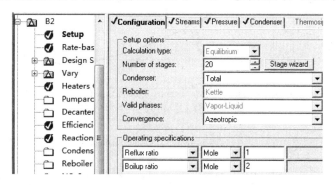

图 2-109　低压塔"Configuration" 页面参数填写

"B3"混合器模块：选择液相混合"Liquid-only"。

"B4"冷却器模块：设置出口温度 72℃，与 B2 塔进料塔板温度相当；设置冷却器估计压降 50kPa，有效相态是液相。

"B5"加热器模块：设置出口温度 165℃，与 B1 塔进料塔板温度相当；设置加热器估计压降 50kPa，有效相态是液相。

"PUMP"模块：设置出口压力 1500kPa。

为加快流程模拟收敛，在"Convergence|Tear"页面，把流程中的循环物流"RECYC"

设置为撕裂流。

⑥ 模拟计算　计算收敛后观察模拟结果。首先选择两塔合适的回流比。在用"Design Specs"功能控制两塔塔釜产品纯度一定的前提下，合适的回流比应该使得两塔塔顶共沸物浓度和流率接近相图共沸点值和全系统的物料衡算值。由"Sensitivity"功能计算的不同回流比下塔顶共沸物浓度分布见图2-110。由图可见，高压塔和低压塔合适的回流比分别为2.05和0.8，此时两塔塔顶乙醇浓度与相图共沸点D1和D2值接近。其次确定两塔合适的进料位置。由"Sensitivity"功能计算出的两塔进料位置与塔釜热负荷的关系见图2-111，可见"B1"模块和"B2"模块合适的进料位置分别是26和14，此时的两塔塔釜热负荷最小。

Row/Case	Status	VARY 1 B1 COL-SPEC MOLE-RR	XD1
1	OK	2	0.72435094
2	OK	2.01	0.72436261
3	OK	2.02	0.72437389
4	OK	2.03	0.72438479
5	OK	2.04	0.72439534
6	OK	2.05	0.72440554
7	OK	2.06	0.7244154
8	OK	2.07	0.72442493

（a）高压塔

Row/Case	Status	VARY 1 B2 COL-SPEC MOLE-RR	XD2
1	OK	0.5	0.49859894
2	OK	0.6	0.48352369
3	OK	0.7	0.46862503
4	OK	0.8	0.45732516
5	OK	0.9	0.45594267
6	OK	1	0.45565699
7	OK	1.1	0.45551676
8	OK	1.2	0.45542747

（b）低压塔

图 2-110　不同回流比下的塔顶共沸物浓度

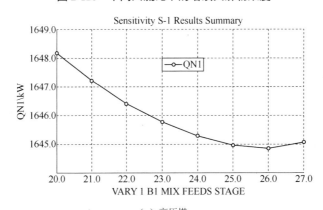

（a）高压塔

（b）低压塔

图 2-111　不同进料位置对应的塔釜热负荷

最后确定两塔的蒸发比。把两塔回流比分别修改为 2.05 和 0.8，两塔进料位置修改为 26 和 14，由"Design Specs"功能计算得到两塔的蒸发比分别为 3.91 和 1.58。全流程计算结果见图 2-112，可见高压塔塔釜苯摩尔分数 0.99，低压塔塔釜乙醇摩尔分数 0.99，均达到分离要求，两塔塔釜出料流率与全系统物料衡算结果相符。

	1FEED	MIX	D1	B	D2	E
Mole Flow kmol/hr						
ETHANOL	35.00000	50.78263	50.12958	.6530496	15.78361	34.34597
BENZENE	65.00000	83.72855	19.07664	64.65191	18.72971	.3469290
Mole Frac						
ETHANOL	.3500000	.3775346	.7243507	.0100000	.4573193	.9900000
BENZENE	.6500000	.6224654	.2756493	.9900000	.5426807	.0100000
Total Flow kmol/hr	100.0000	134.5112	69.20622	65.30496	34.51332	34.69290
Total Flow kg/hr	6689.803	8879.849	3799.568	5080.281	2190.182	1609.386
Total Flow cum/hr	9.700826	12.91512	5.757301	7.632425	2.705890	2.203515
Temperature C	165.0000	164.8707	158.4016	194.7636	67.91804	81.99735

图 2-112　双塔双压精馏系统模拟结果

2.5.3　非均相共沸精馏

分离非均相共沸物只需把汽相共沸物冷凝即可分成两个液相，从而越过了 *y-x* 相图上平衡线与对角线的交点，不必加入共沸剂即可把混合物完全分离。故非均相共沸精馏过程最少包含两个塔，分别处理液液分相器的两个液相回流。

例 2-15　非均相共沸精馏分离正丁醇水溶液。

用双塔非均相共沸精馏方法实现含水正丁醇的脱水。原料含水 0.28（摩尔分数），流率 5000kmol/h，压力 1.1atm，进料汽相分率 0.3。要求产品正丁醇中含正丁醇 0.96（摩尔分数），外排水相中含水 0.995（摩尔分数）。常压操作，饱和液体回流，两塔均采用再沸器加热，丁醇塔理论塔板数 9，水塔理论塔板数 4。求：（1）产品流率；（2）丁醇塔最佳进料位置；（3）两塔再沸器能耗。

解　解题思路：利用软件的相图绘制功能，绘制常压下正丁醇-水汽液平衡相图，根据共沸点数据以及进料组成，设计双塔精馏流程。两塔的进料位置可依据经验初步确定，然后依据能耗最小原则，采用软件的优化功能确定准确值。

① 全局性参数设置　计算类型"Flowsheet"，输入正丁醇与水。正丁醇与水是部分互溶，选用"NRTL"性质方法，确认 NRTL 方程的二元交互作用参数。

② 绘制相图　点击"Tools|Analysis|Property|Binary"工具条，打开绘制相图窗口，在"Analysis type"栏目下选择"T-xy"，在"Vlid phases"栏目下选择"Vapor-liquid-liquid"，表示绘制温度-汽液液组成相图。单击"Go"按钮，软件绘制相图见图 2-113（a），在常压下，正丁醇与水是部分互溶，三相平衡温度为 92.5℃。共沸点把汽液平衡包络线分成两个区域，左侧是水相蒸馏区域，右侧是正丁醇相蒸馏区域，可设计两塔分离流程完成正丁醇脱水任务。在正丁醇塔加入原料，塔顶共沸物冷凝后分相，有机相含正丁醇 0.56（摩尔分数），回流到正丁醇塔塔顶；水相含正丁醇 0.025（摩尔分数），作为水塔进料回流到水塔塔顶。两塔均无冷凝器，合用一个外置冷凝器为两塔汽相冷凝，合用一个外置分相器为两塔汽相冷凝液分相。由正丁醇塔塔釜得到提纯的正丁醇，由水塔塔釜得到废水外排。这样，不加共沸剂，采用双塔精馏，实现非均相共沸物的分离。

③ 绘制模拟流程图　根据相图分析，设计双塔精馏分离正丁醇与水的模拟流程，见

图 2-113（b），液液分相器的水相入水塔第 1 塔板，有机相入正丁醇塔第 1 塔板。为了给两塔模拟结果的判断提供参考，可以用题给数据及分离要求进行初步的物料衡算。

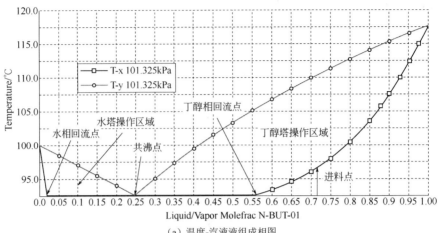

（a）温度-汽液液组成相图

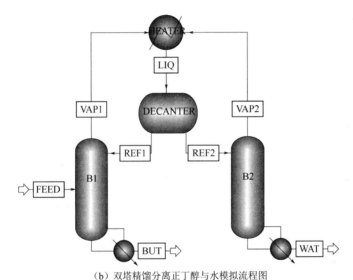

（b）双塔精馏分离正丁醇与水模拟流程图

图 2-113　正丁醇脱水分离流程分析

对两塔作总物料衡算：FEED = BUT + WAT

对两塔的水作物料衡算：0.28FEED = 0.04BUT + 0.995WAT

合并两式解出：BUT=3743.5kmol/h（B1 塔釜出料）；WAT=1256.5kmol/h（B2 塔釜出料）

④ 设置流股信息　把题目给定的物流信息填入对应栏目中。

⑤ 设置模块信息　"B1"模块：在"Setup"文件夹中，有 3 个页面需要填写。理论板数 9，无冷凝器，共沸精馏方式收敛，其中"Configuration"页面参数填写如图 2-114（a）所示。暂定摩尔蒸发比为 0.5，然后用"Design Specs"功能根据塔釜产品中丁醇含量 0.96（摩尔分数）确定塔釜摩尔蒸发比准确值，页面参数填写如图 2-114（b），"Vary"页面参数填写如图 2-114（c）。由于没有冷凝器，分相器有机相回流从第 1 板进入，原料暂时从第 2 板进入，塔顶压力 1atm，设全塔压降 9kPa。在"Estimates|Temperature"页面，设置塔顶、塔底的温度估计值分别为 95℃和 115℃。

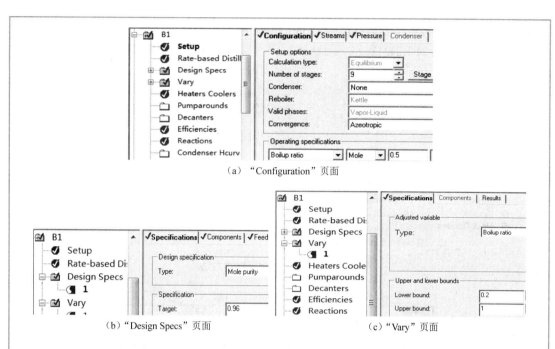

(a) "Configuration" 页面

(b) "Design Specs" 页面　　　　　　　　(c) "Vary" 页面

图 2-114　丁醇塔部分页面参数填写

"B2"模块：在"Setup"文件夹中，有 3 个页面需要填写。理论板数 4，无冷凝器，共沸精馏方式收敛，其中"Configuration"页面填写如图 2-115 所示。暂定摩尔蒸发比为 0.05，然后用"Design Specs"功能根据塔釜物流中水含量 0.995（摩尔分数）确定塔釜摩尔蒸发比准确值。由于没有冷凝器，分相器水相回流从第 1 板进入。塔顶压力 1atm，设全塔压降 4kPa。在"Estimates|Temperature"页面，设置塔顶塔底的温度估计值分别为 95℃和 100℃。

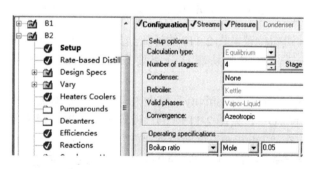

图 2-115　水塔"Configuration"页面填写

"HEATER"模块：在"Input|Specification"页面，设置汽相冷凝，压力 1atm。

"DECANTER"模块：在"Input|Specification"页面，设置压力 1atm，绝热分相，指定返回丁醇塔顶液相的关键组分为正丁醇。在"Block Options|Properties"页面，选择分相器物流的性质方法为"NRTL-2"，见图 2-116（a）；选择源于 LLE 的 NRTL 方程二元交互作用参数，见图 2-116（b）。为加快收敛，在"Convergence|Tear"页面，把模拟流程中的循环物流"REF1"和"REF2"设置为撕裂流。

⑥ 模拟计算　结果见图 2-117，丁醇塔釜液中正丁醇摩尔分数 0.96，水塔釜液中水摩尔分数 0.995，均达到分离要求，两塔塔釜出料流率与全系统物料衡算结果相符。由计算

结果还可看到，丁醇塔塔釜蒸发比为 0.586，塔釜热负荷为 27.4MW，水塔塔釜蒸发比为 0.073，塔釜热负荷为 1.21MW。

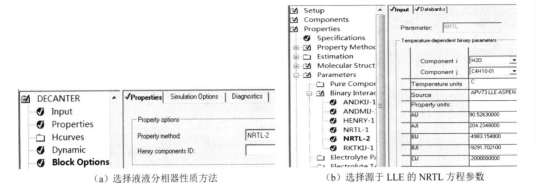

（a）选择液液分相器性质方法　　　　　　（b）选择源于 LLE 的 NRTL 方程参数

图 2-116　设置分相器性质方法

	FEED	BUT	WAT	REF1	REF2
Temperature C	102.1	115.4	97.4	76.9	76.9
Pressure kPa	101.33	109.33	104.33	101.33	101.33
Vapor Frac	0.300	0.000	0.000	0.000	0.000
Mole Flow kmol/hr	5000.000	3743.465	1256.593	2443.961	1318.825
Mass Flow kg/hr	292063.472	269074.663	22990.394	100120.125	25005.679
Volume Flow l/min	774830.704	6253.926	418.073	2052.410	448.854
Enthalpy MMBtu/hr	-1367.620	-1085.745	-334.157	-677.839	-352.831
Mole Flow kmol/hr					
N-BUT-01	3600.000	3593.727	6.283	999.714	22.219
WATER	1400.000	149.739	1250.310	1444.247	1296.606
Mole Frac					
N-BUT-01	0.720	0.960	0.005	0.409	0.017
WATER	0.280	0.040	0.995	0.591	0.983

图 2-117　正丁醇脱水双塔精馏系统模拟计算结果

⑦ 求 B1 塔最佳进料位置　图 2-117 的计算结果是基于丁醇塔暂时指定的进料位置而得到的，准确的进料位置应该是满足分离要求前提下使塔釜热负荷最小，可通过"Sensitivity"功能确定。

在"Model Analysis Tools|Sensitivity"页面，建立一个灵敏度分析文件"S-1"，定义 B1 塔的塔釜热负荷为"Q"，见图 2-118（a），设置进料位置搜索范围为 1～7 塔板，步长 1，见图 2-118（b），在"Tabulate"页面设置"Q"输出，计算结果见图 2-118（c），可见在第 5 塔板进料，塔釜热负荷最小，为 19.06MW，与第 2 塔板进料比较，塔釜热负荷降低 30.5%。

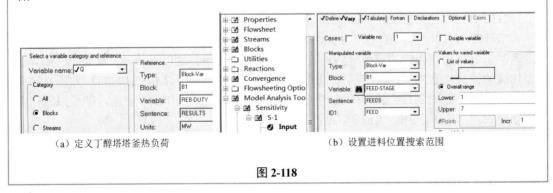

（a）定义丁醇塔釜热负荷　　　　　　　　（b）设置进料位置搜索范围

图 2-118

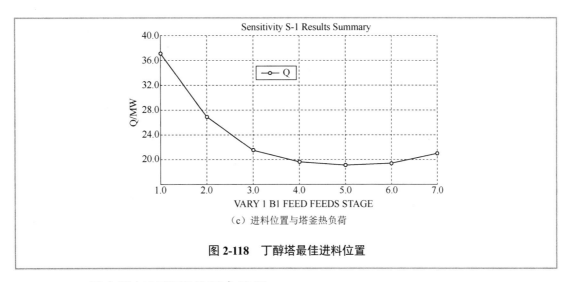

(c) 进料位置与塔釜热负荷

图 2-118　丁醇塔最佳进料位置

2.5.4　反应器与精馏塔的组合流程

在化工流程中经常看到反应器与精馏塔的组合流程，反应混合物经精馏塔分离后，未反应的原料返回反应器入口，形成循环流。

在以二氯乙烷裂解制氯乙烯的工艺中，二氯乙烷热裂解生成氯乙烯反应是强烈的吸热反应，反应式为：$ClCH_2CH_2Cl \longrightarrow CH_2=CHCl+HCl$。裂解产物进入淬冷器，以避免继续发生副反应。产物温度冷却到 50~150℃后，进入脱氯化氢塔。塔底为氯乙烯和二氯乙烷的混合物，通过氯乙烯精馏塔精馏，由塔顶获得高纯度氯乙烯，塔底重组分主要为未反应的粗二氯乙烷，经精馏除去不纯物后，仍作热裂解原料返回二氯乙烷热裂解反应器继续反应。

例 2-16　二氯乙烷裂解制氯乙烯组合流程——循环流 Fortran 语言应用。

已知某装置二氯乙烷进料流率 2000kmol/h，21.1℃，压力 2.7MPa。裂解温度 500℃，压力 2.7MPa。淬冷器压降 0.35bar，过冷 5℃。脱氯化氢塔操作压力 2.53MPa，氯乙烯精馏塔操作压力 0.793MPa，要求精馏产物氯化氢和氯乙烯的摩尔分数均大于 0.998。当二氯乙烷单程转化率在 0.50~0.55 范围内变化时，求裂解反应器、淬冷器、精馏塔设备总热负荷（Q）的变化。

解　① 全局性参数设置　计算类型"Flowsheet"，输入二氯乙烷、氯化氢、氯乙烯三个组分。本例涉及高温高压气相反应，选择"RK-SOVAE"性质方法。

② 画流程图　按题目信息绘制模拟流程，如图 2-119 所示，两塔采用"RadFrac"模块，把进料物流信息填入对应栏目中。

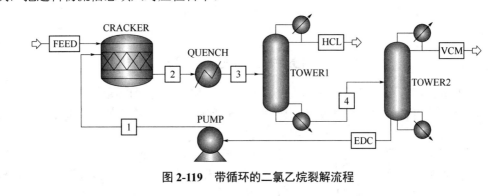

图 2-119　带循环的二氯乙烷裂解流程

③ 设置模块信息　规定二氯乙烷单程转化率 0.55，脱氯化氢塔（TOWER1）理论塔板数 17，进料位置 8，回流比 1.082，塔顶摩尔出料比 0.354。氯乙烯精馏塔（TOWER2）理论塔板数 12，进料位置 7，回流比 0.969，塔顶摩尔出料比 0.55。

④ 模拟计算　计算结果见图 2-120，二氯乙烷单程转化率 0.55 时，二氯乙烷裂解流程产物氯化氢、氯乙烯的摩尔分数均大于 0.998，达到分离要求，氯化氢的摩尔收率 0.998，氯乙烯的摩尔收率 1.0。

	FEED	HCL	VCM	EDC
Mole Flow kmol/hr				
EDC	2000.000	2.3027E-12	.0302431	1636.309
HCL	0.0	1996.243	3.726842	4.56279E-7
VCM	0.0	.0763999	1999.893	3.041703
Mole Frac				
EDC	1.000000	1.1535E-15	1.50940E-5	.9981446
HCL	0.0	.9999617	1.86003E-3	2.7833E-10
VCM	0.0	3.82704E-5	.9981249	1.85543E-3
Total Flow kmol/hr	2000.000	1996.319	2003.650	1639.350

图 2-120　带循环的二氯乙烷裂解计算结果

⑤ 考察转化率在 0.50～0.55 范围内变化时设备热负荷的变化　在"Model Analysis Tools|Sensitivity"页面，建立一个灵敏度分析文件"S-1"，定义四个因变量分别为"DUTY1"、"DUTY2"、"DUTY3"、"DUTY4"，分别代表反应器、淬冷器、精馏塔 1、精馏塔 2 的热负荷，如图 2-121 所示。自变量为反应转化率，在"Vary"页面填写，见图 2-122，设置转化率的变化范围 0.50～0.55，计算步长为 0.01。

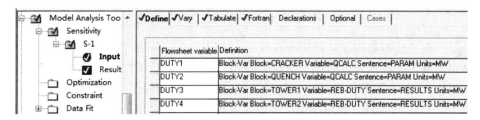

图 2-121　建立灵敏度分析文件

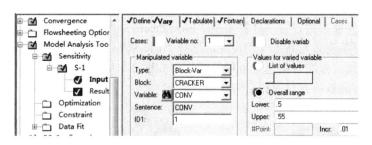

图 2-122　定义自变量转化率的变化范围及计算步长

在"Tabulate"页面填写灵敏度分析结果的输出格式。在"Fortran"页面编写一句 Fortran 语言，计算四台设备总热负荷，如图 2-123 所示，因为淬冷器的热负荷是负值，故在求和时用绝对值参与计算，模拟计算结果见图 2-124。

由图 2-124（a）可以看出，当二氯乙烷转化率从 0.50 提高到 0.55 时，反应器、淬冷器的热负荷增加，两精馏塔的热负荷降低；各设备总热负荷随二氯乙烷转化率的变化趋势见图 2-124（b），可见总热负荷随二氯乙烷转化率提高而增加。

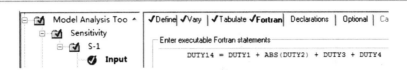

图2-123 计算四台设备总热负荷

Row/Case	Status	VARY 1 CRACKER 1 CONV CONV	DUTY1	DUTY2	DUTY3	DUTY4	DUTY14
		MW	MW	MW	MW	MW	MW
1	OK	0.5	109.008726	-79.117678	24.7016053	18.0368584	230.864869
2	OK	0.51	110.168061	-79.599226	24.665312	17.7685467	232.201145
3	OK	0.52	111.33902	-80.081424	24.6210097	17.4329573	233.474411
4	OK	0.53	112.521551	-80.564214	24.5658855	17.0034709	234.655122
5	OK	0.54	113.715236	-81.04713	24.4959196	16.4160294	235.674316
6	OK	0.55	114.894511	-81.501441	24.3886862	15.5896074	236.374246

（a）各设备热负荷随二氯乙烷转化率的变化值

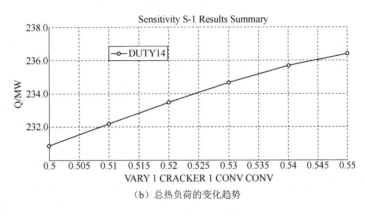

（b）总热负荷的变化趋势

图2-124 二氯乙烷裂解流程灵敏度分析计算结果

2.5.5 吸收塔、解吸塔与换热器的组合流程

在化工过程中，吸收塔与解吸塔往往成对出现。吸收塔在加压、相对低温下操作，解吸塔在常压或低压、加热或蒸汽汽提状态下操作。为降低解吸塔能耗，通常用解吸塔塔釜再生后的吸收剂预热解吸塔进料，这样就产生了物料循环与换热的组合流程。

例2-17 轻烃气体吸收、解吸与换热组合流程——Calculator+Sensitivity综合应用。

拟用正十二烷为吸收溶剂，对原料气中的烃类组分进行吸收分离，原料气组成见例2-17附表，吸收和解吸组合流程如图2-125所示。吸收塔塔顶压力1.013MPa，解吸塔塔顶常压，溶剂进塔温度25℃，吸收塔和解吸塔均为10块理论板。要求异丁烷的吸收率为0.9。求：（1）两塔塔顶汽相流率与组成；（2）循环溶剂量和补充溶剂量；（3）解吸塔再沸器、换热器和冷却器热负荷。

例2-17附表 吸收塔原料气组成 单位：kmol/h

组分	CH_4	C_2H_6	C_3H_8	i-C_4H_{10}	n-C_4H_{10}	i-C_5H_{12}	n-C_5H_{12}	n-C_6H_{14}	合计
进料流率	76.5	4.5	3.5	2.5	4.5	1.5	2.5	4.5	100

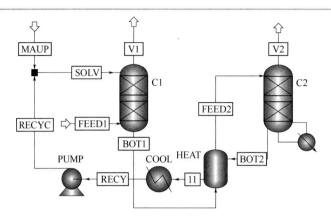

图 2-125 轻烃气体吸收和解吸组合流程

解 ① 全局性参数设置 计算类型"Flowsheet"，输入例 2-17 附表中原料气组分和吸收溶剂正十二烷，本例均为烃类组分，选择"CHAO-SEA"性质方法。

② 吸收塔模拟 吸收塔 C1 选用"RadFrac"模块，进料气体组成按例 2-17 附表数据输入，吸收溶剂暂时按 40kmol/h 输入，后由软件的设计规定功能修正。在 C1 塔的"Setup"文件夹，有 3 个页面需要填写。在"Configuration"页面，填写理论级数 10，无冷凝器无再沸器；在"Convergence"栏目选择"Custom"；在"Streams"页面，填写溶剂从第 1 板进，气体从第 11 板进；在"Pressures"页面，填写塔顶 1.013MPa，全塔压降 7kPa。在"Convergence|Advanced"页面的"Absober"栏目内选择"Yes"，说明 C1 塔是吸收塔。为协助软件迭代计算收敛，在"Estimates|Temperature"页面，填写塔顶的温度估计值 25℃，塔底的温度估计值 50℃。

进料气体中异丁烷的流率 2.5kmol/h，要求吸收率 0.9，塔顶吸收尾气 V1 物流中异丁烷的流率应该不高于 0.25kmol/h。在"Flowsheeting Options|Design Specs"子目录，建立一个反馈计算文件"DS-1"。给考察变量（塔顶吸收尾气 V1 物流中异丁烷的流率）取名"WC4"，见图 2-126（a）。对因变量设置收敛要求和容许误差，即 V1 物流中异丁烷的

（a）定义考察变量

（b）设置考察变量数值及误差

（c）设定吸收溶剂量范围

（d）轻烃气体吸收塔物流计算结果

图 2-126 轻烃气体吸收塔计算结果

流率 0.25kmol/h，允许误差 $1×10^{-4}$kmol/h，如图 2-126（b）所示；设定吸收溶剂添加量范围 40~60kmol/h，见图 2-126（c）；单塔计算结果如图 2-126（d）所示。当吸收溶剂添加量为 46.9kmol/h 时，由图 2-126（d）可知，塔顶吸收尾气 V1 中异丁烷的流率为 0.25kmol/h，吸收率达到 0.9，满足分离要求。为了减少后续计算量，把进料溶剂流率改为 46.9kmol/h，同时把反馈计算文件"DS-1"隐藏。

③ 解吸塔模拟 解吸塔 C2 选用带再沸器的"RadFrac"模块，在 C2 塔的"Setup|Configuration"页面，填写理论级数 10，无冷凝器，有再沸器；在"Convergence"栏目，收敛方法选择"Petroleum/Wide-boiling"，说明解吸塔是宽沸程体系，软件将采用流率加和法（Sum-Rates）进行收敛计算；在"Operating Specifications"栏目，填写塔釜热负荷估计值 1MW，见图 2-127（a），其准确值用软件的设计规定功能计算。在"Streams"页面，填写物料从第 1 板进；在"Pressures"页面，填写塔顶 0.1013MPa，全塔压降 7kPa。在"Convergence|Basic"页面，把流率加和法最大迭代次数从默认的 25 次修改为 50 次。为协助软件迭代计算收敛，在"Estimates|Temperature"页面，填写塔顶的温度估计值 120℃，塔底的温度估计值 220℃。

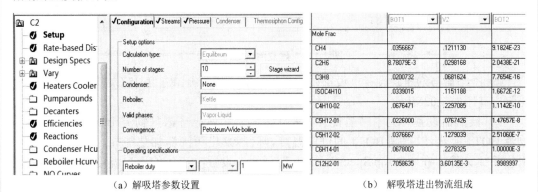

（a）解吸塔参数设置　　　　　　　　　（b）解吸塔进出物流组成

图 2-127　解吸塔模拟结果

C2 塔的任务是把吸收液中的轻烃组分尽量解吸出来，其中最难解吸的是分子量最大的正己烷，其解吸率与塔釜热负荷有关，可以用软件的设计规定功能确定。在 C2 塔的"Design Specs"子目录，建立一个反馈计算文件"1"，在"Specifications"页面，规定 C2 塔釜液中正己烷的浓度 0.0001（摩尔分数），在"Components"页面，选择考察组分正己烷；在"Feed/Product Streams"页面，指定考察物流是"BOT2"。在"Vary"子目录，建立一个反馈计算文件"1"，在"Specifications"页面，规定调节变量是塔釜热负荷，变化范围 1~10MW。单塔反馈计算结果见图 2-127（b），C2 塔釜液中正己烷浓度已降低到 0.001（摩尔分数）。

④ 补充溶剂损耗 由于两塔塔顶都有一定数量的溶剂损耗，在建立溶剂循环流程时，需要对两塔塔顶物流带出的溶剂进行补充，这可由软件的计算器功能"Calculator"完成。在"Flowsheeting Options|Calculator"子目录，点击"New"按钮，建立一个计算器对象文件"C-1"，在"Input|Define"页面，定义 3 个全局性计算变量，见图 2-128（a），其中"FMAKE"表示需要补充的吸收溶剂流率，"FV1"和"FV2"分别表示两塔塔顶物流带出的溶剂流率，"FV1"和"FV2"是输入变量，"FMAKE"是输出变量，"FMAKE"的定义方法见图 2-128（b），"FV1"与"FV2"定义方法类似。"FMAKE"是"FV1"与"FV2"之和，计算语句见图 2-128（c）。

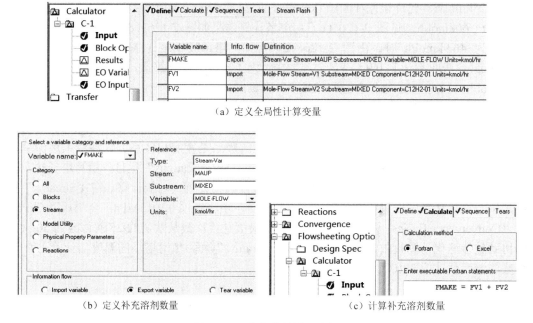

（a）定义全局性计算变量

（b）定义补充溶剂数量　　　　　　　　　　　（c）计算补充溶剂数量

图 2-128　建立溶剂循环流程

⑤ 冷却器与增压泵设置　设置循环吸收溶剂冷却器出口温度 25℃，压降 30kPa；增压泵出口压力 1.02MPa。

⑥ 换热器设置　为了节省能耗，把 C2 塔釜高温循环溶剂物流 BOT2 与 C1 塔釜物流 BOT1 换热，以提高 BOT1 的进塔温度，降低 C2 塔再沸器加热能耗。换热器"HEAT"采用简捷计算，在"Setup|Specifications"页面，设置冷流体的出口温度 135℃，压降 30kPa。

为了协助软件运算收敛，在"Convergence|Tear"页面，把循环溶剂物流"RECYC"设置为撕裂流；在"Convergence|Conv Options|Defaults|Default Methods"页面，把撕裂流

	FEED1	SOLV	MAUP	V1	V2
Temperature C	51.7	25.0	25.0	26.2	125.8
Pressure MPa	1.02	1.02	1.02	1.01	0.10
Vapor Frac	1.000	0.000	0.000	1.000	1.000
Mole Flow kmol/hr	100.000	46.946	1.222	80.475	20.747
Mass Flow kg/hr	2600.184	7992.823	208.210	1418.547	1389.848
Volume Flow cum/hr	254.647	10.715	0.279	193.272	669.502
Enthalpy MMBtu/hr	-8.144	-15.615	-0.407	-5.807	-2.534
Mole Flow kmol/hr					
CH4	76.500	TRACE		74.129	2.371
C2H6	4.500	TRACE		3.916	0.584
C3H8	3.500	TRACE		2.165	1.335
ISOC4H10	2.500	TRACE		0.248	2.252
C4H10-02	4.500	TRACE		0.010	4.490
C5H12-01	1.500	TRACE		TRACE	1.500
C5H12-02	2.500	< 0.001		TRACE	2.500
C6H14-01	4.500	0.046		0.002	4.498
C12H2-01		46.900	1.222	0.005	1.217

图 2-129　含冷热流股换热的吸收和解吸组合流程计算结果

的收敛方法改为"Broyden"；在"Convergence|Conv Options|Methods|Broyden"页面，把最大迭代次数改为 100。

⑦ 模拟计算　全循环流程计算结果见图 2-129，吸收塔塔顶尾气 V1 物流中异丁烷流率 0.248kmol/h，吸收率≥0.9。因 BOT1 物流在 C2 塔顶进料，进料温度提高会增加溶剂的损耗，吸收溶剂损耗从换热之前的 0.076kmol/h 增加到 1.222kmol/h。解吸塔再沸器热负荷从换热之前的 1.10MW 下降到 0.60MW，降低了 45.5%。换热器"HEAT"热负荷为 0.54MW，此即为回收的热量。冷却器"COOL"热负荷从换热之前的 1.11MW 减少到 0.55MW，减少了 50.5%。

2.6　分离复杂组成混合物

原油是烃类化合物和杂质组成的宽沸程混合物，其组成复杂难以定量分析，经过多级蒸馏分离可得到各种石油产品。与普通物料的蒸馏一样，原油蒸馏也是利用原油中各组分相对挥发度的不同而实现各馏分的分离。但原油是复杂烃类混合物，各种烃以及烃之间形成共沸物的沸点由低到高几乎是连续分布的，不能按常规方法定义确切的全组成分布，常用来表征油品性质的方法有三个特征值和三条蒸馏曲线。三个特征值分别是油品的平均分子量、密度（或 API 密度）和特性因素 K 值（UOP K 值，原料石蜡烃含量指标）；三条蒸馏曲线分别是实沸点蒸馏曲线（TBP，常压下精馏塔顶馏出物温度随馏出量的变化曲线）、恩氏蒸馏曲线（ASTM D86，简单蒸馏釜馏出物温度对馏出物体积分数图）和平衡汽化曲线（ASTM D1160，10mmHg 下减压蒸馏各馏分温度随馏出量的变化）。

基于原油成分的复杂性，一般是根据产品要求按沸点范围分割成轻重不同的馏分。因此，原油蒸馏塔的特点为：①有多个侧线出料口，各馏分的分离精确度要求不很高，多个侧线出口（一般有 3～4 个）同时引出轻重不同的馏分；②塔底物料重，不宜在塔底供热，通常在塔底通入过热水蒸气，使较轻馏分蒸发，一般提浓段只有 3～4 块塔板；③原油各馏分的平均沸点相差很大，造成原油蒸馏塔内蒸气负荷和液体负荷由下向上递增。为使负荷均匀并回收高温下的热量，采用中段回流取热（即在塔中部抽出液体，经换热冷却回收热量后再送回塔内）。通常采用 2～3 个中段回流。

> **例 2-18**　原油初馏塔模拟计算——"PetroFrac"模块应用。
>
> 把一股原油分离为轻烃气、轻石脑油和常压塔进料物流。原油标准体积流率 1.5×10⁵bbl/d，[1bbl（桶）=159L]，93℃，4.1bar。塔底加入 204℃、4.1bar 的水蒸气 2270kg/h。原油 API 密度 33.4，TBP 蒸馏曲线数据见例 2-18 附表。理论级数 8，塔底进料，分凝器的标准状态体积分凝比 0.4，顶压 2.76bar，第二塔板 2.9bar，塔底 3.1bar。塔顶出料流率 66.2m³/h（标准状态），加热炉温度 232.2℃，压力 3.45bar。要求轻石脑油产品 ASTM D86 蒸馏曲线在 160℃的液体体积为 95%。求：输出物料的标准体积流率、API 密度、60°F 时的密度、油品特性因素 K 值、以液体体积为基准的 TBP 蒸馏曲线、ASTM D86 蒸馏曲线、ASTM D1160 蒸馏曲线。

例 2-18 附表　TBP 蒸馏曲线数据（以液体体积为基准）

体积分数/%	5	10	30	50	70	90	95
沸点/℃	66	113	210	313	446	632	716

解　① 全局性参数设置　选择"Petroleum with Metric Units"模板，计算类型"Flowsheet"，默认"METPETRO"计量单位集和物流输出格式"PEPRO_M"，物流流

率选择"Std.liq.volume"。

② 定义组分 在"Component ID"中输入原油、水。修改原油组分的属性为"Assay"，表示待评估性质。在"Components|Assay/Blend|CRUDE"页面，输入 TBP 蒸馏曲线数据和 API 密度数据，如图 2-130 所示。

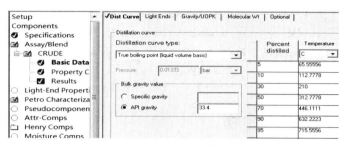

图 2-130 输入实沸点蒸馏数据

③ 选择性质方法 因是原油分离，选择"BK10"性质方法。在"Properties|Prob-Sets"文件夹内有若干个物性数据输出文件，其中一个名为"PETRO"的数据输出文件包含题目要求输出的 7 个物流性质，且物流性质的计算基础已经设置为干基。在"Setup|Repot Options|Streams|Property Sets"页面，可以看到"PETRO"物性数据输出文件已经自动添加到物流输出报告中。

④ 绘制流程图 按题目要求，选择"PetroFrac"模块，连接物流线，修改物流名称，如图 2-131 所示。

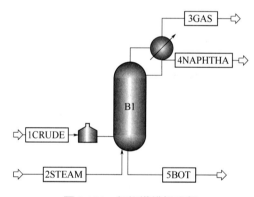

图 2-131 初馏塔模拟流程

⑤ 输入原油和水蒸气物流信息 输入题给原油和水蒸气物流信息。

⑥ 模块设置 初馏塔总体参数设置见图 2-132，进料位置设置见图 2-133，分凝器设置见图 2-134，加热炉设置见图 2-135，在"Pressure"页面填写塔顶、塔底和第 2 塔板压力。

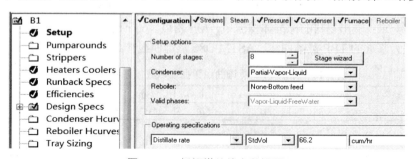

图 2-132 初馏塔总体参数设置

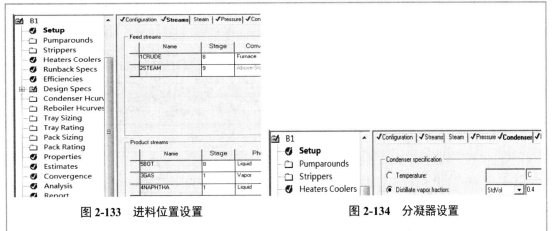

图 2-133　进料位置设置　　　　　　　　　　　　图 2-134　分凝器设置

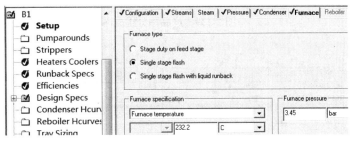

图 2-135　加热炉设置

⑦　设置轻石脑油蒸馏规定　在"B1"模块的"Design Specs"文件夹中建立一个反馈计算文件"1"，图 2-136 所示为对轻石脑油蒸馏规定进行设置，图 2-137 所示为指定轻石脑油物流，图 2-138 所示为通过调节塔顶出料量控制轻石脑油成分。

图 2-136　设置轻石脑油蒸馏规定　　　　　　图 2-137　指定轻石脑油物流

图 2-138　调节塔顶出料量控制轻石脑油成分

⑧　模拟结果　在"B1"模块的"Results"页面，看到初馏塔塔顶温度 98.7℃，热负荷−16.3MW，塔釜温度 225.9℃，加热炉温度 232.2℃，热负荷 87.1MW。在"B1"模块的"Stream Results"页面，看到原油经初馏塔 3 股产品馏分的组成（图 2-139）、原油与 3 产品馏分的油品性质特征值与蒸馏曲线数据（图 2-140），其中 ASTM D86 蒸馏曲线见图 2-141。

由图 2-139 可知，原油的平均分子量是 221.7，经分馏后，3 产品馏分的平均分子量分别是 62.5、98.8、265.1，原油中的轻、重成分得到了初步的分离；由图 2-140，原油 60F 的密度是 0.858，3 产品馏分的密度分别是 0.699、0.736、0.876，与平均分子量的分布值相对应；由图 2-141 可知，轻石脑油产品 ASTM D86 馏程曲线在 160℃的液体体积分数为 95%，达到分离要求。

	1CRUDE	2STEAM	3GAS	4NAPHTHA	5BOT
Temperature C	93.0	204.0	98.7	98.7	225.9
Pressure bar	4.1	4.1	2.8	2.8	3.1
Mass Flow kg/hr	850915.1	2270.0	33767.3	52396.9	767020.9
Enthalpy Gcal/hr	-373.2	-7.1	-20.2	-24.4	-274.8
Vapor Frac	0.000	1.000	1.000	0.000	0.000
Average MW	221.7	18.0	62.5	98.8	265.1
Liq Vol 60F bbl/day					
H2O		343.3	304.8	14.6	23.9
PC20C	5899.0		3925.2	1441.1	532.7
PC59C	1548.0		659.7	613.9	274.4
PC73C	1799.1		600.7	800.2	398.2
PC87C	2203.5		541.7	1050.6	611.2

图 2-139　产品馏分组成

	1CRUDE	2STEAM	3GAS	4NAPHTHA	5BOT
*** DRY TOTAL ***					
Liq Vol 60F bbl/day	150000.0		6874.5	10754.6	132370.9
API Gravity	33.4		71.0	60.9	30.0
Gravity 60F	0.858		0.699	0.736	0.876
Watson UOP-K	11.4		11.9	11.9	11.5
TBP Curve C					
0 %	-9.7		-38.5	-29.4	58.2
5 %	65.9		-16.5	10.8	144.9
10 %	113.0		-5.1	36.4	171.5
D86 Curve C					
0 %	35.6		1.4	18.7	96.6
5 %	95.6		14.6	49.5	152.6
10 %	125.9		20.1	63.4	179.3
D1160 Curve C					
0 %	-82.4		-88.6	-74.5	-32.0
5 %	-23.7		-78.7	-52.1	27.6
10 %	10.7		-74.9	-42.3	58.3

图 2-140　油品性质特征值与蒸馏曲线数据

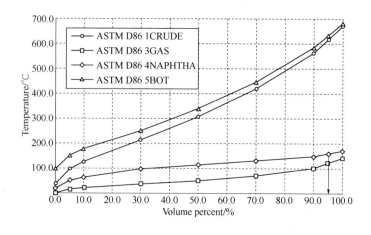

图 2-141　原油与三产品馏分的 ASTM D86 蒸馏曲线

习题

2-1 三种无机酸的混酸计算。

把例 2-1 中得到的混合酸冷却到 25℃，流程图见本题附图。已知冷却水进口温度 10℃，要求出口温度 20℃，求冷却水流率。

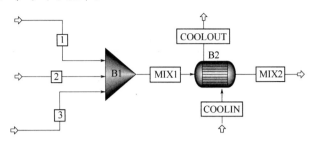

习题 2-1 附图　混酸流程图

2-2 两种硫酸的混酸计算。

将流率为 150kg/h，含有硫酸质量分数 40% 的流股，与 98% 的浓硫酸混合成 90% 的硫酸，设原料温度均为 25℃、1atm，混合过程绝热，求：（1）需要 98% 的浓硫酸量为多少；（2）混合后 90% 硫酸的温度为多少；（3）90% 硫酸的密度为多少。

2-3 75% 的浓硫酸稀释计算。

将硫酸质量分数 75% 的浓硫酸 100kg/h，加到 500kg/h 的水中稀释成稀硫酸。设原料温度均为 25℃、1atm，混合过程绝热。求稀硫酸温度、密度为多少？

2-4 液氨汽化的供热速率计算。

把 −22℃ 下的饱和液氨以 1kmol/h 流率汽化为 120℃ 的过热氨气，求供热速率。

2-5 干空气增湿计算。

用温度 90℃、流率 40t/h 的热水在一座 10 块理论板的填料塔中对温度 20℃、压力 1bar、流率 3000m^3/h 的干空气进行增湿操作。求空气湿含量与出塔水温。

2-6 氨合成气部分冷凝热计算。

从氨合成反应器出来的反应混合物经换热降温至 20℃，压力 13.3MPa，流率 3500kmol/h，进入部分冷凝器分氨，冷凝温度 −33.3℃，压力 13.3MPa，混合物摩尔组成见本题附表，求冷凝器热负荷。

习题 2-6 附表　氨合成气摩尔组成

N$_2$	H$_2$	NH$_3$	Ar	CH$_4$	Σ
0.22	0.66	0.114	0.002	0.004	1.000

2-7 计算溶液泡点温度分布与相平衡常数分布。

在压力 27.58bar 下，当甲烷摩尔浓度从 0.01 增加到 0.1 时，求甲烷和正丁烷二元混合溶液泡点温度分布与两组分相平衡常数分布。

2-8 异丙醚作萃取剂从醋酸水溶液中萃取醋酸（"DECANTER" 模块应用）。

常压、25℃ 下用异丙醚（E）作萃取溶剂从醋酸水溶液中萃取醋酸（A）。单级萃取器进料为含醋酸质量分数 0.3 的水溶液 100kg/h，溶剂流量为 120kg/h，问萃取相和萃余相的组成和数量？萃取相醋酸的脱溶剂浓度？溶剂流量为多大时醋酸的萃取率可达到 0.9？

2-9 硫酸钠水溶液冷却结晶——"Crystall" 模块应用。

质量分数为 30% 的硫酸钠水溶液以 5000kg/h 流率在 50℃下进入冷却型结晶器。求：（1）混合物冷却到什么温度，将结晶出 50% 的硫酸钠？（2）最终晶体产量为多少 kg/h?

2-10　计算氯化钠的溶解度。

计算 0～100℃范围内氯化钠的溶解度，已知的文献数据见本题附表，求软件计算值的相对误差。

习题 2-10 附表　氯化钠的溶解度

温度/℃	0	10	20	30	40	50	60	70	80	90	100
溶解度/(g/100gH$_2$O)	35.7	35.8	36	36.3	36.6	37	37.3	37.8	38.4	39	39.8

2-11　正丁醇-水液液平衡计算。

已知正丁醇（1）-水（2）二元液液平衡 NRTL 方程参数值 $g_{12}-g_{22}=-2496.8$ J/mol，$g_{12}-g_{11}=-12333.5$J/mol，溶液特性参数 $\alpha_{12}=0.2$，求 0～80℃范围内该体系二元液液平衡数据与相图。

2-12　计算丁酸异戊酯-水液液平衡溶解度。

求丁酸异戊酯-水在 0～100℃范围内的液液两相溶解度。已知丁酸异戊酯（1）-水（2）二元液液平衡 NRTL 方程参数值 $A_{12}=1.71979$，$A_{21}=1.18109$，$B_{12}=2655.6$，$B_{21}=770.894$，$C_{12}=0.302279$，求 0～100℃范围内该体系二元液液平衡数据与相图。

2-13　计算二氯甲烷与水的相互溶解度。

求 0～30℃范围内二氯甲烷与水的相互溶解度。

已知文献溶剂手册数据为：20℃时二氯甲烷在水中的溶解度（质量分数）是 0.02，25℃时水在二氯甲烷中的溶解度是 0.0017。

2-14　硫酸吸收空气中的水汽。

空气的干燥是用质量分数 95% 的硫酸在 5 块理论板的吸收塔中吸收空气中的水汽完成。若入塔空气温度 28℃，流率 4040kmol/h，入塔 95% 硫酸温度 50℃，流率 471400kg/h，常压吸收，求：（1）出塔空气中水分含量；（2）出塔硫酸的温度与水分含量。

2-15　"Cyclone" 模块应用于煤气除尘。

用旋风分离器脱除煤制气中的灰尘。已知含尘煤气 650℃、1bar，流率 1200kg/h，其中含尘 200kg/h，气体组成见本题附表 1；气相中带有非传统固体颗粒分布的灰尘 "ARH"，灰尘粒径分布见本题附表 2。采用一个直径 0.7m 的旋风分离器，求：（1）灰尘的分离效率；（2）轻相与重相物流的流率与组成；（3）旋风分离器进、出口尺寸。

习题 2-15 附表 1　气体组成

组分	CO	CO$_2$	H$_2$	H$_2$S	O$_2$	CH$_4$	H$_2$O	N$_2$	SO$_2$
摩尔分数	0.19	0.2	0.05	0.02	0.03	0.01	0.05	0.35	0.1

习题 2-15 附表 2　气相中灰尘的粒径分布

分级	下限	上限	质量分数
1	0	44	0.3
2	44	63	0.1
3	63	90	0.2
4	90	130	0.15
5	130	200	0.1
6	200	280	0.15

2-16 *n*-辛烷-水气液液三相平衡计算——Sensitivity 考察相变点温度。

含 *n*-辛烷摩尔分数（下同）0.25、水 0.75 的混合物 l000kmol/h，在 133.3kPa 恒定压力下，从 136℃ 最终冷却到 25℃。求：（1）混合物最初的相态；（2）发生相变化时的温度、各相的量和组成。

2-17 甲醇-甲苯-乙苯-水溶液三相平衡计算——Sensitivity 考察相变点温度。

闪蒸罐进料流率 1.0kmol/h，含甲醇-甲苯-乙苯-水四个组分，等摩尔浓度，常压，60℃。在 60kPa 下从 50℃ 加热到 90℃。求：（1）混合物初始相态；（2）发生相变时的温度和组成。

2-18 用苯酚萃取精馏分离甲苯-甲基环己烷。

以苯酚为萃取溶剂，用萃取精馏方法分离等摩尔甲苯-甲基环己烷的混合物，流程见本题附图。混合物进料流率 400kmol/h，温度 50℃，压力 1.5bar；苯酚进料流率 1200kmol/h，温度 50℃，压力 1.5bar。要求产品甲苯和甲基环己烷的摩尔分数大于 0.95。若萃取精馏塔和溶剂再生塔的回流比分别是 5 与 1.4，两组分的收率大于 0.975，求：（1）萃取精馏塔和溶剂再生塔的理论塔板数、进料位置；（2）两股产品的流率与组成；（3）两塔塔釜总能耗；（4）正常生产时需要补充的萃取溶剂流率。

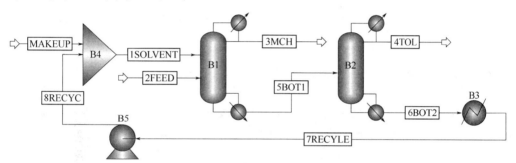

习题 **2-18** 附图 带循环流萃取精馏流程

2-19 乙醇-正丙醇-正丁醇两塔串联精馏。

两塔串联分离乙醇-正丙醇-正丁醇混合物。进料流率 100kmol/h，进料组成为乙醇：正丙醇：正丁醇=1∶3∶1（摩尔比），进料为饱和液体，操作压力 101.3kPa。分离要求：乙醇的摩尔分数不低于 0.96，正丙醇的摩尔分数不低于 0.975，正丁醇的摩尔分数不低于 0.97。求：（1）两塔理论级数、进料位置；（2）两塔塔釜总能耗。

2-20 氨氧化反应器——"RSTOIC"模块应用。

工业上制硝酸是采用氨氧化法，生产过程由氨的氧化、一氧化氮氧化和二氧化氮吸收三步完成。氨的氧化反应式为：$4NH_3 + 5O_2 = 4NO + 6H_2O$。现有常压、25℃ 的 100kmol/h 的 NH_3 和 200kmol/h 的 O_2 为原料，连续进入氨氧化反应器，设氨全部反应完，反应产物在 300℃ 离开反应器。求反应产物的组成。

2-21 求甲烷气与空气燃烧最高温度。

甲烷与 20% 过量空气混合，在 25℃，0.1MPa 下进入燃烧炉中燃烧，甲烷氧化反应式为：$CH_4 + 2O_2 \longrightarrow CO_2 + 2H_2O$。若甲烷燃烧完全，其产物所能达到的最高温度为多少？

2-22 反应精馏合成乙酸丁酯（双塔）。

非均相反应精馏合成乙酸丁酯。液态原料：纯丁醇 139℃，2atm，56.5kmol/h；乙酸水溶液 94℃，2atm，1752kmol/h，乙酸摩尔分数 0.03226。正、逆反应均为 2 级反应。反应速率常数（摩尔分数）：

正反应 $k=1303456000\exp[-70660/(RT)]$

逆反应 $k=390197500\exp[-74241.7/(RT)]$

第一塔理论版数 30，反应段 5~25 塔板，回流温度 50℃。因第一塔塔顶分相器排水中含有 1.5kmol/h 的乙酸丁酯，可增加一塔进行回收，设计的模拟计算流程如本题附图所示。分离要求：（1）乙酸丁酯含量大于 0.998（摩尔分数）；（2）丁醇摩尔收率大于 99.8%；（3）废水中水的摩尔分数大于 0.999。求满足以上分离要求时 C2 塔的理论塔板数和塔釜能耗。

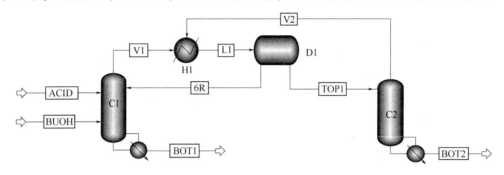

习题 2-22 附图　非均相反应精馏合成乙酸丁酯流程

2-23　反应精馏合成甲基异丁基醚（MTBE）。

用反应精馏塔合成 MTBE，反应方程式为：甲醇 ＋ 异丁烯 → MTBE。

反应精馏理论塔板数 30，甲醇在 15 板进料，混合 C_4 烃在 20 板进料，回流比 8，用 UNIFAC 方程计算物性，用化学反应平衡常数计算反应转化率，化学反应平衡常数由 Gibbs 自由能计算。塔顶压力 6.5bar，全塔压降 1.5bar。甲醇进料 540kmol/h，温度 20℃，压力 8bar；混合 C_4 烃进料组成见附表，温度 40℃，压力 8bar。若要求 MTBE 纯度 0.998 摩尔分数，通过改变进料位置，MTBE 最大收率是多少？

习题 2-23 附表　混合 C_4 烃进料组成

组分	C_3H_8	i-C_4H_{10}	i-C_4H_8	n-C_4H_{10}	1-C_4H_{10}	cis-2-C_4H_{10}	$trans$-2-C_4H_{10}
流率/(kmol/h)	7	670	530	20	5	5	5

2-24　硫黄回收工艺计算。

在 Claus+SCOT 硫黄回收工艺中，通常采用高温燃烧、二级转化反应生成硫黄，流程见本题附图。

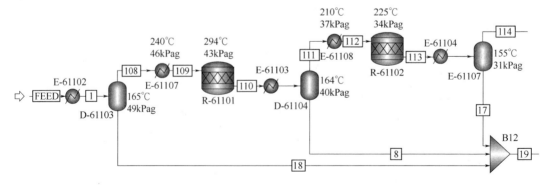

习题 2-24 附图　Claus+SCOT 硫黄回收工艺二级转化反应流程图

在一级转化反应器中发生以下反应：

$4H_2S + 2SO_2 = S_6 + 4H_2O$ （1）（H_2S 的转化率 31%）

$16H_2S + 8SO_2 = 3S_8 + 16H_2O$ （2）（H_2S 的转化率 45%）

$CS_2 + 2H_2O = 2H_2S + CO_2$ （3）（CS_2 的转化率 46%）

$COS + H_2O = H_2S + CO_2$ （4）（COS 的转化率 60%）

在二级转化反应器中发生以下反应：

$4H_2S + 2SO_2 = S_6 + 4H_2O$ （1）（H_2S 的转化率 20%）

$16H_2S + 8SO_2 = 3S_8 + 16H_2O$ （2）（H_2S 的转化率 48%）

$CS_2 + 2H_2O = 2H_2S + CO_2$ （3）（CS_2 的转化率 2.8%）

$COS + H_2O = H_2S + CO_2$ （4）（COS 的转化率 2.6%）

其中，S_6、S_8 为元素硫的聚集体，参数见本题附表 1。已知进入反应系统的物流流率为 1241.525kmol/h，温度 300℃，压力 52kPag，摩尔组成见本题附表 2。反应系统各个模块操作参数已在流程图上标注，求：（1）两个反应器的热负荷；（2）物流 114 的流率与组成。

习题 2-24 附表 1   元素硫聚集体参数

参　　数	S_6	S_8
p_C/MPa	9.5993	10.4209
T_C/K	1083.011	1115.0292
V_C/(mL/mol)	361.1905	278.2738
Z_C	0.3851	0.3128
w(OMEGA)	0.6646	0.5581

习题 2-24 附表 2   进料组成

H_2S	SO_2	COS	CS_2	S_6	S_8
0.04756	0.02531	0.00253	0.00177	0.01003	0.01015
CO	H_2	CO_2	N_2	H_2O	Σ
0.00942	0.01692	0.06923	0.55951	0.24747	0.9999

2-25 以水为溶剂萃取精馏分离丙酮与甲醇。

以水为溶剂萃取精馏分离丙酮（1）与甲醇（2）的二元混合物。原料组成 $z_1 = 0.75$；$z_2 = 0.25$（摩尔分数）。常压操作。已知进料流率 40mol/s，泡点进料。溶剂进料流率为 60mol/s，进料温度 50℃。操作回流比为 4。要求馏出液中丙酮和甲醇的摩尔分数大于 95%，丙酮和甲醇的回收率大于 98%。（1）若萃取精馏塔理论塔板数为 28，求原料和溶剂的进料位置；（2）求溶剂回收塔理论塔板数、回流比和进料位置；（3）求两塔塔顶出料流率与组成、补充溶剂流率；（4）绘图分析萃取精馏塔液相浓度分布特性。

2-26 分离异丙醇-水。

以苯作共沸剂分离异丙醇-水混合物（精馏流程见本题附图）。已知混合物进料流率 100kmol/h，含异丙醇 0.65（摩尔分数），温度 80℃，1.1bar。共沸剂苯流率 170kmol/h。共沸精馏塔 38 块理论塔板，常压操作。液液分相器操作温度 30℃。热力学方法为 UNIQUAC。分离要求：（1）产品异丙醇质量分数 0.995；（2）产物废水质量分数 0.999。求两塔塔釜的总加热能耗。

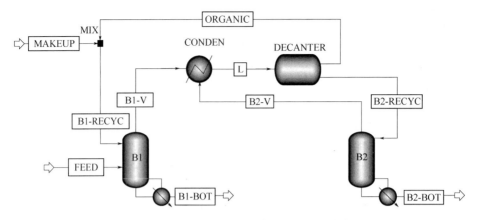

习题 **2-26** 附图　分离异丙醇-水共沸精馏流程

2-27　醋酸正丙酯作共沸剂非均相共沸精馏分离醋酸-水溶液。

以醋酸正丙酯作共沸剂分离醋酸-水混合物的非均相共沸精馏流程如本题附图所示。已知混合物进料（FEED）流率 1000kmol/h，含醋酸 0.2（摩尔分数），温度 50℃，1.0atm。循环液 RE 中共沸剂醋酸正丙酯流率约 800kmol/h。共沸精馏塔 20 块理论塔板，常压操作。液液分相器操作温度 40℃。热力学方法为"NRTL-HOC"。分离要求：（1）产品醋酸摩尔分数>0.999；（2）产物废水摩尔分数>0.99，求：（1）两塔塔釜的总加热能耗；（2）共沸剂醋酸正丙酯补充量 MAUP 的流率是多少。

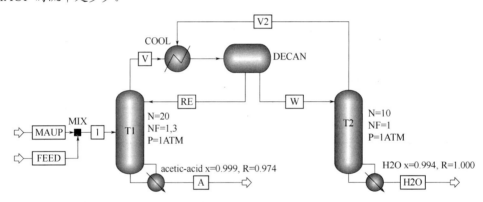

习题 **2-27** 附图　分离醋酸-水共沸精馏流程

2-28　苯-甲苯分离（进料位置，灵敏板，原料变化）。

分离含苯 0.44（质量分数）的苯-甲苯混合物常压精馏，泡点进料，进料量 5000kg/h，要求塔顶苯收率 98%，纯度不小于 98%。求：（1）确定最佳进料位置；（2）若进料流量不变，进料苯含量变化 10%，塔内温度分布如何变化？塔内灵敏板位置；（3）进料流量不变，甲苯组成由 10% 增加到 60%，求塔顶出料量变化。

2-29　空气气提废水的解吸塔工艺计算。

在一有 20 块实际塔板的解吸塔内用空气气提废水中的挥发性有机物。操作温度 21℃，压力 103kPa。废水和空气流率分别是 13870kmol/h 和 538kmol/h，废水中挥发性有机物浓度见本题附表。希望脱出 99.9% 的有机物，但不知道确切的塔效率，估计该塔相应有 1~4 块理论板。求：（1）图示不同理论板下各有机物的解吸率和总解吸率；（2）达到预期的分离程度需要几块理论板？

习题 2-29 附表　进料废水中挥发性有机物浓度

组分	苯	甲苯	乙苯
质量浓度/(mg/L)	150	50	20

2-30　原油常压塔模拟。

在例 2-18 原油初馏塔后串接常压精馏塔，把初底油送入常压塔继续分馏，流程如本题附图，水蒸气参数同例 2-18。常压塔 25 块理论板，进料在加热炉内过汽化度 3%（质量），加热炉压力 1.7bar，加热炉出口物料入常压塔第 22 塔板，常压塔汽提水蒸气从塔底进入。常压塔冷凝器压力 1.1bar，第 2 板 1.4bar，塔釜 1.7bar。常压塔塔顶分出冷凝水和重石脑油，重石脑油出料流率 107163kg/h；3 侧线汽提塔从上往下依次产出煤油"KEROSENE"、柴油"DISEL"、重柴油"AGO"，塔底出常底油，塔上部两个中段回流移除部分热量。3 侧线汽提塔操作参数见本题附表 1，两个中段回流操作参数见本题附表 2。求常压塔冷凝器、加热炉的热负荷、各物流流率与 TBP 曲线。

习题 2-30 附表 1　侧线汽提塔操作参数

项　目	塔板数	水蒸气流率/(kg/h)	塔釜出料量/(kg/h)	主塔液相抽出位置	汽相返回主塔位置
煤油汽提塔	4	2440	154660	6	5
柴油汽提塔	3	740	154660	13	12
重柴油汽提塔	2	590	82700	18	17
常压塔釜	25	8870			25

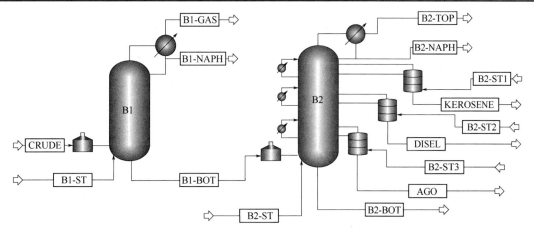

习题 2-30 附图　原油初馏塔与常压塔流程图

习题 2-30 附表 2　中段回流操作参数

项　目	主塔抽出位置	返回主塔位置	抽出流率/(kg/h)	热负荷/MW
1	8	6	441000	−19.1
2	14	13	104000	−7.2

参考文献

[1]　Seader J D, Henley E J, Roper D K. Separation Process Principles-Chemical and Biochemical Operations [M]. 3rd ed. Hoboken: John Wiley & Sons Inc, 2011.

[2] 李雷，罗金生. 过程模拟中热力学模型的选择和使用[J]. 新疆大学学报（理工版），2001，18(4): 481-485.

[3] Carlson E. Don't gamble with physical properties for simulation[J]. Chem Eng Progress，1996 (10):35-46.

[4] Luyben W L. Comparison of extractive distillation and pressure-swing distillation for acetone/chloroform separation[J]. Computers and Chemical Engineering, 2013, 50:1-7.

[5] Luyben W L. Pressure-Swing Distillation for Minimum-and Maximum-Boiling Homogeneous Azeotropes [J]. Ind Eng Chem Res, 2012, 51: 10881-10886.

[6] 陆恩锡，张慧娟. 化工过程模拟——原理与应用[M]. 北京：化学工业出版社，2011.

[7] Beneke D, Peters M, Glasser D. Understanding Distillation Using Column Profile Maps [M]. New Jersey: John Wiley & Sons Inc, 2013.

第3章

节能分离过程

化工是一个技术密集、资金密集型的行业，也是耗能大户。我国炼油、化工等过程工业的能耗占全国总能耗的一半左右，如何提高过程工业能源的利用率已经成为影响国民经济发展的重要因素。目前全球能源日趋紧张，我国更是一个能源匮乏的国家，原油的对外依存度超过 50%，节能减排已成为我国的基本国策。在化工设计过程中，采用新技术精心设计，从源头上节能降耗，是每一个化工设计人员义不容辞的责任。

在化工生产过程中，分离过程是能耗比重最大的部分。分离过程是将混合物分成组成互不相同的两种或几种产品的操作。分离过程提供符合质量要求的原料，清除对反应或催化剂有害的杂质，减少副反应，提高收率，提纯产品以得到合格品，并使中间物料循环使用。分离过程在环境保护上也发挥主要的作用，如三废处理等。所有的分离过程都需要以热和（或）功的形式加入能量，其费用与设备折旧费相比占首要地位，是生产操作费用的主要部分。因此，在化工设计过程中，应该优先选用节能的分离方法。

3.1 流体换热与热集成网络

3.1.1 冷热流体换热

在化工流程中，从原料到产品的整个生产过程，始终伴随着能量的供应、转换、利用、回收、生产、排弃等环节。例如，进料需要加热，产品需要冷却，冷、热流体之间换热构成了热回收换热系统。加热不足的部分就必须消耗热公用工程提供的燃料或蒸汽，冷却不足的部分就必须消耗冷公用工程提供的冷却水、冷却空气或冷量；泵和压缩机的运行需要消耗电力或由蒸汽透平直接驱动等。若能巧妙地安排流程中的冷热流体相互换热，则可减少外部公用工程的消耗，以降低操作成本。

> **例 3-1** 乙醇与苯双塔双压精馏系统冷热流体换热。
>
> 在例 2-14 中，设计了一个双压精馏分离乙醇与苯共沸物的流程，因为两塔压差太大，操作温度相差亦很大。低压塔（B2）塔顶共沸物进入高压塔（B1）之前需要升压升温，由 67.9℃升高到 163℃（高压塔进料板温度），加热器 B5 的热负荷为 156.1kW；高压塔塔顶共沸物进入低压塔之前需要降温，由 158.4℃降低到 73℃（低压塔进料板温度），冷却器 B4 的热负荷为–280.5kW。若能把冷却器 B4 释放的高温热量部分用于加热器 B5，则可降低系统的能量消耗。
>
> **解** 可以把这两股冷热流体换热，选用一个两股流体换热器模块"HeatX"取代原来两个单流体换热模块"Heater"。但在设计这一换热流程时，为保证换热器能够稳定工作，

应该考虑换热器热端温差、冷端温差的限制。新设计的含换热的双压精馏分离乙醇与苯共沸物的流程见图3-1所示。

B6换热器采用简捷计算,指定冷流体RECYC出口温度148.4℃,保留B6换热器热端温差为10℃,以便于换热器能正常运转。B6换热器计算结果见图3-2,在产品乙醇与苯的纯度均达到分离要求0.99(摩尔分数)的前提下,换热器的热负荷136.9kW。这表明,两股流体换热后,节省了加热负荷136.9kW,也节省了冷却负荷136.9kW。

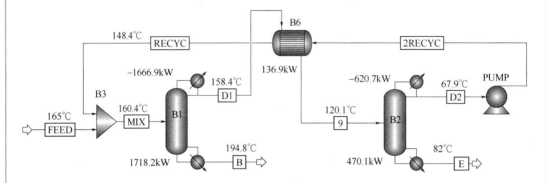

图3-1 含换热的双塔双压精馏分离乙醇与苯共沸物的流程图1
(加热热负荷2188.3kW,冷却热负荷2287.6kW)

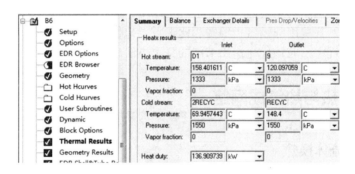

图3-2 B6换热器计算结果

图3-1中标出了各设备的热负荷、各物流的温度。可以算出,图3-1换热流程的加热热负荷2188.3kW,冷却热负荷2287.6kW。与例2-14流程比较,加热热负荷节省了8.32%,冷却热负荷节省了8.0%。

由于图3-1流程中的物流RECYC与物流9的入塔温度与例2-14流程不同,因此图3-1流程中两塔的操作条件也与例2-14流程不同。热流体 (物流号9)出换热器的温度为120.1℃,比例2-14流程B2塔的进料板温度72.6℃高47.5℃;冷流体(物流号RECYC)出换热器的温度为148.4℃,比例2-14流程B1塔的进料板温度164.8℃低16.4℃。进料温度的改变会引起许多操作参数的变化,若想维持原来两塔的操作条件不变,可以加两个换热器进一步对物流9降温同时对物流RECYC加热,流程如图3-3所示。

图3-3中B5为加热器,简捷计算,设置循环物流RECYC的出口温度为163℃;B4为冷却器,简捷计算,设置工艺物流9的出口温度为73℃。运行后,与例2-14的流程比较,加热热负荷降低了5.74%,冷却热负荷降低了5.22%。设置了B4、B5、B6三台换热器后,进入两塔的物流温度未变,故两塔的操作参数也不变。若希望进一步降低图3-3流程的能量消耗,可以把B1塔的塔釜液体作为B5换热器加热流体,设置的换热流程如图

3-4 所示。图中 B5 换热器简捷计算，设置 B5 换热器的热负荷为 26.6kW，循环物流（物流号 1）的出口温度为 163℃。入两塔的物流温度未变，故两塔的操作参数也不变。B1 塔釜液的温度经换热后降温 7.6℃。与例 2-14 的流程比较，加热热负荷降低了 6.54%，冷却热负荷降低了 5.22%。

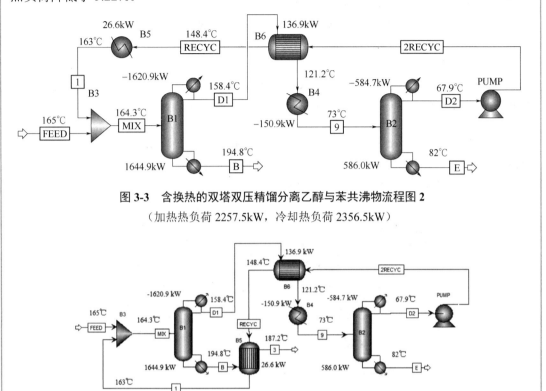

图 3-3　含换热的双塔双压精馏分离乙醇与苯共沸物流程图 2

（加热热负荷 2257.5kW，冷却热负荷 2356.5kW）

图 3-4　含换热的双塔双压精馏分离乙醇与苯共沸物流程图 3

（加热热负荷 2230.9kW，冷却热负荷 2356.5kW）

3.1.2　热集成网络分析

3.1.1 节对双压精馏分离乙醇与苯共沸物流程的节能模拟计算是基于直观的观察，若想获得更全面的节能方案，可以用 Aspen 的能量分析器软件（Aspen Energy Analyzer）进行热集成网络分析，寻找可能的节能流程。

在大型过程系统中，存在大量需要换热的流股，一些物流需要被加热，一些物流需要被冷却。大型过程系统可以提供的外部公用工程种类繁多，如不同压力等级的蒸汽，不同温度的冷冻剂、冷却水等。为提高能量利用率，节约资源与能源，就要优先考虑系统中各流股之间的换热、各流股与不同公用工程种类的搭配，以实现最大限度的热量回收，尽可能提高工艺过程的热力学效率。

热集成网络的分析与合成，本质上是设计一个由热交换器组成的换热网络，使系统中所有需要加热和冷却的物流都达到工艺过程所规定的出口温度，使得基于热集成网络运行费用与换热设备投资费用的系统总费用最小。Aspen 能量分析器软件采用过程系统最优化的方法进行过程热集成的设计，其核心是夹点技术。它主要是对过程系统的整体进行优化设计，包括冷热物流之间的恰当匹配、冷热公用工程的类型和能级选择；加热器、冷却器及系统中的一些设备如分离器、蒸发器等设备在网络中的合适放置位置；节能、投资和可操作性的三维权衡；最终的优化目标是总年度运行费用与设备投资费用之和（总年度费用目标）最小，同时兼顾过程系统的安全性、可操作性、对不同工况的适应性和对环境的影响等非定量的过程目标。

例 3-2 乙醇与苯双塔双压精馏系统的热集成网络分析。

用 Aspen 能量分析器软件对例 2-14 进行热集成网络分析，寻找更优的节能方案，并根据热集成网络分析结果，推荐优化的乙醇与苯双塔双压精馏节能流程。

解 （1）软件的常规设置　启动能量分析器的用户界面，在下拉菜单"Tools"中选择"Preference"参数选择。在"Variables|Variables|Unit"页面，为后续的模拟计算选择计量单位集。在"Available Unit Sets"栏目内有 3 套计量单位集（Euro SI、Field、SI）可供选用，但它们的量纲不能修改。点击按钮"Clone"，在"Available Unit Sets"栏目内产生一组新的计量单位集"NewUser"，新产生的计量单位集可以根据需要人工修改。现选择"NewUser"计量单位集，在"Display Units"栏目内，把"Energy"的计量单位改为"kW"，以与例 2-14 的计量单位一致，如图 3-5 所示。

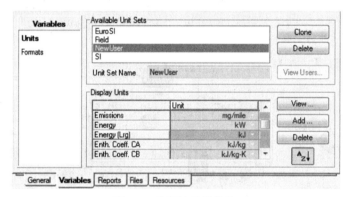

图 3-5　选择计量单位集

在"Files|Files|Options"页面，在"Auto Recovery Settings and Backups"栏目内，设置并勾选自动备份时间间隔。

（2）导入 Aspen Plus 过程模拟源程序　在下拉菜单"Features"中选择"HI Case"，建立一个热集成案例文件"Case 1"，如图 3-6 所示。

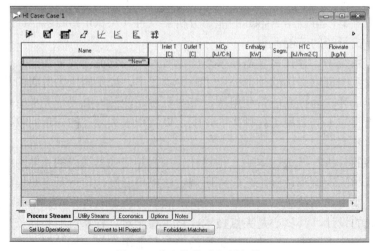

图 3-6　建立热集成案例文件

点击图 3-6 页面左下方第二个标签按钮"Utility Streams",选择乙醇与苯双压精馏系统需要的公用工程类型。本案例中选择了 125～124℃的低压蒸汽、175～174℃的中压蒸汽、250～249℃的高压蒸汽三种饱和蒸汽作为热公用工程物流;选择 20～25℃的循环冷却水、30～35℃的空气、低压蒸汽发生器(产生 125℃低压蒸汽回收热量)作为冷公用工程物流,如图 3-7 所示,图中给出了公用工程物流的进出口温度、能量的成本指数、公用工程物流换热器的传热系数、公用工程物流的等压热容等数据。

　　点击图 3-6 "Case 1"页面上方第二个图标按钮" "(Data Transfer From Aspen Plus),出现一个导入 Aspen Plus 流程模拟源程序的向导页面,共需要七个步骤完成 Aspen Plus 过程模拟源程序的导入,通过点击"Next"按钮逐步引导操作者导入源程序。

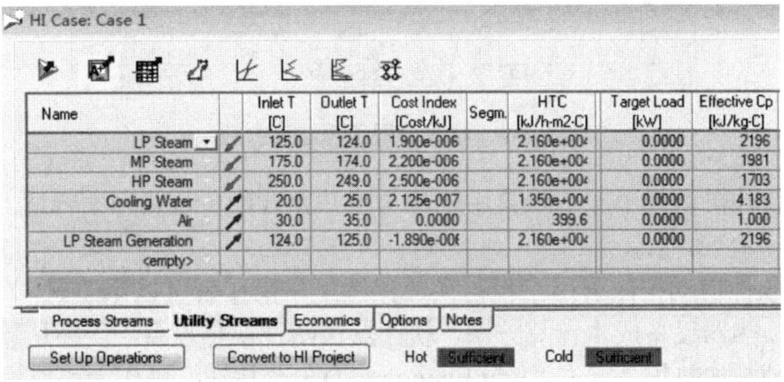

图 3-7　选择公用工程类型

　　第一步,需要填写源程序文件的存放位置,以便能量分析器软件能够访问源程序。图中需要选择的源程序文件有 3 个,第一个是公用工程数据文件的存放位置,第二个是经济核算数据文件的存放位置,第三个是过程模拟文件的存放位置。前两个数据文件是软件自带的,一般不要动,只需要指定用户过程模拟文件的存放位置即可,见图 3-8。

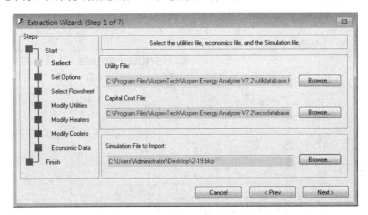

图 3-8　指定用户过程模拟源程序的存放位置

　　第二步,能量分析器软件对即将形成的换热网络给出若干选项供设计人员选择,包括是否对原流程进行分割,对泵、循环模块、管道、直接蒸汽的处理方法,对公用工程物性数据的取用方法等。

　　第三步,能量分析器软件自动打开指定的 Aspen Plus 过程模拟源程序并运行,在读取模拟计算结果数据后会自动关闭源程序。

第四步，能量分析器软件显示已经选择的用于本案例的冷、热公用工程物流。对应以上冷热公用工程物流所涉及的换热器，软件默认换热器的传热面是清洁的。自动设置空气冷却器的传热系数（Heat Transfer Coefficient，HTC）是 399.6kJ/(h·m²·℃)，涉及其他四种公用工程物流换热器的传热系数均为 21600kJ/(h·m²·℃)。如果对软件的公用工程物流参数不满意，可以点击"Segm"字段进行修改，比如，根据当地的实际气候状况与设计规范，把循环冷却水的温度范围调整为 33～43℃，见图 3-9，图中循环冷却水的热容默认为 4.183kJ/(kg·℃)，若设计者认为有误差，可以人工修改。

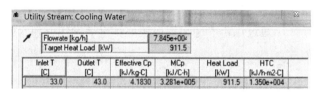

图 3-9　修改公用工程物流参数

第五步，软件自动把不同的热公用工程与换热器匹配，若认为不合适，操作者也可以修改。

第六步，软件自动把冷公用工程与换热器匹配，操作者可以修改。

第七步，换热器设备成本计算方法，软件默认两种换热设备，一种是碳钢材质的管壳式换热器，一种是加热炉。点击"Edit Economic Data"按钮，操作者可以修改设备成本计算方法。

（3）热集成网络的费用分析　点击"Finish" 完成源程序导入步骤，这时软件对读入的数据自动进行处理，计算结果以图表方式显示换热器温差"Delta Tmin（C）"对目标函数热集成网络总年度费用成本指数"Total Cost Index Target"的影响，见图 3-10，图中曲线是不同换热器温差与总年度费用成本指数的关系，可见换热器温差在 5～11℃的区间内，总年度费用成本指数较小，换热器温差为 10℃时总年度费用成本指数最小。

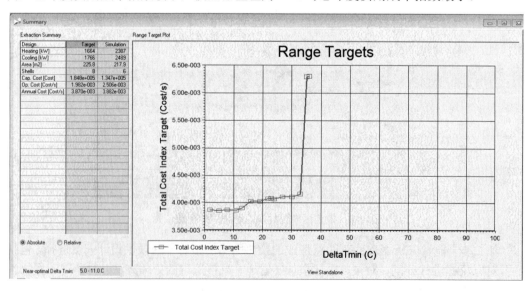

图 3-10　换热器温差对目标函数影响

图中左上方表格第三列显示 Aspen Plus 过程模拟源程序的热公用工程负荷为

2387kW，冷公用工程负荷 2489kW，需要热交换器总传热面积 217.9m²，换热器数量为 6 台，换热器的设备成本指数、操作成本指数和总年度费用成本指数分别是 $1.347×10^5$、$2.506×10^{-3}$ 和 $3.882×10^{-3}$。图中左上方表格第二列显示软件推荐的热集成网络数据，其中热公用工程负荷减少到1664kW，下降30.3%；冷公用工程负荷减少到1766kW，下降29.0%；热交换器总传热面积增加到225.8m²，换热器数量增加到 8 台，换热器的设备成本指数增加到 $1.848×10^5$，但操作成本指数和总年度费用成本指数分别下降到 $1.982×10^{-3}$ 和 $3.870×10^{-3}$。

点击图 3-6"Case 1"页面上方左数第五个图标按钮"⊾"（Open Composite Curve View），查看热集成网络中冷、热工艺物流的组合曲线，见图 3-11。图中两曲线由左至右分别是热物流组合曲线和冷物流组合曲线。由图中曲线可以看出优化后热集成网络中需要的冷、热公用工程的数量与品位。其中，两曲线的重叠部分是可以用冷、热物流换热达到工艺要求的区域，换热热负荷是两曲线重叠区域的面积；冷物流组合曲线未重叠部分需要热公用工程提供加热热负荷，热物流组合曲线未重叠部分需要冷公用工程提供冷却热负荷。

点击图 3-6 "Case 1"页面上方左数第六个图标按钮"⊿"（Open Grand Composite Curve View），查看热集成网络中冷、热工艺物流的总组合曲线，见图 3-12，由图中曲线可以看出，热集成网络的夹点（Pinch Point）在 154℃；在夹点以上，需要提供热公用工程，温度大于 200℃，数量为1664kW；在夹点以下，需要提供冷公用工程，温度小于 60℃，数量为 1766kW。

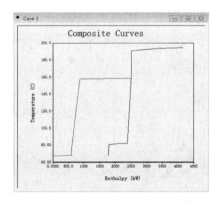
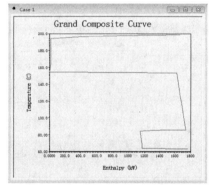

图 3-11　冷、热工艺物流的组合曲线　　图 3-12　冷、热工艺物流的总组合曲线

点击图 3-6 "Case 1"页面上方左第七个图标按钮"⊾"（Open Utility Composite Curve View），显示热集成网络中冷、热工艺物流与公用工程物流的总组合曲线。

点击图 3-6 "Case 1"页面上方左第八个图标按钮"⚙"（Open HEN Grid Diagram），查看例 2-14 流程中的原始热集成网络，见图 3-13。

图 3-13 中有四组水平直线，由上往下分别是冷公用工程物流（物流箭头由右向左）、需要冷却的高温工艺物流（物流箭头由左向右）、需要加热的低温工艺物流（物流箭头由右向左）、热公用工程物流（物流箭头由左向右）。由图 3-13，只有流程中的高温工艺物流向冷公用工程物流传热和热公用工程物流向流程中的低温工艺物流供热，并无冷、热工艺物流之间的相互换热。

（4）把热集成案例文件转化为热集成优化方案文件　点击图 3-6 "Case 1"页面左下方的 "Convert to HI Project" 按钮，把热集成案例文件转化为热集成优化方案文件，这一过程不可逆转，故软件要求确认，点击"OK"后完成转换，见图 3-14。点击图面左下角

"Data" 按钮，图面中间区域显示工艺物流、公用工程物流的参数值，以及换热器投资成本指数参数值，这些参数均可以人工修改。类似地，可以逐一点击其余按钮，观察热集成网络的数据分析结果。

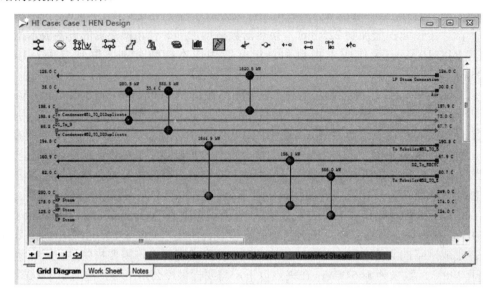

图 3-13　乙醇与苯双塔双压精馏系统原始换热网络

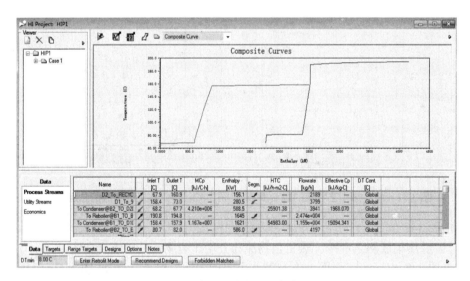

图 3-14　建立热集成优化方案文件

点击图 3-14 下方"Recommend Designs"按钮，弹出一个对话框，询问需要推荐的热集成优化方案数目多少，默认最大优化方案数目是 10，本题选择最大优化方案数 5，如图 3-15 所示。点击"Solve"按钮，软件开始逐个进行热集成优化方案模拟计算，结束后列出结果，见图 3-16。点击图 3-16 下方"Designs"按钮，图面中间区域显示各个热集成优化方案的详细数据，并按总年度费用成本指数由大到小进行排序，可以逐个点击查看各方案的分析数据。热集成优化方案排序从 2 到 6，原始过程热集成文件默认为 1，所以共 6 个热集成文件。由图 3-16，方案 4 的总年度费用成本指数最高，方案 3 最低，下面对方案 3 作进一步研究。

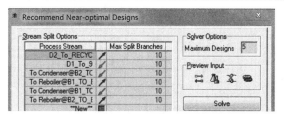

图 3-15　询问需要推荐的热集成优化方案数目

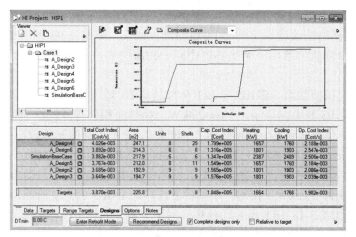

图 3-16　热集成优化方案模拟结果

　　点击图 3-16 左侧框内 "A_Design3"，显示热集成网络方案 3 的详图，见图 3-17（a）。图中表明，原始过程中 B1 塔再沸器（E-106，1644.9kW）、B5 换热器（E-107，156.1kW）仍然由热公用工程供热，其中 E-106 用高压蒸汽加热，E-107 用中压蒸汽加热。但 B2 塔再沸器不再用热公用工程供热，而是由 B1 塔顶汽相冷凝、冷却供热，需要用三个换热器（E-103，129.6kW；E-104，342.1kW；E-108，114.3kW，合计是 586kW）满足 B2 塔再沸器需求。另外，B1 塔顶大部分汽相冷凝热通过 E-111 蒸汽发生器产生 1278.4kW 的 125℃ 的低压蒸汽外供。B1 塔顶馏出液冷却到 73℃ 所释放的热量部分供给 B2 塔再沸器（E-103，129.6kW；E-108，114.3kW），其余由两个空气冷却器（E-105，2.4kW；E-109，34.2kW）移走。B2 塔顶汽相冷凝热由空气冷却器（E-110，588.5kW）移走。方案 3 热集成网络的经济指标如图 3-17（b）所示，热公用工程负荷 1801kW，冷公用工程负荷 1903kW，热交换器总传热面积 194.7m^2，换热器 9 台，换热器的操作成本指数 2.039×10^{-3}，设备成本指数 1.576×10^5，总年度费用成本指数 3.649×10^{-3}。

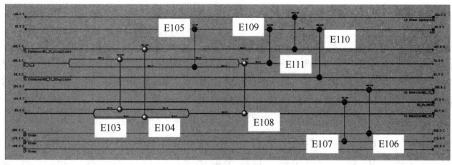

（a）热集成网络方案 3

图 3-17

Network Cost Indexes				Network Performance			
	Cost Index	% of Target				HEN	% of Target
Heating [Cost/s]	4.456e-003	98.96		Heating [kW]		1801	108.3
Cooling [Cost/s]	-2.416e-003	76.42		Cooling [kW]		1903	107.8
Operating [Cost/s]	2.039e-003	102.9		Number of Units		9.000	100.0
Capital [Cost]	1.576e+005	85.25		Number of Shells		9.000	112.5
Total Cost [Cost/s]	3.649e-003	94.30		Total Area [m2]		194.7	86.20

（b）热集成网络方案 3 的经济指标

图 3-17　方案 3 热集成网络与工艺流程

（5）热集成网络的改造　与例 2-14 原始过程比较，方案 3 的冷、热公用工程负荷均大大降低，但 B2 塔再沸器用三个换热器由同一物流供热，不合理，需要进行网络改造。改造方法如下。

① 删除小面积换热器　E-105 与 E-109 都是从 B1 塔顶馏出液移出热量，两换热器可以合并。因为 E-105 热负荷很小，只有 2.4kW，换热面积只有 $0.2m^2$，故应该把 E-105 删除，把 E-105 的热负荷加到 E-109 换热器上。删除方法：把鼠标的光标放在 E-105 换热器上，右击，选择 "Delete"，即可删除 E-105。由于 E-105 与 E-109 都是在相同的冷、热公用工程之间工作，当删除 E-105 后，方案 3 热集成网络中 E-105 的热负荷自动增加到 E-109 上，E-109 的热负荷变为 36.5kW。接着，用同样方法删除 E-105 的分支管路。经过第一步改造后的热集成网络如图 3-18（a）所示，热集成网络方案 3 的经济指标修改为图 3-18（b）。

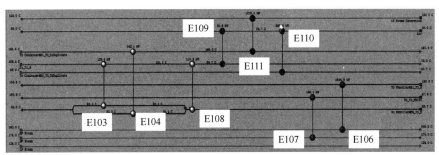

（a）对热集成网络方案 3 的初步改造

Network Cost Indexes				Network Performance			
	Cost Index	% of Target				HEN	% of Target
Heating [Cost/s]	4.456e-003	98.96		Heating [kW]		1801	108.3
Cooling [Cost/s]	-2.416e-003	76.42		Cooling [kW]		1903	107.8
Operating [Cost/s]	2.039e-003	102.9		Number of Units		8.000	88.89
Capital [Cost]	1.473e+005	79.69		Number of Shells		8.000	100.0
Total Cost [Cost/s]	3.544e-003	91.58		Total Area [m2]		194.4	86.07

（b）热集成网络方案 3 初步改造后的经济指标

图 3-18　初步改造后的热集成网络方案 3

经过第一步改造后，图 3-18 热集成网络的经济指标小有变化，热、冷公用工程负荷没有变化；热交换器总传热面积 $194.4m^2$，略有减少；换热器 8 台，减少 1 台；换热器的操作成本指数没有变化；设备成本指数 $1.473×10^5$，降低 6.53%；总年度费用成本指数 $3.544×10^{-3}$，降低 2.88%。

② 合并在相同两个热源中间工作的平行换热器　E-103、E-108 都是用 B1 塔顶汽相冷凝液的冷却热为 B2 塔再沸器供热，这两个换热器可以合并为一个。从逆流换热的原理考虑，删除 E-103 换热器较为合理，把 E-103 的热负荷添加到 E-108 换热器上，其热负荷

增加到 243.9kW。

在图 3-18 热集成网络上，虽然 E-103 与 E-108 是在相同的冷热公用工程之间工作，但因两换热器中间还夹有一个换热器 E-104，且 E-104 与 E-103 和 E-108 不是在相同的冷热公用工程之间工作，手动删除 E-103 后，其热负荷不能自动加载到 E-108 上，需要人工调整 E-108 的热负荷。调整方法：把鼠标的光标放在 E-108 换热器上，右击，选择"View"，出现 E-108 换热器数据框，人工修改 E-108 的热负荷数值，如图 3-19 所示。

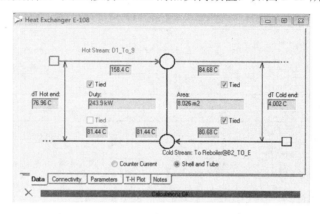

图 3-19　人工修改 E-108 的热负荷数值

这样，经过两步改造后的方案 3 热集成网络如图 3-20 所示。与原方案 3 相比，热、冷公用工程负荷没有变化；热交换器总传热面积为 194.5m^2，略有减少；换热器 7 台，减少 2 台；换热器的操作成本指数没有变化，换热器设备成本指数 1.368×10^5，降低 13.2%；总年度费用成本指数 3.437×10^{-3}，减少 5.81%。

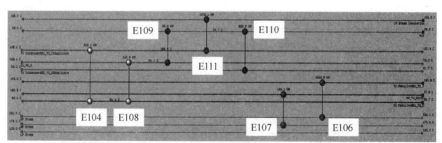

（a）对热集成网络方案 3 的第 2 次改造

Network Cost Indexes				Network Performance			
	Cost Index	% of Target			HEN	% of Target	
Heating [Cost/s]	4.456e-003	98.96		Heating [kW]	1801	108.3	
Cooling [Cost/s]	-2.416e-003	76.42		Cooling [kW]	1903	107.8	
Operating [Cost/s]	2.039e-003	102.9		Number of Units	7.000	77.78	
Capital [Cost]	1.368e+005	74.02		Number of Shells	7.000	87.50	
Total Cost [Cost/s]	3.437e-003	88.82		Total Area [m2]	194.5	86.11	

（b）热集成网络方案 3 第 2 次改造后的经济指标

图 3-20　两次改造后的热集成网络方案 3

③ 消除热集成网络中的环形路径与直通路径　在某些热集成网络方案中，会出现一个或若干个环形路径（Loops）的换热网络，如图 3-21 所示。所谓环形路径，是由换热网络中的换热器、工艺物流构成的封闭回路，即环形路径。根据夹点理论产生的以网络运行总年度费用成本最小为综合目标的换热网络综合，会产生一些闭合的环形路径，这些环形

路径会产生多于 Euler 通用网络理论计算出的最少换热器数目，即存在多余的换热器匹配单元，增加设备投资。换热网络中出现环形路径，也表明换热网络中存在着比网络可控稳定操作多余的系统规定参数，当被控制参量产生波动时，会在回路中产生振荡，影响网络的稳定运行，增加控制难度。

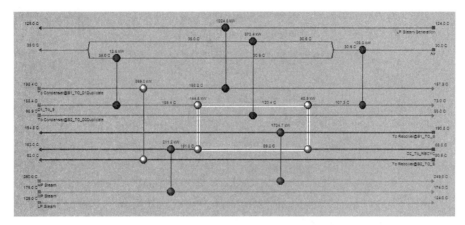

图 3-21　含环形路径的热集成网络

　　在某些热集成网络方案中，会出现一个或若干个直通路径（Paths）的换热网络，如图 3-22 所示。所谓直通路径，是由热公用工程为起点，经换热器、工艺物流到冷公用工程的一条路径。直通路径会产生热量从热公用工程（比如蒸汽或加热炉）经换热器、工艺物流到冷公用工程（比如循环冷却水）路径的直接传递。在直通路径上，任意一个换热器热负荷的波动都会波及其他的换热器工作，有可能出现加热器的热负荷从热公用工程传递到冷公用工程的冷却器。

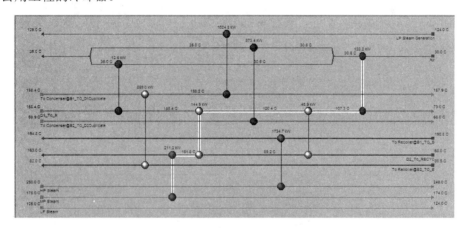

图 3-22　含直通路径的热集成网络

　　在某些热集成网络方案中，会同时出现一个或若干个环形路径（Loops）与直通路径（Paths）的换热网络。包含这两种路径的热集成网络方案都存在设备投资大、热集成网络效率低、存在不稳定的问题。检查一个热集成网络是否存在环形路径与直通路径，可把鼠标放在热集成网络图面空白处右击，跳出的窗口中若出现"Show Loops"，表明存在环形路径；若出现"Show Paths"，表明存在直通路径。对于这类热集成网络都需要进行人工改造，把环形路径和直通路径消除。

（6）推荐的乙醇与苯双塔双压精馏节能流程　由图 3-20 可知，热集成网络方案 3 经过两次改造后，B2 精馏塔的再沸器由两台换热器 E-104 和 E-108 构成，分别利用 B1 塔顶汽相冷凝热和冷却热。从实际操作稳定性方面考虑，用一台换热器工作更好。已知 B1 塔顶汽相冷凝热数值远大于 B2 塔再沸器需要量，因此，只要一个 E-104 换热器供热即可，E-108 可以删除，原 E-108 承担的加热热负荷由 E-104 承担，故 E-104 热负荷由 342.1kW 增加到 586.0kW；原 E-108 承担的冷却热负荷由 E-109 承担，故 E-109 热负荷由−36.5kW 增加到 −280.4kW。经此改造后的代价是 E-111 回收热量产生低压蒸汽的数量将减少 243.9kW。

经过三步改造后的热集成网络方案 3、对应的工艺流程和经济指标如图 3-23 所示。与原方案 3 相比，热、冷公用工程负荷没有变化；热交换器总传热面积为 210.9m^2，增加 8.32%；换热器 6 台，减少 3 台；换热器的操作成本指数 2.5×10^{-3}，增加 22.6%；换热器设备成本指数 1.316×10^5，降低 16.5%；总年度费用成本指数 3.844×10^{-3}，增加 5.34%。

以上本着可行实用、操作稳定的原则对热集成网络方案 3 进行了三步改造，把一个复杂的含换热网络流程简化成了一个带废热锅炉的双效精馏流程。改造后的热集成网络与方案 6 近似，因方案 6 中的循环物流加热器采用高压蒸汽作为热源，操作成本指数比图 3-23 流程高一些。对于其他的热集成网络方案，可以采用类似的方法进行分析。方案 3 热集成网络经过三步改造后的经济指标虽然有所下降，但具有了实际可操作性。与例 2-14 比较，换热器的数量相同，换热面积 210.9m^2，降低 3.21%；热公用工程负荷降低 24.5%，冷公用工程负荷降低 23.5%；另外还产生了 1034.6kW 的低压蒸汽外供。不过，图 3-23 流程的控制操作条件要复杂一些。

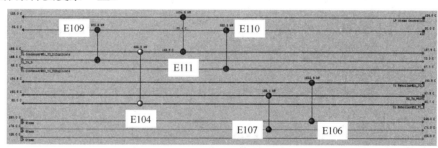

（a）对热集成网络方案 3 的第 3 次改造

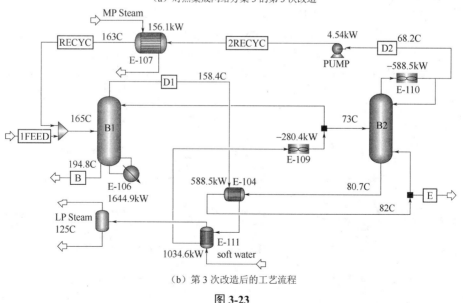

（b）第 3 次改造后的工艺流程

图 3-23

Network Cost Indexes				Network Performance			
	Cost Index	% of Target				HEN	% of Target
Heating [Cost/s]	4.456e-003	107.3		Heating [kW]		1801	108.3
Cooling [Cost/s]	-1.955e-003	110.0		Cooling [kW]		1903	107.8
Operating [Cost/s]	2.500e-003	126.2		Number of Units		6.000	66.67
Capital [Cost]	1.316e+005	71.18		Number of Shells		6.000	75.00
Total Cost [Cost/s]	3.844e-003	99.35		Total Area [m2]		210.9	93.40

（c）热集成网络方案 3 第 3 次改造后的经济指标

图 3-23　第 3 次改造后的方案 3 热集成网络

3.2　蒸汽优化配置

蒸汽是企业能源的重要组成部分，合理使用价格昂贵的蒸汽越来越受到企业的重视，合理地设计和配置蒸汽能够节约能源、降低生产成本，提高企业的竞争力。在化工分离操作中，蒸汽是最广泛使用的能量分离媒介。对于单一分离单元，设计人员一般能够合理使用蒸汽。但对于组合分离单元，蒸汽的合理配置往往不能直接看出来，而软件的优化功能则为此提供了一个有力工具。

例 3-3　汽提蒸汽优化配置。

用低压蒸汽汽提方法降低汽提罐中二氯甲烷废水的浓度。已知废水流率 $1.0 \times 10^5 kg/h$，二氯甲烷质量分数 0.014，温度 40℃，压力 2bar。低压蒸汽饱和压力 2bar，汽提罐操作压力不低于 1.2bar。要求净化水中二氯甲烷质量分数不高于 150×10^{-6}，求蒸汽消耗量。

解　（1）采用单罐汽提

①　全局性参数设置　计算类型"Flowsheet"，输入水、二氯甲烷两个组分，选择"NRTL"性质方法。

②　画流程图　单罐汽提二氯甲烷废水流程见图 3-24，把题目给定的进料物流信息填入对应栏目中，蒸汽消耗量暂时填入 10000kg/h。

③　设置模块信息　汽提罐热负荷为 0，闪蒸压力 1.2bar。

④　调整蒸汽用量　在"Flowsheeting Options|Design Specs"子目录，建立一个模拟对象文件"DS-1"，给因变量（汽提罐出口净化水中二氯甲烷质量分数）取名"X1"，见图 3-25。对因变量设置收敛要求和容许误差，即汽提罐出口净化水中二氯甲烷质量分数不高于 150×10^{-6}，允许误差 1×10^{-6}，如图 3-26 所示；设定蒸汽消耗量范围如图 3-27 所示。

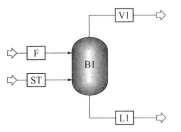

图 3-24　单罐流程

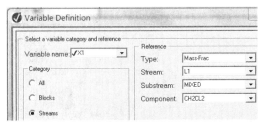

图 3-25　定义出口净化水中二氯甲烷质量分数

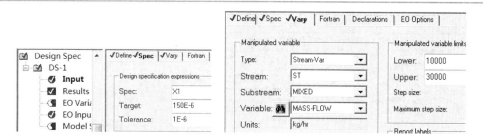

图 3-26　设置收敛要求和容许误差　　　图 3-27　设置蒸汽消耗量范围

⑤ 模拟计算　计算结果见图 3-28,可见净化水中二氯甲烷质量分数达到 $150×10^{-6}$ 时,蒸汽消耗量是 21984kg/h,相当于每 1kg 蒸汽处理 4.55kg 废水,汽提单位质量二氯甲烷消耗的蒸汽量是 15.87kg。

Mass Frac	F	ST	V1	L1
CH2CL2	.0140000	0.0	.1183623	1.50052E-4
H2O	.9860000	1.000000	.8816377	.9998499
Total Flow kmol/hr	5489.615	1220.277	588.2928	6121.600
Total Flow kg/hr	1.00000E+5	21983.64	11688.26	1.10295E+5
Total Flow cum/hr	101.7345	19957.87	15373.79	120.7191
Temperature C	40.00000	120.2718	104.0237	104.0237
Pressure bar	2.000000	2.000000	1.200000	1.200000

图 3-28　单罐汽提计算结果

（2）采用双罐两级汽提　模拟流程如图 3-29 所示。设置第一罐闪蒸压力 1.3bar,第二罐闪蒸压力 1.2bar,两罐同时加入汽提蒸汽,考察第二罐出口净化水浓度达标时两罐汽提蒸汽消耗量。为合理分配加入两罐的汽提蒸汽数量,使用软件的"Optimization"优化功能。首先删除单罐汽提计算时设置的"DS-1"设计规定文件,第二罐汽提蒸汽用量暂时设置为 1000kg/h。

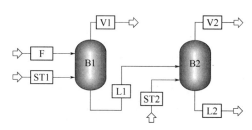

图 3-29　双罐两级汽提流程

① 创建约束文件　在"Model Analysis Tools|Constraint"子目录,建立一个因变量约束对象文件"C-1",并定义约束变量名称"PPM",表示第二罐出水中二氯甲烷浓度,如图 3-30 所示。在"C-1|Input|Spec"页面,定义约束条件,即第二罐出水中二氯甲烷质量分数不高于 $150×10^{-6}$,允许误差 $1×10^{-6}$,如图 3-31 所示。

② 创建优化文件　在"Model Analysis Tools|Optimization"页面,建立一个优化对象文件"O-1",并定义优化变量名称"FLOW1"与"FLOW2",表示两股蒸汽用量,"FLOW1"定义方法见图 3-32。在"O-1|Input|Objective& Constraints"页面,输入目标函数（两股蒸

汽消耗量总和最小）和约束文件"C-1"，见图 3-33。

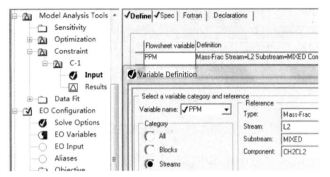

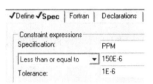

图 3-30　建立一个自变量约束对象文件　　　　图 3-31　定义约束条件

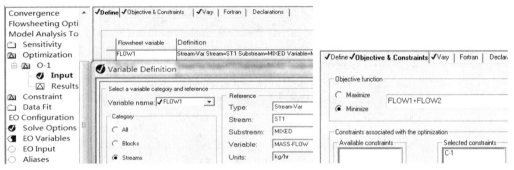

图 3-32　建立一个优化对象文件　　　　图 3-33　输入约束文件

在"O-1|Input|Vary"页面，输入两个自变量的优化调节范围，其中第 1 个自变量"ST1"是第一罐蒸汽加入量，搜索范围暂定为 10000～15000kg/h，优化设置方法如图 3-34 所示；第 2 个自变量"ST2"是第二罐蒸汽加入量，搜索范围暂定为 1000～3000kg/h，优化设置方法类似。

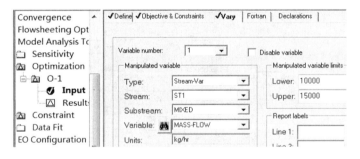

图 3-34　输入自变量的优化调节范围

③ 运行优化程序　计算结果见图 3-35。由图 3-35（a）可见净化水中二氯甲烷质量分数达到 150×10^{-6} 时，两汽提罐蒸汽消耗总量是 13713kg/h，相当于每 1kg 蒸汽处理 7.31kg 废水。与单罐汽提结果比较，蒸汽汽提效率提高 60.8%。就两级汽提中两个罐自身比较，因为罐中液相二氯甲烷浓度不同，汽提单位质量二氯甲烷消耗的蒸汽量也不同。由两罐汽相数据（此处未列出）可以算出，第一罐汽提单位质量二氯甲烷消耗的蒸汽量是 9.41kg 汽/kg 二氯甲烷，第二罐是 14.1kg 汽/kg 二氯甲烷，平均是 9.88kg 汽/kg 二氯甲烷。可见液相二氯甲烷浓度越低，越难汽提。

在"Convergence|Convergence|$olver01|Results|Iterations"页面，给出了汽提模拟计算过程的详细数据，经过7次外循环迭代计算达到收敛，应用软件的"Plot"功能，绘制两罐各自用汽量与总用汽量的试算收敛过程如图 3-35（b）所示。

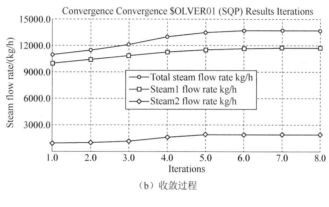

	F	ST1	ST2	L2
Mass Frac				
CH2CL2	.0140000	0.0	0.0	1.50176E-4
H2O	.9860000	1.000000	1.000000	.9998498
Total Flow kmol/hr	5489.615	651.4552	109.7239	6127.588
Total Flow kg/hr	1.00000E+5	11736.15	1976.707	1.10403E+5
Total Flow cum/hr	101.7345	10654.67	1794.556	120.8371
Temperature C	40.00000	120.2718	120.2718	104.0231
Pressure bar	2.000000	2.000000	2.000000	1.200000

（a）物流参数

图 3-35 双罐两级汽提计算结果

3.3 多效蒸发

蒸发是用加热的方法，使溶液中部分溶剂汽化并除去，从而提高溶液浓度，促进溶质析出的工艺操作。蒸发过程进行的必要条件是不断地向溶液供给热能和不断地去除所产生的溶剂蒸气。多效蒸发是几个蒸发器连接起来操作，前一蒸发器内蒸发时所产生的二次蒸汽用作后一蒸发器的加热蒸汽。通常第一效蒸发器在一定的表压下操作，第二效蒸发器的压强降低，从而形成适宜的温度差，使第二效蒸发器中的液体得以蒸发。同理，多效蒸发时，多个蒸发器中的温度经过一定时间后，温度差及压力差自行调整而达到稳定，使蒸发能连续进行。由于多次重复利用了热能，因此多效蒸发可以显著降低蒸发过程的能耗。

依据二次蒸汽和溶液的流向，多效蒸发的流程可分为：①并流流程［图 3-36（a）］，溶液和二次蒸汽同向依次通过各效。由于前效压力高于后效，料液可借压差流动。但末效溶液浓度高而温度低，溶液黏度大，因此传热系数低。②逆流流程［图 3-36（b）］，溶液与二次蒸汽流动方向相反，需用泵将溶液送至压力较高的前一效，各效溶液的浓度和温度对黏度的影响大致抵消，各效传热条件基本相同。③错流流程［图 3-36（c）］，二次蒸汽依次通过各效，料液则每效单独进出，这种流程适用于有晶体析出的料液。

蒸发器设备结构主要由加热室和蒸发室两部分组成，加热室向液体提供蒸发所需要的热量，促使液体沸腾汽化；蒸发室使汽液两相完全分离。加热室中产生的蒸汽带有大量液沫，到了较大空间的蒸发室后，这些液体借自身凝聚或除沫器等的作用得以与蒸汽分离，通常除沫器设在蒸发室的顶部。按溶液在蒸发器中的运动状况，蒸发器设备类型可分为循环型、单程型、直接接触型三类：①循环型。沸腾溶液在加热室中多次通过加热表面，如中央循环管式、悬筐式、外热式、列文式和强制循环式等。②单程型。沸腾溶液在加热室中一次通过加热表面，不作循环流动，即行排出浓缩液，如升膜式、降膜式、搅拌薄膜式和离心薄膜式等。③直接接触型。加热介质与溶液直接接触传热，如浸没燃烧式蒸发器。蒸发装置在操作过程中，要消耗大量加热蒸汽，为节省加热蒸汽，可采用多效蒸发装置和蒸汽再压缩蒸发器。蒸发器广泛用于化工、轻工等部门。

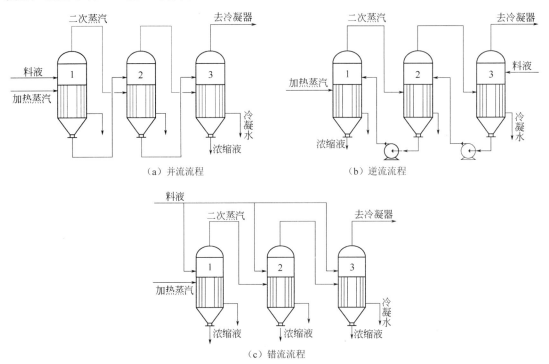

图 3-36　多效蒸发流程简图

例 3-4　丙烯腈装置废水双效蒸发。

某丙烯腈装置废水流率 75148.1kg/h，其中含有丙烯腈聚合物（以 $C_6H_8N_2O$ 计算）816kg/h，温度 113℃，压力 600kPa。要求通过蒸发把废水中的水分蒸出 83%，使浓缩液中的丙烯腈聚合物质量分数≥0.059，冷凝后的净化水作为工艺循环水使用。多效蒸发器的最终压力 20kPa，加热蒸气压力为 470kPa 饱和水蒸气。采用强制外循环蒸发器，设备结构见图 3-37（a）。要求模拟蒸发器操作，比较单效、双效蒸发器操作的能耗。

解　因为 Aspen Plus 模块库中没有蒸发器，只能根据外循环蒸发器的工作原理，通过选用适当的计算模块组合构成一台蒸发器，以模拟蒸发过程。若不计各设备的压降，图 3-37（a）强制外循环蒸发器可以由汽液闪蒸器、换热器、分配器三个模块组合构成，模拟流程如图 3-37（b）所示。

（1）单效蒸发器模拟

① 全局性参数设置　计算类型"Flowsheet"，输入水、丙烯腈聚合物 $C_6H_8N_2O$ 两

个组分。因蒸发体系是水溶液，应该选用液相活度系数方程的性质方法，但因 Aspen Plus 数据库中缺乏丙烯腈聚合物 $C_6H_8N_2O$ 与水的二元交互作用参数，故选择"UNIFAC"性质方法。

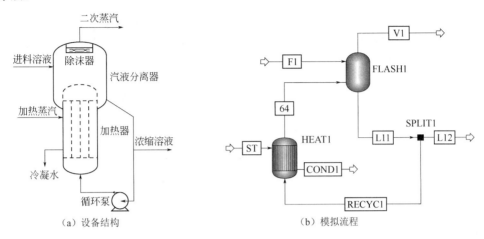

（a）设备结构　　　　　　　　　　　　　（b）模拟流程

图 3-37　强制外循环蒸发器

② 设置流股信息　把题目给定的进料物流信息填入对应栏目中，蒸汽消耗量暂时填入 10000kg/h。

③ 设置模块信息　闪蒸器热负荷为 0，闪蒸压力 20kPa；分配器设定分流出蒸发系统液体的分配比为 0.1；换热器采用简捷计算，设定蒸汽冷凝液汽化分率为 0，不计压降，壳程流体性质方法选用"STEAM-TA"。

④ 调整蒸汽用量　控制浓缩液中的丙烯腈聚合物质量分数 0.059，对目标值的设置见图 3-38，暂定蒸汽用量的搜索范围为 10000～70000kg/h。

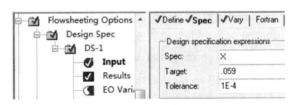

图 3-38　强制外循环单效蒸发器目标值设置

⑤ 模拟计算　结果见图 3-39，可见浓缩液中的丙烯腈聚合物质量分数达到 0.059，满足蒸发浓缩要求。单效蒸发器消耗蒸汽 60778kg/h，蒸发水分 61584kg/h。所以，对单效蒸发器而言，1kg 蒸汽近似于蒸发 1kg 水分。

（2）双效蒸发器模拟　前两步骤同单效蒸发，在单效蒸发流程基础上再串联一个蒸发器，把第一蒸发器的二次蒸汽作为第二蒸发器的加热蒸汽，构成双效蒸发流程，如图 3-40 所示。

① 设置流股信息　第一蒸发器的蒸汽加入量暂时填入 30000kg/h。

② 设置模块信息　两级闪蒸器热负荷设置为 0，闪蒸压力第一效 66.6kPa，第二效 20kPa；两分配器设定分流出蒸发系统液体的分配比为 0.2；换热器采用简捷计算，设定蒸汽冷凝液汽化分率为 0。

	F1	ST	V1	L12
Temperature C	113.0	149.5	60.2	60.2
Pressure kPa	600.000	470.000	20.000	20.000
Vapor Frac	0.000	1.000	1.000	0.000
Mole Flow kmol/hr	4132.632	3373.703	3417.756	715.061
Mass Flow kg/hr	75148.100	60778.195	61584.240	13567.205
Volume Flow cum/hr	83.431	24145.125	472767.362	14.440
Enthalpy Gcal/hr	-275.117	-192.009	-196.433	-48.007
Mass Flow kg/hr				
H2O	74332.100	60778.195	61569.718	12765.715
C6H8N-01	816.000		14.522	801.489
Mass Frac				
H2O	0.989	1.000	1.000	0.941
C6H8N-01	0.011		236 PPM	0.059

图 3-39　丙烯腈装置废水单效蒸发器模拟结果

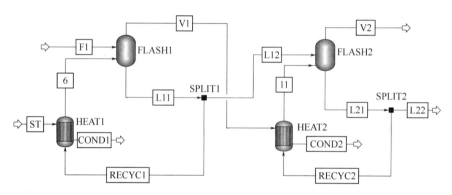

图 3-40　丙烯腈装置废水双效蒸发模拟流程

③ 调整蒸汽用量　控制浓缩液中的丙烯腈聚合物质量分数 0.059。

④ 模拟计算　结果见图 3-41，可见第二蒸发器浓缩液中的丙烯腈聚合物质量分数达到 0.059，满足蒸发浓缩要求。消耗蒸汽 28864kg/h，蒸发水分 61570kg/h。可以算出，双效蒸发装置 1kg 蒸汽蒸发了 2.13kg 水分，与单效蒸发流程相比，节省蒸汽 113%。

	F1	ST	V1	L11	V2	L22
Temperature C	113.0	149.5	88.7	88.7	60.2	60.2
Pressure kPa	600.000	470.000	66.600	66.600	20.000	20.000
Vapor Frac	0.000	1.000	1.000	0.000	1.000	0.000
Mole Flow kmol/hr	4132.632	1602.202	1669.850	12314.721	1747.097	715.999
Mass Flow kg/hr	75148.100	28864.120	30089.633	225306.947	31480.785	13583.352
Volume Flow cum/hr	83.431	11466.741	75054.773	243.825	241670.256	14.456
Enthalpy Gcal/hr	-275.117	-91.187	-95.599	-824.766	-100.413	-48.071
Mass Flow kg/hr						
H2O	74332.100	28864.120	30081.650	221266.859	31473.373	12782.742
C6H8N-01	816.000		7.983	4040.088	7.412	800.610
Mass Frac						
H2O	0.989	1.000	1.000	0.982	1.000	0.941
C6H8N-01	0.011		265 PPM	0.018	235 PPM	0.059

图 3-41　丙烯腈装置废水双效蒸发计算结果

3.4 精馏过程

3.4.1 多效精馏

多效精馏是利用高压塔顶蒸汽的潜热向低压塔的再沸器提供热量，高压塔顶蒸汽同时被冷凝的热集成精馏流程。根据进料与压力梯度方向的一致性，多效精馏可以分为：

① 并流结构，即原料分配到各热集成塔进料；

② 顺流结构，进料方向和压力梯度的方向一致，即从高压塔进料；

③ 逆流结构，进料的方向和压力梯度的方向相反，即从低压塔进料；

④ 混流结构，从高压塔进料，塔顶冷凝液入低压塔。

具体的流程结构如图 3-42 所示。根据操作压力的不同，多效精馏又可分为加压-常压、加压-减压、常压-减压、减压-减压等类型。

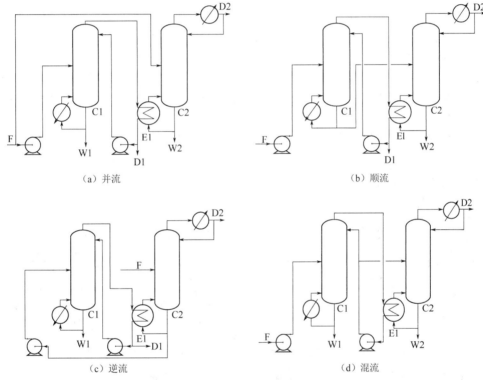

（a）并流　　　　　　　　　　　　　　（b）顺流

（c）逆流　　　　　　　　　　　　　　（d）混流

图 3-42　不同类型的双效精馏流程简图

C1—高压塔；C2—低压塔

多效精馏的效数 N（热集成塔数）与理论节能率 η 的关系如式（3-1）所示，可以算出，双效精馏的理论节能率为 50%，三效的为 66.7%，四效的为 75%。随着效数的增加，节能率的增加幅度下降，如从双效到三效增加 16.7%，而从三效到四效仅增加 8%。

$$\eta = (N-1) / N \times 100\% \tag{3-1}$$

尽管多效精馏有明显的益处，但其应用仍受到一定的限制。首先，效数要受投资的限制。效数增加，塔数增加，设备费用增大。同时，效数增加，第一效塔的压力增加，则塔底再沸器所用的加热蒸汽的品质提高，将削弱因能耗降低而减少的操作成本；同时又使换热器传热温差减小，使换热面积增大，故换热器的投资费用增大。再者，效数受到操作条件的限制。第一效塔中允许的最高压力和温度，受系统临界压力和温度、热源的最高温度以及热敏性物料的许可温度等的限制；而压力最低的塔通常受塔顶冷凝器冷却水温度的限制。最后，多效精馏系统操作相对困难，且对设计和控制都有更高的要求。

例 3-5 甲醇-水溶液双效精馏。

分离甲醇-水等摩尔混合物，常压精馏，进料流率 2000kmol/h，进料压力 1.3atm，饱和液体。要求产品甲醇含量达到 0.995（摩尔分数），排放水中甲醇含量<0.005（摩尔分数）。比较单塔和顺流双效精馏过程的能耗。设塔板压降 0.7kPa/板，顺流双效流程高压塔压力 700kPa，低压塔常压，进料压力 730kPa，饱和液体。

解 **（1）单塔精馏**

① 全局性参数设置　计算类型"Flowsheet"，输入甲醇、水，因为甲醇、水是互溶体系，对于常压精馏，可以选择 WILSON 方程，考虑到后续的加压精馏过程，选择"WILS-RK"性质方法。

② "DSTWU"模块计算　首先选用"DSTWU"模块，以确定严格计算精馏塔的初步参数。按照题目分离要求输入"DSTWU"模块，设定操作回流比是最小回流比的 1.2 倍，甲醇在塔顶的回收率 0.999，水在塔顶的回收率 0.001，塔顶压力 1atm，塔釜 1.3atm。简捷计算结果表明，完成题目甲醇-水的分离任务，单一精馏塔需要 27 块理论板，回流比 0.8，进料位置在 18 块理论板，塔顶物流中甲醇 0.999（摩尔分数），塔釜物流中水 0.999（摩尔分数）。

③ 改用"RadFrac"模块计算　画出单塔精馏流程图，把"DSTWU"模块计算结果填入，在"Configuration"页面填写如图 3-43 所示，计算结果见图 3-44。

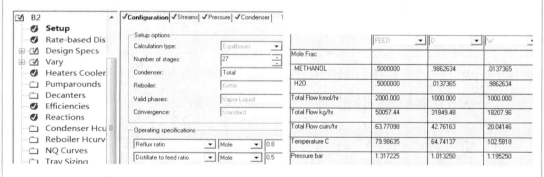

图 3-43　"Configuration"页面参数设定　　　图 3-44　"RadFrac"模块计算结果 1

由图 3-44 可见，产品甲醇、水的纯度没有达到分离要求，说明简捷计算方法与严格计算方法存在差距。为使产品达到分离要求，在其他设定参数不变时，使用"Design Specs"功能调整回流比，计算结果见图 3-45，可见经"Design Specs"把回流比由 0.8 调整到 0.935后，产品甲醇、水的纯度已达到分离要求，塔釜需要提供的热量是 19.1MW。

（2）顺流双效精馏

① 绘制模拟流程　把图 3-42（b）顺流双效精馏流程改画成计算流程，见图 3-46。

② 分配两塔分离任务　首先对两塔系统进行总物料衡算：

$$F = D_1 + D_2 + B$$

对两塔系统的甲醇进行物料衡算：

$$X_{FEED}F = X_{D1}D_1 + X_{D2}D_2 + X_B B$$

	FEED	D	W
Mole Frac			
METHANOL	.5000000	.9949998	5.00022E-3
H2O	.5000000	5.00022E-3	.9949998
Total Flow kmol/hr	2000.000	1000.000	1000.000
Total Flow kg/hr	50057.44	31972.02	18085.42
Total Flow cum/hr	63.77098	42.95570	19.84045
Temperature C	79.98635	64.60988	103.9126
Pressure bar	1.317225	1.013250	1.195250

图 3-45 "RadFrac"模块计算结果 2

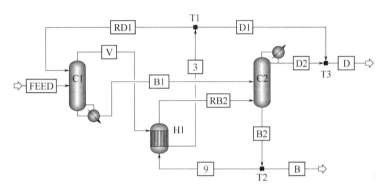

图 3-46 顺流双效精馏模拟流程

代入 $X_{FEED}=0.5$，$X_{D1}=X_{D2}=0.995$，$X_B=0.005$；解出 $B=1000kmol/h$，$D_1+D_2=1000kmol/h$。D_1、D_2 的分配比例由 C1 塔汽相出料量 V 确定，汽相 V 释放的潜热应该等于 C2 塔塔釜的热负荷，然后由 C1 塔的回流比确定 D_1 流率值，从而得到 D_2 流率值。

③ 确定 D_1 流率值　借助于一个辅助双塔系统确定 D_1 流率值，双塔系统如图 3-47，其中 B1 塔是加压塔，操作压力 700kPa；B2 塔是低压塔，常压操作。要求两塔塔顶物流的甲醇摩尔分数均为 0.995，低压塔塔釜物流甲醇摩尔分数为 0.005。加压塔选择"WILS-RK"性质方法，低压塔选择"WILS"性质方法。

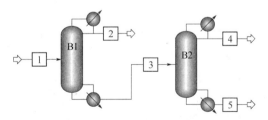

图 3-47 辅助双塔系统

根据"DSTWU"模块计算,确定 B1 塔的参数是:理论塔板数 $N=39$,进料位置 $N_{FEED}=29$,回流比 $R=1.38$。假定 $D_1=500kmol/h$，即 $D/F=0.25$，代入 B1 塔计算，结果 B1 塔顶的甲醇含量不满足分离要求，经过"Design Specs"功能调整回流比 $R=1.57$，优化功能调整 $N_{FEED}=38$。计算结果 $X_{D1}=0.995$，达到分离要求。

同样方法，确定 B2 塔的操作参数是 $N=32$，$R=1.06$，$N_{FEED}=26$，$B_2=1000kmol/h$。计算过程中，用一个设计规定调整 B2 塔塔釜出料流率，控制 B2 塔塔顶物流中甲醇摩尔分数为 0.995；再用一个设计规定调整 B2 塔回流比，控制 B2 塔塔釜物流中甲醇摩尔分数小于 0.005。

④ 确定顺流双效精馏流程中 C1 塔塔顶汽相 V 的出料量　在图 3-47 流程中，建立一个"Design Specs"文件"DS-1"，定义 B1 塔塔顶冷凝器热负荷为 B1QC，定义 B2 塔釜再沸器热负荷为 B2QN。在顺流双效精馏流程稳定操作时，调整 B1 塔塔顶出料量使得 B1QC 与 B2QN 的绝对值相等，代数和（记作 DQ）为 0。在"DS-1|Input| Spec"页面填写如图 3-48 所示。

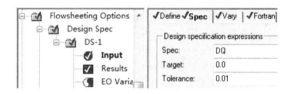

图 3-48　设置 B1QC 与 B2QN 的代数和为 0

通过调整 B1 塔塔顶的出料比 D/F 达到 DQ 为 0，参数填写见图 3-49；用 Fortran 语言定义 DQ 的计算方法，如图 3-50 所示。

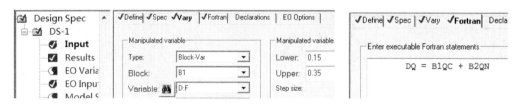

图 3-49　调整 B1 塔塔顶出料比 D/F 达到 DQ 为 0　　　图 3-50　计算 DQ 语言

设计规定"DS-1"计算结果如图 3-51 所示，显示 B1 塔塔顶出料比 D/F 为 0.2147 时，B1 塔塔顶热负荷 B1QC 绝对值等于 B2 塔釜再沸器热负荷 B2QN 绝对值，均为 9.4MW。此时，B1 塔顶 D1 的出料量为 429.4kmol/h，塔顶温度 123.4℃，回流比 1.57。

Variable results			
Variable	Initial value	Final value	Units
MANIPULATED	0.21468484	0.21468484	
B1QC	-9.4073861	-9.4073861	MW
B2QN	9.40730509	9.40730509	MW

图 3-51　设计规定"DS-1"计算结果

由回流比 1.57 可计算出 B1 塔顶汽相流率 $V=(R+1)D_1=2.57×429.4=1103.6$ kmol/h，这也是顺流双效精馏流程中 C1 塔顶的汽相出料量。由 $D_1+D_2=1000$ kmol/h 可算出 $D_2=1000-429.4=570.6$ kmol/h，这是 C2 塔顶的液相出料量。

⑤ 参数置换　把由图 3-47 计算出的参数代入顺流双效精馏流程中各模块的参数设置，注意 C1 塔无冷凝器，设置塔顶汽相出料量为 1103.6kmol/h，换热器 H1 设置热流体出口汽相分率为 0，C1 塔分配器 T1 的参数设置方式如图 3-52 所示，C2 塔分配器 T2 的参数设置方式如图 3-53 所示，运行结果如图 3-54 所示。

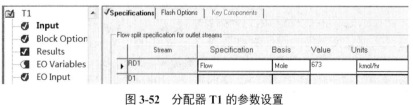

图 3-52　分配器 T1 的参数设置

图 3-53 分配器 T2 的参数设置

	FEED	V	D1	D	B
Temperature C	135.1	124.0	123.9	64.6	104.7
Pressure atm	7.30	7.00	7.00	1.00	1.20
Vapor Frac	0.000	1.000	0.000	0.087	0.002
Mole Flow kmol/hr	2000.000	1102.000	429.000	1000.637	999.362
Mass Flow kg/hr	50057.440	35237.681	13717.754	31994.635	18062.811
Volume Flow cum/sec	0.019	1.333	0.006	0.671	0.017
Enthalpy MMBtu/hr	-477.073	-205.779	-92.563	-219.640	-264.748
Mole Flow kmol/hr					
METHANOL	1000.000	1096.811	426.980	995.793	4.207
WATER	1000.000	5.189	2.020	4.844	995.155
Mole Frac					
METHANOL	0.500	0.995	0.995	0.995	0.004
WATER	0.500	0.005	0.005	0.005	0.996

图 3-54 顺流双效精馏计算结果

由图 3-54 可知，顺流双效精馏两塔顶精馏产品甲醇含量 0.995（摩尔分数），收率 99.58%，C2 塔塔釜釜液水含量 0.996（摩尔分数），水的收率 99.52%，均达到分离要求。C1 塔塔釜消耗加热能量 9.4MW，与单塔精馏消耗加热能量 19.3MW 相比，甲醇-水顺流双效精馏比单塔精馏节省加热能量 51.3%，另外还节省了 C1 塔塔顶循环冷却水消耗。

3.4.2 热泵精馏

通过外加功将热量自低温位传至高温位的系统称为热泵系统。热泵以消耗一定量机械功为代价，把低温位热能温度提高到可以被利用的程度。由于所获得的可利用热量远远超过输入系统的能量，因而可以节能。

热泵精馏的出发点是提高精馏过程中一部分能量的品味，用于自身的再沸器加热需要。热泵精馏尤其适用于低沸点物质的精馏，即塔顶汽相需要用冷冻水或其他制冷剂冷凝的系统，通常不用于多组分精馏或相对挥发度较大的系统。

根据热泵所消耗的外界能量不同，热泵精馏分为汽相压缩式热泵精馏和吸收式热泵精馏。根据压缩机工质的不同，蒸汽压缩式热泵精馏又分为塔顶汽相直接压缩式、塔底液体闪蒸式和间接蒸汽压缩式三种类型。蒸汽压缩式热泵精馏流程如图 3-55 所示，吸收式热泵精馏流程如图 3-56 所示。

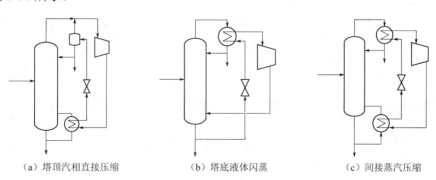

（a）塔顶汽相直接压缩　　　　　（b）塔底液体闪蒸　　　　　（c）间接蒸汽压缩

图 3-55 蒸汽压缩式热泵精馏流程结构简图

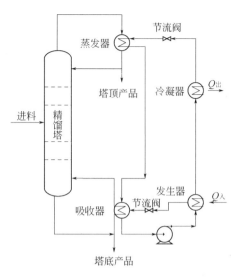

图 3-56　吸收式热泵精馏流程结构简图

塔顶汽相直接压缩式热泵精馏见图 3-55（a），以塔顶汽相为工质，利用压缩机使塔顶汽相的温度提高一个能级，从而能够给塔底物料的汽化提供能量。蒸汽压缩式热泵精馏通常可用于：①塔顶和塔底温差较小的精馏塔；②被分离物质沸点相近的难分离系统；③低压下精馏时塔顶产品需要用冷冻剂冷凝的系统。塔底液体闪蒸式热泵精馏见图 3-55（b），以塔底液体为工质，塔底液体经减压阀减压闪蒸降温后，与塔顶汽相换热，使之冷凝，同时使自身汽化，然后经压缩机压缩到与塔底温度、压力相同的状态后送入塔底作为塔釜加热热源，塔顶汽相冷凝后作为回流。间接蒸汽压缩式热泵精馏见图 3-55（c），利用单独封闭循环的工质（冷剂）工作，塔顶汽相的能量传给工质，工质在塔底将能量释放出来，用于加热塔底物料。该形式主要适用于精馏介质具有腐蚀性、对温度敏感的情况。

吸收式热泵精馏流程见图 3-56，由吸收器、发生器、冷凝器和蒸发器等设备组成，常用溴化锂水溶液或氯化钙水溶液为工质。当塔顶塔底温差较大时，使用吸收式热泵具有明显的优势。若以溴化锂水溶液为工质，由发生器送来的浓溴化锂溶液在吸收器中遇到从蒸发器送来的水蒸气，发生强烈的吸收作用，溶液升温且放出热量，该热量即可作为精馏塔塔釜再沸器的热源，实际上吸收式热泵的吸收器即为精馏塔的再沸器。浓溴化锂溶液吸收了水蒸气之后浓度变稀，即泵送发生器增浓。发生器增浓所耗用的热能 Q_λ 是吸收式热泵的原动力。从发生器中蒸发出来的水蒸气在冷凝器中冷却、冷凝成液态水，经节流阀送入蒸发器汽化，汽化热取自塔顶馏出物，使塔顶馏出物被冷凝，重新蒸发的水汽进入吸收器进行下一循环。由此可见，吸收式热泵系统的蒸发器也是精馏塔的冷凝器。吸收式热泵的优点是可以利用温度不高的热源作为动力，如工厂废汽、废热。除功率不大的溶液泵外没有转动部件，设备维修方便，耗电量小，无噪声。缺点是热效率低，需要较高的投资，使用寿命不长。因此只有在产热量很大、对温度提升要求不高，并且可用废热直接驱动的情况下，吸收式热泵的工业应用才具有较大的吸引力。

一般地，塔底液体闪蒸式结构在塔压较高时有利，塔顶汽相直接压缩式在塔压较低时有利，二者都比间接式热泵精馏少一个换热器。而吸收式热泵精馏适用于塔顶和塔底温差较大的系统。不同类型的热泵精馏，对于不同的分离物系和热源特点，各有优缺点，实际应用中应根据具体情况选择合适的结构，并对其进行改进，以满足其应用要求。

例3-6 丙烯-丙烷热泵精馏。

压力为 7.70bar 的一股饱和液体丙烯-丙烷混合物含丙烯 0.6（摩尔分数），流率 250kmol/h，精馏塔塔顶压力 6.9bar，塔底压力 7.75bar。用塔底液体闪蒸式热泵精馏分离成为 0.99（摩尔分数）的丙烯和 0.99（摩尔分数）的丙烷，丙烯收率不低于 0.99。求：（1）单塔精馏时的理论塔板数、进料位置、回流比、塔釜热负荷；（2）画出塔底液体闪蒸式热泵精馏计算流程图；（3）热泵精馏计算模块参数设置方式；（4）与单塔精馏相比塔底液体闪蒸式热泵精馏能量节省多少。

解 （1）单塔精馏

① 全局性参数设置　计算类型"Flowsheet"，输入丙烷、丙烯。因为是烃类组分，加压操作，选择"PENG-ROB"性质方法。

② "DSTWU"模块计算　首先用"DSTWU"模块简捷计算，以确定严格计算精馏塔的初步参数。设定操作回流比是最小回流比的 1.6 倍，丙烯在塔顶的回收率 0.995（摩尔分数），丙烷在塔顶的回收率 0.01，塔顶压力 690kPa，塔釜 775kPa。简捷计算结果表明，完成题目规定的分离任务，需要的回流比是 15，理论塔板数是 99，进料位置是第 59 塔板，塔顶摩尔馏出比 0.601。

③ 改用"RadFrac"模块计算　把简捷计算结果填入，计算后发现达不到分离要求。使用"Design Specs"功能调整回流比至 15.5、调整塔顶摩尔馏出比至 0.602 后达到分离要求。用"Sensitivity"功能调整进料位置至 64，使精馏加热能耗最小，计算结果见图 3-57，可见塔顶塔底的温差仅 11.2℃，温差很小，可以设置热泵把塔顶汽相压缩升温作为塔底再沸器的热源，也可以采用塔底液体闪蒸式热泵精馏方式，把汽化后的塔底物流压缩加热后返回塔底供热，从而省去冷凝器和再沸器，节省能源。另外，单塔精馏时，塔顶冷凝器热负荷-11.24MW，塔底釜液蒸发比 26.14，塔釜热负荷 11.23MW。

	4	2	3
Temperature C	11.8	5.8	17.0
Pressure bar	7.70	6.90	7.75
Vapor Frac	0.000	0.000	0.000
Mole Flow kmol/hr	250.000	150.250	99.750
Mass Flow kg/hr	10721.748	6325.131	4396.617
Volume Flow cum/hr	20.521	11.734	8.711
Enthalpy MMBtu/hr	-11.122	0.220	-11.395
Mole Flow kmol/hr			
C3H8	100.000	1.247	98.753
C3H6-2	150.000	149.003	0.997
Mole Frac			
C3H8	0.400	0.008	0.990
C3H6-2	0.600	0.992	0.010

图 3-57　"RadFrac"模块计算结果

（2）塔底液体闪蒸式热泵精馏计算流程图　参照图 3-55（b）分离原理画出塔底液体闪蒸式热泵精馏计算流程图，结果见图 3-58。

（3）热泵精馏计算模块参数设置　参照单塔计算结果设置精馏塔参数，无冷凝器无再沸器，塔顶汽相回流送入第 1 塔板，塔釜液相回流送入第 99 塔板，原料送入第 64 塔板。根据单塔计算结果，塔底的蒸发比为 26.14，计算出闪蒸器的汽相分率为 0.9634；单塔计算的塔底温度 17℃，也设置闪蒸器出口温度 17℃。根据单塔计算结果，塔顶的回流比 16.3，计算出分流器产品 D 的分流比为 0.05747。也可根据单塔计算结果设置塔顶分流器产品 D

的流率为 150.51kmol/h，用"Design Specs"功能调整闪蒸器的汽化分率使釜液流率达到 99.49kmol/h，从而达到全流程物料平衡。

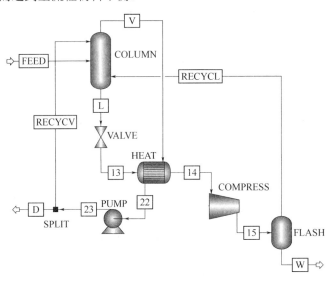

图 3-58 塔底液体闪蒸式热泵精馏计算流程

　　节流阀出口压力参数设置主要考虑换热器能否正常操作，一般设计换热器时，热端温差不能小于 20℃，冷端温差不能小于 5℃。根据单塔计算结果，塔顶汽相物流温度 5.8℃，塔底液相物流温度 17℃，可以尝试设置节流阀出口压力为 2.50bar，节流闪蒸后的温度是 –19.5℃，与 5.8℃的塔顶汽相物流换热，升温到–0.3℃。这样冷端温差 6.1℃，热端温差 25.4℃，比较合适。

　　换热器采用简捷计算方式，热流体出口汽相分率设置为 0。循环泵和压缩机出口压力参数均设置为 7.75bar。

　　将 RECYCV 和 RECYCL 这两股循环流设置为撕裂流，撕裂流的收敛方法选择 "Broyden"，把撕裂流最大迭代次数改为 100。

　　至此，所有模块参数设置均已完成，可以进行运算。但由于同时存在两股循环流，分别是塔顶回流液 RECYCV、塔釜汽相入塔 RECYCL。两股物流同时循环，模拟计算难度较大，难以一次计算收敛，可以采用分步收敛的方法。可先把精馏塔塔顶汽相断开，新建一辅助物流与换热器相连，把单塔计算结果中第二塔板上的汽相数据直接赋予辅助物流参与运算，等精馏塔塔顶汽相结果稳定后再删除辅助物流，把塔顶汽相物流 V 与换热器相连运算。也可以对 RECYCV 或 RECYCL 这两股循环流进行分步收敛。

　　丙烯-丙烷塔底液体闪蒸式热泵精馏流程计算结果见图 3-59，可见产品丙烯、丙烷纯度均达到 0.99（摩尔分数），丙烯收率 0.993，纯度、收率均满足分离要求。

　　（4）与单塔精馏相比塔底液体闪蒸式热泵精馏节省的能量　　塔底液体闪蒸式热泵精馏的能耗由三部分组成：第一是压缩机，假设其压缩效率 100%，电耗为 2.742MW；第二是循环泵，假设效率 100%，电耗为 0.006MW；两部分总电耗是 2.748MW；第三是闪蒸器，冷却能耗为–2.763MW。机械能和电能是比热能价值更高的一种能量形式，根据目前我国火力发电的水平，国家统计局规定我国电力的当量热值是 3.596 MJ/(kW·h)，等价热值是 11.826 MJ/(kW·h)，电热转换系数约为 3.29。因此，图 3-58 流程的总电耗 2.748MW 折算的总加热能耗为 2.748×3.29=9.04MW。已知单塔精馏加热能耗为 11.23MW，与单塔精馏相比,塔底液体闪蒸式热泵精馏加热能耗节省19.5%;单塔精馏冷却能耗为11.24MW,与单塔精馏相比,塔底液体闪蒸式热泵精馏冷却能耗节省75.4%。

	FEED	V	L	D	W
Temperature C	11.8	5.8	17.0	5.9	17.0
Pressure bar	7.70	6.90	7.75	7.75	7.75
Vapor Frac	0.000	1.000	0.000	0.000	0.000
Mole Flow kmol/hr	250.000	2477.178	2588.366	150.510	99.490
Mass Flow kg/hr	10721.748	104291.126	114073.718	6336.589	4385.152
Volume Flow cum/hr	20.521	7217.594	225.972	11.759	8.688
Enthalpy MMBtu/hr	-11.122	39.750	-294.967	0.192	-11.364
Mole Flow kmol/hr					
C3H8	100.000	24.757	2556.516	1.504	98.491
C3H6	150.000	2452.420	31.850	149.006	0.999
Mole Frac					
C3H8	0.400	0.010	0.988	0.010	0.990
C3H6	0.600	0.990	0.012	0.990	0.010

图 3-59　塔底液体闪蒸式热泵精馏流程计算结果

3.4.3　热耦精馏

热耦精馏是通过汽、液相的互逆流动接触而直接进行物料输送和能量传递的流程结构,即从某一个塔内引出一股液相物流直接作为另一塔的塔顶回流,或引出汽相物流直接作为另一塔的塔底汽相回流,从而实现直接热耦合。热耦精馏流程通常用于三组分物系分离(假设三组分不形成共沸物,相对挥发度顺序为 $\alpha_A > \alpha_B > \alpha_C$),其中最有代表性的是 Petlyuk 热耦精馏流程,如图 3-60(a)所示。Petlyuk 热耦精馏流程由一个主塔和一个副塔组成,副塔起预分馏作用。由于组分 A 与组分 C 的相对挥发度大,在副塔内可实现完全的分离,中间组分 B 在副塔的塔顶与塔底物流中均存在。副塔无冷凝器和再沸器,两塔用流向互逆的四股汽液物流连接。主塔的上段是共用精馏段,主塔的下段是共用提馏段,主塔的中段是 B 组分的提纯段。在主塔的塔顶与塔底分别得到纯组分 A 与 C,组分 B 可以按任意纯度要求从主塔中段的某块塔板侧线采出。

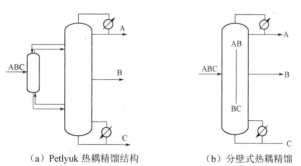

（a）Petlyuk 热耦精馏结构　　　（b）分壁式热耦精馏

图 3-60　热耦精馏结构

分壁式热耦精馏塔是对应 Petlyuk 热耦精馏结构的改进,如图 3-60(b)所示。工业上采用的分壁式塔结构是将 Petlyuk 结构中的两个塔放在一个塔壳内,用一个隔板分开。图 3-60(a)与图 3-60(b)的精馏结构在热力学上是等价的,由于塔内返混程度减少,分离过程的热力学效率提高从而节能。

除了图 3-60 的 Petlyuk 塔结构外,还有其他若干热耦精馏结构,如图 3-61 所示。在图 3-61(a)流程中,进料入副塔,副塔将进料中的组分 A 与其他两个组分分离,在主塔中再将组分 B、C 分离。图 3-61（b）流程是与图 3-61（a）流程的对应方案，副塔底分出 C，主塔中分出 A、B。图 3-61（c）流程中，进料入主塔，从主塔提馏段抽出 B、C 混合物入副塔，副塔顶分出 B，主塔中分出 A、C。图 3-61（d）流程是图 3-61（c）流程的对应方案，副塔底分出 B，主塔中分出 A、C。

热耦精馏在热力学上是一种较为理想的结构，既可以节省设备投资，又节省能耗。一般地，热耦精馏比两个常规塔精馏结构可节省约 25%～30%的能耗。

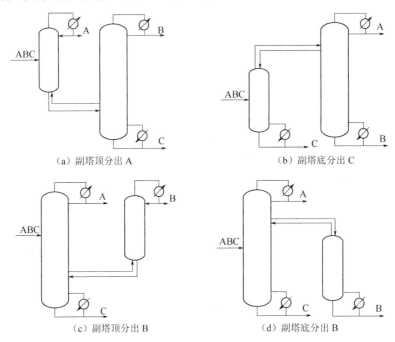

（a）副塔顶分出 A   （b）副塔底分出 C

（c）副塔顶分出 B   （d）副塔底分出 B

图 3-61　多种热耦精馏结构方案

例 3-7　乙醇-正丙醇-正丁醇热耦精馏。

用精馏塔分离乙醇-正丙醇-正丁醇的液体混合物，饱和液体进料，进料流率 100kmol/h；摩尔比为乙醇：正丙醇：正丁醇=1∶3∶1；常压操作。试用双塔和分壁塔精馏两种方法把混合物分离成为 3 个醇产品，要求 3 个醇产品摩尔分数均不低于 0.97，试比较能耗大小。

解　（1）双塔精馏　用 WILSON 方程计算相平衡性质。用 "DSTWU" 模块计算 C1 塔，得到完成分离任务需要的理论级数、进料位置、回流比等，计算结果输入 "RadFrac" 模块 C2 塔，对 C2 塔进行优化处理，使塔顶乙醇摩尔分数达到 0.97；把 C2 塔的釜液引入 "DSTWU" 模块 C3 塔，把 C3 塔计算结果输入 "RadFrac" 模块 C4 塔，对 C4 塔进行优化处理，使塔顶丙醇、塔底丁醇摩尔分数达到 0.97，计算流程如图 3-62 所示，计算结果见例 3-7 附表和图 3-63，可见双塔精馏完成分离任务需要的总能耗是 3005.4kW。

例 3-7 附表　双塔精馏计算结果参数

塔号	N	N_F	回流比	蒸发比	馏出液/(kmol/h)	冷凝器/kW	再沸器/kW
C2	27	15	5.68	1.49	20	−1438.0	1390.5
C4	26	14	1.39	6.72	60	−1604.9	1614.9

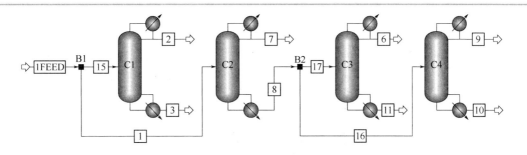

图 3-62 双塔精馏计算流程

	1FEED	7	9	10
Mole Flow kmol/hr				
ETHANOL	20.00000	19.40004	.5999539	7.52246E-6
C3H8O-1	60.00000	.5999464	58.80005	.5999987
C4H10O-1	20.00000	1.50845E-5	.5999912	19.39999
Mole Frac				
ETHANOL	.2000000	.9700019	9.99923E-3	3.76123E-7
C3H8O-1	.6000000	.0299973	.9800009	.0299999
C4H10O-1	.2000000	7.54223E-7	9.99985E-3	.9699997
Total Flow kmol/hr	100.0000	20.00000	60.00000	20.00000

图 3-63 双塔精馏计算结果

（2）分壁塔精馏

① 全局性参数设置　计算类型"Flowsheet"，输入乙醇、丙醇、丁醇。因为是均相溶液，可以选择"WILSON"性质方法。

② 画流程图　从"MultiFrac"模块库中选择"PETLYUK"模块，连接进出口物流，见图 3-64。

③ 设置主塔计算参数　常压操作，不计塔压降，设主塔理论级 35，在"Configuration"页面的参数填写见图 3-65。其中塔釜热负荷数值可由三股产品的纯度要求通过"Sensitivity"功能确定。在"Estimates"页面，填写估计的塔顶温度 78℃，塔釜 118℃。

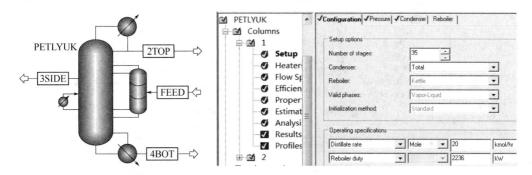

图 3-64　分壁塔流程　　　　　　　　图 3-65　主塔计算参数

④ 设置副塔计算参数　在"PETLYUK|Columns"目录下添加副塔 2，常压操作，不计塔压降。设副塔理论级 16，在"Configuration"页面的参数填写如图 3-66 所示。在"Estimates"页面，填写估计的塔顶温度 93℃，塔釜 100℃。

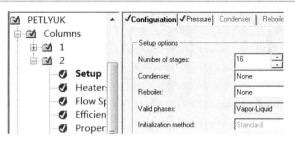

图 3-66　副塔计算参数

⑤ 设置进出口物流的位置　原料进入副塔的第 8 块塔板，从主塔的塔顶、侧线、塔底分别引出 3 股产品物流，出口物流的相态、流率与位置如图 3-67 所示。在其他参数不变的条件下，进料位置、侧线出料位置可由"Sensitivity"功能确定。

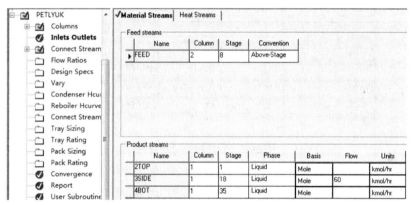

图 3-67　Petlyuk 塔进出口物流位置

⑥ 设置两塔之间连接物流信息　从主塔到副塔塔顶的液相物流可取公共段液相下降流率的 1/3，大约 60kmol/h，如图 3-68 所示。从主塔塔底到副塔的汽相物流可取公共段汽相上升流率的 1/2，大约 100kmol/h，如图 3-69 所示。从副塔塔顶到主塔的汽相物流、从

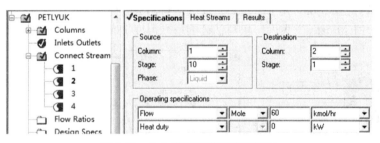

图 3-68　从主塔到副塔的液相物流

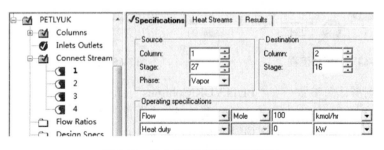

图 3-69　从主塔到副塔的汽相物流

副塔塔底到主塔的液相物流不填具体数值，由软件通过物料衡算与相平衡计算获得，这两股物流的设置方式如图 3-70、图 3-71 所示。

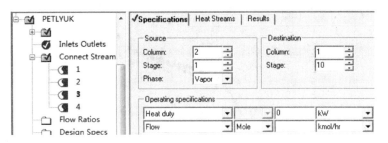

图 3-70　从副塔到主塔的汽相物流

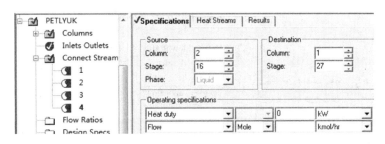

图 3-71　从副塔到主塔的液相物流

⑦　模拟计算　运行结果见图 3-72 和图 3-73。由图 3-72 可见，三个醇产品摩尔分数均大于 0.97，达到分离要求。由图 3-73 可见，Petlyuk 塔塔釜能耗 2236kW，比双塔精馏节能 25.6%。

	FEED	2TOP	3SIDE	4BOT
Mole Flow kmol/hr				
ETHANOL	20.00000	19.50203	.4979452	2.18629E-5
C3H8O-1	60.00000	.4979668	58.92920	.5727255
C4H10O-1	20.00000	1.31356E-6	.5728574	19.42725
Mole Frac				
ETHANOL	.2000000	.9751016	8.29909E-3	1.09314E-6
C3H8O-1	.6000000	.0248983	.9821533	.0286362
C4H10O-1	.2000000	6.56778E-8	9.54762E-3	.9713626
Total Flow kmol/hr	100.0000	20.00000	60.00000	20.00000

图 3-72　Petlyuk 塔进出物流

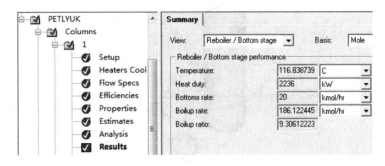

图 3-73　Petlyuk 塔计算结果

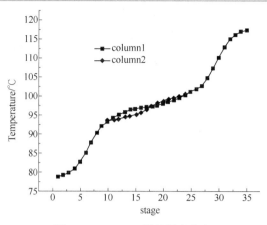

图 3-74 Petlyuk 塔的温度分布

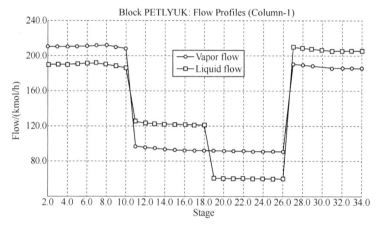

图 3-75 主塔的流率分布

Petlyuk 塔温度分布见图 3-74，主塔的流率分布见图 3-75。由图 3-74 可见，主塔上段与下段的温度分布变化剧烈，说明精馏段与提馏段的分离作用明显，可以获得高纯度产品；主塔中段温度变化平缓，说明正在进行多组分的分离，物流组成的变化也比较平缓。副塔与主塔的温度分布线非常接近但不重合，说明副塔与主塔中段的物流组成分布比较近似。由于副塔与主塔的温度分布接近，副塔与主塔耦合在一个塔内操作不会因为温度差异而相互影响。由图 3-75 可见，对于本题的三组分分离体系，两相流率在主塔的部分区域可看作恒摩尔流。

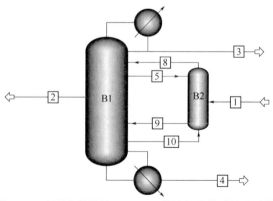

图 3-76 由两个普通的 RadFrac 模块组合构成的分壁塔

需要说明，图 3-64 的"PETLYUK"模块可以用两个普通的"RadFrac"模块组合构成，如图 3-76 所示，其中 B2 塔不设置冷凝器与再沸器。图 3-76 与图 3-64 精馏结构两者在热力学上等价，但图 3-76 流程计算收敛的难度小一些。

3.4.4 中段换热精馏

一般而言，精馏过程是从再沸器加入热量 Q_R（温度为 T_R），从冷凝器移出热量 Q_c（温度为 T_c）。若环境温度为 T_0，精馏过程的净功消耗可以用式（3-2）计算。在普通精馏塔内，塔顶温度最低，塔釜温度最高，温度自塔顶向塔底逐渐升高。如果塔底和塔顶的温度相差较大，在塔中部设置中间冷凝器（图 3-77），可以采用较高温度的冷却剂，则带中间冷凝器精馏过程的净功消耗可以用式（3-3）计算。式中 T_{c2} 为中间冷凝温度，Q_{c2} 为中间冷凝器热负荷。设置中间冷凝器以后，塔顶冷凝器热负荷相应减少，由于 $T_{c2} > T_c$，对比式（3-2）与式（3-3）可以看出，这将降低分离过程的净功消耗。由于利用较廉价的冷源，可节省冷公用工程费用。

$$-W = T_0(Q_c / T_c - Q_R / T_R) \tag{3-2}$$

$$-W = T_0(Q_c / T_c + Q_{c2} / T_{c2} - Q_R / T_R) \tag{3-3}$$

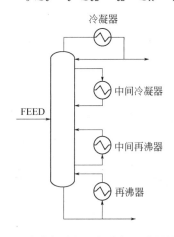

图 3-77　含中间冷凝器与中间再沸器的精馏

如果在塔的中部设置中间再沸器（图 3-77），可以代替一部分原来从塔釜加入的热量。由于中间再沸器所处的温度比塔釜的温度低，所以在中间再沸器中可以用比塔釜加热剂温度低的热源来加热，带中间再沸器精馏过程的净功消耗量可以用式（3-4）计算。

$$-W = T_0(Q_c / T_c - Q_R / T_R - Q_{R2} / T_{R2}) \tag{3-4}$$

式中，T_{R2} 为中间再沸温度；Q_{R2} 为中间再沸器热负荷。

设置中间再沸器以后，塔釜再沸器热负荷相应减少，由于 $T_{R2} < T_R$，对比式（3-2）与式（3-4）可以看出，这也将降低分离过程的净功消耗，提高精馏过程的热力学效率，同时可以节省热公用工程费用。

另外，对于二元精馏塔，中间冷凝器和中间再沸器的使用，会使塔顶冷凝器和塔底再沸器热负荷降低，这将产生三个不同效应：一是精馏段回流比和提馏段蒸发比减少，使操作线向平衡线靠拢，虽然提高了塔内分离过程的可逆程度，但完成一定分离任务需要的理论塔板数要相应增加；二是在中间再沸器和中间冷凝器下面的塔段，因为热负荷减小，可以减少板间距离或塔径，降低塔设备成本；三是中间再沸器和中间冷凝器往往设置在传热推动力比较大的位置，可使换热器的总换热面积减少。

用"RadFrac"模块模拟精馏塔时，有多种方法可以实现中段换热：①添加换热器模块，用塔板上物流连接精馏塔与换热器，实现中段换热；②利用"RadFrac"模块中的"Heaters Coolers"功能，对特定塔板进行加热或冷却；③利用"RadFrac"模块中的"Pumparounds"功能，在规定中段回流时进行中间换热器的设置。

例 3-8 氯乙烯精馏塔中间再沸器设置（总能耗不变，降低蒸汽消耗总量，降低蒸汽成本）。

在例 2-16 二氯乙烷裂解制氯乙烯流程中，氯乙烯精馏塔共 12 块理论板，进料板在第 7 块，进料板温度 105℃，塔釜温度 166.2℃，塔釜热负荷 15.6MW。由于塔釜温度高，再沸器加热蒸汽温度一般应该比釜温高出 20℃，因此需要用中压蒸汽给塔釜加热。因中压蒸汽价格高，再沸器加热蒸汽的运行成本较高。为减少氯乙烯精馏塔的运行成本，可考虑用设置中间再沸器的方法，使用部分低压蒸汽代替中压蒸汽。假设两种蒸汽参数：①低压蒸汽，0.8MPa，170.4℃，180 元/t，汽化热 2052.7kJ/kg；②中压蒸汽，4.0MPa，250.3℃，300 元/t，汽化热 1706.8kJ/kg。试比较设置中间再沸器前后运行成本的大小。

解 （1）原题分析　例 2-16 氯乙烯精馏塔的温度分布与塔径分布如图 3-78 所示。

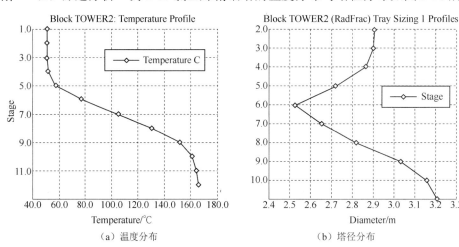

（a）温度分布　　　　　　　　　　　（b）塔径分布

图 3-78　氯乙烯精馏塔参数分布

由图 3-78（a）可见，在第 5～9 塔板区间温度上升较快，可以在提馏段的第 8 板（131.2℃）、第 9 板（151.6℃）上设置中间再沸器，使用低压蒸汽（170.4℃）作为加热热源。因为例 2-16 氯乙烯精馏塔只在塔釜再沸器加热，汽相流率较大，由图 3-78（b）可见，最大塔径（3.2m）在塔釜（Koch Flexitray 浮阀塔板，双流型，板间距 0.6m）。

（2）使用"RadFrac"模块+"Heater"模块求解　在例 2-16 计算完成的基础上进行。

① 绘制模拟流程　如图 3-79 所示，在提馏段的第 8 板、第 9 板上各设置一个中间再沸器（B6、B7），采用简单的"Heater"模块。"B6"模块从第 8 板上抽取 500kmol/h 液相，加热蒸发汽化 90%后重入第 8 板；"B7"模块从第 9 板上抽取 700kmol/h 液相，加热蒸发汽化 90%后重入第 9 板。"B6"模块的参数设置如图 3-80 所示，"B7"模块的参数设置相同。

② 塔参数修改　添加中间再沸器后，需要对氯乙烯精馏塔进行参数修改。为了在能耗相同的条件下保持相同的分离效率，需要在提馏段增加 4 块塔板，进出料位置不变，侧线进出料参数设置相应修改如图 3-81 所示。

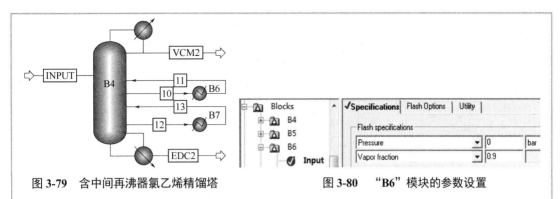

图 3-79　含中间再沸器氯乙烯精馏塔　　　　　图 3-80　"B6" 模块的参数设置

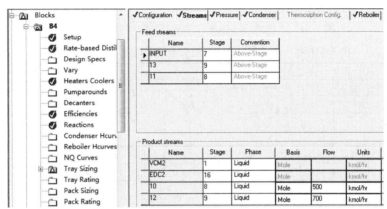

图 3-81　含中间再沸器氯乙烯精馏塔参数设置

③ 模拟计算　运行结果见图 3-82～图 3-84。由图 3-82 可见，含中间再沸器氯乙烯精馏塔的塔顶与塔底产品物流与例 2-16 计算结果基本相同；塔顶冷凝器热负荷−19.95MW，与例 2-16 计算结果相同；由图 3-83 可见，含中间再沸器氯乙烯精馏塔塔釜热负荷 6.46MW；由图 3-84 可见，两个中间再沸器的热负荷为 3.81+5.29=9.1MW，合计为 15.56MW，与例 2-16 计算结果 15.59MW 相当。

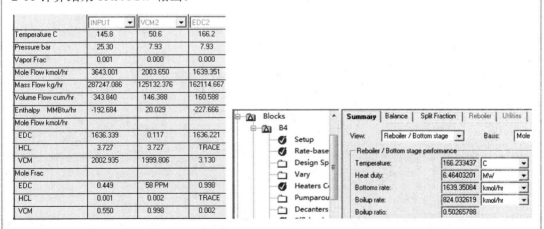

图 3-82　含中间再沸器氯乙烯精馏塔物流组成　图 3-83　含中间再沸器氯乙烯精馏塔塔釜再沸器热负荷

设置中间再沸器前后蒸汽消耗量与蒸汽成本的大小比较见例 3-8 附表。由例 3-8 附表可见，普通氯乙烯精馏塔的蒸汽消耗是 32.9t/h，蒸汽成本 9870 元/h；设置中间再沸器后，因为低压蒸汽汽化热大于中压蒸汽，故蒸汽消耗总量是 29.6t/h，蒸汽成本 6960 元/h。蒸汽消耗量降低 10.0%，蒸汽成本降低 29.5%。但必须注意到设置中间再沸器后，设备的投资成本将有所增加。

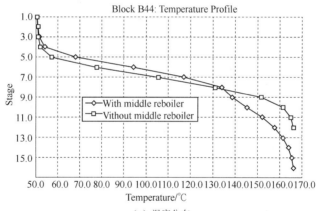

（a）第 8 板中间再沸器　　　　　　　（b）第 9 板中间再沸器

图 3-84　含中间再沸器氯乙烯精馏塔中间再沸器热负荷

例 3-8 附表　设置中间再沸器前后蒸汽消耗量与蒸汽成本比较

项　　目	普通氯乙烯精馏塔				含中间再沸器氯乙烯精馏塔			
	热负荷/MW	蒸汽用量/(t/h)	蒸汽价格/(元/t)	蒸汽成本/(元/h)	热负荷/MW	蒸汽用量/(t/h)	蒸汽价格/(元/t)	蒸汽成本/(元/h)
中间再沸器 1					3.81	6.7	180	1206
中间再沸器 2					5.29	9.3	180	1674
塔底再沸器	15.59	32.9	300	9870	6.46	13.6	300	4080
合计	15.59	32.9		9870	15.56	29.6		6960

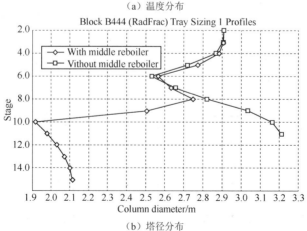

（a）温度分布

（b）塔径分布

图 3-85　设置中间再沸器前后的氯乙烯精馏塔参数分布比较

设置中间再沸器前后的氯乙烯精馏塔温度分布和塔径分布比较见图 3-85。与图 3-78 比较，设置中间再沸器的氯乙烯精馏塔温度分布曲线在精馏段有整体上行趋势，提馏段则整体下行，见图 3-85（a），这与再沸器供热量减少、热量供应位置由塔釜上移有关。另一方面，由于塔釜的蒸发比降低，塔釜处塔径也相应减小，其最大塔径位置与中间再沸器的设置位置和热负荷相关。由图 3-85（b）可知，设置中间再沸器以后，氯乙烯精馏塔的最大塔径上移到塔顶位置，为 2.9m（Koch Flexitray 浮阀塔板，双流型，板间距 0.6m），小于图 3-78 普通氯乙烯精馏塔的 3.2m。虽然设置中间再沸器以后增加了 4 块塔板，但直径减小将降低塔设备的投资成本。

（3）用"Pumparounds"功能求解 在例 2-16 计算完成的基础上进行。

"RadFrac"模块中的"Pumparounds"功能可以处理从任意级到同一级或其他任意级的中段回流，可以进行中间再沸器的设置。在第 8 板、第 9 板中间再沸器的参数设置如图 3-86 和图 3-87 所示，与用"RadFrac"模块＋"Heater"模块求解结果完全相同。

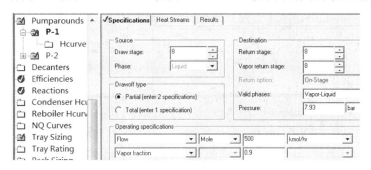

图 3-86　第 8 板中间再沸器的参数设置

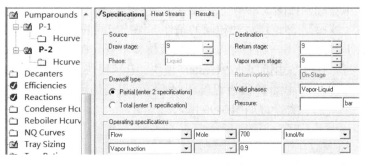

图 3-87　第 9 板中间再沸器的参数设置

例 3-9　脱氯化氢精馏塔中间冷凝器设置（总理论级数不变，能耗略有增加，降低冷却介质品位，降低冷却成本）。

在例 2-16 二氯乙烷裂解制氯乙烯流程中，脱氯化氢精馏塔共 17 块理论板，进料板在第 8 块，进料板温度 42.6℃，塔顶温度－1.6℃，塔顶热负荷－13.9MW。由于塔顶温度低，冷凝器冷却介质温度一般应该比塔顶温度低 5℃，因此需要用冷冻盐水给塔顶汽相冷凝冷却。因冷冻盐水价格高，冷凝器冷却介质的运行成本较高。为减少脱氯化氢精馏塔的运行成本，可考虑设置中间冷凝器。精馏塔中段温度较塔顶高，可以使用冷冻淡水作为冷却介质，以减少塔顶冷凝器热负荷，减少冷冻盐水消耗。

假设两种冷却介质参数：①冷冻淡水，0.4MPa，5～15℃，10 元/t，热容 4.2kJ/(kg·℃)；②冷冻盐水，0.4MPa，－15～－5℃，20 元/t，热容 3.2kJ/(kg·℃)。试比较设置中间冷凝器

前后运行成本的大小。

解 （1）原题分析　例2-16流程中脱氯化氢精馏塔的温度分布与塔径分布如图3-88所示。由图3-88（a）可见，进料板为第8块，温度较高；在第7板往上，温度下降较快。可以在精馏段的第7~8板上设置中间冷凝器，使用冷冻淡水作为冷却介质。因为例2-16脱氯化氢精馏塔只在塔釜再沸器加热，汽相流率较大，由图3-88（b）可见，最大塔径（5.2m）在塔釜（Koch Flexitray浮阀塔板，双流型，板间距0.6m），故仅设置中间冷凝器不会影响塔径大小。

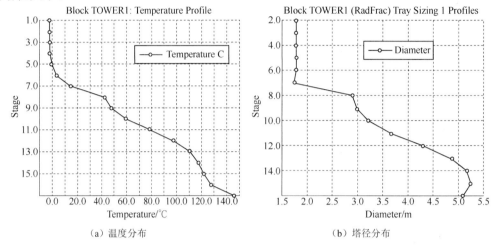

（a）温度分布　　　　　　　　　（b）塔径分布

图3-88　脱氯化氢精馏塔参数分布

（2）使用"RadFrac"模块+"Heater"模块求解　在例2-16计算完成的基础上进行。

① 绘制模拟流程　如图3-89所示，设置中间冷凝器后，精馏段回流比减少，使操作线向平衡线靠拢，为了在理论塔板数相同的条件下保持相同的分离效率，需要增加能耗以完成相同的精馏段分离任务。维持第8块进料板位置不变，在精馏段的第7~8板之间设置一个中间冷凝器（B2），采用简单的"Heater"模块。"B2"模块从第8板上抽取1900kmol/h汽相，冷凝冷却后入第7板，冷凝液温度19.4℃，可以使用冷冻淡水（5~15℃）作为冷却介质，"B2"模块的参数设置如图3-90所示。

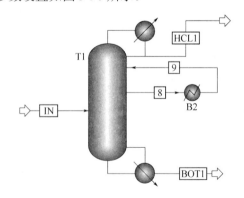

图3-89　设置中间冷凝器

② 修改参数设置　添加中间冷凝器后，对脱氯化氢精馏塔修改参数设置如图3-91所示，侧线进出料参数设置相应修改如图3-92所示。

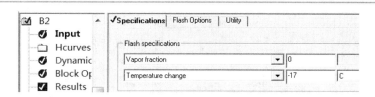

图 3-90　中间冷凝器参数设置

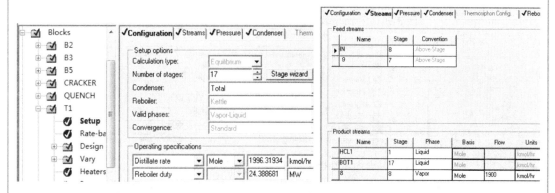

图 3-91　脱氯化氢精馏塔设置参数修改　　　　图 3-92　脱氯化氢精馏塔进出料参数

③ 调整塔釜热负荷　为保证塔顶出料组成不变，需要用"Design Specs"功能，通过调整塔釜热负荷的方法控制塔顶温度，设置方法如见图 3-93 及图 3-94。

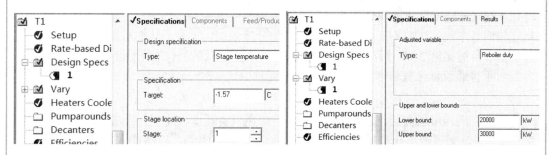

图 3-93　控制塔顶温度不变　　　　　　　图 3-94　调整塔釜热负荷

	IN	HCL1	BOT1
Mole Flow kmol/hr			
EDC	1636.339	1.1606E-11	1636.339
HCL	1999.970	1995.934	4.042988
VCM	2003.011	.3853618	2002.619
Mole Frac			
EDC	.2901660	5.8138E-15	.4491733
HCL	.3546473	.9998070	1.10980E-3
VCM	.3551867	1.93036E-4	.5497169
Total Flow kmol/hr	5639.320	1996.319	3643.001
Total Flow kg/hr	3.60036E+5	72797.11	2.87239E+5
Total Flow cum/hr	356.4223	78.51656	340.0074
Temperature C	48.50000	-1.570001	145.7299
Pressure bar	26.65000	25.30000	25.30000

图 3-95　含中间冷凝器脱氯化氢精馏塔物流组成

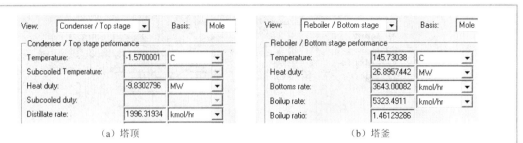

（a）塔顶　　　　　　　　　　　　　　（b）塔釜

图 3-96　含中间冷凝器脱氯化氢精馏塔塔顶塔釜热负荷

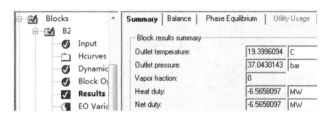

图 3-97　含中间冷凝器脱氯化氢精馏塔中间冷凝器热负荷

④ 模拟计算与结果分析　运行结果见图 3-95～图 3-97。由图 3-95 可知，含中间冷凝器脱氯化氢精馏塔的塔顶、塔底产品物流组成与例 2-16 计算结果基本相同。由图 3-96 可知，含中间冷凝器脱氯化氢精馏塔塔顶热负荷–9.83MW，塔釜热负荷为 26.9MW。由图 3-97 可知，中间冷凝器的热负荷为–6.57MW，故冷凝热负荷合计为–16.4MW。由例 2-16 可知，氯化氢精馏塔的塔顶热负荷–13.9MW，塔釜热负荷为 24.4MW。含中间冷凝器脱氯化氢精馏塔在理论级数不变时，要维持相同的分离效果，需要消耗的塔顶冷凝热负荷、塔釜加热热负荷比例 2-16 计算结果均增加 2.5MW，但能耗的品位有所降低。

对于普通脱氯化氢精馏塔，冷却介质消耗量由式（3-5）计算。

$$w = Q / (C_p \Delta t) \tag{3-5}$$

设置中间冷凝器前后，脱氯化氢精馏塔冷却介质消耗量与冷却介质成本的大小比较见例 3-9 附表，普通脱氯化氢精馏塔的冷冻盐水消耗是 1564t/h，冷冻盐水成本 31280 元/h；设置中间再沸器后，可以使用部分冷冻淡水代替冷冻盐水，因为分离能耗有所增加，冷却介质消耗总量增加到 1669t/h，但冷却介质的品位有所降低，成本降低到 27750 元/h，冷却介质成本降低 11.3%。但必须注意到设置中间冷凝器后，设备的投资成本将会增加。

例 3-9 附表　设置中间冷凝器前后脱氯化氢精馏塔冷却介质消耗量与成本比较

项目	热负荷 /MW	冷却介质 名称	冷却介质 用量/(t/h)	冷却介质 价格/(元/t)	冷却介质 成本/(元/h)
普通脱氯化氢精馏塔					
塔顶冷凝器	13.9	冷冻盐水	1564	20	31280
合计	13.9		1564		31280
含中间冷凝器脱氯化氢精馏塔					
中间冷凝器	6.57	冷冻淡水	563	10	5630
塔顶冷凝器	9.83	冷冻盐水	1106	20	22120
合计	16.4		1669		27750

设置中间冷凝器前后，脱氯化氢精馏塔的温度分布与塔径分布见图 3-98。可见温度分布基本相同，塔径分布也近似，精馏段塔径降低，塔釜最大塔径从 5.2m 增加到 5.5m。

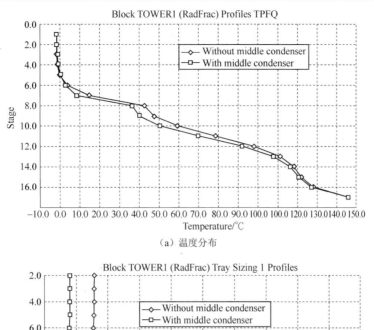

（a）温度分布

（b）塔径分布

图 3-98　含中间冷凝器脱氯化氢精馏塔参数分布

（3）用"Pumparounds"功能求解　在例 2-16 计算完成的基础上进行。"RadFrac"模块中的"Pumparounds"功能可以处理从任意级到同一级或其他任意级的中段回流，可以进行中间冷凝器的设置。在第 7～8 板中间冷凝器的参数设置如图 3-99 所示，计算结果与用"RadFrac"模块+"Heater"模块求解结果完全相同。

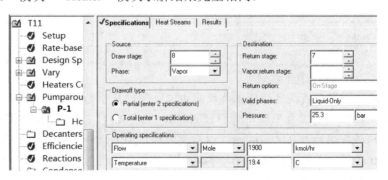

图 3-99　第 7～8 板中间冷凝器的参数设置

习题

3-1 芳烃混合物双塔分离。其中含苯 1272kg/h，甲苯 3179kg/h，邻二甲苯 3383kg/h，正丙苯 321kg/h，温度 50℃，压力 3bar。两塔塔顶压力分别是 1.5bar 与 1.4bar，塔板压降均为 1.0kPa。要求苯塔塔顶馏出物甲苯质量分数不超过 0.0005，釜液中苯质量分数不超过 0.005；要求甲苯塔塔顶馏出物中二甲苯质量分数不超过 0.0005，甲苯质量收率不低于 98%。求：（1）各塔理论板数、进料位置、回流比、再沸器能耗；（2）各塔最优再沸器能耗；（3）两塔综合最优再沸器能耗。

3-2 以苯酚为萃取溶剂分离等摩尔甲苯、甲基环己烷的混合物。

分离体系同第二章习题 2-18。（1）要求把溶剂再生塔的塔釜溶剂返回到萃取精馏塔循环使用之前与原料换热回收一部分热量，计算流程如本题附图，求可以回收的热量为多少（kW）？（2）用 Aspen 的能量分析器软件进行热集成网络分析，寻找更好的节能流程。

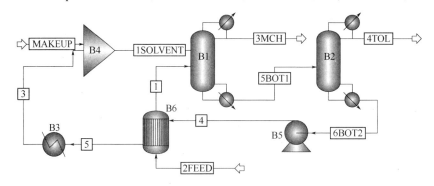

习题 **3-2** 附图　带热交换的萃取精馏流程

3-3 以甲乙酮（MEK）为萃取溶剂分离丙酮与甲醇混合物。

原料温度 145℃，压力 13atm，进料流率 40mol/s，含 0.75（摩尔分数）丙酮和 0.25（摩尔分数）甲醇。溶剂 MEK 温度 145℃，压力 13atm，进料流率 60mol/s。要求分离产物丙酮与产物甲醇纯度均大于 0.95（摩尔分数）。已知主要操作参数见本题附表，原始萃取精馏流程见本题附图。求：（1）原始两塔系统的总加热能耗与冷却能耗；（2）用 Aspen 的能量分析器软件寻找优化节能流程，比较节能大小。

习题 **3-3** 附表　两塔主要操作参数

项目	理论塔板数	进料板	摩尔回流比	操作压力/atm
萃取精馏塔	60	30，50	8	12
溶剂回收塔	40	10	5	1

3-4 三级汽提处理二氯甲烷废水。

用低压蒸汽三罐串联汽提方法降低汽提罐中二氯甲烷废水的浓度，流程如本题附图。已知废水流率 1.0×10^5 kg/h，二氯甲烷质量分数 0.014，温度 40℃，压力 2bar，低压蒸汽饱和压力 2bar。第一级汽提罐操作压力 1.4bar，以后逐级降低 0.1bar。要求净化水中二氯甲烷质量分数不高于 150×10^{-6}，求蒸汽消耗量并与单级汽提与二级汽提结果比较。

3-5 丙烷-异丁烷精馏分离过程的最大经济效益。

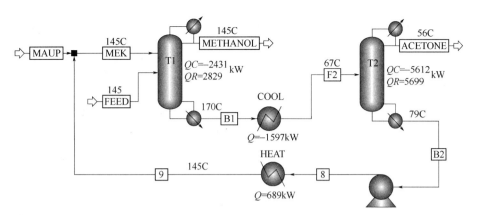

习题 3-3 附图　原始萃取精馏流程

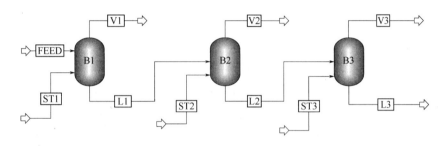

习题 3-4 附图　三级汽提处理二氯甲烷废水流程

原料含丙烷 0.4（摩尔分数），流率 1kmol/s，20atm，322 K。分离为丙烷产品中异丁烷<0.02（摩尔分数），异丁烷产品中丙烷<0.0025（摩尔分数）。已知精馏塔理论塔板数 32，进料板 14，摩尔回流比 3，塔顶操作压力 14atm，塔板压降 0.7kPa。若丙烷产品价格 0.528 美元/kg，原料与异丁烷 0.264 美元/kg，再沸器加热能源价格 4.7×10^{-9} 美元/J。求：（1）产品产量与组成；（2）此分离过程的最大经济效益（美元/s）。

3-6　酸性废水（10t/h）的水蒸气汽提。

流程如本题附图所示。废水中 NH_3，H_2S，CO_2 的质量分数均为 0.001，其余为水。设进料酸性废水温度 25℃，压力 2bar，饱和蒸汽温度 105℃。汽提塔有 10 块理论板，塔顶压力 105kPa。分离要求：（1）净化水中 NH_3 的质量分数 5μg/g；（2）为减少水的蒸发，塔顶温度不要超过 90℃。求蒸汽消耗量。

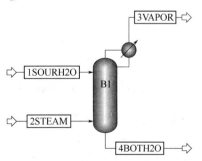

习题 3-6 附图　汽提塔

3-7　正丁醇水溶液精馏分离。

某厂有一股有机废水 20t/d，其中含正丁醇质量分数（下同）为 0.05，其余为水，拟用精馏分离方法回收其中的正丁醇。要求产品正丁醇的纯度大于 0.985，正丁醇质量回收率大于 0.95。试设计节能的双塔分离流程，规定水塔无再沸器，用表压 0.4MPa 的蒸汽直接入塔汽提，求蒸汽消耗量。

3-8 丙烯腈装置废水三效蒸发。

同例题 3-4，采用 3 效蒸发方法浓缩丙烯腈装置废水，废水、蒸汽条件不变，浓缩要求不变，操作压力可参考本题附表，操作流程如本题附图，求单位质量蒸汽可以蒸发的水量。

习题 3-8 附表　3 效蒸发器的操作条件

设备	第一蒸发器	第二蒸发器	第三蒸发器
压强/kPa	146.5	66.6	20

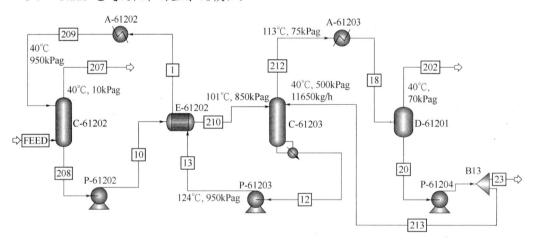

习题 3-8 附图　3 效蒸发流程

3-9 Claus 尾气吸收和再生系统模拟。

习题 3-9 附图　**Claus+SCOT 硫黄回收工艺酸性尾气吸收再生流程**

某 Claus+SCOT 硫黄回收工艺酸性尾气吸收再生系统的流程见本题附图。酸性尾气进入吸收塔（C-61202），其中绝大部分 H_2S 和部分 CO_2 被吸收液吸收，净化后的尾气从吸收塔顶出来去焚烧炉。从吸收塔底部排出的甲基二乙醇胺（MDEA）富溶液经泵（P-61202A/B）加压，送至贫富液换热器（E-61202）与高温贫液溶剂加热后，进入再生塔（C-61203）上部再生，从再生塔底出来的贫溶剂由泵（P-61203A/B）送至贫富液换热器（E-61202）与富溶剂换热冷却后，经空冷器（A-61202）进一步冷却后进入吸收塔循环使用。再生塔（C-61203）顶出来的汽提酸性气经空冷器（A-61203A/B/C）冷却后进入回流罐（D-61201）脱除酸性气夹带的冷凝水，然后返回至 Claus 单元。回流罐（D-61201）底部的回流液经回流泵（P-61204A/B）升压后分出 0.029（摩尔比）出系统进一步处理，其余返回再生塔（C-61203）上部。

已知进入吸收塔酸性气温度 41℃，压力 20kPag，流率 39270kg/h，组成见本题附表。吸收液为质量分数 0.5 的 MDEA 水溶液，进口温度 40℃，压力 950kPag，流率 225000kg/h。吸收塔顶排放气中硫化氢摩尔分数小于 0.00024。再生塔釜用蒸汽加热，求再生塔塔釜热负荷。

习题 3-9 附表　入吸收塔酸性气

组分	H_2S	COS	CS_2	H_2	CO_2	N_2	H_2O
摩尔分数	0.01720	0.00004	0.00001	0.02090	0.11681	0.77676	0.06828

3-10　甲醇-水分离。

采用双效并流精馏流程重新计算例题 3-5，要求：（1）画出模拟计算流程图；（2）求出两塔设置参数；（3）全流程计算结果分析。

3-11　苯与乙醇双效精馏流程。

采用双效精馏流程重新计算例题 2-14，把 B1 塔塔顶冷凝器与 B2 塔塔釜再沸器进行耦合，再添加若干物流换热器，流程见本题附图。（1）原始条件不变，分离要求不变，求可以节能多少；（2）用 Aspen 的能量分析器软件进行热集成网络分析，画出节能流程，进行模拟计算，分析结果。

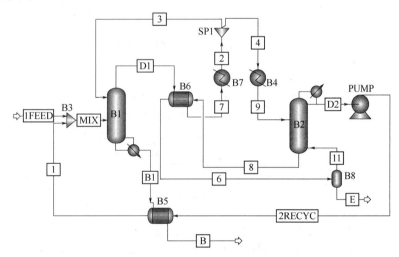

习题 3-11 附图　苯与乙醇双效精馏流程

3-12　烷烃混合物三塔双效精馏流程。

有一股含 17 个组分的 $C_4 \sim C_6$ 的烷烃混合物（混合物的组成见本题附表），拟采用三塔精馏分离为 4 个馏分，分别是 C_6 馏分（其中 C_5 组分的质量分数<0.115）、新戊烷馏分（新戊烷的质量分数>0.90）、异戊烷馏分（异戊烷的质量分数>0.95）、正戊烷馏分（正戊烷的质量分数>0.95）。在第一塔与第三塔之间采用双效精馏分离，模拟流程如本题附图，求双效精馏的节能效果。

习题 3-12 附表　$C_4 \sim C_6$ 的烷烃混合物的组成

组分	流率/(kg/h)	组分	流率/(kg/h)
异丁烷	11.8455	2-甲基戊烷	2953.5
正丁烷	11.8455	3-甲基戊烷	1464.9
2,2-二甲基丙烷	311.93	正己烷	2001.9
异戊烷	16477.1	甲基环戊烷	1058.2
正戊烷	11908.7	环己烯	7.8970
2-甲基丁烯	185.58	苯	78.9700
环戊烷	750.21	2,4-二甲基戊烷	11.8455
2,2-二甲基丁烷	19.7425	2,2,3-三甲基丁烷	3.9485
2,3-二甲基丁烷	1804.5	合计	39062.5

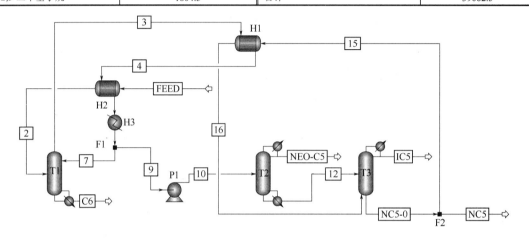

习题 3-12 附图　烷烃混合物分离流程

3-13　丙烯-丙烷塔顶气体压缩式热泵精馏。

压力为 7.70bar 的一股饱和液体丙烯-丙烷混合物含丙烯 0.6(摩尔分数), 流率 250kmol/h, 精馏塔塔顶压力 6.9bar, 塔底压力 7.75bar。用塔顶气体压缩式热泵精馏分离成为 0.99 (摩尔分数) 的丙烯和 0.99 (摩尔分数) 的丙烷, 两组分收率不低于 0.99。塔顶气体压缩式热泵精馏计算流程如本题附图, 求: (1) 热泵精馏计算模块参数设置方式; (2) 与单塔精馏相比, 塔顶气体压缩式热泵精馏节省多少能量。

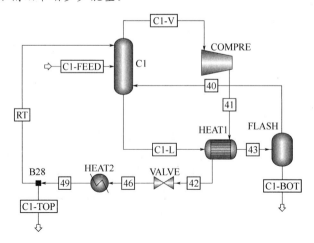

习题 3-13 附图　塔顶气体压缩式热泵精馏计算流程

3-14 从醚后 C_4 烃中提纯 1-丁烯。

可以用萃取精馏或精密精馏的方法提纯，两种方法均需要两座塔。对于精密精馏流程，首先在第一塔（脱异丁烷塔）通过共沸精馏方法将以丁烷及一些轻烃从塔顶脱除，塔底的 C_4 烃进入第二塔（1-丁烯精馏塔）精密分馏，从塔顶得到 1-丁烯产品。由于 1-丁烯精馏塔的塔顶、塔底温差较小，可以设置热泵精馏以节能。若要求 1-丁烯产品纯度大于 0.993（质量分数），质量收率大于 0.95，求分离过程的总能耗。醚后 C_4 烃的组成与流率见本题附表，温度 55.5℃，压力 0.68MPa，模拟流程参考本题附图。

习题 3-14 附表 醚后 C_4 烃的组成

组分	流率/(kg/h)	组分	流率/(kg/h)	组分	流率/(kg/h)
丙烷	2.5	乙炔	6.5	1,3-丁二烯	0.5
环丙烷	11.5	反-2-丁烯	934	甲醇	2.0
丙二烯	2.0	1-丁烯	3245	合计	7070
异丁烷	475	异丁烯	1.0		
正丁烷	1999	顺-2-丁烯	391		

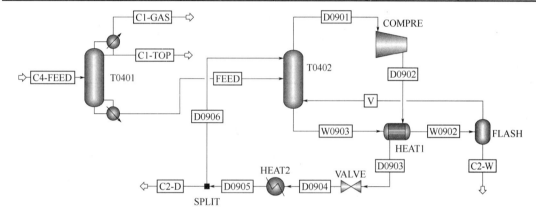

习题 3-14 附图 醚后 C_4 烃精密精馏计算流程

3-15 丙醇-丁醇-水溶液三相精馏。

用 15 块理论板的塔分离一股醇水混合物，流程见本题附图。进料含丙醇 0.22（摩尔分数，下同），丁醇 0.13，水 0.65，流率 100kmol/h，饱和液体进料，常压精馏。单塔分离为丙醇、丁醇、水三股物流，要求丙醇不小于 0.36（摩尔分数），丁醇、水不小于 0.95（摩尔分数）。基于相图分析，求精馏塔操作参数与能耗大小。

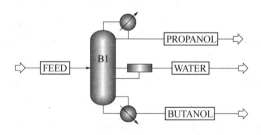

习题 3-15 附图 精馏流程

3-16 用两级汽提塔对废水脱 H_2S、脱 NH_3。

废水温度 40℃，压力 6bar，流率 60000kg/h，含 NH_3（质量分数，下同）0.0013，CO_2 0.0014，

H$_2$S 0.0018。要求净化水中 H$_2$S≤2μg/g，NH$_3$≤60μg/g，水的回收率 0.995。求：（1）两塔理论塔板数、进料位置；（2）两塔能耗。

3-17　分壁塔精馏提纯 MTBE。

甲基叔丁基醚（methyl tert-butyl ether，MTBE）是一种无色透明、黏度低的可挥发性液体，作为化学性质稳定的汽油调和组分可以增加汽油辛烷值，改善汽车行车性能，降低尾气中CO的含量。现在 MTBE 的主要生产方法是以脱除 1,3-丁二烯后的混合 C$_4$ 烃为原料，混合 C$_4$ 烃中的异丁烯与甲醇反应醚化生成 MTBE。采用固定床反应器加反应精馏塔的工艺流程，使异丁烯的转化率达到 99.5%以上。

已知某反应精馏塔塔釜 MTBE 粗品的组成与流率如本题附表所示，若要求用单塔精馏把 MTBE 提纯到质量分数 0.999 以上，收率 0.99 以上，求能耗大小。

提示：用分壁塔精馏分离，模拟流程如本题附图。

习题 3-17 附表　MTBE 粗品的组成

组分	流率/(kg/h)	组分	流率/(kg/h)
正丁烷	1.3524	1,3-丁二烯	0.0003
反-2-丁烯	7.4815	MTBE	8314.5
1-丁烯	4.9501	2,4,4-三甲基-1-戊烯	81.348
异丁烯	0.0510	合计	8455.64
顺-2-丁烯	45.994		

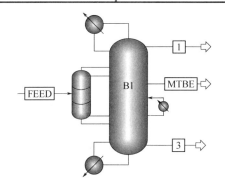

习题 3-17 附图　分壁塔精馏提纯 MTBE

3-18　采用中间再沸器的苯酚溶剂再生塔模拟计算。

以苯酚为萃取溶剂的溶剂再生塔，塔釜温度 188.0℃，热负荷 1.34MW，需要高品位蒸汽加热。若采用中间再沸器，可使用低品位蒸汽，节省部分高品位蒸汽。已知蒸汽的规格为：

① 低压蒸汽，0.23MPa，125℃，120 元/t，汽化热 2191.8kJ/kg；

② 中压蒸汽，0.8MPa，170.4℃，180 元/t，汽化热 2052.7kJ/kg；

③ 高压蒸汽，4.0MPa，250.3℃，300 元/t，汽化热 1706.8kJ/kg。

若采用中间再沸器以后，溶剂再生塔塔板数不变，分离要求不变，求：（1）中间再沸器的设置数量与位置；（2）溶剂再生塔的能耗与能耗成本比较。

3-19　含中间冷凝器与中间再沸器的乙烯精馏塔模拟计算。

原料温度−16.5℃，压力 25.11bar，组成见本题附表。乙烯精馏塔总理论级 120，进料级 95，塔顶压力 18.96bar，塔釜压力 20.72bar，采用 "RK-Soave" 性质方法；分凝器热负荷 −0.14MW，汽相出料流率 13.5kmol/h；第 2 级设置中间冷凝器，热负荷−28.2MW；第 95 级设置中间再沸器，抽出 2850kmol/h，加热至汽化分率 0.9，返回第 96 级。乙烯从侧线第 10

级上液相抽出，要求乙烯回收率>0.99，乙烯含量>0.999（摩尔分数）。求：乙烯精馏塔冷、热公用工程消耗。

习题 3-19 附表　乙烯精馏塔的原料组成

组分	甲烷	乙烯	乙烷	丙烯	合计
流率/(kmol/h)	0.4	2557.3	597.5	0.6	3155.8

参考文献

[1] AspenTech. Aspen Energy Analyzer Reference Guide[Z]. Cambridge: Aspen Technology Inc, 2009.

[2] 李泽龙，李悦原. Aspen Energy Analyzer 软件在凝析油蒸馏装置改造的应用[J]. 石油化工设计, 2016, 33(4): 38-41+7.

[3] 范会芳，包宗宏. 双效精馏结构的运行成本核算与比较[J]. 计算机与应用化学, 2009，26 (3): 315-318.

[4] Yildirim O, Kiss A A, Kenig E Y. Dividing wall columns in chemical process industry: A review on current activities[J]. Separation and Purification Technology, 2011, 80: 403-417.

[5] 汪丹峰，梁珊珊，季伟等. 分壁式精馏塔分离醇类三元物系的模拟研究[J]. 上海化工，2010, 35(10): 18-23.

[6] Díez E, Langston, Ovejero G, et al. Economic feasibility of heat pumps in distillation to reduce energy use[J]. Applied Thermal Engineering, 2009, 29(5-6): 1216-1223.

[7] 张静，包宗宏，顾学红等. 甲基异丁基酮分离过程中精馏-渗透汽化集成工艺的研究[J]. 现代化工，2012(5): 106-110.

[8] 吴鹏，包宗宏. 异戊二烯两段式萃取精馏分离工艺的改进[J]. 化学工程, 2013, 41(12): 65-69.

[9] 丁良辉，陈俊明，李乾军等. 基于中间再沸器的氯化苄热泵精馏工艺模拟[J]. 化学工程, 2016, 44(1): 23-27.

第4章
设备工艺计算

化工过程设计、物料衡算、能量衡算完成之后，化工设计的另一重要工作是进行设备的工艺计算、选型与核算，为车间布置设计、施工图设计及非工艺设计项目提供依据。

设备的工艺计算、选型与核算知识与方法在多门化工专业基础课程中都有介绍，这些基础知识将有助于人们更好地使用 Aspen 系列软件进行化工设备的工艺计算。

4.1 塔设备

塔器是气 (汽)-液、液-液间进行传热、传质分离的主要设备，在化工、制药和轻工业中，应用十分广泛，甚至成为化工装置的一种标志。在气体吸收、液体精馏（蒸馏）、萃取、吸附、增湿、离子交换等过程中更离不开塔器，对于某些工艺来说，塔器甚至就是关键设备。随着时代的发展，出现了各种各样型式的塔，而且还不断有新的塔型出现。虽然塔型众多，但根据塔内部结构，通常分为板式塔和填料塔两大类。

Aspen Plus 软件中的塔板设计（Tray Sizing）功能，计算给定板间距下的塔径，共有五种塔板供选用：泡罩塔板（Bubble Cap）；筛板（Sieve）；浮阀塔板（Glistch Ballast）；弹性浮阀塔板（Koch Flexitray）；条形浮阀塔板（Nutter Float Valve）。

Aspen Plus 软件中的塔板核算（Tray Rating）功能，计算给定结构参数的塔板的负荷情况，可供选用的塔板类型与"塔板设计"中相同。"塔板设计"与"塔板核算"配合使用，可以完成塔板选型和工艺参数计算。

Aspen Plus 软件中的填料设计（Pack Sizing）功能，计算选用某种填料时的塔径，共有40 种填料供选用，包括 5 种典型的散堆填料和 5 种典型的规整填料。5 种典型的散堆填料是：①拉西环（RASCHIG）；②鲍尔环（PALL）；③阶梯环（CMR）；④矩鞍环（INTX）；⑤超级环（SUPER RING）。5 种典型的规整填料是：①带孔板波纹填料（MELLAPAK）；②带孔网波纹填料（CY）；③带缝板波纹填料（RALU-PAK）；④陶瓷板波纹填料（KERAPAK）；⑤格栅规整填料（FLEXIGRID）。

Aspen Plus 软件中的填料核算（Pack Rating）功能，计算给定结构参数的填料的负荷情况，可供选用的填料类型与"填料设计"中相同。"填料设计"与"填料核算"配合使用，可以完成填料选型和工艺参数设计。

例 4-1 芳烃分离工艺中的苯塔设备计算。

用双塔精馏分离一股芳烃混合物，其中含苯 1272kg/h，甲苯 3179kg/h，邻二甲苯 3383kg/h，正丙苯 321kg/h，温度 50℃，压力 3bar。第一塔为苯塔，塔顶出苯馏分，塔顶压力 1.5bar，塔底压力 2bar；第二塔为甲苯塔，塔顶出甲苯馏分，塔底出其余芳烃混合馏分。要求苯塔塔顶馏分中甲苯质量分数（下同）≤0.0005，釜液中苯≤0.005。求：（1）苯塔的理论塔板数、进料位置、回流比、再沸器能耗；（2）如果精馏段的默弗里效率(Murphree Efficiencies)为0.65，提馏段0.75，试求满足分离要求所需的理论塔板数、加料板位置、回流比、再沸器能耗、水力学参数；（3）填料塔设计，使用 Sulzer 公司的 MELLAPAK-250X 型波纹板规整填料，进行填料塔设计计算，设等板高度 0.5m，求两段塔径、压降和塔板上的水力学数据；（4）筛板塔设计，设筛孔直径 8mm，板间距 600mm，堰高 50mm，降液管底隙 50mm，求两段塔径、压降和塔板上的水力学数据。

解 物性方法选用 CHAO-SEA 方程。

（1）理论板计算 首先用"DSTWU"模块对苯塔进行估算。"DSTWU"模块的参数设置为：操作回流比为最小回流比的 1.1 倍，苯在塔顶回收率 0.975，甲苯在塔顶回收率 0.00015，塔顶压力 1.5bar，塔釜 2bar。计算结果表明，塔顶苯馏分中甲苯 0.000384，釜液中苯 0.00460，达到分离要求；苯塔理论级数 39，进料位置 28，回流比 2.286，采出比（D/F）为 0.186。

其次用"RadFrac"模块严格计算。把简捷计算结果输入"RadFrac"模块"Input"的三个页面，在"Configuration"页面填写如图 4-1 所示。严格计算结果显示不能达到分离要求，需要对相关参数进行修改。用一个"Design Specs"功能调整回流比，控制馏出液中的甲苯含量，得到回流比是 2.76；用一个"Design Specs"功能调整馏出液的摩尔采出比（D/F），控制釜液中的苯含量，得到采出比 D/F=0.1857；用一个"Sensitivity"功能以再沸器热负荷最小为目标函数选择最佳进料位置，结果见图 4-2。可见最佳进料位置是 22，此时回流比为 2.44，塔釜热负荷 883.6kW。

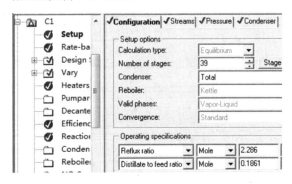

图 4-1 "RadFrac"模块参数设置

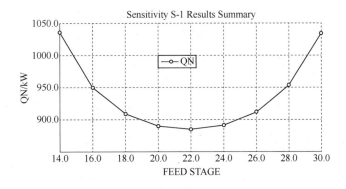

图 4-2 不同进料位置的塔釜热负荷

为了观察改变进料位置引起的精馏塔热效率的变化，利用"RadFrac"模块的"Thermal Analysis"功能进行计算。在精馏塔模块"Analysis"文件夹的"Analysis Options"页面，勾选"Include column targeting thermal analysis"，准备进行热力学分析，如图4-3所示。

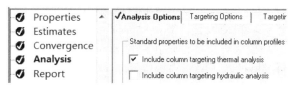

图4-3 勾选热力学分析功能

再次运行后，在精馏塔模块"Profiles|Thermal Analysis"页面，可以看到各块理论塔板上的焓亏值（Enthalpy Deficit）、㶲亏值（Exergy Loss）、卡诺因子（Carnot Factor）等数据。在保持塔顶、塔釜产品物流纯度满足分离要求的前提下，进料位置分别为简捷计算的28塔板与优化后的22塔板所引起的㶲亏见图4-4。可见进料板28时的㶲亏为35.5kW，进料板22时的㶲亏下降为32.8kW，精馏塔热效率有所提高。进一步的分析可以发现，㶲亏主要是因为冷料进塔所引起，若改为泡点进料，㶲亏可以大幅降低到 6kW 左右。"RadFrac"模块严格计算结果见图4-5，可见馏出液中甲苯含量、釜液中苯含量均满足分离要求。

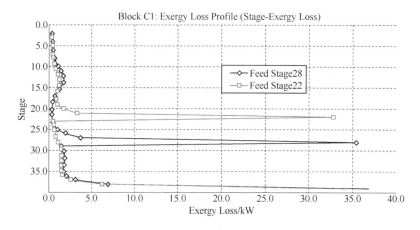

图4-4 精馏塔不同进料位置的㶲亏

	FEED	C1TOP	C1BOT
Mass Flow kg/hr			
C6H6	1272.000	1237.415	34.58487
C7H8	3179.000	.6190639	3178.381
C8H10-1	3383.000	1.17348E-9	3383.000
C9H12-1	321.0000	2.4519E-14	321.0000
Mass Frac			
C6H6	.1559779	.9995000	5.00001E-3
C7H8	.3898222	5.00038E-4	.4595051
C8H10-1	.4148375	9.4786E-13	.4890873
C9H12-1	.0393623	1.9805E-17	.0464076
Total Flow kmol/hr	85.32107	15.84794	69.47313
Total Flow kg/hr	8155.000	1238.034	6916.966

图4-5 严格计算结果

（2）设置 Murphree 板效率的计算　在精馏塔模块"Efficiencies|Options"页面，选择 Murphree 效率的设置方式，如图 4-6（a）所示，两段塔板 Murphree 效率的设置如图 4-6（b）所示。冷凝器、再沸器不设置效率，隐藏灵敏度计算文件，放宽设计规定的变量变化范围，把摩尔回流比变化范围设置为 2～5。在分离要求不变时，含两段塔板不同 Murphree 效率的计算结果如图 4-7 所示，可见塔釜能耗为 1097.6kW，增加了 24.2%。

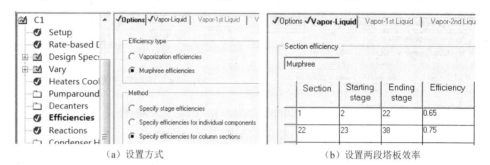

（a）设置方式　　　　　　　（b）设置两段塔板效率

图 4-6　塔板 Murphree 效率的设置

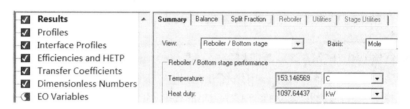

图 4-7　含两段塔板不同 Murphree 效率的计算结果

在两段塔板存在不同 Murphree 效率的情况下，最佳进料位置也发生变化，重新应用"Sensitivity"功能，以最小再沸器热负荷选择最佳进料位置。此时最佳进料位置是 25，摩尔回流比为 3.63，再沸器热负荷下降到 1038.8kW。

（3）填料塔设计　首先塔径计算。在精馏塔模块"Pack Sizing"文件夹中，建立一个填料计算文件"1"，在此文件"Specifications"页面填写填料位置、选用填料型号、等板高度等信息，精馏段的信息填写如图 4-8 所示，提馏段的信息填写类似。

Aspen 系列软件中包含了每种类型填料详细数据，以及生产商提供的传质与水力学计算方法，本例填料塔的精馏段及提馏段计算结果见图 4-9、图 4-10。可见需要的填料塔塔径分别是 0.91m 和 0.95m，最大负荷分率 0.62，最大负荷因子 0.065m/s，两段塔压降分别是 0.003bar 和 0.004bar，平均压降分别是 0.26mbar/m 和 0.63mbar/m，最大持液量 0.016m^3/块理论板，液体最大表观流速 0.0092m/s，选用填料表面积 256m^2/m^3，填料孔隙率 0.987。

图 4-8　填料塔精馏段信息设置

Packed column sizing results		
Section starting stage:	2	
Section ending stage:	25	
Column diameter:	0.9133661	meter
Maximum fractional capacity:	0.62328552	
Maximum capacity factor:	0.06527939	m/sec
Section pressure drop:	0.00313427	bar
Average pressure drop / Height:	0.26118985	mbar/m
Maximum stage liquid holdup:	0.01527493	cum
Max liquid superficial velocity:	0.00904300	m/sec

Packed column sizing results		
Section starting stage:	26	
Section ending stage:	38	
Column diameter:	0.94921977	meter
Maximum fractional capacity:	0.62185142	
Maximum capacity factor:	0.06484358	m/sec
Section pressure drop:	0.00406595	bar
Average pressure drop / Height:	0.62553203	mbar/m
Maximum stage liquid holdup:	0.01625369	cum
Max liquid superficial velocity:	0.00924103	m/sec

图 4-9　填料塔精馏段计算结果　　　　图 4-10　填料塔提馏段计算结果

最大负荷分率（Maximum Fractional Capacity）的定义因填料类型的不同而不同。对于一般填料，最大负荷分率指的是用分数表示的液泛点的接近值。对于 Sulzer 规整填料 BX、CY、Kerapak 和 Mellapak，最大负荷分率指的是用分数表示的最大能力的接近值，最大能力是指在 12mbar/m 填料压降的操作点。在这种条件下有可能达到稳定操作，但是气体负荷高于达到最大分离效率时的操作点，与最大能力相对应的气体负荷为低于液泛点 5%～10%。在精馏塔模块"Profiles|Hydraulics"页面，可以看到各块理论塔板上填料的水力学数据。

根据填料塔初步计算结果，两段塔径分别是 0.91m 和 0.95m，对应的最大负荷分率 0.62，相对保守，两段塔径可以统一用塔径 0.9m 进一步核算。在精馏塔模块"Pack Rating"文件夹中，建立一个填料核算文件"1"，在此文件的"Specifications"页面填写填料位置 2～38 塔板，选用的填料型号、等板高度等信息同图 4-9、图 4-10，核算结果见图 4-11，可见选用塔径 0.9m 时，最大负荷分率 0.69，最大负荷因子 0.072m/s，全塔压降 0.0089bar，平均压降 0.48mbar/m，最大持液量 0.0154m³/块理论板，液体最大表观流速 0.0103m/s。因为最大负荷分率表示的是最大能力的接近值，而与最大能力相对应的气体负荷略低于液泛点，因此塔径 0.9m 是合适的。

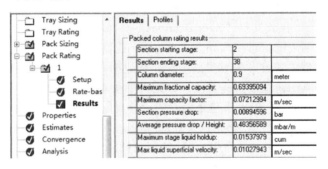

图 4-11　填料核算计算结果

为观察填料塔内汽相流率分布是否合适，可以借助于"RadFrac"模块的"Hydraulic Analysis"分析功能。在精馏塔模块"Analysis"文件夹的"Analysis Options"页面，勾选"Include column targeting hydraulic analysis"，准备进行水力学分析计算，如图 4-12 所示。再次运行后，在精馏塔模块"Profiles|Hydraulics Analysis"页面，在所选填料基础上，可以看到各块理论塔板上汽液两相流率的最小值、最大值和实际计算值的水力学数据。对本题 C1 填料塔在塔径 0.9m 条件下，各块塔板上汽相流率分布如图 4-13 所示，可见实际汽相流率介于热力学理想的最小值与水力学最大值之间。类似地，可以画出塔板上液相流率

分布，实际液相流率也是介于热力学理想的最小值与水力学最大值之间。

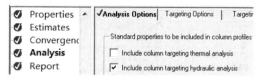

图 4-12　勾选水力学分析功能

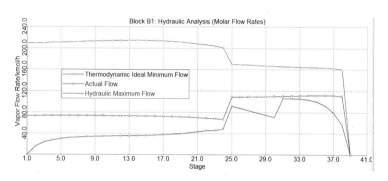

图 4-13　填料塔内汽相流率分布

（4）筛板塔设计　首先塔径计算。在精馏塔模块"Tray Sizing"文件夹中，建立一个筛板计算文件"1"，在此文件的"Specifications"页面填写筛板位置、板间距等信息，精馏段的信息填写如图 4-14 所示，提馏段的信息填写类似。计算结果显示，两段塔板需要的直径分别是 0.86m 和 0.89m，最大直径在第 37 塔板上，提馏段计算结果见图 4-15。

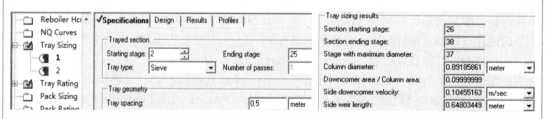

图 4-14　筛板塔精馏段参数设置　　　　图 4-15　筛板塔提馏段计算结果

其次塔径核算。在精馏塔模块"Tray Rating"文件夹中，建立一个筛板核算文件"1"，两段塔径统一取 0.9m。查相关设备设计手册，塔径 1m 的塔板上液体流量小于 45m³，应选择单流型塔板。在核算文件的"Specs"页面填写筛板位置、塔径 0.9m、单流型、板间距 500mm、堰高 50mm 等信息。在核算文件的"Layout"页面，填写筛孔直径 8mm，默认在有效塔截面上的开孔率为 12%；在核算文件的"Downcomers"页面填写降液管底隙 50mm，计算结果见图 4-16。可见在筛板塔直径为 0.9m 时，最大液泛因子在 37 塔板上，为 0.786，小于 0.8，合适；全塔压降 0.204bar，相当于 0.6kPa/塔板，合适；在 37 塔板上最大降液管液位 190mm，最大降液管液位/板间距 0.38，介于 0.25～0.5 之间，合适；液体在降液管内最大流速在 38 塔板上，为 102.8mm/s，液体在降液管内的最小停留时间是 4.4s，介于一般规定的 3～5s，合适。在精馏塔模块"Profiles|Hydraulics"页面，可以看到各块塔板上的水力学数据。对本题 C1 筛板塔在塔径 0.9m 条件下，应用水力学分析功能，可计算出各块塔板上汽相流率分布并绘制出类似图 4-13 的汽相流率分布图，筛板塔塔径 0.9m 也是合适的。

图 4-16　筛板塔核算结果

4.2　换热器

　　化工生产中传热过程十分普遍，传热设备在化工流程中有重要的地位。物料的加热、冷却、蒸发、冷凝、蒸馏等都需要通过换热器进行热交换，换热器是应用最广泛的设备之一。Aspen Plus 软件中有 4 种换热器模块：①单一物流换热器简捷计算模块（Heater）；②两股物流换热器简捷与严格计算模块（HeatX）；③多股物流换热器简捷与严格计算模块（MheatX）；④热传递计算模块（HXFlux）。这些换热器模块广泛应用于工艺流程模拟过程中。

　　AspenONE 工程套件中的"Exchanger Design and Rating，EDR" 软件中还有 7 种换热器模块：①空气冷却器工艺设计模块（Aspen Air Cooled Exchanger）；②燃烧炉工艺设计模块（Aspen Fired Heater）；③板翅式换热器工艺设计模块（Aspen Plate Fin Exchanger）；④管壳式换热器工艺设计模块（Aspen Shell and Tube Exchanger TASC+）；⑤管壳式换热器机械设计模块（Aspen Shell and Tube Mechanical）；⑥板式换热器工艺设计模块（Aspen Plate Exchanger）；⑦HTFS 换热研究网络模块（Aspen HTFS Research Network）。

　　用 EDR 软件设计换热器需要提供的条件比 Aspen Plus 软件多，但计算结果也更多，能够给出换热器设备数据表和装配图，可以为工艺设计提供更多信息。

　　Aspen Plus 软件及 EDR 软件中采用的换热器标准为美国的 TEMA 标准，国内设计换热器时应根据我国的换热器标准进行。因此，在用软件进行换热器选型核算时，应该随时查阅国家标准。另外，对于换热器的两侧污垢热阻的设置也需要根据具体情况查阅相关的设计手册或从生产实践中获取。

4.2.1　管壳式换热器

　　管壳式换热器又称列管式换热器，是以封闭在壳体中管束的壁面作为传热面的间壁式换热器，其结构简单操作可靠，能在高温高压下使用，是目前应用最广的类型。由于管壳式换热设备应用广泛，大部分已经标准化、系列化。已经形成标准系列的管壳式换热器有：①浮头式热交换器（GB/T 28712.1—2012）；②固定管板式热交换器（GB/T 28712.2—2012）；③U

形管式热交换器（GB/T 28712.3—2012）；④立式热虹吸式再沸器系列（GB/T 28712.4—2012）等。在管壳式换热器设计计算时，应该优先选用标准系列的换热器，然后利用软件的强大计算功能与软件数据库的强大信息容量对选择的管壳式换热器进行反复核算。对换热器的选型一般不能一蹴而就，往往需要多次选择、多次核算才能完成。

4.2.1.1 冷凝器

冷凝器是用于蒸馏塔顶汽相物流的冷凝或者反应器的冷凝循环回流的设备，包括分凝器和全凝器。分凝器用于多组分的冷凝，当最终冷凝温度高于混合组分的泡点，仍有一部分组分未冷凝，以达到再一次分离的目的。另一种为含有惰性气体的多组分的冷凝时，排出的气体含有惰性气体和未冷凝组分。全凝器的最终冷凝温度等于或低于混合组分的泡点，所有组分全部冷凝。一般地，冷凝器水平布置，汽相通过冷凝器的壳程，冷却介质（最常见的是循环冷却水）通过冷凝器的管程。

> **例 4-2** 芳烃分离工艺中的苯塔 AEL 型冷凝器工艺计算。
>
> 对例 4-1 中苯塔的冷凝器进行工艺计算与设备选型。设循环冷却水进出口温度为 33～43℃，压力为 4bar。
>
> **解** 冷凝器的工艺计算分成 3 个阶段逐步进行，即简捷计算、选型核算、EDR 软件核算出图。
>
> **（1）冷凝器设计型简捷计算**
>
> ① 加入新组分　打开保存的例 4-1 ".bkp" 文件，添加组分 "水"。
>
> ② 画流程图　进入冷凝器的汽相物流来自精馏塔塔顶上升蒸汽，相当于 Aspen Plus 模拟精馏塔第二块塔板上升汽相。为把此股物流引入冷凝器，可从精馏塔中部引出一股虚拟物流（Pseudo Stream）并拖动到冷凝器顶部，对虚拟物流定义后作为塔顶汽相物流。从模块库中选择 "HeatX" 模块置于精馏塔顶，把虚拟物流与 "HeatX" 的热端入口相连接，然后连接冷却水，见图 4-17。输入冷却水温度和压力，流率暂时填写 50000kg/h，用 "Design Specs" 功能调整至出口温度 43℃。

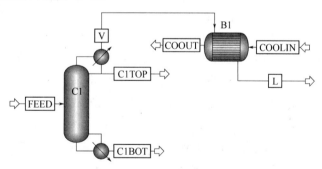

图 4-17　冷凝器与精馏塔连接

> ③ 选择冷却水性质方法　在冷凝器模块的 "Block Options|Properties" 页面，为冷却水选择 "STEAM-TA" 性质方法。
>
> ④ 设置流股信息　对从精馏塔引出的汽相物流进行定义，在 C1 塔的 "Report|Pseudo Streams" 页面，定义虚拟物流的相态与引出位置，如图 4-18 所示。
>
> ⑤ 设置模块信息　采用简捷设计型计算，设置蒸汽冷凝液汽化分率为 0。在 "B1" 模块 "Setup|U Methods" 页面，填写估计的总传热系数为 600 W/(m^2·K)。

图 4-18　对虚拟物流进行定义

⑥ 调整循环冷却水用量　用"Design Specs"功能调整循环冷却水进口流率，控制循环冷却水出口温度为43℃。

⑦ 模拟计算　冷凝器简捷计算结果见图 4-19。图 4-19（a）显示了两股流体温度、压力、相态的变化和冷凝器热负荷；图 4-19（b）显示需要的冷凝器换热面积为18m^2。由"Design Specs"功能计算冷却水的流率为53037kg/h。

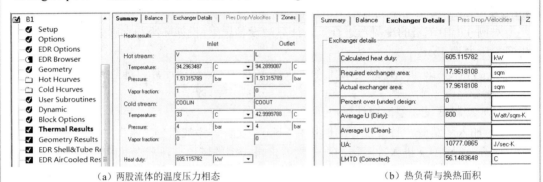

（a）两股流体的温度压力相态　　　　　　　　　　（b）热负荷与换热面积

图 4-19　冷凝器简捷计算结果

（2）冷凝器选型、核算

① 初步选型　从固定管板式热交换器（GB/T 28712.2—2012）中选标准系列换热器AEL400-2.5/1.6-18.6-2/19-2I，壳径 400mm，换热面积 18.6m^2，换热管 ϕ19mm×2mm，管长 2m，管数 164 根，三角形排列，管心距 25mm，单壳程双管程。

② 详细核算　在冷凝器模块的"Specifications"页面，选择"Detailed"，表示详细核算，热流体走壳程，计算类型选择"Rating"，表示核算，如图 4-20 所示。

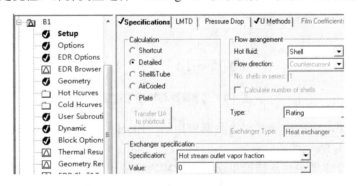

图 4-20　详细核算"Specifications"页面参数设置

在"Pressure Drop"页面，壳程和管程都选择"Calculated from geometry"，表示根据换热器几何结构计算壳程和管程的压降。在"U Methods"页面，选择"Film coefficients"

表示根据传热面两侧的膜系数计算总传热系数。在"Film coefficients"页面，壳程和管程都选择"Calculated from geometry"，表示根据换热器传热面两侧的几何结构计算膜系数。查《化工工艺设计手册》，污垢系数热流体侧取 0.000176m²·K/W，冷流体侧取 0.00026 m²·K/W。在冷凝器模块"Geometry|Shell"页面，填写壳程数据，包括壳程数（1）管程数（2）换热器水平安置、壳径（400mm）。在"Tubes"页面，选择管子类型（光滑管），填写管程数据，包括管子数（164 根）、管长（2000mm）、管心距（25mm）、管外径（19mm）、管壁厚度（2mm）。在"Bafles"页面，选择折流板类型，填写折流板数量（5）与切率（25%）。在"Nozzles"页面，填写壳程、管程进出口的直径。可以按最经济管径的计算式（4-1）计算壳程、管程进出口直径。

$$D_{opt} = 282G^{0.52}\rho^{-0.37} \tag{4-1}$$

式中　G——流量，kg/s；

ρ——密度，kg/m³。

由冷凝器管程和壳程进出口物流流量、密度数据，计算需要的管口直径并圆整，由《化工工艺设计手册》中的常用无缝钢管表选择管口直径数据，填入"Nozzles"页面，如图 4-21 所示。

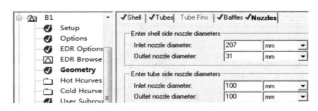

图4-21　管口设置

③ 模拟计算　冷凝器严格计算结果如图 4-22 所示。由图 4-22（a）可知，冷凝器需要的换热面积是 16m²，选型换热器 19.6m²，富余 22.5%，可用。换热面洁净时的总传热系数是 1055 W/(m²·K)，换热器面非洁净时的总传热系数是 688 W/(m²·K)，平均传热温差是 55.4℃。图 4-22（b）给出了冷凝器壳程与管程的压降、流速数据。根据《化工工艺设计手册》数据，一般情况下，操作压力在 0.7~10bar 的范围内，换热器的允许压降不超过 0.35bar，图 4-22（b）表明，所选换热器两侧的压降都小于 0.1bar，合适。一般情况下，冷却水在管程常见流速是 0.7~3.5m/s，汽液混合物在壳程内的适宜流速是 3~6m/s。由图 4-22（b）可知，所选换热器壳程内的汽液混合物最大流速是 6m/s 左右，可用；管程最大流速是 1.02m/s，也合适。壳程与管程流体的最大雷诺数分别是 6167 与 22297，都达到湍流状态，所选换热器可用。

Exchanger details		
Calculated heat duty:	609.63365	kW
Required exchanger area:	15.9839675	sqm
Actual exchanger area:	19.5784054	sqm
Percent over (under) design:	22.4877704	
Average U (Dirty):	688.336879	Watt/sqm-K
Average U (Clean):	1055.4717	Watt/sqm-K
UA:	11002.3543	J/sec-K
LMTD (Corrected):	55.4093818	C

（a）换热器汇总数据

	Shell Side		Tube Side	
Exchanger pressure drop:	0.01466354	bar	0.04241026	bar
Nozzle pressure drop:	0.04395307	bar	0.02486055	bar
Total pressure drop:	0.05861662	bar	0.06727081	bar
Shell side maximum crossflow velocity:			3.05147054	m/sec
Shell side maximum crossflow Reynolds No.:			3145.30646	
Shell side maximum window velocity:			5.98269369	m/sec
Shell side maximum window Reynolds No.:			6166.6678	
Tube side maximum velocity:			1.01558364	m/sec
Tube side maximum Reynolds No.:			22296.9675	

（b）壳程与管程数据

图4-22　冷凝器详细核算结果

（3）用 EDR 软件核算、出图

① 创建 EDR 核算文件 用 EDR 软件在例 4-2 文件夹中建立一个空白的"Shell&Tube"冷凝器设计文件，取名"4-2.edr"，然后关闭保存。

② 数据传递 把 Aspen Plus 软件对冷凝器计算结果传递给 EDR 软件的数据共有 3 个部分，分别是机械结构数据、流程工艺数据和物流物性数据。

a.换热器机械结构数据传递。在冷凝器模块的"Setup|Specifications"页面，选择"Shell&Tube"，表示用 EDR 软件详细核算。在"EDR Options"页面，点击"Browse"按钮，把已经建立的 EDR 空白文件"4-2.edr"调入。然后点击"Transfer geometry to Shell&Tube"按钮，把冷凝器的机械结构参数传递到"4-2.edr"。

b.流程工艺数据和物流物性数据传递。在 Aspen Plus 软件下拉菜单"File|Send To"中点击"Exchanger Design and Rating"，EDR 软件自动打开，弹出一张冷凝器模拟计算参数表格，要求确认，见图 4-23（a）。选择准备核算的换热器后点击"Import"按钮予以确认。Aspen Plus 软件模拟换热器的运行数据需要通过一个 PSF 文件传递到 EDR 软件，这个 PSF 文件如图 4-23（b）所示，点击 OK 后生成一个 PSF 文件，同时工艺数据和物性数据传递过程完成。

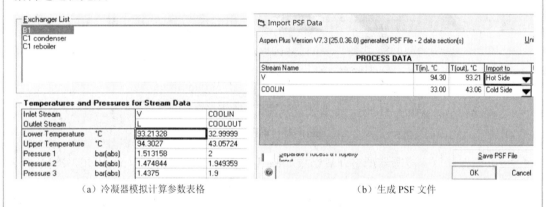

(a) 冷凝器模拟计算参数表格   (b) 生成 PSF 文件

图 4-23 从 Aspen Plus 软件向 EDR 软件传递数据

c.传递工艺数据和物性数据的另一种方法是用"4-2.edr"调用"4-2.bkp"文件。打开"4-2.edr"，在下拉菜单"File|Import From"中点击"Aspen Plus V*.*"，此处"V*.*"是 Aspen Plus 软件版本号。在弹出的窗口中，找到并打开 Aspen Plus 冷凝器详细核算文件"4-2.bkp"，此时"4-2.bkp"开始运行，读取数据后"4-2.edr"先后弹出冷凝器模拟计算参数表格和 PSF 文件 [图 4-23（a）和图 4-23（b）] 要求确认，确认后工艺数据和物性数据传递过程完成。

③ EDR 数据检查 打开"4-2.edr"文件，此时该文件已经接受了 Aspen Plus 软件传递的冷凝器详细设计数据，但仍然需要对数据进行仔细的核对与补充，经过仔细核对与补充后的冷凝器传递数据如图 4-24 所示。

换热器的工艺数据储存在"Problem Definition"文件夹，共有三个页面。在"Handings/Remarks"页面，可以填写该换热器核算的描述性说明。在"Application Options"页面，设置该换热器的总体计算信息，包括：a.计算模式（设计、核算、模拟、最大热阻），热流体的走向，选择量纲集与计算方法；b.热流体的换热方式（液体无相变、气体无相变、汽相冷凝），冷凝方式（常规冷凝、Knockback reflux 冷凝）；c.冷流体的换热方式（液体无相变、气体无相变、汽化）。对于"4-2.edr"，换热器的计算模式设置为核算模式

"Rating/checking"，热流体的走向选择"Shell side"，量纲集与计算方法分别选择"SI"与"Advanced method"。热流体的换热方式设置"Condensation"，冷凝方式选择"Normal"；冷流体的换热方式设置"Liquid，no phase change"。

在"Process Data"页面，集中了换热器的全部工艺数据，包括冷热两股流体的名称、流率、温度、压力、相态、换热量、换热管两侧的允许压降、实际压降、污垢系数等。一般地，污垢系数都需要手动添加。工艺数据页面如图4-24（a）所示。

换热器热冷流体的物性数据储存在"Property Data"文件夹，共有四个子文件，分别是输入热冷流体的流率与组成、选择物性计算方法、热冷流体在各个换热微元区的物性数据等。如果换热器数据是通过 Aspen Plus 软件传递给 EDR 软件，则此四个页面均不需要手动添加。热流体物性数据页面如图4-24（b）所示。

换热器的结构数据储存在"Exchanger Geometry"文件夹，共有七个子文件。其中第一个子文件"Geometry Summary"是换热器结构数据汇总，其余六个子文件是换热器的部件数据输入文件。如果换热器数据是通过 Aspen Plus 软件传递给 EDR 软件的，一般结构数据都不全，需要一一补充完善。结构数据汇总页面如图4-24（c）所示。

④ 运行核算程序　EDR 软件的计算结果将会给出比 Aspen Plus 更多的错误与警告，需要仔细阅读后调整。本例题运算结果共有 1 个警告，6 个建议与提示。一个警告表明管板上可以布置 171 根传热管，但是输入数据为 164 根，EDR 用 164 根参与所有的计算。因为 164 根传热管是换热器国家标准所规定的，不可更改，所以忽略此警告。6 个建议与提示包括：迭代计算 20 次收敛；建议选用板式换热器减少振动；因为换热器一端冷热流体温差大，建议选用 U 形管换热器或浮头式换热器，以减小因温差产生的热膨胀；为配

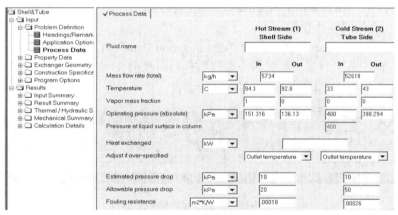

（a）工艺数据

（b）热流体物性数据

图 4-24

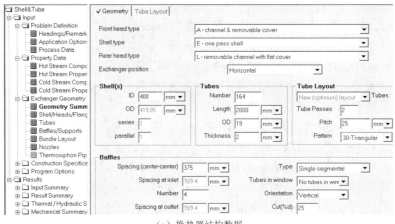

（c）换热器结构数据

图 4-24　数据传递部分页面

合传热管的定位，折流板的切率由输入的 25%调整为 22.937%；输入物流的温度、压力、汽化分率存在不一致时，EDR 拒绝接收，重新计算；在换热器局部可能会出现声音噪声共鸣现象，可以考虑设置去共鸣支撑管板。

EDR 软件的计算结果在文件夹"Results"中列出，其中共有五个子文件夹，分步分层次给出详细结果。子文件夹"Input Summary"是输入数据汇总；子文件夹"Result Summary"是输出数据汇总；子文件夹"Thermal/Hydraulic Summary"输出热学与水力学数据；子文件夹"Mechanical Summary"输出换热器结构数据；子文件夹"Calculation Details"输出详细的换热数据。

在"Results Summary"文件夹的"Optimization Path"页面，列出了冷凝器主要计算结果，如图 4-25 所示。第 5 栏显示冷凝器换热面积富余 33%；最后一栏为设计状态，此处显示"OK"，表明设计通过。若存在设计错误，设计状态显示"Failed"。

Item	Shell Size	Tube Length		Area ratio	Pressure Drop				Baffle		Tube		Units		Total	Design Status
		Actual	Reqd.		Shell	Dp Ratio	Tube	Dp Ratio	Pitch	No.	Tube Pass	No.	P	S	Price	
	mm	m	m		kPa		kPa		mm						Dollar(US)	
1	400	2	1.5064	1.33	3.099	.15	7.254	.15	375	4	2	164	1	1	20177	OK
1	400	2	1.5064	1.33	3.099	.15	7.254	.15	375	4	2	164	1	1	20177	OK

图 4-25　冷凝器设计结果汇总

在"Results Summary"文件夹的"TEMA Sheet"页面，给出了冷凝器设备数据，见图 4-26，壳程最大流速 16.25m/s，壳程压降 3.1kPa，占进口物流压力的 2%；管程最大流速 1.02m/s，管程压降 7.3kPa，占进口物流压力的 1.8%，壳程、管程压降均很小，冷凝器选型可行。

在"Thermal/Hydraulic Summary|Performance|Overall Performance"页面，给出了冷凝器的传热阻力分布，如图 4-27 所示，可见管壁的热阻很小，污垢热阻与对流传热热阻是主要的传热阻力，管程的污垢热阻与对流传热热阻均大于壳程。

在"Mechanical Summary|Setting Plan＆tubesheet layout|Setting Plan"子文件夹页面，给出了冷凝器装配图与布管图，装配图见图 4-28。

6	Size	381 – 2000	mm	Type AEL	Hor	Connected in	1	parallel	1	series
7	Surf/unit(eff.)	18.8	m²	Shells/unit 1		Surf/shell (eff.)		18.8		m²

				PERFORMANCE OF ONE UNIT				
8								
9	Fluid allocation			Shell Side		Tube Side		
10	Fluid name							
11	Fluid quantity, Total	kg/h		5734		52618		
12	Vapor (In/Out)	kg/h		5734	0	0	0	
13	Liquid	kg/h		0	5734	52618	52618	
14	Noncondensable	kg/h		0	0	0	0	
15								
16	Temperature (In/Out)	℃		94.35	90.37	33	43	
17	Dew / Bubble point	℃		94.35	94.29			
18	Density	Vapor/Liquid	kg/m²	4.01 /	/ 799.64	/ 994.94	/ 991.24
19	Viscosity		cp	.0094 /	/ .2801	/ .7493	/ .6181
20	Molecular wt, Vap			78.12				
21	Molecular wt, NC							
22	Specific heat	kJ/(kg K)		1.368 /	/ 1.92	/ 4.171	/ 4.172
23	Thermal conductivity	W/(m K)		.0164 /	/ .1224	/ .6199	/ .6344
24	Latent heat	kJ/kg		379.9	380.5			
25	Pressure (abs)	kPa		151.316	148.217	400	392.746	
26	Velocity	m/s		16.25		1.02		
27	Pressure drop, allow./calc.	kPa		20	3.099	50	7.254	
28	Fouling resist. (min)	m²K/W		.00018		.00026	.00033 Ao based	
29	Heat exchanged	613.4	kW			MTD corrected		55.72 ℃
30	Transfer rate, Service	584.6	Dirty	776.2		Clean 1277.1		W/(m²K)

图 4-26 冷凝器设备数据表

图 4-27 冷凝器的传热阻力分布

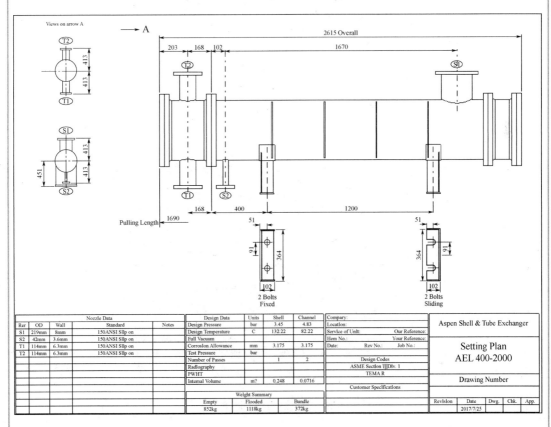

图 4-28 冷凝器装配图

在"Mechanical Summary|Cost/Weights"页面，给出了冷凝器的质量与成本数据。冷凝器的筒体、封头、管束质量分别是263.8kg、115.3kg、100.7kg、372.3kg，总质量是852kg，充水总重1118.5kg。在制作成本方面，人工成本16758美元，管束成本861美元，其他材料成本2558美元，总成本20117美元，其中人工成本占83.1%。

在"Calculation Details|Analysis along Shell|Plot"页面，可以绘制壳程的各种参数分布。冷凝器壳程温度分布如图4-29（a）所示，图中3条曲线由上往下分别是壳程流体温度分布、壳程污垢表面温度分布、传热管壁温度分布。可见壳程流体入口温度94.3℃，出口温度略有降低。由于是双管程冷凝器，传热管壁温度分布有两条曲线。在"Calculation Details|Analysis along Tubes|Plot"页面，可以绘制管程的各种参数分布。冷凝器管程温度分布如图4-29（b）所示，图中3条曲线由上往下分别是传热管壁温度分布、管程污垢表面温度分布、管程流体温度分布。双管程冷凝器的第一管程流体温度从入口33℃上升到38℃，第二管程流体温度从入口38℃上升到出口温度43℃，可见管程流体温度分布近似线性分布。

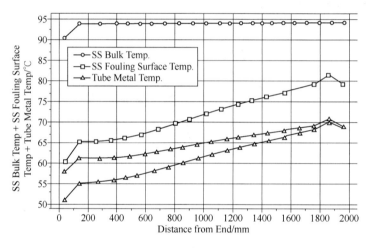

（a）壳程

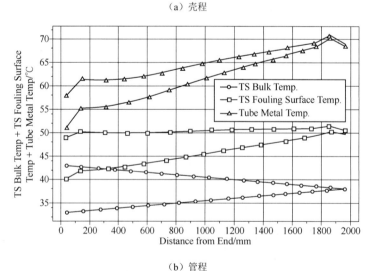

（b）管程

图4-29　冷凝器内部的温度分布

本例冷凝器采用了单壳程双管程的结构形式，但在其他工艺中也可能需要多壳程的情况，比如采用壳程的串联或并联运行以达到增加或降低壳程流体流速的目的。至于壳程串联或并联运行的数量限制，则与换热器壳体的结构有关，读者可参看有关的换热器专著或EDR 软件的帮助系统。在 EDR 软件中设置壳程的串联（series）或并联（parallel）结构，可以在图4-24（c）的"Shell（s）"栏目中填写。若本例冷凝器采用壳程的串联或并联运行，则换热流程和核算结果如图4-30所示。若以单壳程+双管程冷凝器的计算结果为基准，对于双壳程并联+双管程的换热器结构，壳程和管程的流体流速减半；对于双壳程串联+双管程的换热器结构，壳程和管程的流体流速不变。

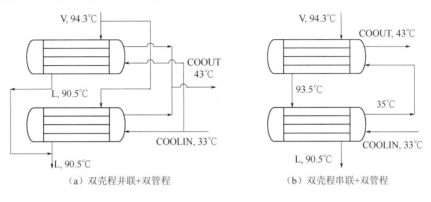

（a）双壳程并联+双管程   （b）双壳程串联+双管程

图 4-30   双壳程双管程冷凝器流程图示与节点温度

4.2.1.2   再沸器

再沸器是用于使精馏塔塔底物料部分汽化，从而实现精馏塔内汽液两相间的热量及质量传递，为精馏塔正常操作提供动力的设备。主要有热虹吸式、强制循环式、釜式、内置式等。其中热虹吸式再沸器是被蒸发的物料依靠液头压差自然循环蒸发，强制循环式再沸器的被蒸发物流是用泵进行循环蒸发。虹吸式再沸器又有多种形式，以安装方式分类，有立式和卧式之分；按进料方式分类，有一次通过式和循环式之分；循环式又有带隔板和不带隔板的不同类型。各种虹吸式再沸器均可通过 Aspen Plus 软件中的模块组合构成。在 Aspen Plus 的"RadFrac"模块中，只有釜式和立式热虹吸式两种，软件默认为釜式再沸器。

> **例 4-3**　芳烃分离工艺中的苯塔再沸器工艺计算。
>
> 采用 8bar 饱和水蒸气作为加热蒸汽，对例 4-1 中苯塔进行虹吸式再沸器的工艺计算与设备选型。
>
> **解**　对例 4-1 中的苯塔，选择液体循环不带隔板的再沸器形式，其工艺计算过程分Aspen Plus 软件简捷计算与 EDR 软件核算两个阶段进行。
>
> （1）Aspen Plus 软件简捷计算
>
> ① 参数设置　打开保存的例 4-1 ".bkp"文件，将苯塔的再沸器设置改为虹吸式，在精馏塔模块"Setup|Configurations"页面，把"Reboiler"选项改为"Thermosiphon"。进入精馏塔模块"Setup|Reboiler"页面，在"Thermosiphon Reboiler Options"栏目中选择"Specify reboiler outlet conditions"；在"outlet conditions"栏目下，选择"Vapor Fraction"，虹吸式再沸器出口循环物料的汽化率一般小于 0.20，此处填写 0.15；再沸器操作压力按题给数据填写 2bar。
>
> ② 流程设置　点击精馏塔模块"Setup|Reboiler"页面的"Reboiler Wizard"按钮，打开一个虹吸式再沸器的设置窗口，填写必要数据如模块名称、计算类型与计算模式等。软件用一个加热器和一个闪蒸器的组合，模拟一个液体循环不带隔板的虹吸式再沸器。首先

对加热器进行设置，取名为"REBOILER"，计算类型暂时选择简捷计算"Shortcut"，计算模式选择"Design"，接着为闪蒸器取名"FLASH"，数据填写如图 4-31 所示，点击"OK"退出向导。回到工艺流程窗口，看到图面上自动增加了一个加热器模块和一个闪蒸器模块，而且从塔身上的虚拟流体出口自动引出的一股由 N–1 塔板下降的液相物流与加热器管程的下口相连接，如图 4-32 所示。

图 4-31　虹吸式再沸器设置窗口

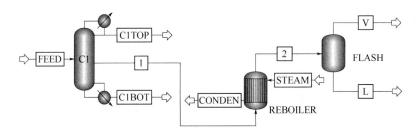

图 4-32　自动设置的虹吸式再沸器流程

　　入再沸器流体属于从 N–1 板下降流入再沸器（第 N 板）的液相物流。在精馏塔模块"Report|Pseudo Stream"页面，对入再沸器流体的属性进行定义，如图 4-33 所示。这股液相被加热器模块加热后进入闪蒸器分为汽液两相，汽相作为上升到 N–1 板的蒸汽，液相作为釜液出料，从而模拟了虹吸式再沸器工作过程。

　　③ 选择水蒸气性质方法　在再沸器模块"Block Options|Properties"页面，为水蒸气选择"STEAM-TA"性质方法。根据塔底温度，采用 8bar 饱和水蒸气作为加热蒸汽，蒸汽温度 170.4℃，流率暂时填写 1500kg/h，后用"Design Specs"功能调整。

　　④ 设置模块信息　根据例 4-1 计算结果，在再沸器模块"Setup Specifications"页面，设置再沸器热负荷 1038.8kW，如图 4-34 所示。在再沸器模块"Setup U Methods"页面，选择"Constant U value"栏目，填写估计的总传热系数 450 W/(m^2·K)。

　　⑤ 调整水蒸气的用量　控制冷凝水温度比蒸汽温度低 1℃，即 169.4℃，或控制冷凝水的汽相分率 0.0001，设置加热水蒸气用量的搜索区间为 1000～2000kg/h。

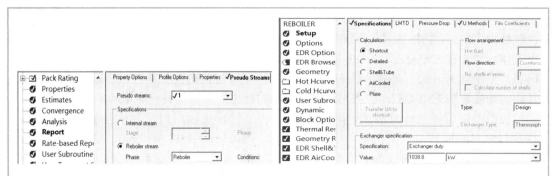

图 4-33　入再沸器虚拟物流属性定义　　　　　　图 4-34　再沸器简捷计算参数设置

⑥ 模拟计算　结果见图 4-35。图 4-35（a）显示需要的再沸器换热面积为 154.2m^2，图 4-35（b）显示加热水蒸气的流率为 1859kg/h。

（a）计算结果汇总　　　　　　　　　　　　　（b）物流参数

图 4-35　再沸器简捷计算结果

（2）EDR 软件核算再沸器

① 设备选型　从立式热虹吸式重沸器标准（GB/T 28712.4—2012）中选标准系列再沸器 BEM1200-1.0/1.6-165-2/25-1I，壳径 1200mm，换热面积 165m^2，换热管 ϕ25mm×2.5mm，管长 2m，管数 1115 根，三角形排列，管心距 32mm，单管程单壳程。

② 传递数据　用 EDR 软件在例 4-3 文件夹中建立一个"Shell&Tube"空白的再沸器设计文件"4-3.edr"，然后关闭。在下拉菜单"File|Send To"中点击"Exchanger Design and Rating"，EDR 软件自动打开并弹出再沸器模拟计算参数表格，选择准备核算的"REBOILER"模块后点击"Import"按钮予以确认，如图 4-36（a）所示。继续点击确认数据传递文件 PSF，如图 4-36（b）所示，此时 Aspen Plus 软件模拟再沸器的工艺数据和物性数据传递到"4-3.edr"文件。

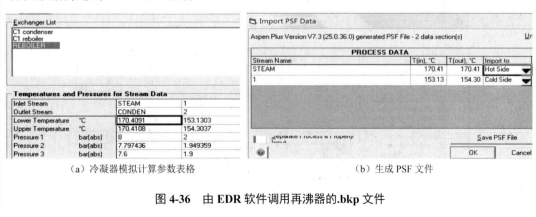

（a）冷凝器模拟计算参数表格　　　　　　　　（b）生成 PSF 文件

图 4-36　由 EDR 软件调用再沸器的.bkp 文件

③ 数据检查　打开 EDR 再沸器设计文件"4-3.edr"，对传递数据进行检查。检查项目包括物流数据、物性数据与再沸器结构数据三项。由于再沸器简捷计算不区分管程与壳程流体，因此首先需要告诉 EDR 软件冷热流体的走向、流体在管程、壳程的运动相态等信息，见图 4-37（a）；对再沸器工艺过程数据的填写与补充见图 4-37（b）；传递到 EDR 软件的物性数据见图 4-37（c）；再沸器机械结构数据的填写与补充见图 4-37（d）。

按最经济管径的计算公式（4-1）计算壳程、管程进出口尺寸并进行圆整，壳程直径进口 125mm，出口 32mm；管程直径进口 250mm，出口 450mm。进出口尺寸在"Exchanger Geometry|Nozzles"文件夹的"Shell Side Nozzles"页面和"Tube Side Nozzles"页面填写。

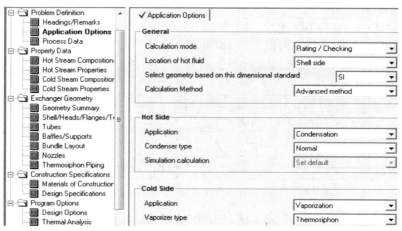

（a）设置冷热流体走向

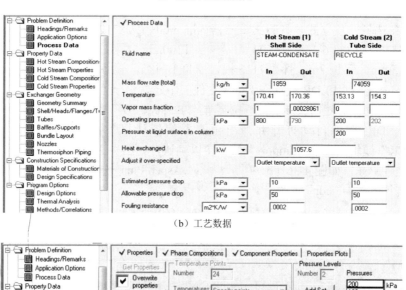

（b）工艺数据

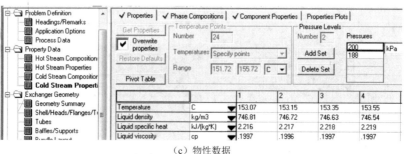

（c）物性数据

图 4-37

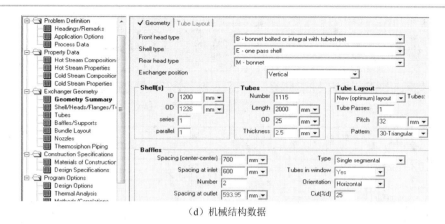

（d）机械结构数据

图 4-37 检查传递到 EDR 的数据

④ 确认安装尺寸　根据再沸器的估计高度，调整并确认虹吸式再沸器安装尺寸，见图 4-38。一般要求再沸器汽液相返塔管嘴底部与塔釜最高液面的距离不小于 300mm，以防止塔釜液面过高时产生严重的雾沫夹带。汽液相返塔管嘴顶部与最底层塔板（或最底层填料支撑格栅）的距离最好大于或等于 400mm，以防止该段距离过小时气体携带过多的液体返回至最底层塔板引起液泛。

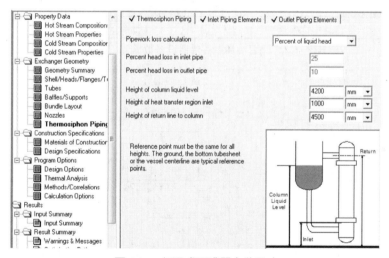

图 4-38 虹吸式再沸器安装尺寸

⑤ 运行核算程序　运算结果存放在 "Result Summary" 下方五个文件夹中。

在 "Warnings&Messages" 页面，共有 4 个警告，12 个建议与提示。其中一个输入数据警告提示管板上可以布置 1188 根传热管，但是输入数据为 1115 根传热管，EDR 用 1115 根传热管进行了所有的计算。因为 1115 根传热管是换热器国家标准所规定，不可更改，忽略此警告。一个计算结果警告提示虹吸循环回路存在 3.772kPa 的压降，建议用 "Thermosiphon Stability Analysis" 进行进一步分析。

两个运行警告提示管程顶部存在液体返混、液泛的可能，建议修改设计。

在 "Optimization Path" 页面，列出了再沸器主要计算结果数据，第 5 列显示换热面积富余 30%；最后一列设计状态显示 "OK"，表明设计通过，如图 4-39 所示。在 "TEMA Sheet" 页面，列出了再沸器的设备数据，如图 4-40 所示。

Item	Shell Size mm	Tube Length Actual m	Tube Length Reqd. m	Area ratio	Pressure Drop Shell kPa	Dp Ratio	Tube kPa	Dp Ratio	Baffle Pitch mm	No.	Tube Tube Pass	No.	Units P	S	Total Price Dollar(US)	Design Status
1	1200	2	1.5375	1.3	.578	.01	6.704	.64	700	2	1	1115	1	1	72889	OK
1	1200	2	1.5375	1.3	578	.01	6.704	64	700	2	1	1115	1	1	72889	OK

图 4-39　再沸器设计计算结果汇总

6	Size	1200 ~ 2000	mm	Type BEM	Ver	Connected in	1 parallel	1 series
7	Surf/unit(eff.)	165.9	m²	Shells/unit 1		Surf/shell (eff.)	165.9	m²
8			PERFORMANCE OF ONE UNIT					
9	Fluid allocation			Shell Side		Tube Side		
10	Fluid name			STEAM-CONDENSATE		RECYCLE		
11	Fluid quantity, Total	kg/h		1859		74059		
12	Vapor (In/Out)	kg/h	1859	0	0	10146		
13	Liquid	kg/h	0	1859	74059	63913		
14	Noncondensable	kg/h	0	0	0	0		
15								
16	Temperature (In/Out)	℃	170.41	170.02	152.79	155.41		
17	Dew / Bubble point	℃	170.41	170.41	163.75	155.74		
18	Density Vapor/Liquid	kg/m³	4.16 /	/ 896.92	/ 747.11	5.88 / 745.65		
19	Viscosity	cp	.0147 /	/ .1591	/ .2001	.0098 / .2003		
20	Molecular wt, Vap		18.02		96.8			
21	Molecular wt, NC							
22	Specific heat	kJ/(kg K)	2.47 /	/ 4.379	/ 2.215	1.715 / 2.228		
23	Thermal conductivity	W/(m K)	.0348 /	/ .6762	/ .1017	.0239 / .1011		
24	Latent heat	kJ/kg	2046.2	2046.3	335.1	334.2		
25	Pressure (abs)	kPa	800	799.422	212.087	205.383		
26	Velocity	m/s	1.13		1.44			
27	Pressure drop, allow./calc.	kPa	50	.578	10.475	6.704		
28	Fouling resist. (min)	m²K/W		.0002	.0002	.00025 Ao based		
29	Heat exchanged	1057.6	kW		MTD corrected	15.2	℃	
30	Transfer rate, Service	419.5	Dirty	545.7	Clean 720.5		W/(m²K)	

图 4-40　再沸器设备数据

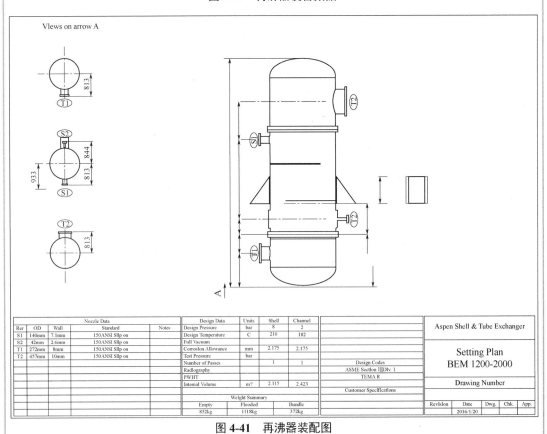

Nozzle Data					Design Data	Units	Shell	Channel	Aspen Shell & Tube Exchanger
Rer	OD	Wall	Standard	Notes	Design Pressure	bar	8	2	
S1	140mm	7.1mm	150ANSI Slip on		Design Temperature	C	210	182	
S2	42mm	2.6mm	150ANSI Slip on		Full Vacuum				Setting Plan
T1	272mm	8mm	150ANSI Slip on		Corrosion Allowance	mm	2.175	2.175	BEM 1200-2000
T2	457mm	10mm	150ANSI Slip on		Test Pressure	bar			
					Number of Passes		1	1	Drawing Number
					Radiography				
					PWHT				
					Internal Volume	m³	2.115	2.423	

Design Codes
ASME Section VIII Div. 1
TEMA R

Customer Specifications

Weight Summary				Revision	Date	Dwg.	Chk.	App.
Empty	Flooded	Bundle			2016/1/20			
852kg	1118kg	372kg						

图 4-41　再沸器装配图

在"Overall Summary"页面，列出了再沸器中间计算数据，在"Heat Transfer Parameters"栏目内给出了传热方面的数据，再沸器总传热系数（污垢/洁净）为545.7/720.5W/($m^2\cdot$K)，传热面积的实际值与需要值的比例（污垢/洁净）为1.3/1.72。可见所选的再沸器是合用的，有一定的富余度，但需要定期清洗。在"Thermal/Hydraulic Summary|Performance|Overall Performance"页面，列出了再沸器管程、壳程的传热系数、传热阻力分布情况，可见管程的对流传热阻力是主要的热阻。

在"Mechanical Summary|Setting Plane & Tubesheet layout"页面，给出了再沸器装配图和布管图，装配图如图4-41所示。

在"Mechanical Summary|Cost/Weights"页面，给出了再沸器的质量与成本。再沸器的筒体、前后封头、管束质量分别是 1025.5kg、548.3kg、718.8kg、3901.7kg，总质量是6194.3kg。在制作成本方面，人工成本55056美元，管束成本9677美元，其他材料成本8156美元，总成本72889美元，其中人工成本占75.5%。

在"Results|Calculation Details"文件夹，给出了再沸器壳程、管程的详细计算数据。图4-42给出了再沸器内的温度分布情况，图4-42（a）由上往下三条线分别是壳程流体、

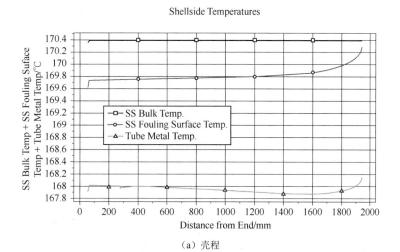

（a）壳程

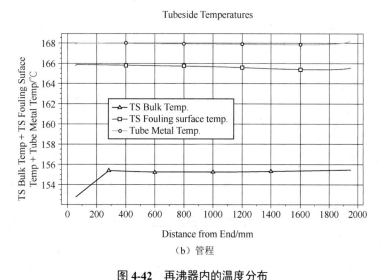

（b）管程

图4-42　再沸器内的温度分布

壳程污垢表面、管壁的温度分布曲线，图 4-42（b）由上往下三条线分别是管壁、管程污垢表面、管程流体的温度分布曲线。

4.2.2 板翅式换热器

板翅式换热器是一种以翅片为传热元件的换热器，具有传热效率高、结构紧凑、重量轻、体积小等特点。标准板翅式换热器的芯体单元由隔板、翅片及封条组成。在两块隔板间夹入各种形状的金属翅片，两边以封条进行密封形成密闭通道，这样就构成了一个芯体换热基本单元。若干个芯体单元按照一定顺序进行叠积，从而形成两组或多组相对独立的通道，并以钎焊固定，就构成了换热器的核心部件芯体。将芯体与封头、法兰及接头焊接为一体，即构成了一个完整的标准板翅式换热器。板翅式换热器在化工行业的主要应用为空气分离、乙烯分离、合成气氨氮洗和油田气回收中的低温换热。关于板翅式换热器的换热原理、设计和制造方法可查看相关专著。

早期 EDR 软件中的板翅式换热器设计模块 Aspen Plate Fin Exchanger 需要专门的使用许可，但 AspenONE 套餐中有一个板翅式换热器设计软件 Aspen MUSE 不需要专门的使用许可。MUSE 软件最早是英国传热和流体流动学会（HTFS）所开发的板翅式换热器设计模块，后并入 AspenONE 软件中。用 Aspen MUSE 进行板翅式换热器的工艺设计时，可以从 Aspen Plus 模拟程序中导入组成复杂的冷热流体物性数据，软件操作步骤简单清晰，计算结果输出全面直观。

MUSE 软件可以对各种形式的板翅式换热器进行模拟计算，包括简单的两股流体换热或者多股流体换热，冷热流体之间换热形式包括逆流、并流和错流。对于逆流换热的板翅式换热器，MUSE 软件的模拟步骤共有 3 步，即 PFIN 设计、MUSE 模拟、MULE 逐层扫描。PFIN 设计是简捷计算，计算板翅式换热器的基本尺寸和翅片选型。MUSE 模拟是严格计算，在 PFIN 设计基础上进行流道布置，按标准流道分布进行严格换热计算。MULE 逐层扫描是在 MUSE 模拟基础上进行换热器逐层模拟，计算各层热负荷分布，以判断换热器通道布置是否合理。以下用一个空气深冷分离例题说明 Aspen MUSE 在板翅式换热器工艺设计中的使用方法，该方法的设计步骤同样适用于 EDR 软件中的板翅式换热器工艺设计。

例 4-4 空气深冷分离中的板翅式换热器工艺设计。

设计一台空气/氮气/氮气 3 股物流换热的板翅式换热器，以一股热空气流股与两股冷氮气流股换热。原始工艺条件如例 4-4 附表，其中热空气流股的质量流率由热量衡算确定。

例 4-4 附表　换热器设计条件

物　流	Air（1）	N₂（1）	N₂（2）
质量流率/(kg/h)		15000	12000
进口温度/K	300	120	210
出口温度/K	125	200	290
进口压力/bar	10	3	2.5
容许压降/bar	0.5	0.3	0.3

解 （1）PFIN 计算

① 建立换热器模拟案例文件　打开 Aspen MUSE，软件的初始界面如图 4-43 所示。点击"New"按钮，开启一个新的模拟案例创建窗口，如图 4-44 所示，选择计算模式"Design-

PFIN"，填写物流数 3，翅片数 0，由软件计算并选型；勾选计算模式"Basic Mode"，进行简捷计算，填写换热器设备编号和程序名称，点击"OK"保存。这时软件弹出工艺参数输入窗口，点击窗口左下方的"Units"按钮，在弹出的量纲选择窗口中选择"SI/deg K"，与题给的温度量纲一致，如图 4-45 所示。

② 输入换热器工艺数据　在工艺参数输入窗口，填写题给换热数据，如图 4-46 所示。软件会根据输入的温度和压力值计算流股的进出口相态，图 4-46 中可以不填写。由于板翅式换热器通常处理清洁流体，因此假定污垢系数为 0。同样，也无需输入热负荷，软件将根据流股流率和出入口温度计算。

图 4-43　Aspen MUSE 软件初始界面

图 4-44　创建一个新的模拟案例

图 4-45　选择量纲集

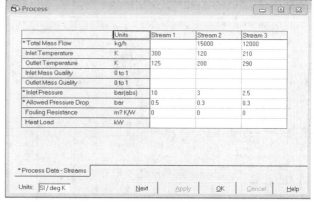

图 4-46　原始换热数据

	Units	Stream 1	Stream 2	Stream 3
* Total Mass Flow	kg/h		15000	12000
Inlet Temperature	K	300	120	210
Outlet Temperature	K	125	200	290
Inlet Mass Quality	0 to 1			
Outlet Mass Quality	0 to 1			
* Inlet Pressure	bar(abs)	10	3	2.5
* Allowed Pressure Drop	bar	0.5	0.3	0.3
Fouling Resistance	m? K/W	0	0	0
Heat Load	kW			

③ 输入物流性质　Aspen MUSE 提供了多种流体物性输入方法，软件自带了"NEL40"和"COMThermo"两个物性数据库。"NEL40"物性数据库含有 40 个常见低温流体组分的物性数据，"COMThermo" 物性数据库中的组分数量超过 1000 个。对于纯组分流股，Aspen MUSE 建议使用"NEL40"物性数据库；对于混合物流股，可以使用"COMThermo"物性数据库。对于组成复杂的混合物流股，Aspen MUSE 建议从流程模拟软件 Aspen Plus、Aspen Hysys、HTFS 获取物流性质数据。Aspen MUSE 可以直接读取 Aspen Hysys、HTFS Thermo 换热器模拟流程的物性数据，Aspen Plus 的换热器模拟数据可以通过生成一个 PSF 文件间接输入，也可以直接人工输入。本例中 3 股物流均是纯组分，最方便的物性输入方法是使用"NEL40"物性数据库。在下拉菜单"Input"中点击"Physical Properties（Old Style）"，在弹出的物性数据对话框中依次输入 3 个

物流的组分名称，空气和氮气（1）物性输入方法见图 4-47 和图 4-48，氮气（2）物流输入方法同氮气（1）。关于"COMThermo"数据库、PSF 文件输入方法可以参考 Aspen MUSE 的帮助系统。

④ 进行 PFIN 简捷计算　在下拉菜单"Run"中点击"Run PFIN"进行计算。在下拉菜单"Output"中有多个文件夹列出了初步计算结果。点击"Results Summary"，显示换热器基本结构数据，如图 4-49（a）所示，其中列出了换热器的基本规格尺寸数据，共需要 49 层板翅换热。点击"Exchanger Diagram (Output)"显示换热器初步结构，如图 4-49（b）所示，换热器垂直安装，图中标绘了冷、热流体的进出口位置和流动方向。

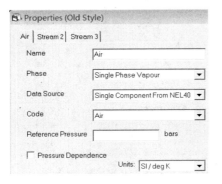

图 4-47　空气物性　　　　　　图 4-48　氮气（1）物性

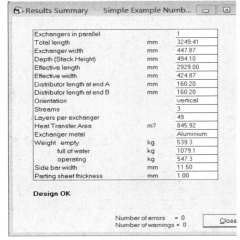
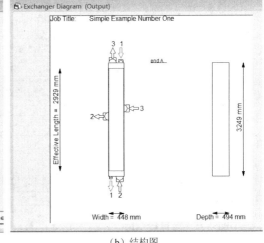

（a）结构参数　　　　　　　　　　（b）结构图

图 4-49　换热器初步设计结果

点击"Stream Geometry"显示 3 股流体在流道的走向、流程尺寸、接管尺寸、板翅规格等数据，如图 4-50 所示。由图可见，空气热流股需要 18 层板翅换热，两股氮气冷流股共需要 31 层板翅换热，氮气流股在相同板翅空间的不同区域内流动，初选翅片形式是锯齿状翅片。

（2）MUSE 模拟

① 创建换热器 MUSE 模拟文件　在下拉菜单"File"中点击"Create Simulation Case"，软件弹出一个 MUSE 模拟文件保存窗口，可以为模拟文件取名并保存。这时软件相继弹出换热器 PFIN 简捷设计结果的主要规格参数表和结构图，点击"OK"予以确认。

② 流道设置　在下拉菜单"Input"中点击"Start up"，弹出初始参数设置窗口，如图 4-51 所示，这时计算模式已经自动更改为 MUSE 模拟。去掉"Basic Mode"后面的"√"，表明不再是初始简捷设计，而是进入严格的 MUSE 模拟阶段。点击图 4-51 所示的"OK"按钮，软件弹出换热器流道结构参数设置窗口，如图 4-52 所示，共有 5 个页面需要填写数据。在"Basic Geometry"页面，默认软件的参数设置，见图 4-52（a）。

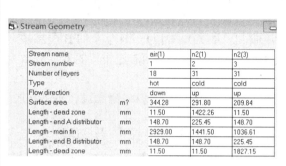

图 4-50　换热器结构尺寸 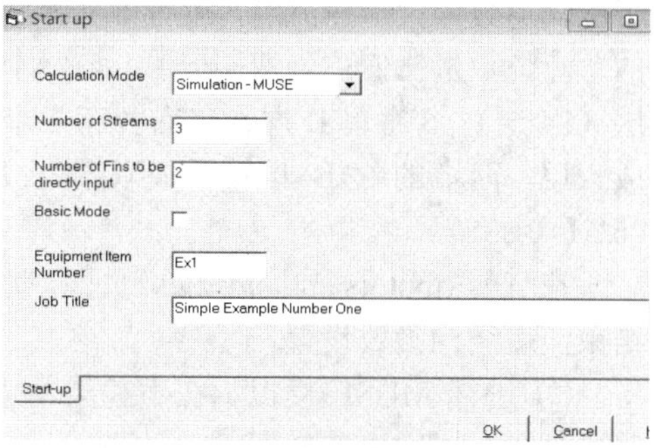　　　　　　　图 4-51　更改为 MUSE 模拟模式

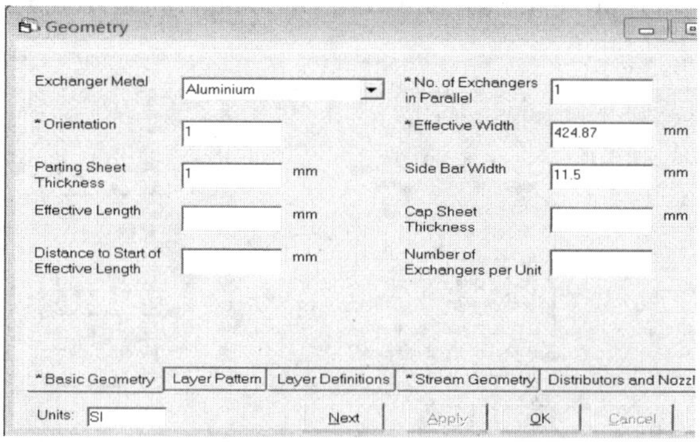

（a）基本结构参数 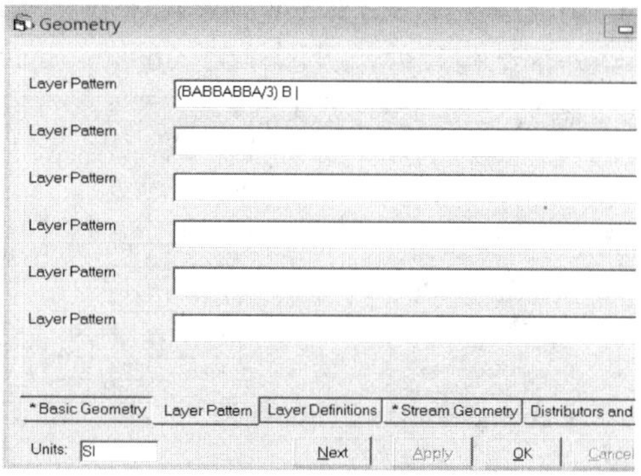　　　　　　　　　　（b）流道布置

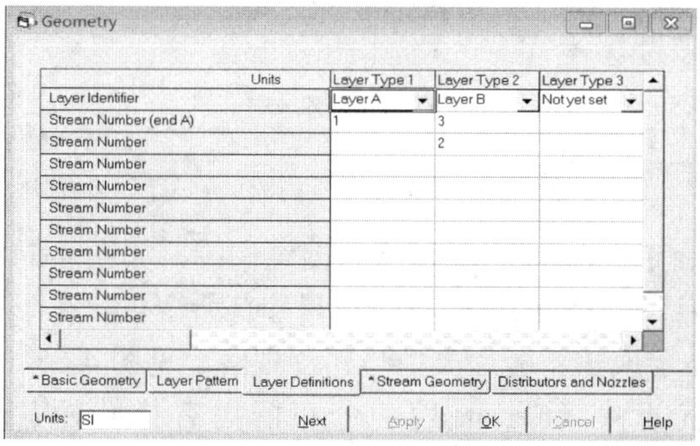

（c）流股布置 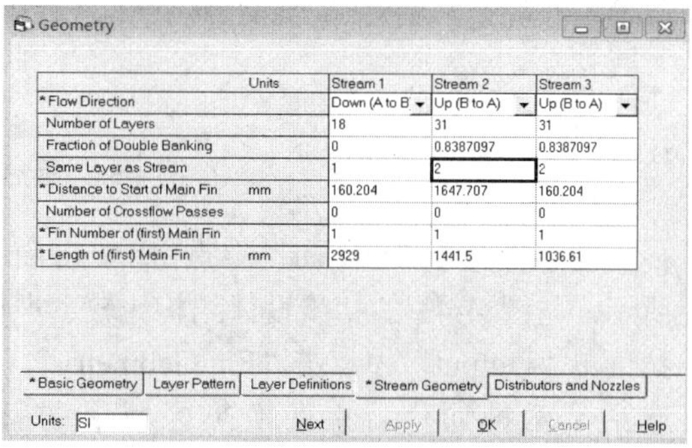　　　　　　　　　　（d）流向布置

图 4-52　流道结构参数设置

在"Layer Pattern"页面，设置 18 层热流股和 31 层冷流股的流道布置，把它们尽可能均匀分布起来，见图 4-52（b）。图中 A 代表热流股流道，B 代表冷流股流道，"BABBABBA"表示若干流道的重复单元，"/3"表示重复单元的数量，"|"表示流道布置成镜面对称。图 4-52（b）的流道布置表示以 1 个冷流道为对称中心，两边各有 3 个流道

重复单元，每个单元有 3 个热流道 5 个冷流道，合计共有 18 个热流道 31 个冷流道。图 4-52（b）的流道布置也可以写成"（BABBABBA/3） B（ABBABBAB/3）"。

在"Layer Definitions"页面，定义流道编号和指定流道内的流股编号，如图 4-52（c）所示，此处把热流股布置在 A 流道，两股冷流股布置在 B 流道。在"*Stream Geometry"页面，定义流股的流动方向和同一流道内流股的数量，数据填写如图 4-52（d）所示。由于冷流道数量大于热流道，故有部分冷流道是重叠布置。重叠布置的流道数量与该种流股的总流道数量比值称为双层分数。在本例的流道布置中可以看到，冷流股共有 12 个双 B 层（24 层），5 个单 B 层（左右各有 1 个热流股的单层 A），因为一侧为 A 的 B 层总被看成双层，两端的单 B 层被看成双层，故双 B 层有 26 层，本例流道布置的双层分数为 26/31=0.8387。

在"Distributors and Nozzles"页面，默认软件设置的所有分配器和管口数据，点击"OK"结束流道结构参数设置。

③ 进行 MUSE 模拟　在下拉菜单"Run"中点击"Run MUSE"进行计算。在下拉菜单"Output"中点击"Results Summary"，显示最终换热结果，如图 4-53（a）所示，图中给出了冷热流股进出口温度、压力、流率、热负荷等数据，可见根据热量平衡计算得到的热流股流率是 12259kg/h。在下拉菜单"Output"中点击"Overall Geometry"，显示换热器外部结构尺寸，见图 4-53（b）。

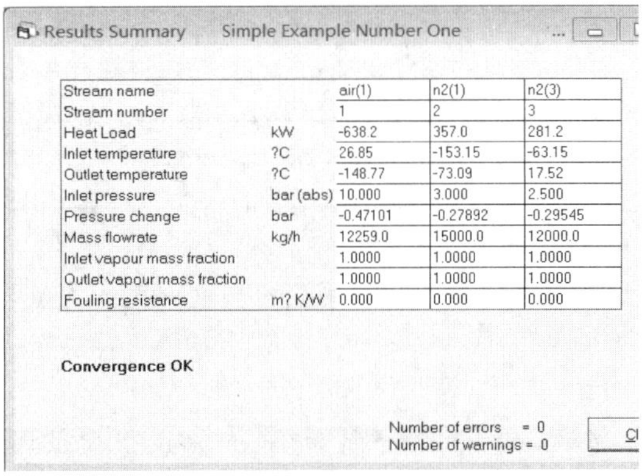

Results Summary	Simple Example Number One			
Stream name		air(1)	n2(1)	n2(3)
Stream number		1	2	3
Heat Load	kW	-638.2	357.0	281.2
Inlet temperature	?C	26.85	-153.15	-63.15
Outlet temperature	?C	-148.77	-73.09	17.52
Inlet pressure	bar (abs)	10.000	3.000	2.500
Pressure change	bar	-0.47101	-0.27892	-0.29545
Mass flowrate	kg/h	12259.0	15000.0	12000.0
Inlet vapour mass fraction		1.0000	1.0000	1.0000
Outlet vapour mass fraction		1.0000	1.0000	1.0000
Fouling resistance	m? K/W	0.000	0.000	0.000

Convergence OK

Number of errors = 0
Number of warnings = 0

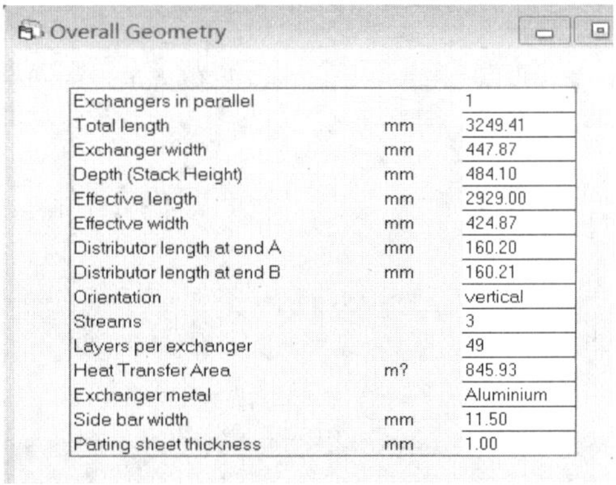 Overall Geometry		
Exchangers in parallel		1
Total length	mm	3249.41
Exchanger width	mm	447.87
Depth (Stack Height)	mm	484.10
Effective length	mm	2929.00
Effective width	mm	424.87
Distributor length at end A	mm	160.20
Distributor length at end B	mm	160.21
Orientation		vertical
Streams		3
Layers per exchanger		49
Heat Transfer Area	m?	845.93
Exchanger metal		Aluminium
Side bar width	mm	11.50
Parting sheet thickness	mm	1.00

（a）结构参数　　　　　　　　　　　　（b）外部结构尺寸

图 4-53　换热器严格计算结果

在下拉菜单"Output"中点击"Exchanger Diagram"，显示换热器结构图，如图 4-54 所示，与图 4-49 的初步设计结构比较，严格计算得到的换热器深度尺寸有所变化。在下拉菜单"Output"中点击"Fin Geometry"，显示换热器翅片类型与翅片规格，见图 4-55，选用了两种翅片，主要换热区域用锯齿状翅片（Serrated），分布器用有排孔翅片（Perforated）。

（3）MULE 逐层扫描　在下拉菜单"Input"中点击"Start up"，在弹出的对话框中选择计算模式为"MULE"，默认所有的流道结构参数设置。在下拉菜单"Run"中点击"Run MULE"进行逐层扫描计算。在下拉菜单"Output"中点击"Results Summary"，显示逐层扫描计算结果，如图 4-56 所示，在热负荷、出口温度、压降方面与 MUSE 模拟结果有少许差异。

在下拉菜单"Output"中点击"Temperature Profiles"，显示温度分布数据表，点击表

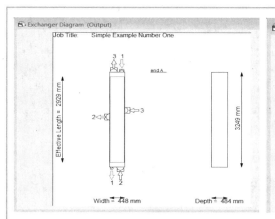

图 4-54　换热器尺寸

		Fin 1	Fin 2
Fin Number from Databank			
Fin Type		Serrated	Perforated
Fin Height	mm	8.90	8.90
Fin Thickness	mm	0.203	0.406
Fin Frequency	fins/m	787	236
Fin Porosity			0.050
Serration Length	mm	3.00	
Subchannel Aspect Ratio		8.15	2.22
Blockage Fraction		0.179	0.137
Subchannel Hydraulic Diameter	mm	1.902	5.281
Flow Area	mm2/m	7307.6	7680.1
Primary Perimeter	mm/m	1680.5	1808.4
Secondary Perimeter	mm/m	13689.1	3808.7
Used in Streams		1, 2, 3	1, 2, 3

图 4-55　翅片类型与翅片规格

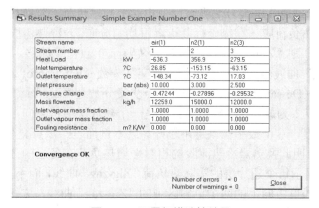

Stream name		air(1)	n2(1)	n2(3)
Stream number		1	2	3
Heat Load	kW	-636.3	356.9	279.5
Inlet temperature	?C	26.85	-153.15	-63.15
Outlet temperature	?C	-148.34	-73.12	17.03
Inlet pressure	bar (abs)	10.000	3.000	2.500
Pressure change	bar	-0.47244	-0.27896	-0.29532
Mass flowrate	kg/h	12259.0	15000.0	12000.0
Inlet vapour mass fraction		1.0000	1.0000	1.0000
Outlet vapour mass fraction		1.0000	1.0000	1.0000
Fouling resistance	m? K/W	0.000	0.000	0.000

Convergence OK

Number of errors　　= 0
Number of warnings = 0

图 4-56　逐层扫描计算结果

格下方的"Plot"按钮，显示温度分布图，见图 4-57。该图横坐标是换热器翅片的长度方向距离，纵坐标是流股温度。热流股空气从换热器 A 端进入后，首先与从换热器中间进入的冷氮气流股逆流换热，自身从 300K 降低到 220K，冷氮气流股从 210K 升高到 290K 后从换热器 A 端流出换热器。热流股空气经过一段过渡距离后继续与从 B 端进入的冷氮气流股逆流换热，自身从 220K 降低到 125K，冷氮气流股从 120K 升高到 200K 后从换热器中间流出换热器。类似地，还可以绘制换热器的热负荷分布图、总传热系数分布图等。在下拉菜单"Output"中点击"Zig-zag"，显示换热器的热负荷逐层分布，见图 4-58。

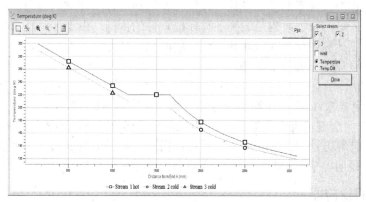

图 4-57　温度分布

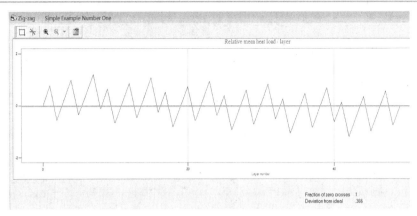

图4-58 热负荷逐层分布

图4-58横坐标是翅片层编号，纵坐标是相对平均热负荷。若换热器流道设计良好，则各层冷热流股的热负荷应该在纵坐标0点上下均匀分布。若冷热流股的热负荷在局部翅片层间配置不平衡，则"Zig-zag"曲线相对于纵坐标0点出现偏移。MULE用两个定量指标评价"Zig-zag"曲线的好坏，一个是零点交叉分数（Fraction of Zero Crossings），一个是距理想偏差值（Deviation from Ideal）。零点交叉分数是"Zig-zag"曲线在纵坐标0点上下部分的比例，以1为最佳。距理想偏差值是一个翅片层中每条向上或向下折线中点的平均值接近0的程度，这个数字应该越小越好。就本例而言，零点交叉分数为1，距理想偏差值是0.366，说明此换热器冷热流股的相对平均热负荷在各层的分布是比较均匀的。进一步地，还可以显示每个翅片层的实际热负荷"Zig-zag"曲线，而不是显示平均热负荷，也可以显示换热器长度方向上的四个单独区域的"Zig-zag"曲线，这些曲线的功能可以参见软件的帮助系统。

4.3 反应器

对于存在化学反应的化工过程，反应器是整个化工过程的核心，是化工装置的关键设备，反应物在反应器内通过化学反应转化为目标产物。由于化学反应种类繁多、机理各异，反应器的类型和结构也差异很大。反应器操作性能的优良与否，与设计过程息息相关。

反应工程课程对反应器的基础理论、设计方程等均进行了详细的介绍。这些基础理论不仅是手工设计反应器的依据，也是编制各种模拟软件的依据。由于涉及反应器的各种设计方程异常繁复，手工计算往往令人望而却步，或用简化方法计算。现在各种模拟软件的普及，为反应器的严格设计计算提供了条件。

Aspen Plus软件中有3大类7种反应器模块，包括生产能力类反应器（化学计量反应器RStoic，产率反应器RYield）、平衡类反应器（平衡反应器REquil，Gibbs反应器RGibbs）、动力学类反应器（全混流反应器RCSTR，平推流反应器RPlug，间歇式反应器RBatch）。每种模块采用一种计算方法，适应一种反应器设计需求。Aspen Plus的操作手册中对这些模块的使用有详细的说明，下面对两种动力学反应器的设计过程作一介绍。

4.3.1 釜式反应器

釜式反应器内物料假定为理想混合，假定整个反应器体积的组成和温度均匀，并等于反

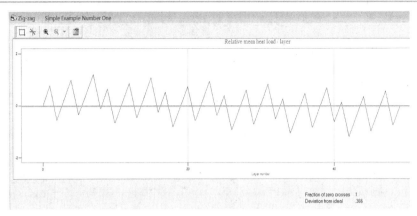

应器出口物流的组成和温度。釜式反应器通用性好，造价低用途广，可以连续操作也可以间歇操作。间歇操作时，只要设计好搅拌，可以使釜温均一，浓度均匀，反应时间可长可短，可以常压、加压、减压操作，范围较大。反应结束后出料容易，清洗方便。连续操作时，可以多釜串联反应，物料一端进料，另一端出料，形成连续流动，停留时间可有效控制。多釜串联时，可以认为近似活塞流，反应物浓度和反应速度恒定，反应釜还可以分段控制。

例 4-5 合成乙酸乙酯的釜式反应器工艺计算。

以乙醇（A）与乙酸（B）为原料，液相均相反应合成乙酸乙酯（C）和水（D）。正、逆反应方程式见（4-2），反应速率方程为式（4-3）和式（4-4）。

$$CH_3CH_2OH + CH_3COOH \underset{k_{-1}}{\overset{k_1}{\rightleftharpoons}} CH_3CH_2COCH_3 + H_2O \tag{4-2}$$

$$-r_1 = k_1 C_A C_B = 1.9 \times 10^8 \exp[-59500/(RT)] C_A C_B \tag{4-3}$$

$$-r_{-1} = k_{-1} C_C C_D = 5 \times 10^7 \exp[-59500/(RT)] C_C C_D \tag{4-4}$$

式中，k_1、k_{-1} 为正、逆反应速率常数，$m^3/(kmol \cdot s)$；反应速率单位 $kmol/(m^3 \cdot s)$；活化能单位 kJ/kmol；浓度单位 $kmol/m^3$。

原料流率 400kmol/h，其中水含量为 0.025（摩尔分数），乙醇与乙酸均为 0.4875（摩尔分数）。原料与反应温度均为 70℃，常压，反应釜体积 140 L。求：（1）乙醇的转化率；（2）若要求乙醇转化率达到 0.65，反应釜体积需要多大；（3）若反应釜体积 140L 不变，反应温度在 65~75℃ 范围内变化，乙醇转化率如何变化。

解 **（1）求乙醇的转化率**

① 全局性参数设置 计算类型"Flowsheet"，输入水、乙醇、乙酸、乙酸乙酯 4 个组分。考虑乙酸的缔合性质，选择"NRTL-HOC"性质方法。

② 画流程图 选择"RCSTR"模块，连接进出物流，见图 4-59。把题目给定的进料物流信息填入对应栏目中，进料物流的温度、压力与反应条件相同。

③ 设置化学反应方程式信息 在"Reactions|Reactions"目录中，创建一个反应方程式"R-1"文件夹，因为是液相均相反应，选择指数型动力学方程式"POWERLAW"。把式（4-2）、式（4-3）和式（4-4）的反应方程式和动力学数据输入，正反应动力学数据输入方式见图 4-60。

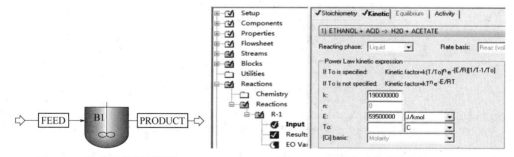

图 4-59　釜式反应器流程图　　　图 4-60　正反应动力学数据设置

④ 设置模块信息 在反应器模块的"Setup|Specifications"页面，填写主要的反应条件，如图 4-61 所示。在反应器模块的"Setup|Reactions"页面，把前面创建的反应方程式文件夹"R-1"选入反应体系，见图 4-62。

⑤ 模拟计算 计算结果见图 4-63 和图 4-64。由图 4-63 可知，在给定反应条件下，反应放出热量−17.7kW，物料在反应器内的停留时间为 21.0s。由图 4-64 可知，反应生成

乙酸乙酯 123.152kmol/h，折算乙醇转化率为 63.15%。

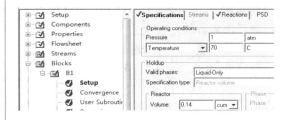

图 4-61　反应条件设置　　　　　　　图 4-62　选入反应方程式文件夹

RCSTR results		
Outlet temperature:	70	C
Heat duty:	-17.738916	kW
Net heat duty:	-17.738916	kW
Volume		
Reactor:	0.14	cum
Vapor phase:		
Liquid phase:	0.14	cum
Liquid 1 phase:		
Salt phase:		
Condensed phase:	0.14	cum
Residence time		
Reactor:	20.9758962	sec

图 4-63　反应器输出参数

	FEED	PRODUCT
Temperature C	70.0	70.0
Pressure bar	1.013	1.013
Vapor Frac	0.000	0.000
Mole Flow kmol/hr	400.000	400.000
Mass Flow kg/hr	20873.865	20873.865
Volume Flow cum/hr	23.937	24.028
Enthalpy Gcal/hr	-35.607	-35.622
Mole Flow kmol/hr		
H2O	10.000	133.152
ETHANOL	195.000	71.848
ACID	195.000	71.848
ACETATE		123.152

图 4-64　进出口物流信息

（2）求乙醇转化率达到 0.65 的反应釜体积

① 利用软件的"Design Specs"功能反馈计算反应釜体积　在"Flowsheet Options|Design Specs"目录下，创建一个反馈计算文件夹"DS-1"，在其"Define"页面上定义一个因变量 X，用来表示生成的乙酸乙酯的流率，如图 4-65 所示。转化率 0.65 相当于乙酸乙酯的流率为 195×0.65=126.75kmol/h，在"DS-1|Input|Spec"页面上给出因变量 X 的值和误差如图 4-66 所示，自变量为反应器体积，在"DS-1|Input|Vary"页面上定义自变量和自变量的变化范围，如图 4-67 所示。

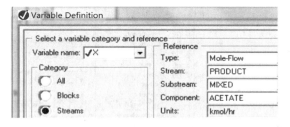

图 4-65　创建反馈计算文件

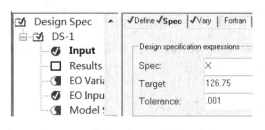

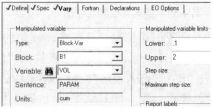

图 4-66　定义因变量 X 的值和误差　　图 4-67　定义自变量和自变量的变化范围

② 模拟计算　计算结果见图 4-68 和图 4-69。由图 4-68 可见，反应生成的乙酸乙酯达到要求的 126.75kmol/h。由图 4-69 可见，乙醇转化率从 63% 增加到 65% 时，反应器体积从 0.14m³ 迅速增大到 1.26m³，停留时间从 21s 增大到 189s，释放的反应热略有增加，由此可以见到全混流反应器的一个特点。

	FEED ▼	PRODUCT ▼
Temperature C	70.0	70.0
Pressure bar	1.000	1.013
Vapor Frac	0.000	0.000
Mole Flow kmol/hr	400.000	400.000
Mass Flow kg/hr	20873.865	20873.865
Volume Flow cum/hr	23.937	24.027
Enthalpy　Gcal/hr	-35.607	-35.622
Mole Flow kmol/hr		
H2O	10.000	136.750
ETHANOL	195.000	68.250
ACID	195.000	68.250
ACETATE		126.750

图 4-68　进出口物流信息

RCSTR results		
Outlet temperature:	70	C
Heat duty:	-18.380899	kW
Net heat duty:	-18.380899	kW
Volume		
Reactor:	1.26130874	cum
Vapor phase:		
Liquid phase:	1.26130874	cum
Liquid 1 phase:		
Salt phase:		
Condensed phase:	1.26130874	cum
Residence time		
Reactor:	188.985311	sec
Vapor phase:		
Condensed phase:	188.985311	sec

图 4-69　反应器输出参数

（3）求反应温度变化时对乙醇转化率的影响

① 使用 "Sensitivity" 功能调整反应温度，求乙醇转化率的变化　先关闭或隐藏反馈计算文件夹 "DS-1"。在 "Model Analysis Tools|Sensitivity" 目录下，创建一个反馈计算文件夹 "S-1"。在其 "Input|Define" 页面上定义一个因变量 X，用来表示生成的乙酸乙酯的流率。在 "Input|Vary" 页面上定义自变量的变化范围，如图 4-70 所示。在 "Input|Fortran" 页面上，编写一句 Fortran 语句计算乙醇的转化率，如图 4-71 所示；在 "Input|Tabulate" 页面上，给出输出格式。

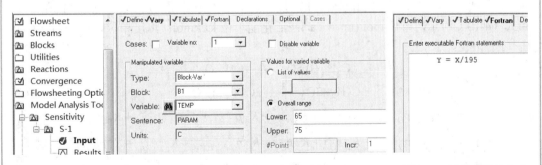

图 4-70　定义自变量的变化范围　　　　图 4-71　计算乙醇转化率

② 模拟计算　计算结果见图 4-72 和图 4-73，可见温度变化 10℃，乙酸乙酯的生成速率从 121.85kmol/h 增加到 124.12kmol/h，乙醇摩尔转化率从 0.625 增加到 0.637，变化不大。

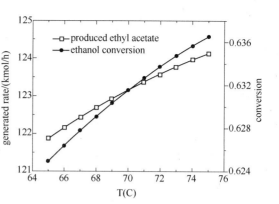

Row/Case	Status	VARY 1 B1 PARAM TEMP C	X KMOL/HR	Y
1	OK	65	121.850036	0.62487198
2	OK	66	122.142087	0.62636967
3	OK	67	122.417399	0.62778153
4	OK	68	122.676936	0.62911249
5	OK	69	122.921609	0.63036722
6	OK	70	123.15228	0.63155016
7	OK	71	123.369767	0.63266547
8	OK	72	123.574838	0.63371712
9	OK	73	123.768221	0.63470882
10	OK	74	123.950602	0.63564411
11	OK	75	124.122627	0.6365263

图 4-72　灵敏度计算输出参数　　　图 4-73　生成速率与转化率趋势

4.3.2　管式反应器

管式反应器的特点是传热面积大，传热系数较高，反应可以连续化，流体流动快，物料停留时间短，可以控制一定的温度梯度和浓度梯度。根据不同的化学反应，可以有直径和长度千差万别的型式。相对于反应釜，管式反应器直径较小，因而能耐高温、高压。由于管式反应器结构简单，产品质量稳定，它的应用范围也越来越广。管式反应器可以用于连续生产，也可以用于间歇操作。反应器内的化学反应类型可以是均相反应，也可以是非均相催化反应。由于管径比很大，一般认为反应物不返混。管长和管径是管式反应器的主要指标，反应时间是管长的函数，管径决定于物料的流量。对于连续工艺过程，在管长轴线上，反应物与产物的浓度梯度分布不随时间变化。

例 4-6　乙烯环氧化反应管式反应器的工艺计算——气固非均相催化反应。

乙烯与氧气在管式反应器列管内充填的含银固体催化剂表面上反应生成环氧乙烷（EO），主、副反应方程式如式（4-5）和式（4-6）所示，两反应速率方程如式（4-7）和式（4-8）所示，反应速率单位 mol/(m³·h)。反应速率方程分子项的反应速率常数如式（4-9）和式（4-10）所示，单位 mol/(m³·h·Pa²)；活化能单位 kJ/kmol；浓度单位以组分的气相分压（Pa）表示。

$$C_2H_4 + 0.5O_2 \xrightarrow{\ k_1\ } C_2H_4O \tag{4-5}$$

$$C_2H_4 + 3O_2 \xrightarrow{\ k_2\ } 2CO_2 + 2H_2O \tag{4-6}$$

$$r_1 = k_1 p_{C_2H_4} p_{O_2} / (1 + K_2 p_{O_2}^{0.5} + K_3 p_{O_2} + K_4 p_{C_2H_4} p_{O_2}^{0.5} + K_5 p_{CO_2} + K_6 p_{H_2O}) \tag{4-7}$$

$$r_2 = k_2 p_{C_2H_4} p_{O_2} / (1 + K_2 p_{O_2}^{0.5} + K_3 p_{O_2} + K_4 p_{C_2H_4} p_{O_2}^{0.5} + K_5 p_{CO_2} + K_6 p_{H_2O})^2 \tag{4-8}$$

$$k_1 = 8.55 \times 10^{-6} \exp[-82567 / (RT)] \tag{4-9}$$

$$k_2 = 1.70 \times 10^{-3} \exp[-110850 / (RT)] \tag{4-10}$$

反应速率方程式的分母项为气体反应物在固体催化剂表面的吸附表达式，吸附平衡常数由式（4-11）计算，其中参数 A_i、B_i 由吸附实验数据回归获得，详见例 4-6 附表 1，反应器进料温度 190℃，压力 2.1MPa，进料组分流率见例 4-6 附表 2。

$$K_i = \exp\left(A_i + \frac{B_i}{T}\right) \qquad (i = 1, 2, \cdots, 6) \tag{4-11}$$

例 4-6 附表 1　吸附平衡常数

i	1	2	3	4	5	6
A	0	−14.629	−33.530	−16.436	−24.011	−52.757
B	0	−13584.32	−11085.04	−1585.16	−6286.62	−7853.62

例 4-6 附表 2　反应器进料组分流率

组分	C_2H_4	O_2	CH_4	C_2H_6	N_2
流率/(kg/h)	206358	68014	240124	13012	3088
组分	AR	EO	H_2O	CO_2	合计
流率/(kg/h)	131912	0	1695	12629	676832

反应器由管长 9m、内径 35mm 的 15843 根无缝钢管构成。管外用 230℃、3MPa 液态水并流撤热，通过少量水的汽化移除乙烯环氧化反应热。设反应器冷热流体总传热系数是 300 W/（m^2·K），求：（1）若要求壳程冷却水的汽化率不超过 0.04 质量分数，其进口流率是多少；（2）反应器管程和壳程流体的温度分布、反应器各个截面上乙烯的转化率分布与目标产品环氧乙烷的选择性分布。

解　（1）求冷却水流率

① 全局性参数设置　计算类型"Flowsheet"，输入例 4-6 附表 2 中 9 个组分。考虑到加压下的气相化学反应，全局性的性质方法选择"PR-BM"方程。

② 画流程图　选择"RPlug"模块，连接进出物流，如图 4-74 所示。把题给进料物流信息填入对应栏目中，冷却水流率暂时填写 $2.4×10^6$kg/h。

③ 设置反应方程式信息　在"Reactions|Reactions"目录中，创建一个反应方程式"R-1"文件夹。因为是气固非均相催化反应，动力学方程式的类型选择含有吸附项的 Langmuir-Hinshelwood-Hougen-Watson（LHHW）方程，如图 4-75 所示。

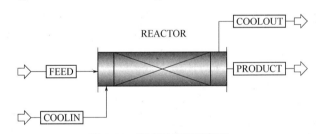

图 4-74　管式反应器流程图

图 4-75　选择 LHHW 动力学方程

把式（4-5）和式（4-6）两个反应方程式输入，见图 4-76。输入式（4-9）和式（4-10）两个反应速率常数参数值，见图 4-77。输入反应速率方程式（4-7）和方程式（4-8）的驱

（a）主反应方程式

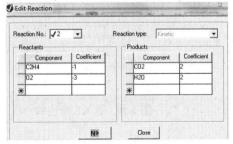

（b）副反应方程式

图 4-76　输入反应方程式

动力项表达式参数值，见图4-78和图4-79。输入反应速率方程式（4-7）和方程式（4-8）的吸附项表达式参数值，见图4-80和图4-81。

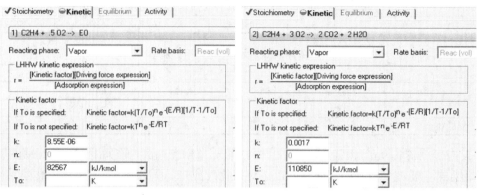

（a）主反应方程式　　　　　　　　　（b）副反应方程式

图4-77　输入反应速率常数参数值

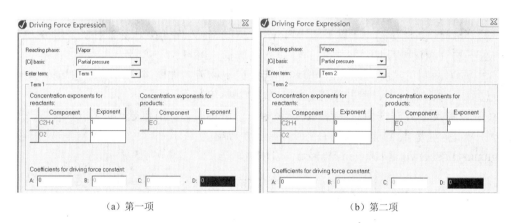

（a）第一项　　　　　　　　　　　（b）第二项

图4-78　输入反应速率方程（4-7）的驱动力项表达式参数值

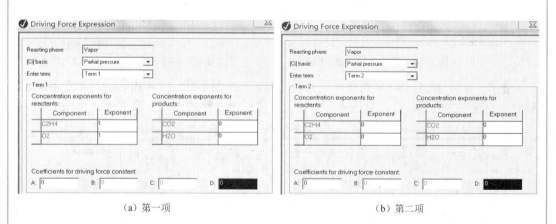

（a）第一项　　　　　　　　　　　（b）第二项

图4-79　输入反应速率方程（4-8）的驱动力项表达式参数值

④ 设置模块信息　有5个页面需要填写。在反应器模块"Setup|Specifications"页面，选择反应条件为并流换热反应（Reactor with oc-current coolant），填入总传热系数，见图4-82，在"Configuration"页面，填写反应器尺寸，如图4-83所示。

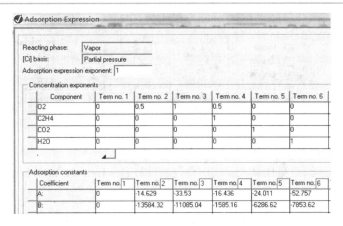

图 4-80 输入反应速率方程（4-7）的吸附项表达式参数值

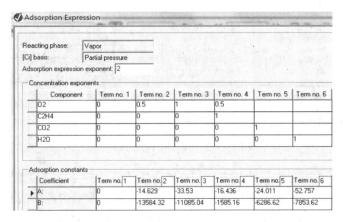

图 4-81 输入反应速率方程（4-8）的吸附项表达式参数值

在"Reactions"页面，把前面创建的反应方程式文件夹"R-1"选入反应体系。在"Pressure"页面，在"Pressure at reactor inlet"栏目内，填写反应器管程和壳程的进口压力；在"Pressure drop through reactor"栏目内，选择"Use frictional correlation to calculate process stream pressure drop"，由软件自带的摩擦系数关联式计算反应流体的压降。在反应器模块"Block Options|Properties"页面，为冷却水物流选择性质方法"STEAM-TA"。

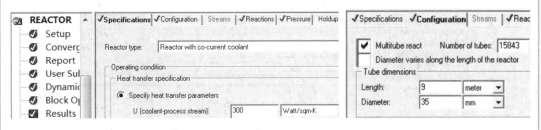

图 4-82 设置反应器的类型　　　　　图 4-83 输入反应器尺寸

⑤ 调整冷却水用量　在"Flowsheet Options|Design Specs"目录，创建一个反馈计算文件"DS-1"。在其"Input|Define"页面，定义一个因变量"VF"，记录冷却水出口汽化分率；在"Spec"页面，填写"VF"的目标值和允许误差；在"Vary"页面，填写自变量即进口冷却水流率的变化范围，见图 4-84。

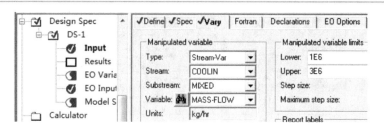

图 4-84 进口冷却水流率的变化范围

⑥ 模拟计算 结果见图 4-85，当冷却水进口流率 $1.98×10^6$ kg/h 时，出口冷却水的汽化分率为 0.04。

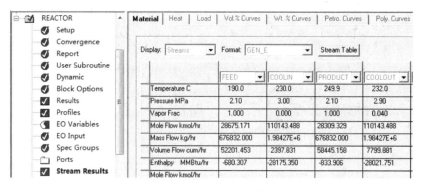

图 4-85 冷却水流率的计算结果

（2）求反应器内的各种参数分布 把冷却水需求量计算结果赋值给进口物流，然后把反馈计算文件"DS-1"隐藏。设置计算语句，以便计算反应器内各个截面上乙烯的转化率分布值与目标产品环氧乙烷的选择性分布值。在"Model Analysis Tools|Sensitivity"目录，创建一个灵敏度分析文件"S-1"。在其"Input|Define"页面，定义 5 个因变量，见图 4-86。其中，"FC2IN"和"FC2OUT"分别记录反应器进口物流和出口物流中乙烯的摩尔流率，"FEO"记录反应器出口物流中环氧乙烷的摩尔流率，T1、T2 分别记录反应器管程和壳程的流体温度。

图 4-86 定义 3 个物流变量

在"S-1|Input|Vary"页面，设置反应器管长变化范围，见图 4-87。在"S-1|Input|Fortran"页面，编写环氧乙烷选择性和乙烯转化率计算语句，如图 4-88 所示。在"Input|Tabulate"页面，设置环氧乙烷选择性和乙烯转化率输出格式。

模拟计算结果见图 4-89 和图 4-90。图 4-89 给出了反应器管程和壳程的流体温度分布。在反应器进口端，水温高于反应物温度，壳程的水为反应物加热，引发乙烯环氧化反应；

在反应器 1.5m 以后，反应物温度高于水温，壳程的水限制反应物温度升高，稳定反应过程。图 4-90 给出了反应器不同截面上环氧乙烷的摩尔选择性和乙烯的摩尔转化率。在反应器进口端，反应温度低，转化率低选择性高；随着反应温度升高，副反应加剧，转化率增加选择性降低；在反应器出口端，环氧乙烷的摩尔选择性为 0.854，乙烯的摩尔转化率为 0.116。

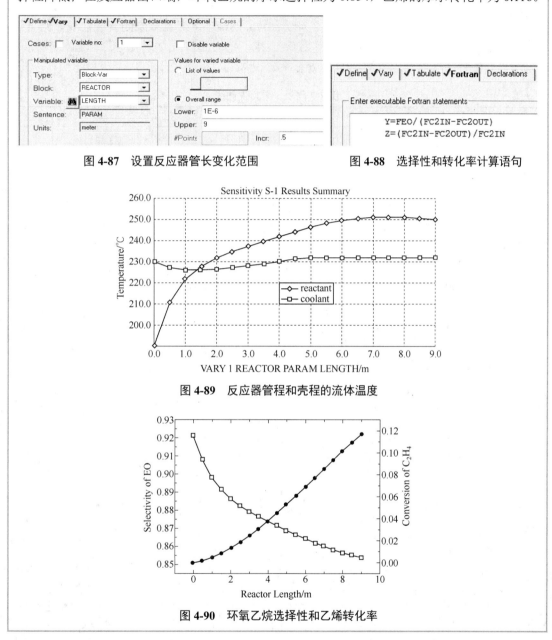

图 4-87 设置反应器管长变化范围   图 4-88 选择性和转化率计算语句

图 4-89 反应器管程和壳程的流体温度

图 4-90 环氧乙烷选择性和乙烯转化率

4.4 流体输送设备

化工设计过程中常见的流体输送设备是泵和压缩机。泵是化工厂最常用的液体输送设备，具有构造简单、便于维修、易于排除故障、造价低、系列化生产等优点。

在 Aspen Plus 软件模拟泵过程中，常用来指定出口压力（Discharge Pressure），并给定泵的水力学效率（Pump Efficiency）和驱动机效率（Driver Efficiency），计算得到出口流体状态和所需的轴功率和驱动机电功率。

> **例 4-7** 输送液态苯用离心泵工艺计算。
>
> 用一离心泵输送一股常压、40℃、100kmol/h 的液态苯。已知泵的特性曲线如例 4-7 附表，泵的效率为 0.6 左右，电机效率为 0.9。求：泵的出口压力、泵提供给流体的功率、泵所需要的轴功率以及电机消耗的电功率各是多少？
>
> 例 4-7 附表　泵特性曲线
>
> | 项目 | 流量/(m³/h) | | | |
> |---|---|---|---|---|
> | | 20 | 10 | 5 | 3 |
> | 扬程/m | 40 | 250 | 300 | 400 |
> | 效率/% | 0.6 | 0.62 | 0.61 | 0.6 |
> | NPSHR/m | 8 | 7.8 | 7.5 | 7 |
>
> **解**　① 全局性参数设置　计算类型"Flowsheet"，输入组分苯，物性方法选择 RK-SOAVE 方程。
>
> ② 画流程图　在模块库的"Pressure Changers"栏目中，选择"Pump"模块，连接进出口物流线，把题目给定的进料物流信息填入对应栏目中。
>
> ③ 设置模块信息　在泵模块"Setup|Specifications"页面，计算模式选择"Pump"；在出口规定"Pump outlet specification"栏目中选择"Use performance curve to determine discharge conditions"，表示用泵的特性曲线计算流体出口状态；在"Efficiencies"栏目内填写电机效率 0.9，如图 4-91 所示。
>
>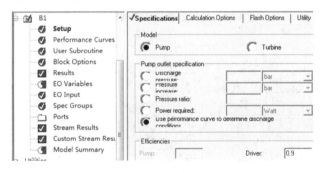
>
> 图 4-91　泵出口规定设置
>
> 在泵模块"Performance Curves"文件夹中，有 4 个页面需要填写，见图 4-92～图 4-94。在"Curve Setup"页面，泵特性曲线选择表格数据输入"Tabular data"，流量变量选择体积流率"Vol-Flow"，曲线数量选择单根特性曲线"Single curve at operating speed"。在"Curve Data"页面，压头选择水柱高度"meter"，流量选择体积流率"m³/h"，把泵特性曲线数据填入，见图 4-92。在"Efficiencies"页面，把泵效率曲线数据填入，见图 4-93。在"NPSHR"页面，填入允许汽蚀余量数据，见图 4-94。
>
> ④ 模拟计算　计算结果见图 4-95，可见泵的出口压力为 21.8bar，泵提供给流体的功率 5.52kW，泵所需要的轴功率 8.92kW，电机消耗的电功率 9.91kW。允许汽蚀余量 7.75m，有效汽蚀余量 9.04m。

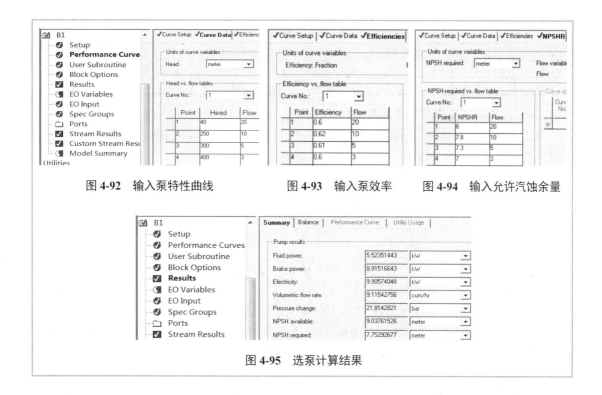

图 4-92　输入泵特性曲线　　　　图 4-93　输入泵效率　　　　图 4-94　输入允许汽蚀余量

图 4-95　选泵计算结果

习题

4-1　芳烃分离工艺中的甲苯塔塔设备工艺计算。

从例 4-1 苯塔釜液中分离出甲苯，要求甲苯馏分中二甲苯质量分数不超过 0.0005，甲苯质量收率不低于 98%。求：（1）若甲苯塔的操作回流比为最小回流比的 1.1 倍，则甲苯塔的总理论塔板数、进料位置、回流比、再沸器能耗分别是多少？（2）如果精馏段的默弗里效率（Murphree Efficiencies）为 0.65，提馏段的默弗里效率为 0.75，总理论塔板数不变，求满足分离要求所需的进料位置、回流比、再沸器能耗分别是多少？（3）填料塔设计，在（2）的基础上，使用 SULZER 公司的 MELLAPAK-250X 型波纹板规整填料，设等板高度 0.5m，求甲苯塔的两段塔径、压降和塔板上的水力学数据；（4）筛板塔设计，在（2）的基础上，进行甲苯塔的筛板设计计算，设筛孔直径 8mm，板间距 600mm，堰高 50mm，降液管底隙 50mm，求两段塔径、压降和塔板上的水力学数据。

4-2　芳烃分离工艺中甲苯塔冷凝器工艺计算。

对习题 4-1（1）甲苯塔的冷凝器进行设计选型，设循环冷却水进、出口温度为 33～43℃，需要冷却水流率是多少？需要冷凝器换热面积是多少？冷凝器的规格参数？

4-3　芳烃分离工艺中甲苯塔再沸器工艺计算。

对习题 4-1（1）甲苯塔进行虹吸式再沸器的设计选型，设采用 15bar 中压蒸汽加热。需要中压蒸汽流率是多少？需要再沸器换热面积是多少？再沸器的规格参数？

4-4　乙烯冷箱板翅式换热器工艺工艺设计。

设计一台乙烯/丙烯两股物流换热的板翅式换热器，以一股热丙烯流股与一股冷乙烯流股换热。原始工艺条件见本题附表，丙烯流股质量流率 103034kg/h，乙烯流股的质量流率由热量衡算确定。求该板翅式换热器规格。

物流名称	进口温度/℃	出口温度/℃	进口压力/bar	允许压降/bar	进口气相分率	出口气相分率
C_3H_6	40	1.5	17.1	0.07	0	0
C_2H_4	−5.35	30.7	36.3	0.07	1	1

4-5　乙烯丙烯精馏筛板塔设备工艺计算。

用筛板塔分离压力为 5.8bar 的乙烯丙烯等摩尔气体混合物 400kmol/h，要求产品乙烯、丙烯的摩尔分数达到 0.9999 和 0.987，求塔径和塔板水力学数据。

4-6　以甲醛和氨为原料常压合成乌洛托品的釜式反应器计算。

氨（A）和甲醛（B）按照下列化学反应方程式生成乌洛托品（C）和水（D）：

$$4NH_3 + 6HCHO \xrightarrow{k} (CH_2)_6 N_4 + 6H_2O$$
$$\text{（A）}\quad\text{（B）}\qquad\text{（C）}\qquad\text{（D）}$$

反应速率方程式为：
$$-r_A = kC_A C_B^2 \qquad [kmol/(m^3 \cdot s)]$$

反应速率常数为（活化能单位 J/kmol）：
$$k = 1420\exp[-2.57\times10^7/(RT)] \qquad [m^6/(kmol^2 \cdot s)]$$

反应器容积为 $5m^3$，装填系数为 0.6，输入氮气作为保护气体，为了保证釜内的惰性环境输入氮气量应该使出釜物料的气相分率保持在 0.001 左右。加料氨水的浓度为 4.1kmol/m^3，流量为 32.5m^3/h。加料甲醛水溶液的浓度为 6.3kmol/m^3，流量为 32.5m^3/h。两股进料均为常压、35℃。求 35℃下乌洛托品的产量和输入氮气流量，并分析反应温度在 20~60℃ 范围内对甲醛转化率的影响。

4-7　以丁二烯和乙烯在管式反应器中气相合成环己烯的计算。

以丁二烯（A）和乙烯（B）为原料在管式反应器中气相合成环己烯（C），化学反应方程式如下：

$$C_4H_6 + C_2H_4 \xrightarrow{k_1} C_6H_{10}$$
$$\text{（A）}\quad\text{（B）}\qquad\text{（C）}$$

反应速率方程式为：
$$-r_A = kC_A C_B \qquad [kmol/(m^3 \cdot s)]$$

反应速率常数为（活化能单位 J/kmol）：
$$k = 3.16\times10^7 \exp[-1.15\times10^8/(RT)] \qquad [m^3/(kmol \cdot s)]$$

反应器长 5m、内径 0.5m，压降可忽略。加料为丁二烯和乙烯的等摩尔常压混合物 1.0kmol/h，温度为 440℃，压力 10bar。如果反应在绝热条件下进行，试求：（1）反应器常压，环己烯的产率；（2）图示反应器压力 1~10bar 时环己烯的产率；（3）若要求的转化率达到 12%，进料流率应该多少（kmol/h）？

4-8　甲烷高温偶联脱氢制乙烯。

甲烷在管式反应器中进行高温偶联脱氢制乙烯，主要化学反应方程式为：

$$2CH_4 \xrightarrow{k_1} C_2H_4 + 2H_2, \quad C_2H_4 \xrightarrow{k_2} C_2H_2 + H_2$$

反应动力学表达式如下（分压的计量单位为 Pa）：

$$-r_{C_2H_4} = k_1 p_{CH_4}, \quad -r_{C_2H_4} = k_2 p_{C_2H_4} \qquad [kmol/(m^3 \cdot s)]$$

反应速率常数为（活化能单位 J/kmol）如下：

$$k_1 = 2.35 \times 10^{-7}(T/1273.15)^{-1}\exp[-2.5\times10^8/R(1/T - T/1273.15)]$$

$$k_2 = 1.14 \times 10^{-7}(T/1273.15)^{-1}\exp[-1.3\times10^8/R(1/T - T/1273.15)]$$

化学反应在 250 根内径 25mm 的反应管内进行，反应管外用 2000℃的高温燃气加热，传热系数为 200 W/（$m^2 \cdot K$）。受到制造反应管的材料限制，反应管内最高温度不得超过 1200℃，最大压强不得超过 0.3MPa，反应管长度不得超过 10m。原料甲烷的流量为 10000kg/h，压力 0.3MPa。求：（1）乙烯的最大产率（kg/h）与所需反应管长度（m）？（2）反应器进料温度和压强对乙烯最大产率的影响。

4-9 乙苯脱氢制苯乙烯。

乙苯（A）脱氢制苯乙烯（B）和氢气（C）的反应方程式：

$$C_6H_5C_2H_5 \xrightarrow{\ k\ } C_6H_5CHCH_2 + H_2$$
$$\text{（A）}\qquad\qquad\text{（B）}\qquad\text{（C）}$$

反应速率方程为：$-r_A = k(p_A - p_B p_C/K_p)$ [kmol/(kg·s)]

式中，p_A、p_B、p_C 是三组分的分压，Pa；在反应条件下的反应速率常数为 $k = 1.176 \times 10^{-7}$ kmol/(g·s·Pa)；化学反应平衡常数为 K_p=3.727×10^4Pa。

反应于 T=898K 下在列管式反应器中等温等压进行。列管反应器由 260 根长 5m、内径 50mm 的圆管构成，管内填充的催化剂堆积密度为 700kg/m^3，管内的流动模式可视为平推流，流体流经反应器的压降为 0.02MPa。进料流量为 128.5kmol/h，压力 p=0.14MPa，其中乙苯浓度为 0.05 摩尔分率，其余为水蒸气。求反应器出口物料中乙苯转化率为 60%时所需的反应管长度。

4-10 甲醇（CH_3OH，简记为 MEOH）和异丁烯[$(CH_3)_2CCH_2$，简记为 IB]合成甲基叔丁基醚[$(CH_3)_3COCH_3$，简记为 MTBE]。

以混合 C_4 烃和甲醇为原料，在管式反应器内合成 MTBE，副反应产物是异丁烯二聚体（DIB）。主、副反应方程式为：

$$CH_3OH + (CH_3)_2CCH_2 \underset{k_2}{\overset{k_1}{\rightleftharpoons}} (CH_3)_3COCH_3$$

$$2(CH_3)_2CCH_2 \xrightarrow{\ k_3\ } (CH_3)_3CCH_2CCH_2CH_3$$

正、逆反应速率方程式为：

$$-r_1 = k_1 a_{IB}/a_{MEOH}$$

$$-r_2 = k_2 a_{MTBE}/a_{MEOH}^2$$

$$-r_3 = k_3 a_{IB}\qquad [kmol/(m^3 \cdot s)]$$

式中浓度计量单位为活度。反应速率常数为（活化能单位 kJ/kmol）：

$$k_1 = 0.01395\exp[(-92400/R)(1/T - 1/333)]\qquad [kmol/(m^3 \cdot s)]$$

$$k_2 = 0.0002218\exp[(-92400/R)(1/T - 1/333)]$$

$$k_3 = 0.0002286\exp[(-66700/R)(1/T - 1/333)]$$

反应器进料温度 62℃，压力 0.8MPa，组成见附表。反应器由管长 5m、内径 25mm 的 1000 根圆管构成。管外用冷却水并流换热，冷却水进口温度 60℃、压力 0.4MPa。冷热流体总传热系数是 300W/($m^2 \cdot K$)，要求反应物出口温度不超过 76℃，求目标产品 MTBE 的收率与冷却水流率。

习题 4-10 附表　反应器进料流率与组成

组　分	流率/(kg/h)	组　分	流率/(kg/h)
丙烷	2.5	1-丁烯	3250
环丙烷	11.25	异丁烯	5375
丙二烯	2	顺-2-丁烯	436.25
异丁烷	475	1,3-丁二烯	0.5
正丁烷	2000	水	0.001
乙炔	6.25	甲醇	3131
反-2-丁烯	941.25	合计	15631.001

4-11　环戊二烯二聚反应用管式反应器的工艺计算-液液均相反应。

用管式反应器将液态轻苯馏分中的环戊二烯（CPD）经热二聚反应生成双环戊二烯（DCPD），要求环戊二烯的质量转化率不低于 0.94。已知原料流率为 1000kg/h，温度 80℃，压力 600kPa，原料组成见本题附表。

习题 4-11 附表　原料组成

组分	英文名	结构式	质量分数
1-丁烯	1-Butene	C_4H_8	0.0375
环戊烯	Cyclopentene	C_5H_8	0.2240
环戊二烯	Cyclopentadiene	C_5H_6	0.1155
苯	Benzene	C_6H_6	0.5230
双环戊二烯	Dicyclopentadiene	$C_{10}H_{12}$	0.1000

反应方程式为：
$$2C_5H_6 \underset{k_{-1}}{\overset{k_1}{\rightleftharpoons}} C_{10}H_{12}$$
$$(CPD) \qquad (DCPD)$$

正、逆反应速率方程式为：

$$-r_1 = k_1 C_{CPD}^2 = 1.026 \times 10^6 \exp[-69180/(RT)]C_{CPD}^2$$

$$-r_{-1} = k_{-1}C_{DCPD} = 2.250 \times 10^{14} \exp[-160400/(RT)]C_{DCPD}$$

式中，$-r_1$、$-r_{-1}$ 分别为正、逆反应速率，kmol/(m³·s)；k_1、k_{-1} 分别为正、逆反应速率常数，m³/（kmol·s）；活化能单位 kJ/kmol；浓度单位 kmol/m³。

热二聚反应时为液态绝热反应，为降低副反应速率，热二聚反应温度应控制小于 110℃。初步选择两个固定管板换热器串联作为管式反应器，物料走管程。选择的换热器筒体直径 1600mm，管长 9000mm，管径 ϕ19mm×2mm，单管程，管数 3339 根，管程截面积 0.5901m²。求：（1）当环戊二烯质量转化率为 0.94 时反应器的管长；（2）当环戊二烯质量转化率转化率由 0.84 增加到 0.94 时，反应器体积、物料停留时间如何变化；（3）若用 400kPa、90℃的冷却水并流换热，假设管式反应器冷热流体总传热系数是 200 W/(m²·K)，要求冷却水出口温度不超过 100℃，求冷却水流率。

4-12　离心泵选型计算。

用一水泵将压力为 1.5bar 的水加压到 6bar，水的温度为 25℃，流量为 100m³/h。已知泵的特性曲线见本题附表，泵的效率为 0.68，驱动电机的效率为 0.95。求：泵的出口压力、泵提供给流体的功率、泵所需的轴功率以及电机消耗的电功率各是多少？

习题 4-12 附表　泵特性曲线

项目	流量/(m³/h)			
	70	90	109	120
扬程/m	59	54.2	47.8	43
效率	0.645	0.69	0.69	0.66
NPSHR/m	4	4.5	5.2	5.5

参考文献

[1]　Luyben W L. Chemcal reactor design and control[M]. Hoboken, New Jersey: John Wiley & Sons Inc, 2007.

[2]　Luyben W L. Distillation design and control using ASPEN simulation[M]. Hoboken, New Jersey: John Wiley & Sons Inc, 2006.

[3]　AspenTech. Aspen MUSE Reference Guide[Z]. Cambridge: Aspen Technology Inc, 2006.

[4]　夏龙，李艾华，李庆辉等. 基于 MUSE 软件的板翅式换热器设计与应用[J]. 化工机械，2013, 40(1): 46-50.

[5]　盛月峰, 乔玉珍. 基于 EDR 软件的板翅式换热器设计[J]. 化工设计通讯, 2016, 42(3): 43-51.

[6]　中国石化集团上海工程有限公司. 化工工艺设计手册[M].第 4 版. 北京: 化学工业出版社, 2009.

[7]　刘成军. 热虹吸式重沸器循环回路的设计探讨[J]. 化工设计, 2008, 18(6): 24-27.

第5章

过程的动态控制

化工装置操作参数的稳定是正常生产的前提，但非稳态过程也是经常出现的，而且必须面对并妥善处理，以实现装置的高效运行。生产装置的非稳态过程有时是预知的，如生产负荷的调整、原料种类与批次的变化、开车过程、计划停车过程等；有时是突然出现的，如上游设备操作参数变化、发生事故或设备故障、环境因素的变化、操作员误操作等。所以化工过程的稳态运行是相对的，非稳态运行是常见的。合格的化工装置操作者不仅能对装置进行稳态操作，也能对非稳态过程进行快速判断，应对有据。工程师在设计一化工过程时，不仅要进行流程的稳态设计，也要进行非稳态设计。通过在流程中设置各种控制仪表，不仅能维持流程操作参数的稳定，还能推测不同扰动因素对化工过程运行的影响程度，以及在一定扰动强度下化工过程参数恢复稳定的方向与时间。

化工过程的稳态模拟本质上是求解一组非线性代数方程组，而动态模拟时增加了一个时间变量，需要求解一组非线性微分方程组，故动态模拟计算工作量呈几何级增加。然而动态模拟与稳态模拟又是密不可分的，稳态模拟为动态模拟提供了必要的基础与初值，动态模拟为稳态模拟结果的实现提供了保障。

稳态模拟常用的软件是 Aspen Plus，动态模拟软件是 Aspen Plus Dynamics，后者是一款面向过程动态模拟与控制的软件。应用 Aspen Plus Dynamics 进行动态模拟，可以考察过程控制方案的可行性与有效性，考察选用的设备尺寸、阀门规格对工艺过程稳定性的影响。对于化工项目的工艺设计而言，Aspen Plus 模拟结果为物料热量流程图（PFD）提供了基本数据，而 Aspen Plus Dynamics 模拟结果则为管道仪表流程图（PID）的确定提供了依据。

在 Aspen Plus Dynamics 中，流体流动的驱动方式有两种：一种是流动驱动（Flow Driven）；另一种是压力驱动（Pressure Driven）。流动驱动方式与 Aspen Plus 一致，设备出口物流的压力与流动速率只与本设备的参数设置有关，不受下游设备操作条件的影响。压力驱动方式规定设备进出口物流的压力，但不能规定物流流动速率，物流流动速率由设备之间的压力参数计算获得。因此，压力驱动方式需要提供的参数要多一些，当然模拟结果更接近真实情形，也更准确。在本章的所有动态模拟例题与习题中，均采用压力驱动方式。

Aspen Plus Dynamics 软件工作界面如图 5-1 所示。左侧是导航栏（Exploring-Simulation），左侧上方含有若干动态模拟文件夹（All Items），左侧下方是各动态模拟文件夹的操作模块（Contents of Simulation）；右侧上方是过程控制结构设计操作窗口（Process Flowsheet Window），右侧中间是显示动态模拟过程的信息栏（Simulation Messages），屏幕下方是含各种控制器模块的模块库。

5.1 常用控制器模块

Aspen Plus Dynamics 操作界面屏幕下方的模块库中除了具有与 Aspen Plus 相同的各种设备模块外，还含有两栏过程控制器模块（模块库标签分别为 Controls，Controls2）。这些控制器模块的图标如图 5-2 所示，其中部分常用控制器模块的性质与功能见表 5-1，其余控制器模块的功能介绍参见 Aspen Plus Dynamics 的帮助系统。

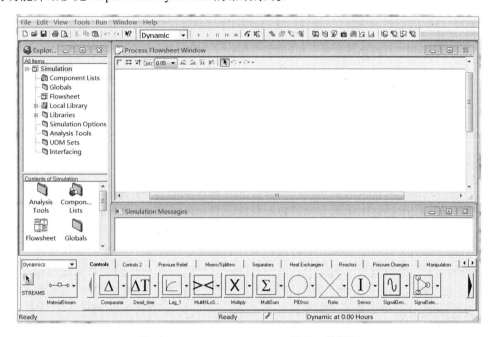

图 5-1　Aspen Plus Dynamics 软件工作界面

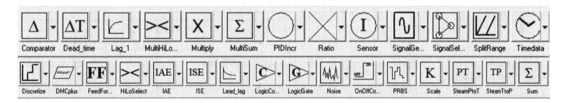

图 5-2　控制器模块图标

表 5-1　部分常用控制器模块的性质与功能

序号	模块名称	图标	输入信号数量	功能
1	Comparator	Δ	2	计算两信号的差值并输出
2	Dead_time	ΔT	1	把输入信号延迟指定时间后输出
3	Lag_1		1	把输入信号进行一阶滞后处理后输出
4	MultiHiLoSelect		2 或多	把输入信号进行比较，按指定要求输出其中最高或最低信号

序号	模块名称	图标	输入信号数量	功能
5	Multiply	X	2	把两输入信号相乘后输出
6	MultiSum	Σ	2 或多	计算输入信号的和并输出
7	PIDIncr	○	1 或 2	对输入信号进行比例-积分-微分（PID）处理后输出
8	Ratio	⊠	2	计算两信号的商并输出
9	Scale	K	1	把输入信号按设定比例输出

5.2 储罐的液位控制

种类繁多、形状各异的储罐是化工流程中最常见的设备，用来储存各种液体（或气体）原料、中间物料以及最终成品。从广义上讲，化工流程中的各种汽/液或汽/液/液分相器也属于储罐类设备。生产过程中储罐液位的控制稳定，对化工装置的稳定操作、企业生产的正常运作发挥着重要作用。在稳态模拟时，原料与产品的储罐在模拟流程中并不出现，分相器虽然以储罐形式出现，但不需要设置储罐规格尺寸。在动态模拟中，储罐的规格尺寸、封头类型、安装方式等数据则需要详细输入，以便准确计算工艺操作参数波动对储罐液位的影响。

在 Aspen Plus Dynamics 中，对储罐的封头类型（平板形、标准椭圆形、半球形），安装方式（垂直安装与水平安装），设备尺寸（直径、高度）等参数都需要输入，详细说明见表 5-2。

表 5-2 储罐规格的描述方法

5.2.1 常规液位控制结构

常见的液位控制结构是用储罐出口管道阀门的开度控制储罐内液位高度。这种控制方式结构简单，控制仪表投资成本低，适用于液位波动小的场合。

例 5-1 闪蒸器的常规液位控制结构。

一股轻烃混合物经减压阀节流降压后进入立式闪蒸罐进行绝热闪蒸，原料的温度、压力、流率与组成见图 5-3（a），不计热损失。闪蒸器直径 0.75m，高度 1.5m，标准椭圆形封头。若进料流率有±30%的扰动，考察常规液位控制方案下该闪蒸器液位的波动情况。

解　首先用 Aspen Plus 进行稳态模拟，收敛后进行动态模拟的准备操作，然后把稳态模拟结果传输到 Aspen Plus Dynamics 中，再添加各种控制模块，建立闪蒸器的液位控制结构，考察其对进料流率扰动的响应。

（1）稳态模拟　选用"CHAO-SEA"性质方法，建立如图 5-3（a）的闪蒸器稳态模拟流程，模拟结果如图 5-3（b）所示。

（2）向动态模拟软件传递数据　在"Setup|Specifications|Global"页面的"Global settings"栏内，把"Input mode"修改为"Dynamic"，见图 5-4（a）。为便于后续动态模拟操作，在菜单"View|Toolbars"中选择"Dynamic"，调出动态模拟工具条，显示在界面工具栏内，见图 5-4（b）。

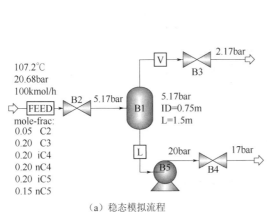

（a）稳态模拟流程

Mole Flow kmol/hr	FEED	V	L
C2	5.000000	4.753364	.2466360
C3	20.00000	17.39145	2.608552
IC4	20.00000	15.07714	4.922860
NC4	20.00000	13.90399	6.096012
IC5	20.00000	10.32502	9.674978
NC5	15.00000	6.984748	8.015252
Total Flow kmol/hr	100.0000	68.43571	31.56429
Total Flow kg/hr	5882.474	3843.221	2039.254
Total Flow cum/hr	43.44890	328.2017	3.662767
Temperature C	107.2000	55.85297	55.85297
Pressure bar	20.68000	5.170000	5.170000
Vapor Frac	.3056119	1.000000	0.0

（b）稳态模拟结果

图 5-3　闪蒸器的稳态模拟

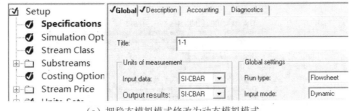

（a）把稳态模拟模式修改为动态模拟模式

（b）动态模拟工具条

图 5-4　准备动态模拟模式

在闪蒸器模块的"Dynamic|Vessel"页面输入闪蒸器的规格、尺寸与安装方式，见图 5-5。对于动态模拟，物流的压力必须与进入设备的操作压力相等。因此，对进料物流管道阀门的压力与相态要进行准确设置。由图 5-3（b）可知，阀门 B2 的进料物流"FEED"是汽液混合物，故设置阀门 B2 的有效相态是"Vapor-Liquid"，见图 5-6。另外，对闪蒸器的汽相、液相出口管道阀门 B3 和 B4 的有效相态也要分别设置为"Vapor-Only"和"Liquid-Only"。

运行模拟计算，若收敛，点击工具条中压力驱动检测按钮"ℝ"，若无错误，则显示如图 5-7 所示的提示语。若有错误，则需要按照错误提示逐条修改。

保存 Aspen Plus 模拟文件并把稳态模拟结果输出到 Aspen Plus Dynamics 中。在下拉菜单"File"中点击"Export"按钮,保存文件的类型选择"P Driven Dyn Simulation (*.dynf; *dyn)",如图5-8(a)所示。点击"保存"后,Aspen Plus 的稳态模拟结果输出到 Aspen Plus Dynamics 中,同时按照动态模拟要求对稳态模拟流程的设备参数设置自动进行检查并显示检查报告,如图5-8(b)所示。

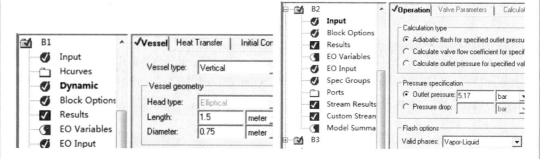

| 图5-5 输入闪蒸器规格 | 图5-6 设置进料物流管道阀门的压力与相态 |

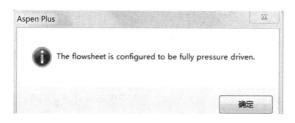

图5-7 压力驱动检测提示语

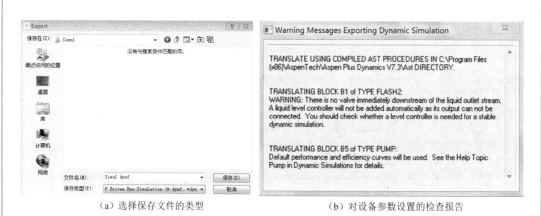

(a)选择保存文件的类型　　　　　　　(b)对设备参数设置的检查报告

图5-8 把稳态模拟结果输出到 Aspen Plus Dynamics 中

图5-8(b)中有两条警告信息:一是闪蒸器液相出口物流管道上缺少阀门,Aspen Plus Dynamics 软件不能在该物流管道上自动添加液位控制器;二是液体输送泵(B5)没有设置泵性能曲线和效率曲线,软件将采用默认值代替。就本题而言,闪蒸器液相出口物流管道连接了液体输送泵,泵的出口管道上连接有阀门,可以人工添加液位控制阀门,第一条警告可以忽略;对于流体输送泵没有实际选型之前,泵的性能曲线和效率曲线均不知道,可以采用软件的默认值,因此第二条警告也可以忽略。对于比较复杂的工艺流程,在把稳态模拟结果输出到 Aspen Plus Dynamics 中时,往往会出现多条错误或警告提示,这时需要一条一条仔细阅读,并对 Aspen Plus 的稳态模拟流程参数进行相应修改,然后重新向

Aspen Plus Dynamics 软件传递模拟结果，应该尽量把错误或警告消除到最少状态，以利于后续动态模拟过程的运行。

稳态模拟结果输出完毕后，在文件保存目录中可以看到新增加了两个文件"Simu1.dynf"和"Simu1dyn.appdf"，前者是闪蒸器液位控制的动态模拟程序，后者是闪蒸器系统的物性数据文件。这两个文件是一个整体，要同时保存或同时转移，缺一不可。至此，完成了从 Aspen Plus 稳态模拟到 Aspen Plus Dynamics 动态模拟的连接过程。

（3）常规液位控制结构的建立　打开动态模拟文件 Simu1.Dynf，Aspen Plus Dynamics 软件自动生成的闪蒸器液位控制结构见图 5-9。相对于稳态模拟流程，图 5-9 添加了一个压力控制器"B1_PC"。显然，该控制方案过于简单，尚缺少进料的流率控制与闪蒸器的液位控制，需要进行人工添加。删除图面上的流率、浓度、尺寸等注释性文字，修饰图面。用鼠标选取模块库中的 PID 控制器"○"拖放到进料物流附近，右击更改模块名称为"FC"，说明是进料物流控制器，如图 5-10 所示。

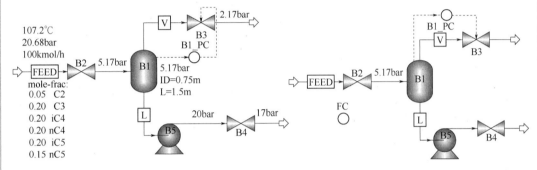

图 5-9　闪蒸器的原始控制结构　　　　图 5-10　添加进料物流控制器

点击模块库左侧标签为"Material Stream"图标"⊶⊣"的下拉箭头，选取信号连接线"ControlSignal"图标"⇌"，鼠标移动到进料物流"FEED"附近，这时图面上出现许多可以连接信号线的箭头，见图 5-11（a）。把鼠标与进料物流"FEED"的信号输出箭头连接后，弹出该物流信息内容选择对话框，见图 5-11（b）。

对于进料物流，有 40 余个信息可以输出，此处选取进料总摩尔流率"Total mole flow"。然后点击"OK"按钮，这时页面弹出控制器输入信息属性对话框，见图 5-11（c）。此处选择"FC.PV"，标明是进料物流控制器"FC"输入的过程变量"Process variable"，再点击"OK"按钮，完成进料物流与控制器的接入过程。然后把鼠标连接控制器"FC"的

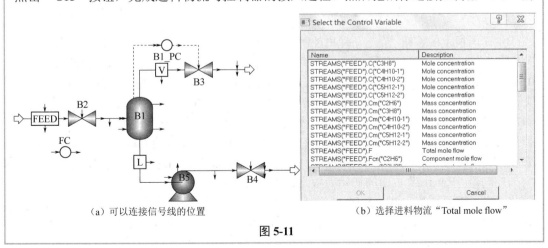

（a）可以连接信号线的位置　　　　　　　（b）选择进料物流"Total mole flow"

图 5-11

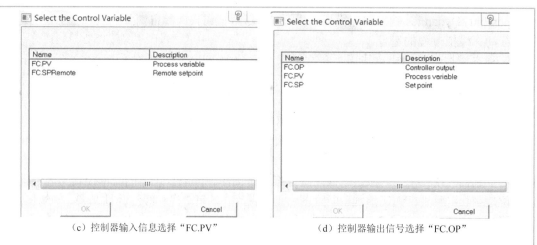

（c）控制器输入信息选择"FC.PV"　　　（d）控制器输出信号选择"FC.OP"

图 5-11　进料物流与流率控制器连接步骤

信号输出箭头，页面弹出控制器输出信号属性对话框，如图 5-11（d）所示。此处选择"FC.OP"，标明是控制器"FC"的输出信号。再点击"OK"按钮，把鼠标与节流阀门B2 相连接。

这样，进料物流与流率控制器"FC"的连接过程全部完成，添加了进料物流流率控制器的动态模拟流程图如图 5-12 所示。双击进料流率控制器"FC"图标，页面弹出该控制器面板，见图 5-13。控制器面板上的"SP"是参数设定值，"PV"是参数当前值，"OP"是控制器输出值。控制器根据参数当前值与参数设定值的差异，按内置的算法对被控制元件输出控制信号。

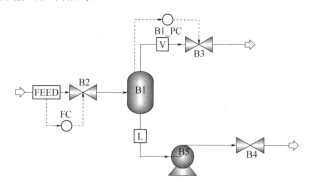

图 5-12　含进料流率控制器的流程图

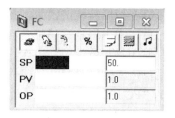

图 5-13　流率控制器初始面板

点击面板上的按钮"　"，弹出控制器结构参数对话框，可以看到该控制器面板上的初始参数值。对流率控制器而言，一般增益"Gain"取 0.5，积分时间"Integral time"取0.3min，微分时间"Derivative time"取 0min，直接在面板上对这些初始参数进行修改，见图 5-14（a）。另外，流率控制器的输出信号与输入信号的大小应该相反，当流率增加时，阀门开度应该减小，以维持流率稳定，故在图 5-14（a）页面"Controller action"栏中选择反作用"Reverse"，这样就设置了该控制器输出信号与输入信号的大小相反。点击下方参数初始化按钮"Initialize Values"，控制器"Tuning"页面的参数修改结束。

控制器"Ranges"页面的初始参数是输入信号与输出信号的数据波动范围，对于流率调节一般不需要调整，见图 5-14（b）。但对于温度、组成等参数的控制，为使控制器的参数调节精细有效，往往需要对控制器输入信号与输出信号的数据波动范围进行限定。在控制器"Filtering"页面，一般输入信号的过滤时间常数取 0.1min，见图 5-14（c）。

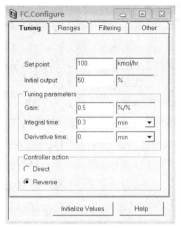 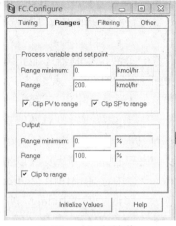 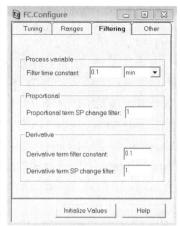

(a)"Tuning"页面参数修改   (b)"Ranges"页面参数   (c)"Filtering"页面参数修改

图 5-14 进料流率控制器参数设置步骤

至此，闪蒸器进料流率控制器的参数设置完毕。为了检查对控制器参数修改操作有无明显错误和保存已经修改的参数值，在屏幕顶部工具栏中选择"Initialization"，点击运行按钮" ▶ "完成数据的初始化。若无明显错误，页面弹出初始化结束对话框，见图 5-15（a）。

在操作界面顶部工具栏中选择图标" 📷 "并点击，打开快照管理器（Snap shots），可看到刚刚运行、未报错的初始化数据文件"Initialization Run"，如图 5-15（b）所示，可对此文件改名并保存。若在后续的调试过程中出现任何不可逆的报错，则可调用这个已经保存的初始化数据文件，在此基础上重新开始动态模拟。经过以上参数修改步骤，最终的进料流率控制器面板初始值如图 5-16 所示。

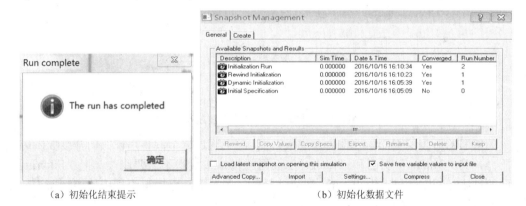

（a）初始化结束提示   （b）初始化数据文件

图 5-15 检查控制结构参数设置

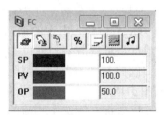

图 5-16 流率控制器面板初始值

一般而言，所有控制器的参数设置都要经过以上步骤。对于温度控制、组成控制的控制器，还要增加控制器增益"Gain"和积分时间"Integral time"参数整定的环节。在后续的叙述过程中，对于控制器参数设置，若无新的内容则简要叙述，涉及新内容的步骤则详细介绍。

由图 5-12，闪蒸器还需要设置一个液位控制器才能正常运行。仿照进料流率控制器的设置方法，在图 5-12 上添加液位控制器"LC"，见图 5-17（a）。液位控制器"LC"的输入信号是闪蒸器的液位，输出信号是闪蒸器液相出口管道上的阀门 B4 的开度。双击图 5-17（a）上的液位控制器"LC"图标，弹出参数面板。对液位控制器"Tuning"页面的参数而言，一般增益"Gain"取 2，积分时间"Integral time"取 9999min，微分时间"Derivative time"取 0min。闪蒸器液位高度与出口管道阀门开度应该呈正相关，液位越高，阀门开度应该越大，故在"Controller action"栏中选择正作用"Direct"，表明闪蒸器内液位越高，控制器作用下的阀门开度将会越大。修改后的"Tuning"页面参数见图 5-17（b）。对于液位控制而言，液位控制器"Ranges"页面的初始参数一般不需要修改，"Filtering"页面的过滤时间常数修改为 0.1min，然后进行数据的初始化，至此完成液位控制器的参数设置。由图 5-17（b）可知，液位控制器初始液位是 0.9375m，出口阀门开度 50%。Aspen Plus Dynamics 默认初始液位是容器高度的 50%。对于本例题来说，初始液位是椭圆形封头高度加上一半容器高度，即：L = 0.75/4 + 1.5/2 = 0.9375m。

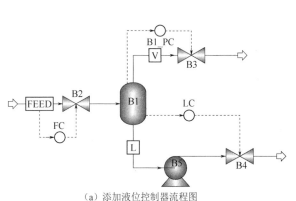

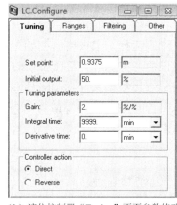

（a）添加液位控制器流程图　　　　　　　　（b）液位控制器"Tuning"页面参数修改

图 5-17　添加液位控制器与参数修改

闪蒸器的压力控制器由软件自动生成，本例题中通过调节汽相出口阀门开度控制闪蒸器压力，其"Tuning"页面和"Ranges"页面的初始参数均不需要修改，把"Filtering"页面的过滤时间常数修改为 0.1min 即可。至此，闪蒸器动态模拟流程中的控制器添加与参数设置均已完成，进入动态模拟数据采集阶段。

点击操作界面顶部工具栏上的图标"　"，弹出一个动态模拟数据图表设置窗口，见图 5-18（a），要求给动态数据的显示图表命名，此处命名为"fig1"，默认动态模拟数据以图形的形式显示，然后点击"OK"按钮，出现的动态数据显示图外观见图 5-18（b）。

根据题目要求，需要采集的数据是进料流率与液位的关系，为了便于分析液位与出口阀门开度的关系，也同时采集出口阀门开度的数据。因此，需要把进料流率、液位、出口阀门开度与时间关系的信号引入图 5-18（b）中。双击图 5-17（a）上的进料物流"FEED"，弹出该物流数据表见图 5-19（a），以鼠标左键选中物流的总摩尔流率"Total mole flow"，拖放到图 5-18（b）的纵坐标上后再释放，这样动态模拟过程中进料物流随时间的变化信号会在图 5-18（b）中以图形方式呈现；双击图 5-17（a）上的闪蒸器图标，弹出闪蒸器数据表如图 5-19（b）所示，把闪蒸器液位"Liquid Level"拖放到图 5-18（b）的纵坐标上再释放，这样闪蒸器液位随时间的变化信号会以图形方式在图 5-18（b）中呈现；同样，双击图 5-17（a）上的出口阀门图标，弹出出口阀门数据表，把出口阀门开度"Actual value position"拖放到图 5-18（b）的纵坐标上再释放，这样出口阀门开度随时间的变化信号也会以图形方式在图 5-18（b）中呈现。

（a）动态模拟数据图表设置窗口

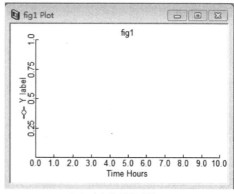

（b）动态数据显示图

图 5-18　设置动态数据图

双击图 5-18（b）的横坐标，弹出图形横坐标修改窗口，把横坐标时间长度修改为 0～4h，见图 5-19（c）；修改后的动态数据曲线图外观见图 5-19（d）。动态数据图横坐标时间长度的设置一般与动态模拟体系有关，时间长度的设置要能反映考察参数动态变化情况，参数变化缓慢，波动周期长，动态数据图横坐标时间长度就设置长一些，否则就短一些。

Aspen Plus Dynamics 的动态数据曲线图外观可以人为方便地修改。把鼠标在图 5-19（d）中间空白处右击，选择"Properties"，弹出一个曲线图外观修改对话框，见图 5-20（a）。该对话框有 9 个页面用来对曲线图外观参数进行修改，除了修改坐标轴的长短，还可以修改曲线的线型与颜色，不同的曲线使用同一坐标轴或不同的坐标轴，曲线数据的添加、删除、排序、字体修改、网格设置等，读者在学习过程中可以逐步熟悉与熟练。

图 5-19（d）只有三条曲线，使用不同的坐标轴，既可方便观察曲线变化趋势，又不至图面过于复杂。在图 5-20（a）的"AxisMap"页面，点击"One for Each"按钮，再点

FEED.Results Table			
	Description	Value	Units
F	Total mole flow	100.0	kmol/hr
Fm	Total mass flow	5882.47	kg/hr
Fv	Total volume flow	43.4489	m3/hr
T	Temperature	107.2	C
P	Pressure	20.68	bar
vf	Molar vapor fraction	0.305612	
h	Molar enthalpy	-1.34432e+008	J/kmol
Rho	Molar density	2.30155	kmol/m3
Rhom	Mass density	135.388	kg/m3
MW	Molar weight	58.8247	kg/kmol

（a）选择进料物流"Total mole flow"

B1.Results Table			
	Description	Value	Units
T	Temperature	55.8533	C
P	Pressure	5.17	bar
level	Liquid level	0.9375	m
Q	Actual heating duty	0.0	W
QCum	Cumulative heating duty	0.0	J
QCool	Actual cooling duty	0.0	W
QCoolCum	Cumulative cooling duty	0.0	J
TRate(*)			
TRate("C2H6")	Total rates of reaction	0.0	kmol/hr
TRate("C3H8")	Total rates of reaction	0.0	kmol/hr

（b）选择闪蒸器液位"Liquid Level"

图 5-19

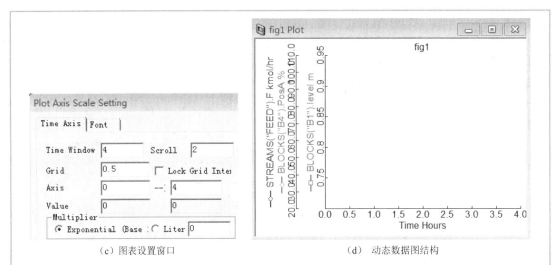

(c) 图表设置窗口　　　　　　　　　　(d) 动态数据图结构

图 5-19　修改动态数据

击"确定"按钮，图 5-19（d）转换为有三个独立纵坐标的图。若希望在图面上添加网格，以便于阅读数据，在"Grid"页面的"Grid"栏目中，点击"Mesh"，再点击"确定"按钮，则可在图面上添加网格，见图 5-20（b）；为区别三条曲线，可在"Attribute"页面的"Variable"栏目中选择线条名称，在"Color"栏目中选择线条颜色，在"Line"栏目中选择线条线型。

至此，完成第一阶段建立常规液位控制结构的任务。

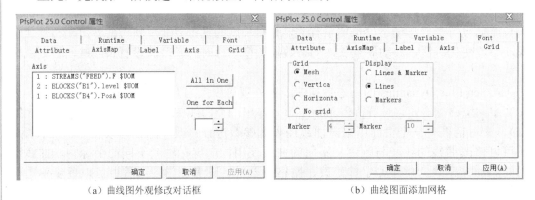

(a) 曲线图外观修改对话框　　　　　　(b) 曲线图面添加网格

图 5-20　完善动态数据图

（4）动态模拟过程的准备　在进行动态模拟之前，还有需要做且必须做的一些准备工作。

① 首先是存盘　由于动态模拟的准备阶段工作量大，时间长，及时保存数据非常重要。在动态模拟过程的任何阶段，都可以且需要及时存盘。

② 其次是桌面图标整理　为使动态模拟过程有序进行，把桌面图标进行布置整理（参见图 5-21）。对于复杂的动态模拟流程，桌面上的控制器面板很多，若桌面图标整洁使人赏心悦目，可以提高动态模拟过程的工作效率。

③ 保存桌面布置　Aspen Plus Dynamics 的存盘操作只能保存数据，不能保存桌面布置，但有另外的途径可以保存整理好的桌面图形。在下拉菜单"Tools"中点击"Capture Screen Layout"，弹出保存桌面布置文件的命名对话框，此处用"face"命名保存桌面布置，见图 5-22，点击"OK"按钮保存。在导航"Exploring"窗口的"Flowsheet"文件夹

中，可以看到保存的动态数据图文件"fig1"的图标和桌面布置文件"face"的图标，见图 5-23。每当重新打开此动态模拟文件时，可以双击此文件图标，从而把这两个文件调出使用，这样可以大大节省动态模拟准备时间。

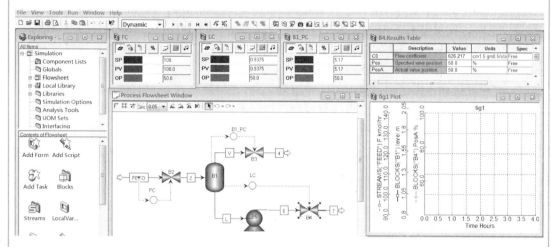

图 5-21　桌面图标整理布置

④ 动态运行时间单位的选择　在下拉菜单"Run"中点击"Run Options"按钮，弹出动态运行时间单位的选择对话框，见图 5-24。Aspen Plus Dynamics 默认的动态模拟时间单位是"Hours"，采集数据间隔是 0.01h。一般情况下不需要修改，直接运行。有时候模拟过程参数变化比较平缓，为了加快模拟进度，可以增加模拟时间间隔。当模拟过程参数变化比较剧烈时，时间单位"Hours"显得太大，可以把时间单位修改为"Seconds"，采集数据间隔也可缩小，这种情况常出现在含剧烈化学反应的动态模拟过程中。

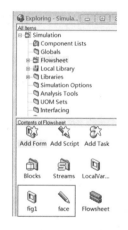

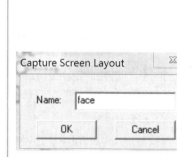

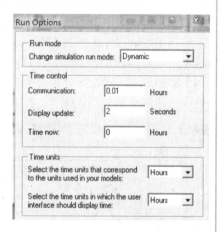

图 5-22　桌面文件命名对话框　　图 5-23　桌面文件图标　　图 5-24　运行时间单位选择

（5）动态模拟数据的采集与分析　确定扰动过程。首先约定在 0.2h 之前进料流率稳定，使得考察变量走出一段直线，作为参数波动的比较基准。0.2h 之后，进料流率阶跃+30%达到 130kmol/h，2.5h 恢复到 100kmol/h，4h 模拟结束。

执行扰动方案。有两种方法可以执行扰动方案：一是使用软件的任务设定功能"Add Task"，用 Aspen Plus Dynamics 规定格式把扰动方案逐一编写为可执行语句，经编译无误后由软件依次执行；二是使用人机对话功能"Pause At..."，软件在动态模拟设定的时间点上暂停，等操作者按扰动方案修改工艺参数后继续运行。本章采用第二种方法执行扰动方案，在动态模拟期间记录参数波动趋势并绘图，基本步骤叙述如下。

① 设置动态模拟过程在 0.2h 暂停　在下拉菜单"Run"中选择"Pause At..."，弹出暂停对话框，如图 5-25 所示，在"Pause at time"栏内填写 0.2，再点击"OK"按钮完成设置。这时，在屏幕右下角的状态栏内出现"Dynamic at 0.00 of 0.2 Hours"的提示语。

② 开始动态模拟　在界面顶部工具栏中选择"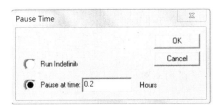"，并点击运行按钮"▸"，软件开始运行，在 0.2h 处暂停。

③ 设置扰动　再把模拟暂停时间修改为 2.5h。进料流率开始为 100kmol/h，阶跃+30%后成为 130kmol/h。把此阶跃值直接复制到进料物流控制器"FC"面板的设定值"SP"栏中，按回车确认，如图 5-26 所示。

图 5-25　设置动态模拟过程暂停

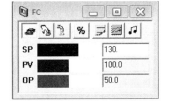

图 5-26　设置进料流率干扰

在"Dynamic"模式下点击运行按钮，软件继续运行，在 2.5h 处模拟暂停。然后把进料流率修改回 100kmol/h，直接在进料物流控制器"FC"面板设定值"SP"栏中修改，按回车确认；把下一次模拟结束时间修改为 4h，在"Dynamic"模式下点击运行按钮，软件继续运行直至 4h 结束。

进料流率、闪蒸器液位和出口阀门开度信号曲线的波动过程见图 5-27（a）。图中三条曲线分别表示进料流率、液相出口阀门开度和闪蒸器液位，使用各自的纵坐标，共用一条时间横坐标。在 0.2h 之前，三条曲线均为水平线，代表稳态模拟值。在 0.2h 之后，进料流率从 100kmol/h 阶跃到 130kmol/h，以此数值运行到 2.5h 处又回到 100kmol/h 直至模拟结束。闪蒸器液位在 0.2h 之前是 0.9375m；0.2h 之后，液位快速上升，到 0.8h 处液位达到 1.8329m，直至 2.5h 处模拟暂停，闪蒸器液位一直维持 1.8329m 没有增加，说明在 0.8h 处闪蒸器液体已经溢出罐体。2.5h 后进料流率回到稳态值，闪蒸器液位也逐渐降低到稳态

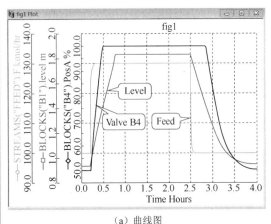

（a）曲线图

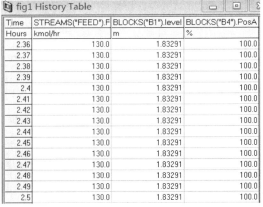

（b）参数波动数据表

图 5-27　进料流率阶跃+30%的动态模拟结果

液位。再看出口阀门开度，0.2h 之前是 50%；0.2h 之后，出口阀门开度快速增加，到 0.5h 处出口阀门开度达到 100%，直至 2.5h 处模拟暂停，出口阀门开度一直维持在 100%。2.5h 后进料流率回到稳态值，出口阀门开度在 2.84h 后才逐渐降低到稳态值。

若图面上的曲线较多，观察各曲线变化趋势比较困难。这时可以把图面曲线数据拷贝到第三方绘图软件中，分别绘制出各自的曲线供详细研究。在图 5-27（a）空白处右击鼠标，选择"Show as History"，这时图面转换为动态过程的参数波动数据表，见图 5-27（b），把这些数据拷贝后可用第三方绘图软件分别绘制单个参数的曲线图。

由图 5-17 的液位控制器模块面板，液位控制高度设定值是 0.9375m；由图 5-27（b），尽管出口管道阀门开度早已达 100%，但实际液位还是上升并维持在 1.8329m，这说明图 5-17 的常规液位控制结构早已达到积分饱和状态，不能满足本例题闪蒸器的液位控制要求。

④ 系统还原　在工具栏"Run Control"中选择" Dynamic "，并点击重新开始按钮" ⋈ "，系统回到时间起始点。按同样的方法设置进料流率–30% 的阶跃干扰。0.2h 之后，进料流率阶跃–30% 降至 70kmol/h，2.5h 恢复到 100kmol/h，4h 模拟结束。其液位信号图、液位数据表见图 5-28，进料流率–30%，0.6h 后闪蒸器液位就降低到 0.717m，出口阀门开度维持在 26.2%；2.5h 进料流率恢复到 100kmol/h 后液位逐渐上升至稳态值，直至 4h 模拟结束。

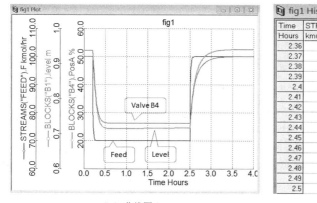

（a）曲线图

Time	STREAMS("FEED").F	BLOCKS("B1").level	BLOCKS("B4").PosA
Hours	kmol/hr	m	%
2.36	70.0	0.716885	26.1714
2.37	70.0	0.716899	26.1714
2.38	70.0	0.716912	26.1714
2.39	70.0	0.716925	26.1714
2.4	70.0	0.716938	26.1714
2.41	70.0	0.716951	26.1714
2.42	70.0	0.716965	26.1714
2.43	70.0	0.716978	26.1714
2.44	70.0	0.716991	26.1714
2.45	70.0	0.717004	26.1714
2.46	70.0	0.717018	26.1714
2.47	70.0	0.717031	26.1714
2.48	70.0	0.717044	26.1714
2.49	70.0	0.717057	26.1714
2.5	70.0	0.717071	26.1714

（b）参数波动数据表

图 5-28　进料流率阶跃–30% 的动态模拟结果

若把进料流率±30% 的动态模拟结果显示在同一张图面上，可把图 5-27（b）和图 5-28（b）的数据拷贝到 Origin 绘图软件中，分别绘制出闪蒸器液位和液体出口阀门开度与时间的变化关系曲线，见图 5-29。由图 5-29 可知，图 5-17 中调节出口管道阀门开度的简单液

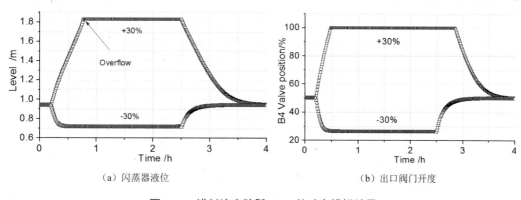

（a）闪蒸器液位

（b）出口阀门开度

图 5-29　进料流率阶跃±30% 的动态模拟结果

位控制结构，能够满足闪蒸器-30%负荷的液位控制，但不能满足+30%负荷的液位控制，要完成本例闪蒸器液位控制结构的设计任务，还得采用其他的控制结构设计。

5.2.2 越权液位控制结构

闪蒸器液位的稳定在于进料流率与出料流率的平衡，进料流率大于出料流率，液位就会升高，反之亦然。例5-1中进料负荷+30%后，简单液位控制结构不能稳定控制闪蒸器液位的原因是进料流率远大于出料流率，进料信号与闪蒸器的液位信号没有关联，尽管液位已经很高，出口阀门早已全开，液位控制器已达到积分饱和状态，但进料流率并没有被控制减小，以致闪蒸器液体溢出。

改进控制效果的方法之一是采用"越权"控制结构，即实时采集闪蒸器液位信号，经过处理后反馈到进料阀门上，使得进料管道阀门开度与闪蒸器液位相关联。当液位低时，进料阀门由进料流率控制器"FC"控制；当液位达到一定高度时，进料阀门由液位反馈控制器"ORC"越权控制，从而避免液位控制器达到积分饱和状态，使得闪蒸器液位控制在一个设定的最高液位以下。

例5-2 闪蒸器的越权液位控制结构。

把例5-1的常规液位控制结构改造为越权液位控制结构，考察越权液位控制方案下该闪蒸器液位的波动情况，与例5-1常规液位控制结构的动态模拟结果进行比较。

解 （1）建立越权液位控制结构　首先断开图5-17中常规液位控制结构中控制器"FC"对进料阀门的控制线，在图面上添加一个信号筛选模块"▷◁"和一个PID控制模块"○"，如图5-30所示。修改两模块名称为"LS"和"ORC"，把"FC""LS""ORC"和进料阀门等控制模块用信号线连接，如图5-31所示。图5-31中进料流率控制器"FC"的输出信号并不直接作用于进料管道阀门，而是作为"Input1"输入信号筛选模块"LS"，经过筛选后再作用于进料管道阀门。闪蒸器液位的信号引出线有两条，一条经液位控制器"LC"作用于出口管道阀门B4，另一条输入液位越权控制器"ORC"。若规定闪蒸器液位不得突破设备高度的80%，则此例最高控制液位为：$L = 1.5×0.8 + 0.75/4 = 1.3875m$。

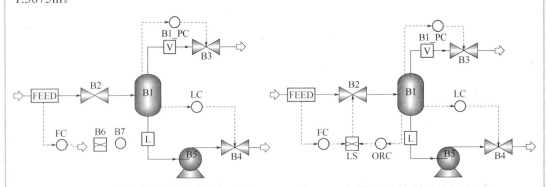

图5-30　对简单液位控制结构进行改造　　图5-31　闪蒸器的越权液位控制结构图

越权液位控制器"ORC"的输入信号是闪蒸器液位高度，输出信号是进料阀门开度，其控制面板见图5-32（a），参数设置见图5-32（b）、图5-32（c）。由图5-32（b）可知，在控制器"ORC"的"Tuning"页面，设置最高液位控制值1.3875m，初始阀门开度100%。设置液位高度与阀门开度为反作用"Reverse"，即当液位升高时，"ORC"的输出信号是进料阀门开度减小。控制器的增益与积分时间与出口管道阀门控制器相同。在"Ranges"

页面,设置液位变化范围和输出信号范围,其中液位的高限值可以根据需要人工调整,以使输出信号能够控制液位在设定值附近。由图5-32(c)可知,液位的高限值设置为1.875m,是闪蒸器筒体和上下两椭圆形封头的总高度。

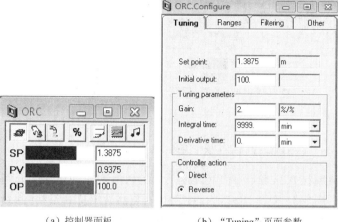
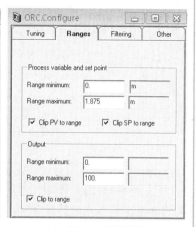

(a)控制器面板　　　　　　　(b)"Tuning"页面参数　　　　　　　(c)"Ranges"页面参数

图5-32　闪蒸器的越权液位控制器面板与控制参数

信号筛选模块"LS"的功能是对输入的两个或多个信号进行比较,按照预设指令选择最小信号或最大信号输出到执行模块上。在本例题中,设定输出最小信号。先用鼠标选择模块"LS",右击,在弹出的菜单中选择"Forms",在次级菜单中点击"AllVariables",显示模块"LS"的初始参数,如图5-33(a)所示。其中,"Input_(1)"是控制器"FC"的输出信号,"Input_(2)"是控制器"ORC"的输出信号。把输入信号数量改为2,把信号筛选方法改为输出最小信号"LOW"。这时,"LS"模块的输出信号为两个输入信号中的最小值50%。经过参数修改和数据初始化后的"LS"模块参数如图5-33(b)所示。

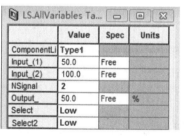

(a)初始参数　　　　　　　　　　(b)修改后参数

图5-33　"LS"信号选择模块参数表

(2)动态模拟结果与比较　在动态模拟开始时,信号筛选模块"LS"输出的是进料控制器"FC"的输出信号,随着进料流率增加,闪蒸器液位升高,控制器"ORC"的输出信号逐渐降低,当其数值小于"FC"输出信号时,进料阀门由"ORC"越权控制,使得闪蒸器液位不超过设定的最高液位。

为观察闪蒸器液位越权控制结构的动态性能,把信号筛选模块"LS"的两个输入信号一个输出信号添加到动态数据图中。在后续的动态模拟中,仅考察进料流率+30%波动对闪蒸器液位的影响。流率变化过程修改为:0.2h 阶跃到 130kmol/h,2.5h 恢复到 100kmol/h,4h 模拟结束。闪蒸器越权液位控制结构的动态模拟结果见图5-34,将其数据用 Origin 分别绘制的曲线趋势见图5-35。

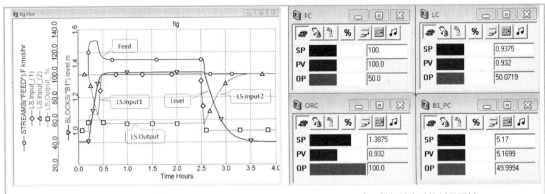

（a）曲线图　　　　　　　　　　　　　（b）模拟结束时控制器面板

图 5-34　越权液位控制结构模拟结果

由图 5-35（a）可知，进料流率在 0.2h 阶跃到 130kmol/h，在 0.4h 左右即迅速降低到 113kmol/h 左右并维持到 2.5h；由图 5-35（b）可知，在此期间闪蒸器液位从 0.932m 升高到 1.35m 的限制液位附近并持续到 2.6h 左右；由图 5-35（c）与图 5-35（d）可知，在 0.4h 之前，进料阀门开度由进料流率控制器"FC"控制，约 65%；在 0.4h 之后，越权控制器 "ORC"的输出信号降低到 65%以下，这时进料阀门开度由越权控制器"ORC"控制，约 58%，直至 2.6h；在 2.5h 时进料流率恢复到正常水平，闪蒸器液位迅速降低，按反作用原理，越权控制器"ORC"输出信号升高，进料流率控制器"FC"输出信号恢复到 50%，进料阀门开度重新由进料流率控制器"FC"控制直至 4h 模拟结束。在整个动态模拟过程中，根据闪蒸器液位高低不同，进料阀门开度由两个控制器交替控制，避开了"FC"液位控制器在积分饱和状态时对进料阀门的控制，使得闪蒸器液位始终控制在设定的最高液位以下。

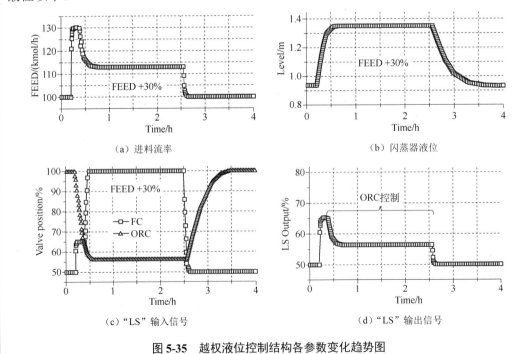

（a）进料流率　　　　　　　　　　　　（b）闪蒸器液位

（c）"LS"输入信号　　　　　　　　　　（d）"LS"输出信号

图 5-35　越权液位控制结构各参数变化趋势图

5.2.3 含外部复位反馈功能的越权液位控制结构

从图 5-35 可见，闪蒸器液位的越权控制结构简单有效，能够满足一般储罐液位控制的需求，不足之处是两个控制器切换比较突兀，液位的升降变化剧烈，液位控制精度不高。若要求对液位实现平缓、精确的液位控制，可对图 5-31 越权液位控制结构进行进一步改造，添加具有外部复位反馈功能的组合控制模块。

例.5-3 含外部复位反馈的越权液位控制结构。

对图 5-31 的越权液位控制结构进行改造，添加具有外部复位反馈功能的组合控制模块，考察该控制方案下闪蒸器液位的波动情况，与例 5-2 的越权液位控制结构进行比较。

解 （1）建立具有外部复位反馈功能的越权液位控制结构 首先删除图 5-31 越权液位控制结构中的 "FC" 和 "ORC" 两个 PID 控制器，用 5 个控制模块构建外部复位反馈信号回路，用另两个控制模块构建越权控制信号回路，进料流率与闪蒸器液位之间关系的调控不使用 PID 控制器，而是用 7 个控制模块组合而成。完整的含外部复位反馈功能的越权液位控制结构如图 5-36 所示，图中 7 个控制模块和一条外部信号线的参数设置如图 5-37 所示。

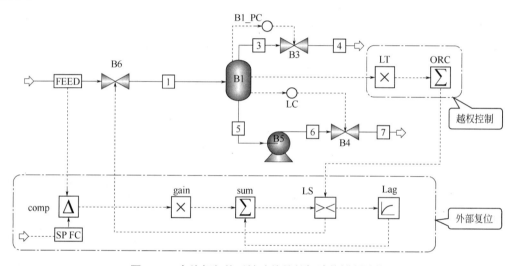

图 5-36　含外部复位反馈功能的越权液位控制结构

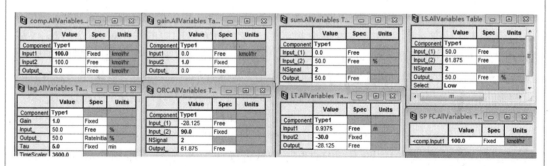

图 5-37　含外部复位反馈加越权液位控制结构的模块参数设置

在外部复位反馈信号回路中，名称为 "SP FC" 的信号线是人工添加的外部物流信号线，其功能是提供进料物流阶跃信号的固定值。右击信号线，取消信号线名称的隐藏，对此信号线命名为"SP FC"。再用鼠标选择"SP FC"信号线右击，在弹出的菜单中选择"Forms"，在次级菜单中点击"AllVariables"，显示"SP FC"信号线面板如图 5-37 所示，在"Value"栏目中填写基准值 100kmol/h。

名称为"comp"的图标"△"是信号比较模块，执行"Input1-Input2"的运算。两信号中一个是固定值信号，一个是可变值信号，"comp"模块输出两信号的差值。在本例中，外部物流信号"SP FC"设置为"Input1"，属性设置为"Fixed"；"FEED"物流信号设置为"Input2"，属性设置为"Free"。在稳态模拟时，两信号相同，差值为 0；动态模拟时，外部物流信号"SP FC"设置为阶跃信号值，"FEED"物流信号值受进料阀门控制，两信号差值不为 0。

名称为"gain"的图标"×"是信号相乘模块，输入的信号是"Input1"，属性为"Free"，人工设置的增益值是"Input2"，属性为"Fixed"。增益值由控制系统决定，正增益值相当于反作用控制器。当工艺变量信号增加时，控制器的输出信号相应减小。在本例中，暂时采用模块默认的增益值 1。

名称为"sum"的图标"Σ"是信号相加模块，其功能是把输入的信号相加并输出。在本例中，"sum"模块接受两个信号：一是"gain"模块的输出信号；二是延迟模块的输出信号，两信号值相加后输送给低选模块"LS"。

名称为"Lag"的图标"ピ"是信号延迟模块，其功能是把输入信号进行一阶滞后处理。在本例中，"Lag"模块的时间常数设置为 5min，接受低选模块"LS"的输出信号，一阶滞后处理后再输出到"sum"模块。

低选模块"LS"对"sum"模块输出信号和越权液位控制结构输出信号进行比较，把低值信号输出到进料阀门上控制阀门开度。

名称为"LT"的模块也是一个乘法模块。在本例中，"LT"模块承担液位信号转换任务，其一个输入信号是液位，另一个是人工设置的固定乘数"−30"，"LT"模块输出一个适度大小的负值；当液位升高时，这个负值的绝对值就会增加。

名称为"ORC"的模块也是一个信号相加模块。在本例中，"ORC"模块接受"LT"模块输出信号，另一个信号是人工设置的固定值"90"，两者相加后"ORC"模块输出一个 60%左右的阀门开度值。

（2）动态模拟结果　在动态模拟中，仅考察进料流率+30%扰动对闪蒸器液位的影响。流率变化过程为：0.2h 阶跃到 130kmol/h，2.5h 恢复到 100kmol/h，4h 模拟结束。阶跃信号直接在外部物流信号线"SP FC"的参数面板中设置，按回车确定。当进料流率为稳态值时"comp"模块和"gain"模块的输出信号为 0，"lag"模块的输出信号是 50%；"LT"模块输出值是基准液位 0.9375 与−30 的积−28.125，"ORC"模块的输出值是−28.125 与常数 90 的差 61.875%>50%；故低选模块"LS"的输出信号是 50%，作用于进料管道阀门。

当外部物流信号线"SP FC"提供进料物流阶跃信号后，"comp"模块和"gain"模块的输出信号快速增加到 75%左右；由于闪蒸器液位升高，"LT"模块输出值达到−35，"ORC"模块的输出值降低到 55%左右，小于 75%，液位越高，ORC 输出信号越低。故低选模块"LS"的输出信号是 55%左右作用于进料管道阀门，模拟结果见图 5-38，控制进料管道阀门的两组控制模块在不同的时间段向低选模块"LS"输送了不同的信号值，"LS"模块向控制进料管道阀门输出的是低位信号，因此控制了闪蒸器液位的过度升高。三种液位控制方法的效果比较见图 5-39。

由图 5-39 可知，在进料流率阶跃阶段和进料流率恢复阶段，含外部复位反馈功能的越权液位控制结构在进料流率控制、进料管道阀门开度控制、闪蒸器液位控制等方面，控制参数的过渡比较平缓，因而液位的控制更为准确。需要说明的是，含外部复位反馈功能的越权液位控制结构的"gain"模块、"lag"模块、"LT"模块、"ORC"模块的固定参数均可以进行调整，以满足具体设备的特殊液位控制要求。

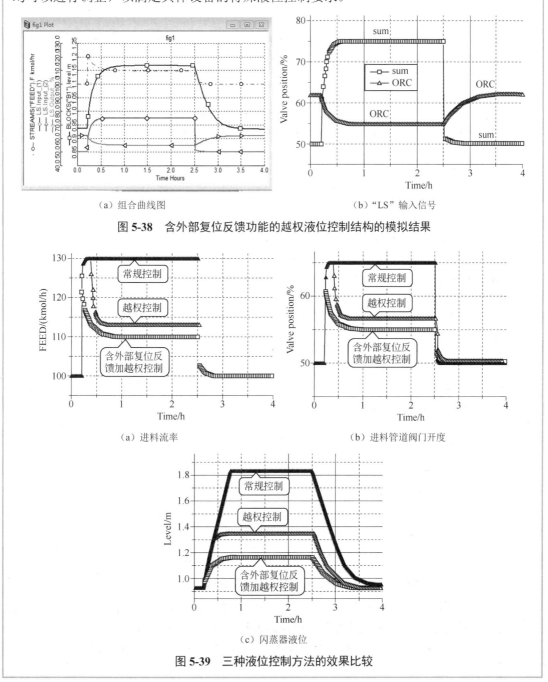

（a）组合曲线图　　　　　　　　　　　（b）"LS"输入信号

图5-38　含外部复位反馈功能的越权液位控制结构的模拟结果

（a）进料流率　　　　　　　　　　　（b）进料管道阀门开度

（c）闪蒸器液位

图5-39　三种液位控制方法的效果比较

5.3　反应器的换热控制

通常认为反应器是化工装置的核心设备，在化工生产中反应器的安全操作至关重要。反应器的控制设计在许多教材、手册、专著中都有著述，但往往偏重于数学方程、控制原理的介绍，用动态模拟方法考察控制方案的可行性、实用性较少见到。本节介绍如何用 Aspen Plus Dynamics 软件对反应器的控制方案进行动态模拟，观察各扰动因素对反应器安全操作的影响。

一般而言，反应器可以分为三大类，即全混流反应器、平推流反应器和间歇反应器。本节介绍前两种反应器的动态模拟，间歇反应器放在第 6 章介绍。

5.3.1 全混流反应器

全混流反应器（CSTR）一般用于液相反应，也可用于液气、液固等多相反应。化学反应一般伴随着热量的输入或输出，反应器热负荷的大小与反应类型、反应物数量、反应进行程度有关。反应器与环境的热量交换视为反应热效应的大小，一般由反应器外部的夹套和内部的盘管移除。对于稳态反应过程，只需要规定反应温度或者规定反应热负荷，软件计算反应器与环境的热交换量或者反应过程可以达到的程度。对于动态过程，还需要考察反应器与环境热交换的速率。

在 Aspen Plus Dynamics 动态模拟中，CSTR 与环境热交换速率的计算方式与换热方式有关，共有 6 种，分别是设定热负荷（Constant Duty）、设定介质温度（Constant Temperature）、设定对数平均温差（LMTD）、动态模拟方法（Dynamic）、换热介质冷凝（Condensing）及换热介质汽化（Evaporating）。设计人员可以根据反应器与换热介质的实际情况，选择一种传热速率的计算方法。

例 5-4 设定冷却水流率的 CSTR 反应器换热控制结构。

乙烯（E）与苯（B）在一 CSTR 反应器中液相反应合成乙苯（EB），副产物是二乙苯（DEB）。化学反应方程式见式（5-1）～式（5-3），反应动力学表达式见式（5-4）、式（5-5），式中浓度单位为 kmol/m^3，反应速率单位为 kmol/(m^3·s)，活化能单位为 kJ/kmol。

$$C_2H_4(E) + C_6H_6(B) \xrightarrow{k_1} C_8H_{10}(EB) \tag{5-1}$$

$$C_2H_4(E) + C_8H_{10}(EB) \xrightarrow{k_2} C_{10}H_{14}(DEB) \tag{5-2}$$

$$C_{10}H_{14}(DEB) + C_6H_6(B) \xrightarrow{k_3} 2C_8H_{10}(EB) \tag{5-3}$$

$$-r_1 = k_1 C_E C_B = 1.528 \times 10^6 \exp[-71129/(RT)]C_E C_B \tag{5-4}$$

$$-r_2 = k_2 C_E C_{EB} = 2.778 \times 10^4 \exp[-83690/(RT)]C_E C_{EB} \tag{5-5}$$

$$-r = k_3 C_{DEB} C_B = 0.4167 \exp[-62760/(RT)]C_{DEB} C_B \tag{5-6}$$

设两反应物为纯组分，苯的进料流率是乙烯的两倍，以抑制二乙苯的生成。进料参数、反应器工艺操作条件、反应器尺寸和夹套换热面积见图 5-40。反应放出的热量通过夹套、外置换热器等设备由冷却水移除，已知夹套换热面积 100.5m^2，冷却水进口温度 400K。求：（1）需要换热面积为多少？（2）若反应物进料流率波动±20%，冷却水流率不变，要维持反应温度 430 K 不变，问冷却水温度如何调整？

解 （1）稳态模拟　本例中，反应物和产物均为烃类组分，选用"CHAO-SEA"性质方法。稳态模拟流程见图 5-40，反应器参数设置见图 5-41（a），主反应动力学参数设置见图 5-41（b），副反应动力学参数设置方法类似，模拟结果见图 5-42。

由图 5-42 可知，以乙烯进料量为基准，乙烯的转化率是 0.9654，乙苯的收率是 0.9990；

由图 5-42（b）可知，反应放热 12471.4kJ，停留时间 0.55h。设置反应器垂直安装，半球形封头，直径 4m，高度由软件根据体积、直径计算；传热速率计算方式是指定冷却水温度 400K，如图 5-43 所示。

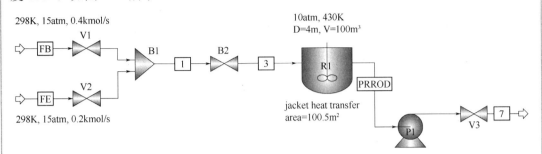

图 5-40　乙烯与苯反应合成乙苯流程

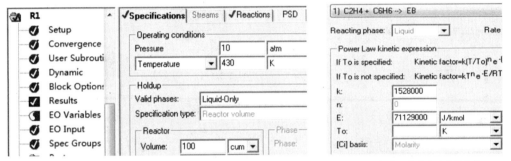

（a）操作条件　　　　　　　　　（b）合成乙苯反应动力学参数

图 5-41　反应器参数设置

	FE	FB	PRROD
Mole Flow kmol/sec			
C2H4	.2000000	0.0	6.91176E-3
C6H6	0.0	.4000000	.2070092
EB	0.0	0.0	.1928934
DEB	0.0	0.0	9.74060E-5
Mole Frac			
C2H4	1.000000	0.0	.0169859
C6H6	0.0	1.000000	.5087323
EB	0.0	0.0	.4740424
DEB	0.0	0.0	2.39379E-4
Total Flow kmol/sec	.2000000	.4000000	.4069118
Total Flow kg/sec	5.610752	31.24546	36.85621
Total Flow cum/sec	.0257828	.0358227	.0509176

RCSTR results		
Outlet temperature:	430	K
Heat duty:	-12471.416	kW
Net heat duty:	-12471.416	kW
Volume		
Reactor:	100	cum
Vapor phase:		
Liquid phase:	100	cum
Liquid 1 phase:		
Salt phase:		
Condensed phase:	100	cum
Residence time		
Reactor:	0.54554357	hr

（a）物流表　　　　　　　　　（b）反应放热速率

图 5-42　稳态模拟结果

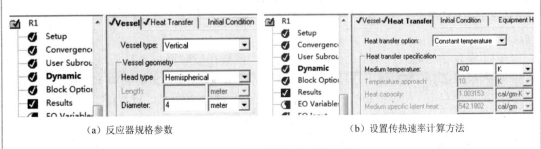

（a）反应器规格参数　　　　　　　　　（b）设置传热速率计算方法

图 5-43　动态模拟准备参数设置

（2）建立控制结构　把稳态模拟结果向 Aspen Plus Dynamics 传递数据。打开软件自动生成的原始动态控制文件，删除注释文字，选择"SI"单位制。在流程图上首先添加 3 个"PID"控制模块，分别作为乙烯和苯两股进料物流的流率控制器"FCE""FCB"和出口液位控制器"LC"，如图 5-44 所示，图中 3 个 PID 控制器参数按常规方法设置。

题目规定苯的进料流率是乙烯的两倍，故这两股物流按同一比例变化，需要添加一个控制模块调节两股进料流率的比例。可在两个进料流率控制器之间连接一个信号相乘模块，命名为"RATIO"，见图 5-44。乙烯的进料流率信号为"Input1"，固定乘数"Input2"为 2，"RATIO"模块参数面板见图 5-45。

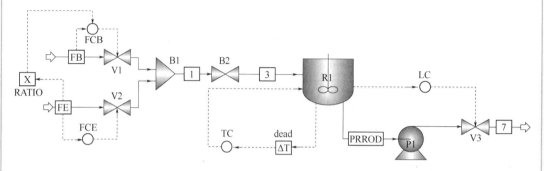

图 5-44　CSTR 动态模拟流程

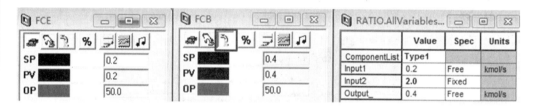

图 5-45　设置"FCB"控制器转入串级模式

点击"FCB"控制面板上的串级图标"⬚"，使其转入串级模式运行。这时，"FCB"控制器不能自动运行，它受"RATIO"模块的串级控制，这样苯的进料流率将随乙烯的进料流率变化而变化。

已知进料流率波动时，冷却水流率不变，为了控制反应器内部物料温度 430 K 不变，需要一个控制器调节冷却水温度。可在图 5-44 反应器左下角添加一个 PID 控制器模块，命名为"TC"。在"TC"参数面板"Tuning"页面的"Controller action"栏中选择反作用"Reverse"，当反应器温度升高时，"TC"控制器将控制冷却水温度降低。该页面的增益"Gain"和积分时间"Integral time"两项参数稍后整定，见图 5-46（a）。"TC"参数面板的"Ranges"页面把反应器温度和冷却水温度的变化范围限制在稳态值的±50K 内，如图 5-46（b）所示。在"TC"参数面板的"Filtering"页面，把输入信号的过滤时间常数取 0.1min。

由于温度信号达到控制器有一定的时间差，需要在反应器与"TC"模块之间插入一个死时间模块，命名为"dead"。用鼠标选择"dead"模块右击，在弹出的菜单中选择"Forms"，在次级菜单中点击"AllVariables"，显示模块"dead"的参数面板，设置固定死时间 1min，如图 5-47 所示。在屏幕顶部工具栏中选择"Initialization ▾"，并点击运行按钮"▸"完成数据的初始化保存修改，动态模拟流程如图 5-44 所示。

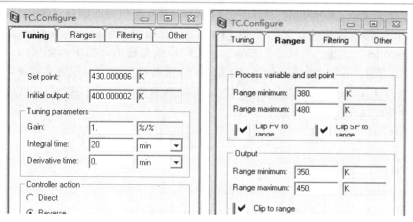

（a）设置为反作用　　　　　　　　　（b）设置温度变化范围

图 5-46　修改"TC"参数面板

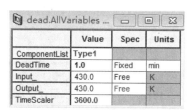

图 5-47　设置固定死时间 1min

现在对"TC"控制器的增益"Gain"和积分时间"Integral time"两项参数进行整定。点击"TC"控制器面板上的"Tune"图标"🎵"，在弹出对话框"Test"页面的"Test method"栏，选择闭环测试"Closed loop ATV"，见图 5-48（a）。点击"TC"控制器面板上的"Plot"图标"📊"，弹出闭环测试曲线显示图表，见图 5-48（b）。

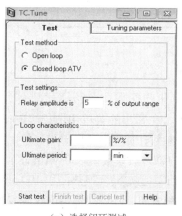
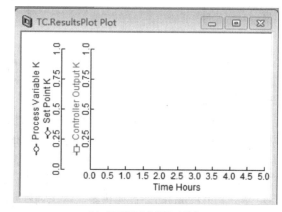

（a）选择闭环测试　　　　　　　　　　（b）闭环测试曲线显示图表

图 5-48　准备闭环测试

运行模式选择"Dynamic"，点击运行按钮"▶"，当显示一段稳定直线后点击"Test"页面左下角的"Start test"按钮开始测试；当显示 4～6 个波形后，点击"Tune"页面的"Finish test"结束测试，测试曲线如图 5-49（a）所示。进入"TC"控制器面板的"Tuning parameters"

页面，点击左下角的"Calculate"按钮，计算出"TC"控制器的增益"Gain"和积分时间"Integral time"两项参数值，见图5-49（b）；继续点击"Tuning parameters"页面下方的"Update controller"按钮，置换"Tuning"页面的原始参数值，如图5-49（c）所示；运行模式选择"Initialization"，点击运行按钮"▶"完成数据的保存，至此完成"TC"控制器的参数整定。从获得的整定数据来看，"TC"控制器的增益大小适当，积分时间较短，预计可以对反应器实施较好的温度控制。

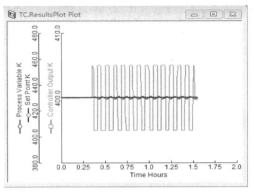

（a）闭环测试曲线

（b）计算控制器参数

（c）显示整定参数

图 5-49　闭环测试结果

（3）动态模拟结果

① 求需要的换热面积　右击流程图的反应器模块，在弹出的菜单中选择"Forms"，在次级菜单中点击"Manipulate"，弹出反应器的控制参数，如图5-50所示。其中"UA"是总传热系数与换热面积的积，若取 Aspen Plus 默认的总传热系数值 850W/(m^2·K)，取稳态时的温差 30K，则需要换热面积：$A=415714/850=489m^2$。已知夹套换热面积 100.5m^2，所以需要配置一个 388.5m^2 的外置换热器，考虑到进料流率增加，外置换热器面积也要增加。

	Description	Value	Units	Spec
P_dropR	Specified pressure drop	0.0	N/m2	Fixed
T_med	Heating medium temperature	400.0	K	Free
UA	Overall heat transfer coefficient * area for heating	415714.0	J/s/K	Fixed

图 5-50　反应器控制参数

② 求冷却水温度调整 在 0.2h，乙烯进料流率阶跃±20%达到 0.24kmol/s 或 0.16kmol/s，2h 后曲线走稳，停止动态模拟，记录反应器内物料温度、反应器热负荷、需要冷却水温度的数据，绘图如图 5-51 所示。由图 5-51（a）所示，当乙烯进料流率变化时，苯的进料流率同步变化，说明比例进料控制器"RATIO"工作正常；由图 5-51（b）可知，进料流率阶跃±20%后，反应器物料温度有±2K 的波动，且在 1.3h 后恢复稳态值，说明控制器"TC"能有效控制反应器温度；由图 5-51（c）可知，反应器热负荷的波动趋势与进料流率波动趋势近似；由图 5-51（d）可知，为维持反应器温度稳定，冷却水温度要有 6K 的波动，波动趋势与进料流率相反，流率增加时，冷却水温度需要降低 6K；流率减少时，冷却水温度需要升高 6K。

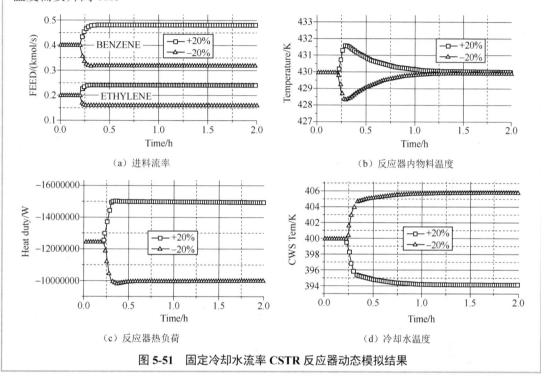

（a）进料流率

（b）反应器内物料温度

（c）反应器热负荷

（d）冷却水温度

图 5-51 固定冷却水流率 CSTR 反应器动态模拟结果

例 5-5 设定 LMTD 的 CSTR 反应器换热控制结构设计。

题目同例 5-4。冷却水进口温度 294K，设定冷却水温度与反应器物料温度的对数平均温差（LMTD）为 10K。若反应物进料流率波动±20%，要维持反应温度 430K 不变，问冷却水流率该如何调整？

解 （1）稳态模拟 把例 5-4 稳态模拟程序中的传热速率计算方法修改为控制 LMTD，填写冷却水进口温度、LMTD、冷却水热容，如图 5-52 所示，运行后稳态模拟数据输入到 Aspen Plus Dynamics 中。

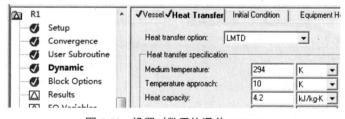

图 5-52 设置对数平均温差 LMTD

（2）建立控制结构　打开软件自动生成的原始动态控制文件，右击流程图的反应器模块，在弹出的菜单中选择"Forms"，在次级菜单中点击"AllVariables"，在反应器的初始变量中找到稳态模拟时需要的冷却水流率为23.5665kg/s，见图5-53。

添加进料流率控制器、液位控制器、温度控制器，建立的反应器控制结构外观上与例5-4相同，但本例温度控制器输出信号是控制冷却水流率"Heating medium flow rate"，见图5-54。把冷却水流率23.5665kg/s填写到温度控制器面板"Tuning"页面的"Initial output"栏中，点击工具栏的"Initialization"确认。

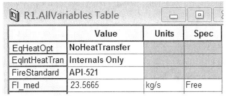

图 5-53　稳态模拟时冷却水流率　　　　　图 5-54　温控器输出信号选择冷却水流率

对温度控制器参数重新整定，整定曲线见图5-55（a），整定参数见图5-55（b）、图5-55（c）。由图 5-55（b）可见，通过调节冷却水流率控制反应器温度，增益值较大，积分时间较短，预计反应器温度控制较好。对"Ranges"页面变量范围进行调整，见图5-55（c）。

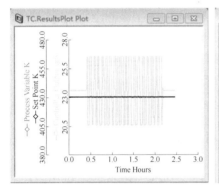

（a）整定曲线　　　　　　　　（b）整定参数　　　　　　　　（c）调整参数范围

图 5-55　温度控制器重新整定

（3）动态模拟结果　在 0.2h，进料流率阶跃±20%，记录反应器内物料温度、反应器热负荷、冷却水流率数据并绘图，其中原料流率、反应器热负荷曲线与例5-4相同，反应器温度和冷却水流率的变化曲线见图 5-56。进料流率波动±20%时，反应器物料温度波动略大于 2K，且在 1h 左右恢复到稳态温度值，恢复时间比例 5-4 控制冷却水温度的控制结构短 0.3h，冷却水流率的波动范围为23%～28%。

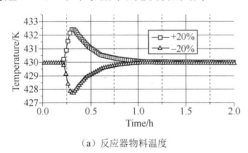
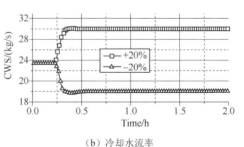

（a）反应器物料温度　　　　　　　　　　（b）冷却水流率

图 5-56　固定 LMTD 反应器换热控制结构模拟结果

例 5-6 动态换热的换热控制结构设计。

　　题目同例 5-4。冷却水进口温度 294K，规定冷热流体温差 30K，估计反应器夹套和外置换热器中冷却水的持液量是 6100kg，假设冷却水也是全混流，采用动态换热的换热速率计算方法。若反应物进料流率波动±20%，要维持反应温度 430K 不变，问：（1）冷却水流率该如何调整？（2）三种传热速率计算方法的比较。

　　解　（1）稳态模拟　把例 5-4 稳态模拟程序中的传热速率计算方法修改为动态换热方法，填写冷却水进口温度、冷热流体温差、冷却水热容、换热器冷却水持液量等，如图 5-57 所示，运行后稳态模拟数据输入到 Aspen Plus Dynamics 中。

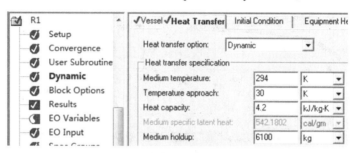

图 5-57　设置动态换热的传热速率计算参数

　　（2）建立控制结构　打开软件自动生成的原始动态控制文件，右击流程图的反应器模块，在反应器的初始变量中找到稳态模拟时的冷却水流率为 28.0131kg/s，如图 5-58 所示，高于例 5-5 中的 23.5665kg/s。本例反应器控制结构外观上与例 5-4 相同，但温度控制器输出信号是控制冷却水流率。对温度控制器的参数重新整定，整定参数见图 5-59。与例 5-5 相比，温度控制器的增益减小，积分时间增加，反应器温度控制效果将要降低。

	Description	Value	Units	Spec
P_dropR	Specified pressure drop	0.0	N/m2	Fixed
Fl_med	Heating medium flow rate	28.0131	kg/s	Fixed
Tmed_in	Heating medium inlet temperature	294.0	K	Fixed
UA	Overall heat transfer coefficient * area for heating	415714.0	J/s/K	Fixed
Mass_med	Mass holdup of heating/cooling medium	6100.0	kg	Fixed
QCoolr	Specified cooling duty	0.0	W	Fixed

图 5-58　设置动态传热速率计算方法 1

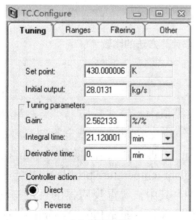
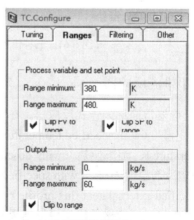

（a）整定参数　　　　　　　　　　（b）调整参数范围

图 5-59　设置动态传热速率计算方法 2

（3）动态模拟结果　在 0.2h，进料流率阶跃±20%，记录反应器内原料流率、物料温度、反应器热负荷、冷却水流率数据并绘图，其中原料流率、反应器热负荷曲线与图 5-51 相同，反应器物料温度和冷却水流率的变化曲线如图 5-60 所示。可见反应器进料流率波动±20%时，反应器物料温度波动接近 4K，远高于例 5-4 和例 5-5 的波动范围，恢复到稳态温度值需要 2h，远大于前两例。需要的冷却水流率 22～36kg/s，波动范围 21%～29%，这两项指标都高于例 5-5。

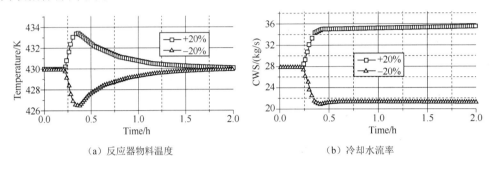

（a）反应器物料温度　　　　　　　　　（b）冷却水流率

图 5-60　动态换热方法计算传热速率反应器换热控制结构模拟结果

（4）三种传热速率计算方法的比较　不同传热速率计算方法的反应器物料温度比较见图 5-61（a），需要的冷却水流率比较见图 5-61（b）。对于相同的进料流率波动，由图 5-61（a）可知，动态换热速率计算的反应器温控误差最大，恢复稳态温度的时间最长；由图 5-61（b）可知，冷却水的需求量也最大，说明动态换热方法计算传热速率更加贴近真实情况。

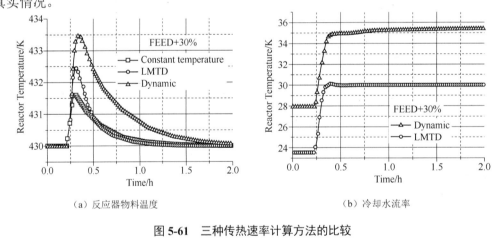

（a）反应器物料温度　　　　　　　　　（b）冷却水流率

图 5-61　三种传热速率计算方法的比较

5.3.2　平推流反应器

平推流反应器常简称为管式反应器。在稳态模拟中，管式反应器类型与环境热交换方式有关，包括指定温度（with specified temperature）、绝热（adiabatic）、指定冷剂温度（with constant coolant temperature）、顺流换热（with co-current coolant）、逆流换热（with counter-current coolant）、指定冷剂温度分布 （with specified coolant temperature profile）、指定外部热负荷分布 （with specified external heat flux profile）七种。其中，等温反应器的规定与动态模拟参数波动矛盾，因此等温反应器的稳态模拟结果不能导入到 Aspen Plus Dynamics 软件中。

在动态模拟中，除了指定管式反应器与环境的热交换方式，还要指定反应器内非均相催化剂热量传递的有关参数，如催化剂与反应物的温差、催化剂的热容、比表面积、总传热系数等。

固定床反应器动态模拟的本质是对反应器尺寸作网格化处理后微元体上偏微分方程的求解。网格的稀疏对稳态模拟结果没有影响，但对动态模拟结果有明显的影响。显然网格越密，模拟结果越接近真实情形。网格的设置可以是一维方向上的均匀设置，也可以是多维方向上的非均匀设置。Aspen Plus 默认的网格数是 10，对动态模拟一般要增加到 20～30 才能满足常规准确度要求，当然这将大大增加计算工作量。

例 5-7 指定冷剂温度管式反应器的温度控制结构。

丙烯与氯气在管式反应器内进行气相氯化反应，反应方程式见式（5-7）与式（5-8），反应动力学表达式见式（5-9）与式（5-10）。式中计量单位分压 Pa，活化能 kJ/kmol，反应速率 $kmol/(m^3·s)$。进料的温度与压力、流率与组成、反应器直径与长度、反应器操作压力与压降见图 5-62。反应器内充填催化剂的密度 $2000kg/m^3$，床层孔隙率 0.5，热容 $0.5kJ/(kg·K)$。

$$C_3H_6 + Cl_2 \xrightarrow{k_1} CH_2{=\!}CH{-}CH_2Cl + HCl \tag{5-7}$$

$$C_3H_6 + Cl_2 \xrightarrow{k_2} CH_2Cl{-}CHCl{-}CH_3 \tag{5-8}$$

$$-r_1 = k_1 p_{C_3} p_{Cl_2} = 8.992 \times 10^{-8} \exp[-63266.7/(RT)] p_{C_3} p_{Cl_2} \tag{5-9}$$

$$-r_2 = k_2 p_{C_3} p_{Cl_2} = 5.107 \times 10^{-12} \exp[-15955.9/(RT)] p_{C_3} p_{Cl_2} \tag{5-10}$$

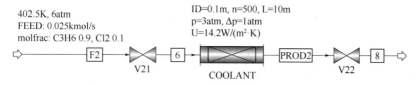

图 5-62　丙烯氯化反应流程

已知氯化反应是不可逆放热反应，指定冷剂温度 400K，假设催化剂与反应物温度相同。为了便于说明反应器热点温度控制结构的设计原理，反应器管道的总传热系数取一个不合实际的数值 $14.2W/(m^2·K)$，以使得反应器热点位置偏离反应器进口端，试给出反应器热点温度的控制结构。若以下参数波动，求床层热点温度波动状况与恢复稳定需要的时间。（1）反应物进料流率波动±20%；（2）反应物进料中氯气摩尔分数波动±0.05；（3）反应物进料温度波动±20K。

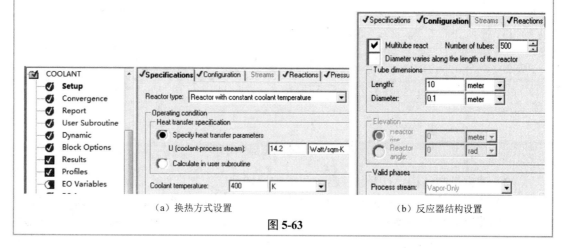

（a）换热方式设置　　　　　　　　（b）反应器结构设置

图 5-63

（c）催化剂参数设置

（d）网格参数设置

（e）催化剂传热状态与热容参数设置

图 5-63　反应器参数设置

解　床层充填的催化剂质量为：

$$W = (\pi/4)D^2 nL \rho \varepsilon = (3.14/4) \times 0.1^2 \times 500 \times 10 \times 2000 \times 0.5 = 39250 \text{kg}$$

（1）稳态模拟　选用"PENG-ROB"性质方法，反应器的稳态模拟流程见图 5-62，部分参数设置见图 5-63，稳态模拟的部分截面分布见图 5-64。由图 5-64 可知，反应器温度分布曲线有 30 个点，热点温度在进口端接近 2m 处，反应物中氯丙烯浓度较低。

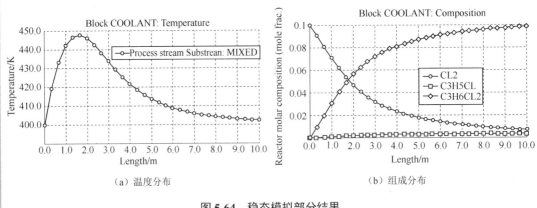

（a）温度分布

（b）组成分布

图 5-64　稳态模拟部分结果

（2）建立控制结构　打开软件自动生成的原始动态控制文件，在流程图上添加两个"PID"控制模块，分别作为进料流率控制器"FC"和反应器热点温度控制器"TCPEAK"，如图 5-65 所示，两控制器参数按照常规方法设置和整定。"TCPEAK"的输入参数是床层热点温度，由图 5-64，热点在反应器进口端 2m 左右。考虑到工艺参数波动时床层热点可能偏移，故把床层 1m、2m、3m 处的温度 T（3）、T（6）、T（9）都引出来，送入信号高选器"HS"，其中最高温度信号输入温度控制器"TCPEAK"，"TCPEAK"的输出信号是调节冷剂温度，以维持床层温度稳定。为近似实际情形，温度信号 T（3）、T（6）、T（9）引出时添加了延迟 1min 输出的死时间模块"dead3"、"dead6"和"dead9"。

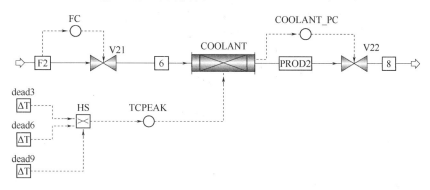

图 5-65　指定冷剂温度管式反应器的控制结构

在本例中，反应器内床层温度不能直接引入到"dead"模块中，需要采用 Aspen Plus Dynamics 的流程约束语句（Flowsheet Constraints），把温度信号赋值到 3 个"dead"模块中。在导航栏"Exploring Simulation|All Items"窗口，选择"Flowsheet"，双击"Contents of Flowsheet"窗口中的"Flowsheet"图标"📚"。在弹出的"Constraints-Flowsheet"对话框中，用 Aspen Plus Dynamics 规定的格式编写流程约束语句。在本例中，是把温度信号 T（3）、T（6）、T（9）赋值到死时间模块"dead3"、"dead6"、"dead9"，流程结束语编写如图 5-66 所示。Aspen Plus Dynamics 默认的温度单位是摄氏温度，引出时加 273.15 转化为热力学温度。该流程约束语句需要编译无误后方可执行，可在图 5-66 空白处右击，在显示出的菜单中点击"Compile"进行编译。若流程约束语句编写没有错误，在信息栏"Simulation Massages"会显示"Compilation completed. 0 error(s). 0 warning(s)."。若存在编译错误，则需要根据错误提示信息修改流程约束语句。

```
    Constraints - Flowsheet
1   CONSTRAINTS
2      // Flowsheet variables and equations...
3      BLOCKS("dead3").input_ = BLOCKS("COOLANT").T(3) + 273.15;
4      BLOCKS("dead6").input_ = BLOCKS("COOLANT").T(6) + 273.15;
5      BLOCKS("dead9").input_ = BLOCKS("COOLANT").T(9) + 273.15;
6   END
```

图 5-66　编写流程约束语句

由于 3 个死时间模块没有信号线接入，Aspen Plus Dynamics 自动把输入信号的属性定义为"Fixed"，实际上 3 个死时间模块输入信号是动态变量，必须人工修改为"Free"，如图 5-67 所示。

dead3.AllVariables Table

	Value	Spec	
ComponentList	Type1		
DeadTime	1.0	Fixed	min
Input_	437.37	Free	
Output	437.37	Free	
TimeScaler	3600.0		

dead6.AllVariables T...

	Value	Spec	
ComponentList	Type1		
DeadTime	0.0	Fixed	min
Input_	442.013	Free	
Output	442.013	Free	
TimeScaler	3600.0		

dead9.AllVariables Ta...

	Value	Spec	
ComponentList	Type1		
DeadTime	1.0	Fixed	min
Input_	433.374	Free	
Output	433.374	Free	
TimeScaler	3600.0		

图 5-67　修改输入信号属性

两个控制器和信号高选器"HS"的参数面板如图 5-68 所示。控制器"TCPEAK"设置为反作用控制,参数整定后增益为 10.1,积分时间 13.2min,输入信号范围调整为 400~500K,输出信号范围为 350~450K。

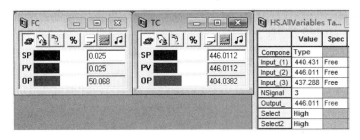

图 5-68　模块面板

（3）动态模拟结果

① 进料流率扰动　扰动过程为:0.1h 阶跃到 0.03kmol/s,1.5h 阶跃到 0.02kmol/s,3h 进料流率恢复到稳定值,4h 模拟结束。热点温度和冷剂温度对进料流率扰动的反应如图 5-69 所示。当进料流率增加时,3 个床层温度均增加,冷剂温度降低,使床层温度逐渐降低,1.5h 时接近正常值;当进料流率降低时,3 个床层温度均下降,冷剂温度上升,使床层温度逐渐回升,当进料流率恢复正常值后 1h,3 个床层温度又回归稳态值。

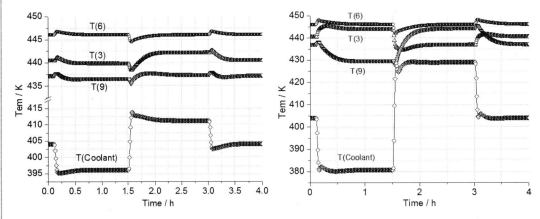

图 5-69　对进料流率扰动的反应　　　　图 5-70　对进料组成扰动的反应

② 进料组成扰动　扰动过程为:0.1h 氯气摩尔分数阶跃到 0.15,丙烯 0.85;1.5h 氯气摩尔分数阶跃到 0.05,丙烯 0.95;3h 进料组成恢复到稳态值,4h 模拟结束。修改进料组成方法:右击进料物流线,在弹出的菜单中选择"Forms",在次级菜单中点击"Manipulate",在显示的进料物流数据表中直接修改进料组成。热点温度和冷剂温度对进料组成扰动的反应见图 5-70。进料中氯气浓度增加,反应程度增加,床层热点温度上升,冷剂温度降低,使床层温度逐渐降低;进料中氯气浓度减少,反应程度降低,床层温度下降,冷剂温度上升,使床层温度逐渐回升,当进料流率恢复正常值后 1h,3 个床层温度均回归稳态值。

③ 进料温度扰动　扰动过程为:0.1h 阶跃到 420K,1.5h 阶跃到 380K,3h 恢复到稳态值,4h 模拟结束。进料温度修改方法与进料组成修改方法相同。热点温度和冷剂温度对进料温度扰动的反应见图 5-71。进料温度上升后,床层 1m 处温度 T（3）超过原热点温度 T（6）,成为温度控制器"TCPEAK"的输入信号,"TCPEAK"调节冷剂温度降低维持床层温

度稳定；当进料温度降低后，床层 2m 处温度 T（6）重新成为热点温度，"TCPEAK"调节冷剂温度上升维持床层温度稳定。在 1.5h、3h 的两个时间节点，床层热点温度 T（3）、T（6）均被很好控制，当进料温度恢复正常值后 1h，3 个床层温度均回归稳态值。

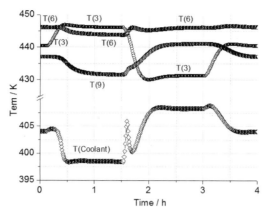

图 5-71　对进料温度扰动的反应

以上 3 组动态模拟结果图表明，图 5-65 指定冷剂温度管式反应器控制结构的设计是有效的。

例 5-8　冷剂并流管式反应器的温度控制结构。

同例 5-7，把反应器类型修改为冷剂并流管式反应器，冷剂为 350K 冷却水，冷却水管道压降 1atm，稳态模拟流程如图 5-72 所示，给出反应器出口物流温度的控制结构。若以下参数波动，求床层热点温度波动状况与恢复稳定需要的时间。（1）反应物进料流率波动±20%；（2）反应物进料中氯气摩尔分数波动±0.05；（3）反应物进料温度波动±20K。

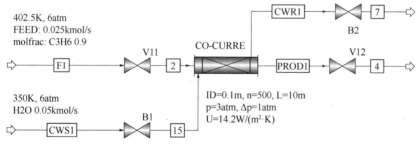

图 5-72　冷剂并流管式反应器流程

解　（1）稳态模拟　反应器类型参数设置见图 5-73，其他参数设置同例 5-7。稳态模拟结果的部分参数分布见图 5-74，热点温度在进口端 4m 处，热点温度数值低于例 5-7，

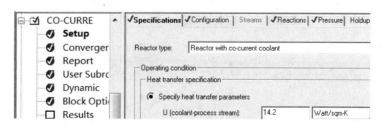

图 5-73　设置冷剂并流管式反应器类型参数

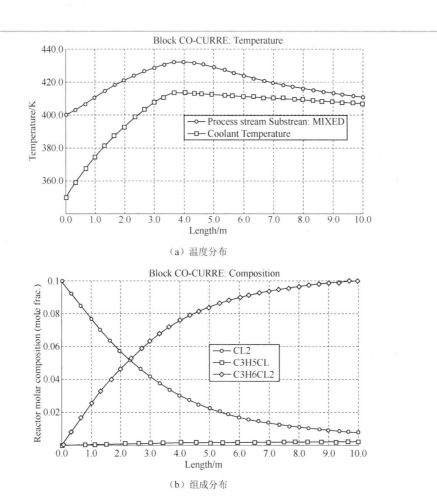

（a）温度分布

（b）组成分布

图 5-74　冷剂并流稳态模拟部分结果

反应物中氯丙烯浓度更低。

（2）建立控制结构　打开软件自动生成的原始动态控制文件，在流程图上添加进料流率控制器"FC"和反应器出口物流温度控制器"TC"，如图 5-75 所示。两控制器参数按照常规方法设置和整定。"TC"是正作用控制器，反应器出口物流温度越高，并流冷却水流率越大。由于"TC"控制器的增益值太大，人为减小为比较切合实际的 25，积分时间为 14.52min，输入信号范围调整为 350～450K。在 Aspen Plus Dynamics 的压力驱动动

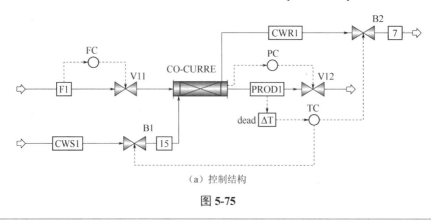

（a）控制结构

图 5-75

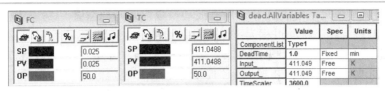

（b）模块面板

图 5-75　控制反应器出口物流温度的动态模拟流程

态模拟模式中，冷却水的进口、出口管道都要设置阀门。故在图 5-75 的控制结构中，"TC" 控制器同时作用于冷却水的进口和出口阀门，两阀门开度的调整同步进行，不过在实际生产中只需要一个阀门。

（3）动态模拟结果

① 进料流率扰动　扰动过程：0.1h 阶跃到 0.03kmol/s，1.5h 阶跃到 0.02kmol/s，3h 恢复到 0.025kmol/s，4h 模拟结束，结果见图 5-76。由图 5-76（a）可知，冷却水流率随着进料流率的涨落而涨落，冷却水流率变化达 30%；由图 5-76（b）可知，不管进料流率如何变化，反应器出口物流温度基本不变，床层 4m 处的热点温度 T（12）有少许波动。当进料流率恢复正常值后 1h，所有波动参数均回归稳态值。

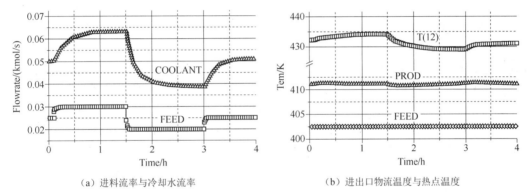

（a）进料流率与冷却水流率　　　　　　（b）进出口物流温度与热点温度

图 5-76　进料流率扰动的影响

② 进料组成扰动　扰动过程为：0.1h 氯气摩尔分数阶跃到 0.15，丙烯 0.85；1.5h 氯气摩尔分数阶跃到 0.05，丙烯 0.95；3h 进料组成恢复到稳态值，4h 模拟结束，结果见图 5-77。由图 5-77（a）可知，进料中氯气浓度扰动，反应程度变化，床层温度亦变化，为控制反应器出口物流温度，冷却水流率变化达 60%；由图 5-77（b）可知，不管进料组成如何变化，反应器出口物流温度基本不变，床层 4m 处的热点温度 T（12）有±15K 的

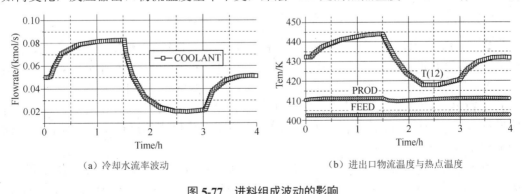

（a）冷却水流率波动　　　　　　　　（b）进出口物流温度与热点温度

图 5-77　进料组成波动的影响

波动。当进料流率恢复正常值后1h，所有波动参数均回归稳态值。

③ 进料温度扰动　扰动过程为：0.1h阶跃到420K，1.5h阶跃到380K，3h恢复到稳态值，4h模拟结束，模拟结果见图5-78。由图5-78（a）可知，进料温度扰动后，冷却水流率有±10%的波动；由图5-78（b）可知，反应器出口物流温度基本不变，床层4m处的热点温度T（12）有±10K的波动。当进料流率恢复正常值后1h，所有波动参数均回归稳态值。

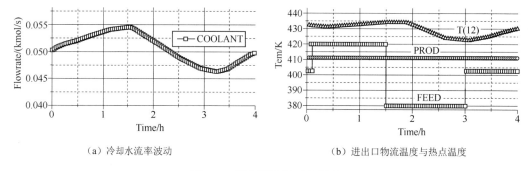

（a）冷却水流率波动　　　　　　　　　（b）进出口物流温度与热点温度

图5-78　进料温度波动的影响

可见对于进料流率、组成、温度的扰动，图5-75的控制结构可以有效地控制反应器出口物流的温度波动。

例 5-9　冷剂逆流管式反应器的温度控制结构。

同例5-7，把反应器类型修改为冷剂逆流管式反应器，冷却水出口温度450K，冷却水管道压降1atm，稳态模拟流程见图5-79。试给出反应器床层4m处温度的控制结构。若以下参数波动，求床层4m处温度波动状况与恢复稳定需要的时间。（1）反应物进料流率波动±20%；（2）反应物进料中氯气摩尔分数波动±0.05；（3）反应物进料温度波动±20K。

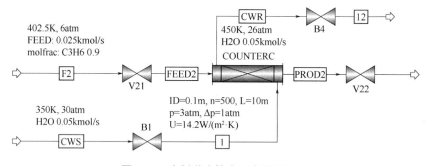

图5-79　冷剂逆流管式反应器流程

解　（1）稳态模拟　反应器类型、总传热系数和逆流冷却水出口温度设置如图5-80所示，其他参数设置同例5-7。对于逆流换热，冷剂的进口、出口条件都要指定。初次运行后显示警告见图5-81，提示在指定冷却水流率、出口温度的条件下，冷却水进口温度应该为298.62K。按照警告提示修改冷却水进口温度，物流1的温度修改如图5-82所示，再次运行通过。如果警告不能消除并不影响动态模拟，可以继续进行压力驱动检查和向Aspen Plus Dynamics传递数据。

稳态模拟的部分截面分布见图5-83，热点温度在进口端1.5m附近，热点温度T（5）达到501K，高于例5-7，故反应物中氯丙烯浓度也提高。当进料流率、组成、温度扰动时，

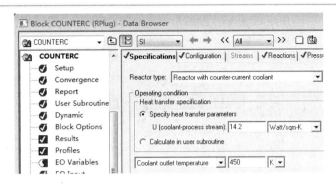

图 5-80　设置冷剂逆流管式反应器类型参数

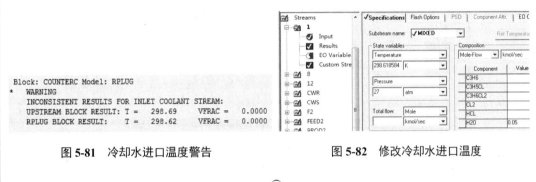

图 5-81　冷却水进口温度警告　　　　　图 5-82　修改冷却水进口温度

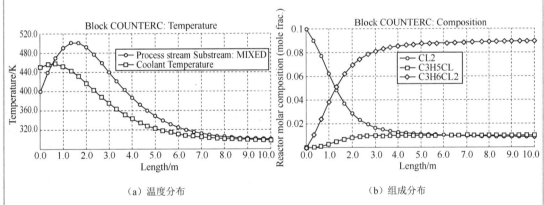

（a）温度分布　　　　　　　　　　　　（b）组成分布

图 5-83　冷剂逆流稳态模拟部分结果

因 T（5）温度变化过于剧烈，不宜作为温度控制点。床层 4m 处 T（12）温度变化平缓且与冷却水有一定温差，可以作为床层温度控制点。由于反应器出口物流温度与冷却水进口温度几乎相同，存在温度夹点，故不能用冷却水流率控制反应器物流出口温度。

（2）建立控制结构　打开软件自动生成的原始动态控制文件，在流程图上添加进料流率控制器"FC"和反应器出口物流温度控制器"TC"，如图 5-84 所示。两控制器参数按照常规方法设置和整定。"TC"的输入信号是床层 4m 处温度 T（12），"TC"的输出信号是调节冷却水阀门开度。"TC"是正作用控制器，T（12）数值越高，逆流冷却水流率越大，以维持床层温度稳定。整定后，"TC"的增益为 0.93，积分时间 5.28min，输入信号范围调整为 330～430K。

温度信号 T（12）引出时添加了延迟 1min 输出的死时间模块"dead"。采用流程约束语句（Flowsheet Constraints）把 T（12）信号赋值到"dead"模块中，如图 5-85 所示。

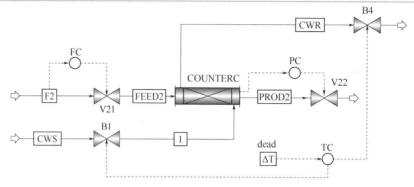

（a）控制结构

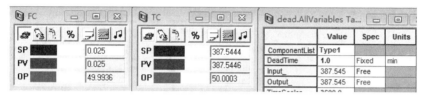

（b）模块面板

图 5-84　控制冷剂逆流反应器床层温度的动态模拟流程

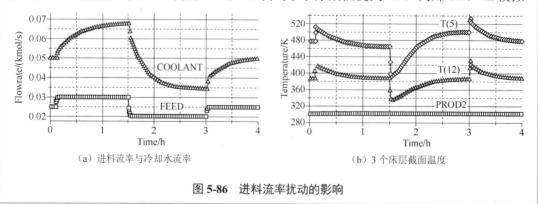

图 5-85　把 T（12）信号赋值到"dead"模块

（3）动态模拟结果

① 进料流率扰动　扰动过程为：0.1h 阶跃到 0.03kmol/s，1.5h 阶跃到 0.02kmol/s，3h 回归正常值 0.025kmol/s，4h 模拟结束，结果见图 5-86。由图 5-86（a）可知，冷却水流率随着进料流率的涨落而涨落，冷却水流率变化±36%，大于反应器进料流率扰动±20%。由图 5-86（b）可知，反应器出口物流温度基本不变；因床层 4m 处温度 T（12）被温度控制器控制，波动幅度相对较小；床层热点 T（5）未被控制，波动幅度相对较大。当进料流率恢复正常值后 1h，所有波动参数均回归稳态值。

② 进料组成扰动　扰动过程为：0.1h 氯气摩尔分数阶跃到 0.15，丙烯 0.85；0.15h 氯气摩尔分数阶跃到 0.05，丙烯 0.95；3h 氯气摩尔分数恢复到 0.1，丙烯 0.9，4h 模拟

（a）进料流率与冷却水流率

（b）3 个床层截面温度

图 5-86　进料流率扰动的影响

结束，结果如图 5-87 所示。由图 5-87（a）可知，进料中氯气浓度扰动，冷却水流率波动 22%；由图 5-87（b）可知，反应器出口物流温度基本不变，床层 4m 处温度 T（12）最高有 47K 的波动，床层热点温度 T（5）最大波动超过 100K，可见进料组成的扰动对反应器操作稳定的影响大于流率波动。当进料流率恢复正常值后 1h，所有波动参数均回归稳态值。

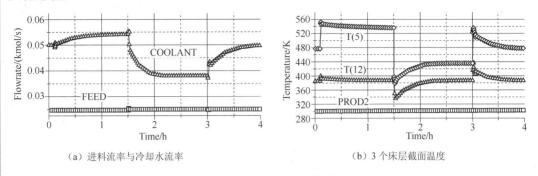

（a）进料流率与冷却水流率　　　　（b）3 个床层截面温度

图 5-87　进料组成扰动的影响

③ 进料温度扰动　扰动过程为：0.1h 阶跃到 420K，1.5h 阶跃到 380K，3h 恢复到稳态值，4h 模拟结束，模拟结果如图 5-88 所示。由图 5-88（a）可知，进料温度扰动后，冷却水流率波动极微；由图 5-88（b）可知，反应器出口物流温度基本不变，床层 4m 处的热点温度 T（12）基本没有波动，T（5）最高仅有 17K 的波动。当进料流率恢复正常值后 1h，所有波动参数均回归稳态值。对冷剂逆流换热而言，反应器进料温度的波动对床层温度影响较小。

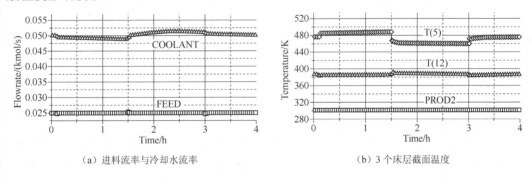

（a）进料流率与冷却水流率　　　　（b）3 个床层截面温度

图 5-88　进料温度扰动的影响

可见对于进料流率、组成、温度的扰动，图 5-84 的控制结构可以有效地控制反应器出口物流的温度波动。

总结　三种管式反应器温度控制结构的比较。例 5-7 指定了冷剂温度，故反应器内部冷剂温度处处相等，这是一种冷剂流率无限大时才可以达到的理想换热状态，实际反应器换热介质的温度不可能恒定。从图 5-76～图 5-78 和图 5-86～图 5-88 可知，冷剂并流和冷剂逆流的温度控制结构均可以抵御进料流率、组成、温度的扰动，有效地控制反应器热点区域温度和出口物流温度的波动。对于进料流率和进料组成的扰动，冷剂并流温度控制结构的反应器热点区域温度波动较小；对于进料温度扰动，冷剂逆流温度控制结构的反应器热点区域温度波动和冷剂流率波动均较小。

5.4 单一精馏塔控制

分离过程是化工过程的核心板块之一，分离设备多种多样，但就技术成熟度与应用成熟度而言，精馏塔当属第一选择。故在化工流程设计时，精馏塔总是最常用采用、最多采用的分离设备。在原料净化、中间产物分离、最终产品提纯、三废治理等领域，精馏塔都发挥着重要作用。Aspen Plus 中有多种精馏塔的设计模块，借助于这些模块中平衡级模型或速率模型的使用，人们可以对特定的精馏塔进行工艺设计，得到精馏塔的理论塔板数、回流比、进料位置、塔顶与塔底热负荷等设计参数。但这些精馏塔设计参数是基于 Aspen Plus 的稳态模拟结果，据此加工制造出来的精馏塔，其操作性能如何则难以估计。尤其是含有多重稳态的复杂精馏体系，Aspen Plus 只能给出多重稳态的一种模拟结果，精馏塔操作的可靠性更是难以预料。

Aspen Plus Dynamics 软件提供了考察 Aspen Plus 稳态模拟精馏塔操作控制性能的一个工具。在 Aspen Plus Dynamics 的环境中，可以通过设置各种程度不等的扰动信号，观察精馏塔对扰动因素的反应过程，从而协助人们判断精馏塔设计参数的合理性与可靠性，或制订应对扰动的操作规程。

5.4.1 判断灵敏板位置

用 Aspen Plus 进行精馏塔的严格计算，可以获得塔内各块塔板上的温度、压力、流率与组成的分布。一般而言，塔内温度在塔高方向上的分布是不均匀的。当操作条件变化时，塔内温度分布也会变化。仔细分析操作条件变动前后温度分布的变化值，即可发现在精馏段或提馏段的某些塔板上温度变化最为显著，或者说这些塔板的温度对外界干扰因素反应最灵敏，故将这些塔板称为灵敏板。将感温元件安置在灵敏板上，可以较早觉察精馏操作所受到的干扰，可在塔顶或塔釜产品组成尚未产生明显变化之前采取调节手段，以控制精馏塔的产品纯度。

判断灵敏板位置的判据有多种，包括斜率判据、灵敏度判据、奇异值分解判据、恒定温度判据、产品波动最小判据等。对于一个精馏塔，同时应用这些判据得到的灵敏板位置可能相同，也可能不同，需要具体情况具体分析，下面仅对斜率判据和灵敏度判据的应用进行介绍。

斜率判据是考察相邻塔板之间温度的变化率 dT/dn。变化率大，说明该塔板上的物流组成变化明显。只要控制该塔板温度稳定，就可以维持该塔板上物流组成稳定。灵敏度判据是考察操作参数扰动引起塔板温度的变化率，如回流比波动对塔板温度分布的影响 dT/dR，塔釜热负荷波动对塔板温度分布的影响 dT/dQR 等。

设置参数扰动的方式多种多样，可以是进料条件的扰动，如组成、温度或压力的微小变化；也可以是操作条件的扰动，如回流比、采出比、塔顶或塔底热负荷的微小变化。每设置一个扰动后，用 Aspen Plus 进行精馏塔的一次严格计算，求取两次模拟计算得到的各块塔板上的温度变化率，以寻找变化率最大的塔板位置。求取灵敏板位置涉及一些关于塔板温度的数值计算，可以借助于一些数据处理软件以加快运算，这些数据软件包括 Excel、Origin、Matlab 等。

> **例 5-10** 求精馏塔的灵敏板位置。
> 图 5-89 所示为丙烷-异丁烷精馏塔分离流程，进料混合物数据、主要工艺设计参数和分离要求已标绘在图上。已知精馏塔塔板压降 0.008atm，求该精馏塔灵敏板的位置。

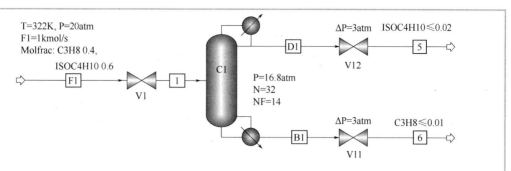

图 5-89 丙烷-异丁烷精馏塔分离流程

解 本题分两步进行，首先稳态模拟，然后使用两种判据求取灵敏板位置。

（1）稳态模拟 选用"CHAO-SEA"性质方法，部分参数设置见图 5-90，稳态模拟的部分结果见图 5-91。

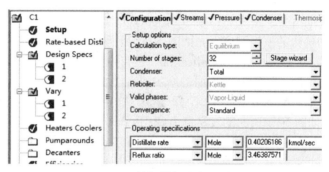

图 5-90 精馏塔部分参数设置

	1	D1	B1
Temperature K	322.0	325.1	366.2
Pressure atm	16.90	16.80	17.05
Vapor Frac	0.000	0.000	0.000
Mole Flow kmol/sec	1.000	0.402	0.598
Mass Flow kg/sec	52.513	17.843	34.670
Volume Flow cum/sec	0.106	0.040	0.078
Enthalpy MMBtu/hr	-471.130	-162.189	-293.673
Mole Flow kmol/sec			
C3H8	0.400	0.394	0.006
C4H10-2	0.600	0.008	0.592
Mole Frac			
C3H8	0.400	0.980	0.010
C4H10-2	0.600	0.020	0.990

（a）产品组成

Stage	Temperature	Pressure	Heat duty	Liquid from	Vapor from
	K	atm	GJ/hr	kmol/sec	kmol/sec
1	325.063995	16.8	-81.641508	1.79475417	0
2	325.632162	16.808	0	1.38491672	1.79475417
3	326.428873	16.816	0	1.37444459	1.78697858
4	327.516507	16.824	0	1.36110984	1.77650645
5	328.945026	16.832	0	1.34529399	1.7631717
27	363.401372	17.008	0	2.61028452	2.00157205
28	364.253554	17.016	0	2.61965792	2.01234638
29	364.935651	17.024	0	2.62757052	2.02171978
30	365.474053	17.032	0	2.63410432	2.02963238
31	365.895018	17.04	0	2.63942488	2.03616618
32	366.2222	17.048	97.7500618	0.59793814	2.04148674

（b）参数分布

图 5-91 精馏塔部分模拟结果

（2）求取灵敏板位置

① 温度斜率判据 求温度分布曲线在各点的斜率，最方便的方法是在 Origin 软件中直接对温度曲线微分，从而获得斜率分布曲线。把图 5-91（b）中的塔板序号和温度数据复制到 Origin 软件的数据文件中，作出精馏塔温度分布如图 5-92 所示。在下拉菜单"Analysis"的次级菜单"Calculus"中选择"Differentiate"并点击，生成温度分布曲线的斜率分布曲线如图 5-93 所示。由图 5-93 可知，在精馏段的第 8 板、提馏段的第 21 板是

相邻塔板之间温度变化率最大的塔板，也是灵敏板。

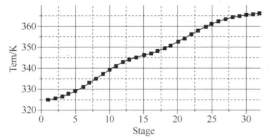
图 5-92　精馏塔的温度分布

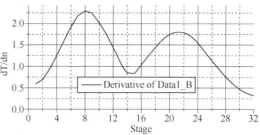
图 5-93　斜率判据求灵敏板位置

② 灵敏度判据　在稳态模拟基础上，分别给回流比和塔釜热负荷施加约+0.1%的扰动，计算扰动后塔板温度的变化，即扰动因素的增益，绘图观察最大增益的塔板位置。在图 5-89 的流程中，摩尔回流比 3.4639，塔釜热负荷 97.7501GJ/h。设置扰动时，摩尔回流比与塔釜热负荷扰动值分别是 3.4673 和 97.7599GJ/h。

为了进行扰动参数的模拟测试，先把图 5-90 页面两个设计规定最终计算的塔顶采出比和回流比数值填入 "Operating Spesification" 栏目中，然后把设计规定全部隐藏，使其在扰动计算中不起作用。把图 5-90 页面的摩尔回流比修改为 3.4673，运行 Aspen Plus，收敛后复制温度分布值粘贴到 Excel 中，计算与图 5-92 中塔板温度的差值 dT/dR，绘制差值分布，见图 5-94。把图 5-90 页面的设定自由度 "Reflux ratio" 修改为塔釜热负荷 "Reboiler duty"，把扰动值 97.7599GJ/h 填入，再次运行 Aspen Plus，绘制塔板温度差值分布 dT/dQR，见图 5-94。由图可见，在精馏段的第 8 板、提馏段的第 22 板是灵敏板。

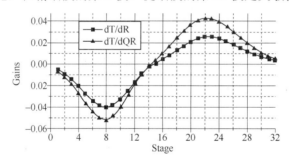
图 5-94　回流比与塔釜热负荷的灵敏度判据

在本例中，斜率判据与灵敏度判据的结果基本一致。在生产操作过程中，只要控制好第 8 和第 21 或第 22 板的塔板温度，就可以有效地保证塔顶和塔底产品的组成达标。

5.4.2　确定设备尺寸

与液体储罐、反应器的控制方案设计一样，精馏塔的动态响应时间也与精馏塔的各部件体积有关，如冷凝液储罐、再沸器储罐、塔板持液量的大小。若液体流率一定，设备体积越小，动态响应时间越短。塔顶冷凝液储罐、塔底再沸器储罐的尺寸一般按液体停留 10min 计算，并且不计封头的体积。塔板上液体流率可以在 "Profiles|Hydraulics" 页面上查到。冷凝液储罐尺寸用第 1 板上液体流率计算，再沸器储罐尺寸用 $N-1$ 板上的液体流率计算。设备长径比一般取 2，储罐规格的描述方法见表 5-2，塔径计算参照 4.1 节介绍的方法。另外，Aspen Plus Dynamics 要求精馏塔的进料压力必须与塔板压力相等，否则稳态模拟结果不能向动态

模拟软件传递。

例 5-11 求精馏塔的设备尺寸。

计算例 5-10 中精馏塔冷凝器储罐、再沸器储罐、塔径的尺寸。

解 塔盘选用 4 流道筛板塔，堰高取 25mm，由 "RadFrac" 模块的 "Tray Sizing" 和 "Tray Rating" 功能核算直径为 5.4m，填写结果见图 5-95（a）。在精馏塔 "Profiles|Hydraulics" 页面上，查到冷凝器液体流率 v_1=0.1782m³/s，釜液流率 v_2=0.3435m³/s。一般而言，冷凝器储罐和再沸器储罐的液位维持在 50%左右，应该有 5min 停留时间，因此储罐体积应该按液体实际停留时间 10min 计算。若用 D_1、D_2 表示冷凝器储罐和再沸器储罐的直径，则有：

$$D_1 = (2 \times 600 v_1 / \pi)^{1/3} = (1200 \times 0.1782 / 3.14)^{1/3} = 4.08\text{m}$$

$$D_2 = (2 \times 600 v_1 / \pi)^{1/3} = (1200 \times 0.3435 / 3.14)^{1/3} = 5.08\text{m}$$

把储罐直径填入 "Dynamic" 文件夹对应的页面中，取储罐长度为直径的 2 倍，选用椭圆形封头，填写结果见图 5-95（b）、图 5-95（c）。

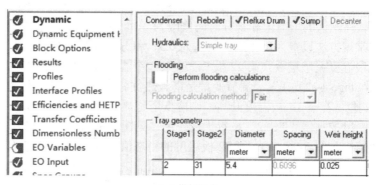

（a）塔径尺寸

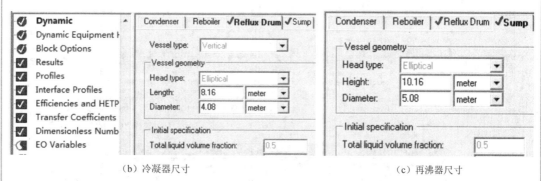

（b）冷凝器尺寸　　　　　　　　　　　　　　　（c）再沸器尺寸

图 5-95　设置设备尺寸

在精馏塔 "Profiles" 页面上查到第 14 进料板的压力是 16.904atm，把图 5-89 流程中的 V1 阀出口压力修改为 16.904atm，重新稳态模拟，然后进行压力驱动检查，无错后把稳态模拟结果向 Aspen Plus Dynamics 传递。

5.4.3　安装独立作用控制器

为了使精馏塔能够抵御干扰稳定运行，需要安装多种功能的控制器，如进料控制器、压力控制器、液位控制器、温度控制器、组成控制器等，有时还要安装不同功能的控制模块。

这些控制元件有的是独立安装，独立发挥控制作用，有的是组合安装，联合发挥控制作用。下面由简入繁，逐步介绍各种控制元件在精馏塔的安装过程与性能考察。

例 5-12 含温度控制（TC）的精馏塔控制结构。

对例 5-10 精馏塔的温度灵敏塔板添加温度控制器，考察其控制性能。

解 由图 5-94，丙烷-异丁烷精馏塔有两个温度灵敏塔板，精馏段和提馏段各一个，都可以安装温度控制器。在提馏段灵敏塔板（第 22 板）上安装一个温度控制器，以第 22 板温度"TC22"控制塔釜热负荷；在精馏段灵敏塔板（第 8 板）上安装一个温度控制器，以第 8 板温度"TC8"控制塔顶回流量。

（1）建立控制结构 打开软件自动生成的原始动态模拟文件，在原始动态模拟流程图上，已经自动安装了塔顶压力控制器、塔顶冷凝器储罐和塔釜再沸器储罐的液位控制器，可以根据个人喜好对控制器改名、调整安放位置。

压力控制器默认的控制参数是冷凝器热负荷。冷凝器放出热量，所以热负荷是负值。若塔顶压力增加，控制器会增加冷凝器热负荷，以维持塔顶压力稳定，即热负荷数值减小，故压力控制器是反作用。其默认的增益值 12、积分时间 20min 不需要修改。液位控制器是正作用，把软件默认的增益值和积分时间修改为 2 和 9999min。在进料物流线上安装流率控制器，按常规方法设置为反作用、增益为 0.5、积分时间为 0.3min。

先在提馏段温度灵敏塔板（第 22 板）上安装一个温度控制器"TC22"，控制变量是第 22 板温度"Stage（22）.T"，调节变量是塔釜热负荷"QRebR"，设置方法如图 5-96（a）、图 5-96（b）。若第 22 板温度升高，则降低塔釜热负荷，以维持第 22 板温度稳定，反之亦然，故温度控制器"TC22"设置为反作用，见图 5-96（c）。整定后"TC22"的增益和积分常数值也见图 5-96（c）。第 22 板温度的稳态值是 356.3K，设置"TC22"温度控

（a）选择"Stage（22）.T" （b）选择"QRebR"

（c）整定"TC22"控制器参数 （d）设置"TC22"温度调节范围

图 5-96

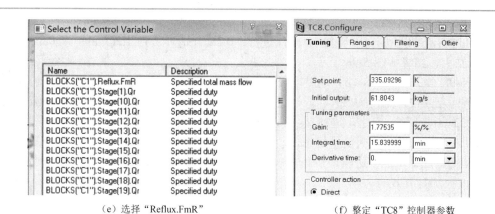

（e）选择"Reflux.FmR"　　　　　　　　　　（f）整定"TC8"控制器参数

图 5-96　安装温度控制器

制范围为 300～400K，见图 5-96（d）。第 22 板温度信号接入"TC22"控制器之前串接一个 1min 的死时间模块"dead1"。

　　类似地，参照"TC22"控制器设置方法，在精馏段温度灵敏塔板（第 8 板）上安装一个温度控制器"TC8"，控制变量是第 8 板温度"Stage（8）.T"，调节变量是塔顶回流量"Reflux.FmR"，如图 5-96（e）所示。注意在 Aspen Plus Dynamics 的后台运算中，回流量使用质量流率单位。根据稳态模拟结果，回流量 R=61.804kg/s，见图 5-96（f）。若第 8 板温度升高，则增加回流量，以维持第 8 板温度稳定，反之亦然，故温度控制器"TC8"设置为正作用。整定后"TC8"的增益和积分常数值也见图 5-96（f）。第 8 板温度的稳态值是 335.1K，设置"TC8"温度控制范围为 285～385 K。第 8 板温度信号接入"TC8"控制器之前串接一个 1min 的死时间模块"dead2"。安装了精馏段和提馏段灵敏板温度控制器的精馏塔动态模拟流程如图 5-97 所示。

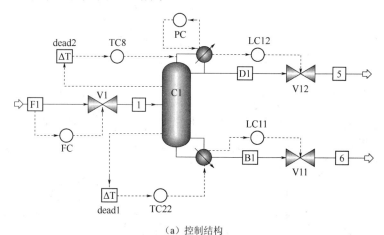

（a）控制结构

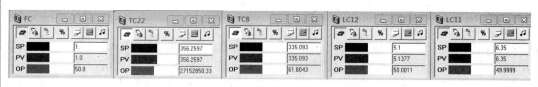

（b）主要模块面板

图 5-97　含灵敏板温控器的动态模拟流程

（2）动态模拟结果

① 进料流率扰动 扰动过程分两次进行：0.2h 分别阶跃到 1.2kmol/s 或 0.8kmol/s，6h 模拟结束，结果如图 5-98 所示。

图 5-98（a）、图 5-98（b）是提馏段灵敏板温度 TC22、塔釜热负荷 QR 对进料流率扰动的响应。已知进料温度 322K，低于进料板温度 345.2K，即冷料进塔，故进料流率增加后，TC22 立即下降；反之，进料减少后，TC22 立即上升，在 0.3h 处温度波动幅度最大，达到±1.5K，1.5h 后温度恢复到稳态值，如图 5-98（a）所示。由图 5-98（b）可知，进料增加后，QR 立即增加；进料减少后，QR 立即减少，说明控制器"TC22"对提馏段灵敏板的温度控制是有效的。

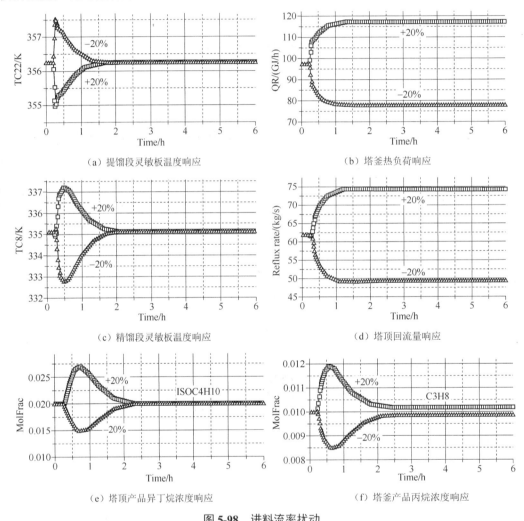

（a）提馏段灵敏板温度响应　　　　　　　　（b）塔釜热负荷响应

（c）精馏段灵敏板温度响应　　　　　　　　（d）塔顶回流量响应

（e）塔顶产品异丁烷浓度响应　　　　　　　（f）塔釜产品丙烷浓度响应

图 5-98　进料流率扰动

图 5-98（c）、图 5-98（d）是精馏段灵敏板温度 TC8、塔顶回流量对进料流率扰动的响应。进料流率增加，塔板上重组分含量增加，温度上升，反之亦然。在 0.5h 处 TC8 波动幅度最大，达到±2K 左右，2h 后温度恢复到稳态值，如图 5-98（c）所示。由图 5-98（d）可知，进料增加后，塔顶回流量立即增加；进料减少后，塔顶回流量立即减少，以维持塔板组成的稳定，说明控制器"TC8"对精馏段灵敏板的温度控制是有效的。

图 5-98（e）、图 5-98（f）是塔顶、塔釜产品中杂质浓度对进料流率扰动的响应。由

于控制了精馏段和提馏段的灵敏板温度，塔顶、塔釜产品中杂质浓度波动均较小，均在 2h 左右恢复到稳态值，基本上满足产品纯度要求。因此，图 5-97 的控制结构能够抵御进料流率±20%的扰动。

② 进料组成扰动　扰动过程分两次进行：0.2h 丙烷摩尔分数分别阶跃±20%达到 0.48 或 0.32，6h 模拟结束，结果如图 5-99 所示。由图 5-99（a）、图 5-99（b）可知，进料中丙烷浓度增加，塔板汽化量增加，温度降低，塔釜热负荷增加；进料中丙烷浓度减少，塔板汽化量减少，温度升高，塔釜热负荷亦减少；提馏段灵敏板温度 TC22 波动幅度<1K，且能很快趋于稳态值。精馏段灵敏板温度 TC8、塔顶回流量对进料组成扰动的响应很弱，TC8 和回流量基本稳定。由图 5-99（c）、图 5-99（d）可知，尽管精馏段和提馏段灵敏板温度得到控制，但进料组成的扰动使得塔顶塔釜产品杂质浓度波动，偏离稳态值，故图 5-97 的控制结构不能抵御进料组成±20%的扰动。

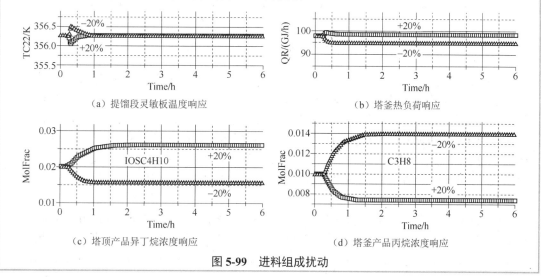

（a）提馏段灵敏板温度响应　　　　　　（b）塔釜热负荷响应

（c）塔顶产品异丁烷浓度响应　　　　　　（d）塔釜产品丙烷浓度响应

图 5-99　进料组成扰动

例 5-13　含产品组成控制（CC）的精馏塔控制结构。

对图 5-89 精馏塔添加组成控制器，考察其控制性能。

解　（1）建立控制结构　在软件自动生成的原始动态模拟文件中，塔顶冷凝器热负荷被用于塔顶压力调节。精馏塔还有两个自由度可用于其他参数的调节：一是塔顶回流量；二是塔釜热负荷。下面用调节塔釜热负荷的大小来控制塔釜产品的浓度。

安装了塔釜产品组成控制器的精馏塔控制结构如图 5-100（a）所示，图中"CCWX"为

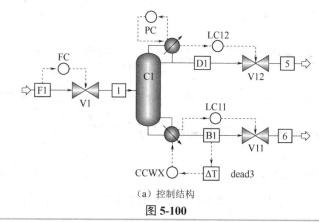

（a）控制结构

图 5-100

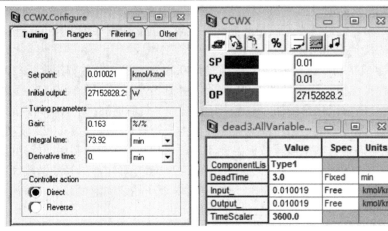

| | (b) 模块参数 | | (c) 模块面板 |

图 5-100　含组成控制器的动态模拟流程

组成控制器，其输入信号为塔釜产品中丙烷浓度，输出信号为塔釜热负荷。若丙烷浓度增加，说明塔釜蒸发量不够，需要增加塔釜热负荷，故"CCWX"控制器设置为正作用"Direct"。相对于温度测定，组成测定有着更大的滞后现象，故在"CCWX"控制器之前设置一个 3min 的死时间模块"dead3"。整定后的"CCWX"控制器的增益和积分时间见图 5-100（b），控制器模块面板见图 5-100（c）。相对于温度控制器参数，"CCWX"控制器增益小、积分时间长，说明组成控制器控制效率比温度控制器差，控制速率比温度控制器慢。

（2）动态模拟结果

① 进料流率扰动　扰动过程分两次进行：0.2h 分别阶跃到 1.2kmol/s 或 0.8kmol/s，6h 模拟结束，结果如图 5-101 所示。由于仅仅控制塔釜产品中丙烷的浓度，故提馏段灵敏板温度 TC22 波动较大，达到±9K，塔釜热负荷的波动约±10%，见图 5-101（a）、图 5-101（b）。

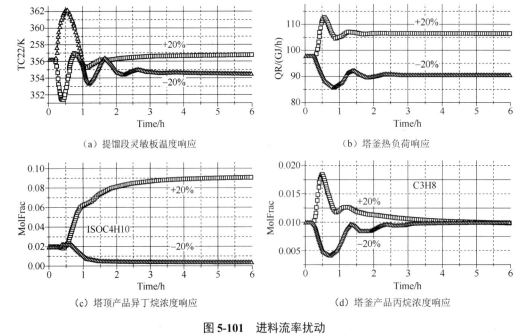

| (a) 提馏段灵敏板温度响应 | (b) 塔釜热负荷响应 |
| (c) 塔顶产品异丁烷浓度响应 | (d) 塔釜产品丙烷浓度响应 |

图 5-101　进料流率扰动

塔顶产品中异丁烷浓度波动也较大，远远偏离0.02（摩尔分数）的稳态值，见图5-101（c）；塔釜产品中丙烷的浓度控制较好，进料流率波动后能够恢复到稳态值，见图5-101（d）。

　　② 进料组成扰动　扰动过程也分两次进行：0.2h 丙烷摩尔分数分别阶跃±20%达到0.48 或 0.32；6h 模拟结束，结果见图5-102。由图5-102（a）、图5-102（b）可知，提馏段灵敏板温度 TC22 波动约±2K，塔釜热负荷波动约±1%，均小于进料组成的扰动；由图5-102（c）、图5-102（d）可知，塔顶产品中异丁烷浓度基本达标，塔釜产品中丙烷的浓度控制仍然较好。

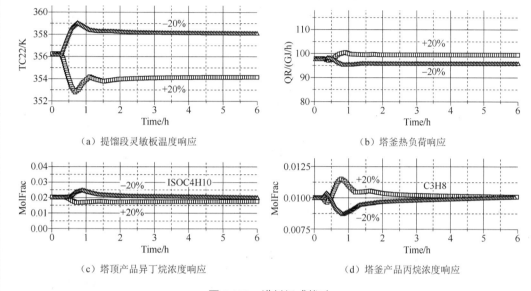

（a）提馏段灵敏板温度响应　　　　（b）塔釜热负荷响应

（c）塔顶产品异丁烷浓度响应　　　　（d）塔釜产品丙烷浓度响应

图 5-102　进料组成扰动

　　综合图 5-101 和图 5-102 可知，在精馏塔的塔底设置组成控制器，可以基本保证塔釜产品的纯度，但不能保证塔顶产品的纯度；可以抵御进料组成±20%的扰动，不能抵御进料流率±20%的扰动。

5.4.4　安装串级作用控制器

　　由例 5-12 和例 5-13 可见，含有独立作用的温度控制器或塔釜组成控制器能够对精馏塔的灵敏板温度或釜液丙烷浓度进行有效控制，但其控制功能单一，不能满足精馏塔整体控制的需要。若能把两个控制器组合起来工作，则有可能发挥两控制器的功能，既能控制灵敏板温度，又能控制塔釜产品丙烷浓度。

　　把两个控制器串联起来工作称为串级控制，其中前一个控制器的输出信号作为后一个控制器的设定值，后一个控制器的输出信号送往调节模块。前一个控制器称为主控制器，它所检测和控制的变量称为主变量（主被控参数），即工艺控制指标；后一个控制器称为副控制器，它所检测和控制的变量称为副变量（副被控参数），是为了稳定主变量而引入的辅助变量。在串级控制结构中，由于引入了一个副回路，不仅能及早克服进入副回路的扰动，而且又能改善过程特性。副控制器具有"粗调"的作用，主调节器具有"细调"的作用，从而使其控制品质得到提高。串级控制结构能迅速克服进入副回路的二次扰动，对负荷变化的适应性较强，可以改善过程的动态特性，提高系统控制质量。

例 5-14 含温度与组成串级控制（CC/TC）作用的精馏塔控制结构。

对例 5-10 精馏塔设置提馏段灵敏板温度与塔釜产品组成串级控制器，考察其控制性能。

解 把塔釜产品中丙烷浓度作为主控制参数，把提馏段灵敏板温度（TC22）作为副控制参数。

（1）建立控制结构 安装了含温度与组成串级控制作用的动态模拟流程见图 5-103（a）。图中"CCWX"是釜液中丙烷组成控制器，为主控制器，自动模式"<img_emoji>"运行；"TC22"是提馏段灵敏板温度控制器，为副控制器，串级模式"<img_emoji>"运行。"CCWX"输入信号是釜液丙烷摩尔分数，输出信号是提馏段灵敏板温度，提供给"TC22"作为设定值，"TC22"根据设定值与当前值的差异调节塔釜热负荷。

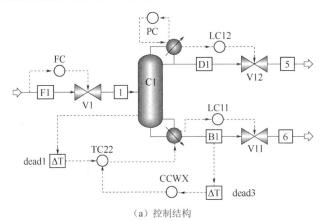

（a）控制结构

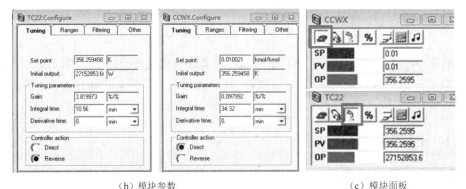

（b）模块参数　　　　　　　　　　　　（c）模块面板

图 5-103　含温度与组成串级控制的动态模拟流程

在整定控制器参数时，首先把"TC22"设置为自动模式，按照常规方法进行温度控制器的整定，其增益和积分时间分别是 3.82min 和 10.56min。然后把"TC22"设置为串级模式，按照常规方法进行组成控制器"CCWX"的整定，其增益和积分时间分别是 0.098min 和 34.3min，见图 5-103（b）。与例 5-12 比较，"TC22"的参数变化不大；与例 5-13 比较，"CCWX"增益减少，控制效率有所下降；积分时间大大减少，控制速率更为紧凑。"CCWX"和"TC22"的模块面板见图 5-103（c）。

（2）动态模拟结果

① 进料流率扰动　扰动过程分两次进行：0.2h 分别阶跃到 1.2kmol/s 或 0.8kmol/s，6h 模拟结束，结果如图 5-104 所示。进料流率扰动 20%，提馏段灵敏板温度 TC22 波动<±2K，塔釜热负荷波动约±10%，如图 5-104（a）、图 5-104（b）所示；塔顶产品中异丁烷浓度未

控制，波动较大，不合格；塔釜产品中丙烷浓度受到温度与组成串级控制作用，波动小，4h 后恢复到稳态值，见图 5-104（c）、图 5-104（d）。

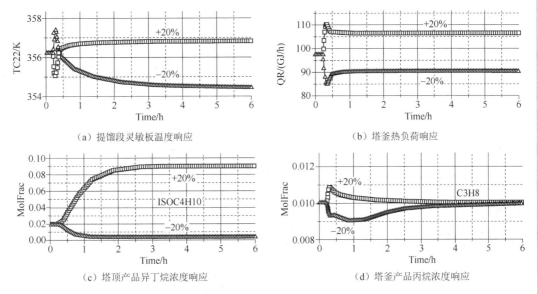

（a）提馏段灵敏板温度响应　　　　　　　　　　（b）塔釜热负荷响应

（c）塔顶产品异丁烷浓度响应　　　　　　　　　　（d）塔釜产品丙烷浓度响应

图 5-104　进料流率扰动

② 进料组成扰动　扰动过程也分两次进行：0.2h 丙烷摩尔分数分别阶跃±20%达到 0.48 或 0.32；6h 模拟结束，结果如图 5-105 所示。进料中丙烷浓度扰动±20%，提馏段灵敏板温度波动±2K 左右，塔釜热负荷波动<±2%，如图 5-105（a）、图 5-105（b）所示；塔顶产品中异丁烷浓度基本合格，塔釜产品中丙烷浓度受到温度与组成串级控制作用，波动小，4h 后恢复到稳态值，见图 5-105（c）、图 5-105（d）。

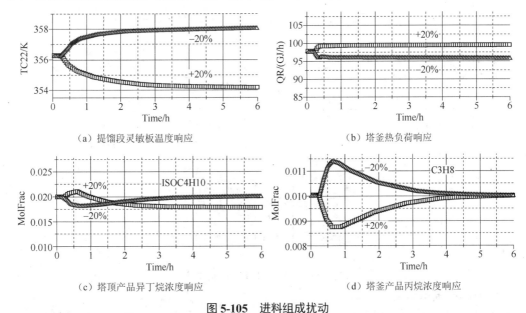

（a）提馏段灵敏板温度响应　　　　　　　　　　（b）塔釜热负荷响应

（c）塔顶产品异丁烷浓度响应　　　　　　　　　　（d）塔釜产品丙烷浓度响应

图 5-105　进料组成扰动

综合图 5-104 和图 5-105，在精馏塔的提馏段设置灵敏板温度与塔釜产品组成串级控制器，可以基本保证塔釜产品的纯度，不能保证塔顶产品的纯度。对于图 5-103 的控制结构，可以抵御进料组成±20%的扰动，不能抵御进料流率±20%的扰动。

5.4.5　安装比例作用控制器

由 5.4.3 节和 5.4.4 节可知，使用灵敏板温度控制器、组成控制器并不能抵御进料流率波动或进料组成波动，控制精馏塔塔顶、塔釜两股产品纯度都达到合格要求。而且温度与组成控制属于反馈性控制，只有当扰动参数传递到检测元件时，控制器才开始动作，这时已经显得反应滞后。若能按扰动因素变化大小进行同步、及时的控制，则有可能改善控制效果，具有这种控制结构的系统称为前馈控制。

由稳态模拟可知，当进料流率或进料组成变化时，塔顶回流比或塔釜热负荷一般要同时变化，以保证产品纯度不变。在 5.4.3 节和 5.4.4 节的控制结构中，塔顶回流量和塔釜热负荷这两个调节参数均是属于反馈性调节，故不能同时抵御进料流率和进料组成±20%的双重扰动。若能把反馈控制结构修改为前馈控制，添加塔顶回流比与进料流率的比例控制（"R/F"）模块，或添加塔釜热负荷与进料流率的比例控制（"QR/F"）模块，则可以预期控制效果会大为改善。

> **例 5-15**　塔顶回流量与进料流率比例控制（R/F）的精馏塔控制结构。
>
> 在例 5-14 控制结构的基础上，添加塔顶回流量与进料流率比例控制（"R/F"）模块，考察其控制性能。
>
> **解**　由例 5-10 的稳态模拟结果可知，进料流率 F=52.513kg/s，回流量 R=61.804kg/s，因此 R/F=1.177。
>
> **（1）建立控制结构**　选取模块库中的信号相乘模块"Multiply"，改名为"R/F"。输入信号"Input1"是进料物流的质量流率"Total mass flow"，如图 5-106（a）所示；输入信号"Input2"是比例系数 1.177，人工直接输入；输出信号是精馏塔的质量回流量"Specified total mass flow"，数值为 61.8074kg/s，如图 5-106（b）、图 5-106（c）所示。含塔顶回流量与进料流率比例控制的丙烷-异丁烷精馏塔控制结构见图 5-107。

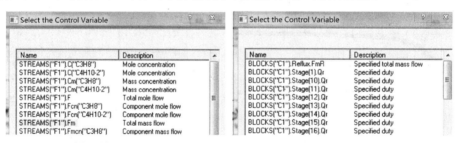

（a）选择进料质量流率"Fm"　　　　（b）选择回流液质量流率"Reflux.FmR"

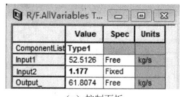

（c）控制面板

图 5-106　安装"R/F"控制模块

（2）动态模拟结果

① 进料流率扰动　扰动过程分两次进行：0.2h 分别阶跃到 1.2kmol/s 或 0.8kmol/s，6h 模拟结束，结果如图 5-108 所示。由图 5-108（a）、图 5-108（b）可见，当进料流率扰动后，提馏段灵敏板温度得到很好的控制，塔釜热负荷也发生了±20%的响应；由图 5-108（c）、图 5-108（d）可知，虽然没有直接控制精馏段灵敏板温度 TC8，但由于比例控制器

（"R/F"）的前馈控制作用，塔顶回流量得到及时的响应，TC8 仍然控制得很好；由图 5-108（e）、图 5-108（f）可知，塔顶、塔釜两股产品的纯度均控制在稳态值左右。

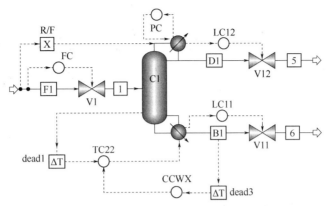

图 5-107　含"R/F"的丙烷-异丁烷精馏塔动态模拟流程

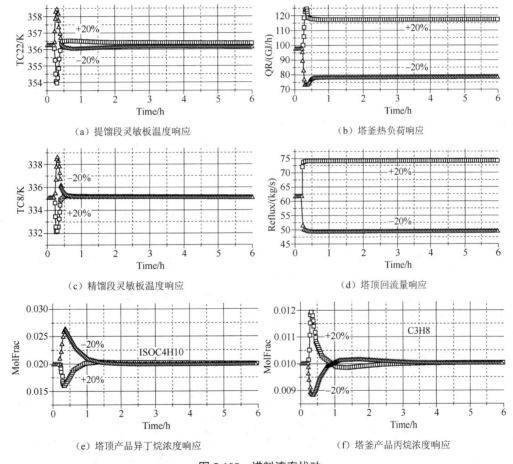

(a) 提馏段灵敏板温度响应　　　　　　　　　　(b) 塔釜热负荷响应

(c) 精馏段灵敏板温度响应　　　　　　　　　　(d) 塔顶回流量响应

(e) 塔顶产品异丁烷浓度响应　　　　　　　　　　(f) 塔釜产品丙烷浓度响应

图 5-108　进料流率扰动

② 进料组成扰动　扰动过程也分两次进行：0.2h 丙烷摩尔分数分别阶跃±20%达到 0.48 或 0.32；6h 模拟结束，结果参见图 5-109。根据模拟结果，进料组成扰动导致的塔釜热负荷几乎没有变化。进料组成扰动导致的进料质量流率变化，再经过"R/F"比例作用模块改变回流量，回流量变化的幅度也是很小的，仅±2.4%。虽然回流量立即响应，但灵敏

板温度并不能恢复到稳态值，见图 5-109（a）、图 5-109（b）；塔顶产品接近纯度要求，塔釜产品受"CCWX"控制，4h 后产品纯度能够恢复到稳态值，见图 5-109（c）、图 5-109（d）。

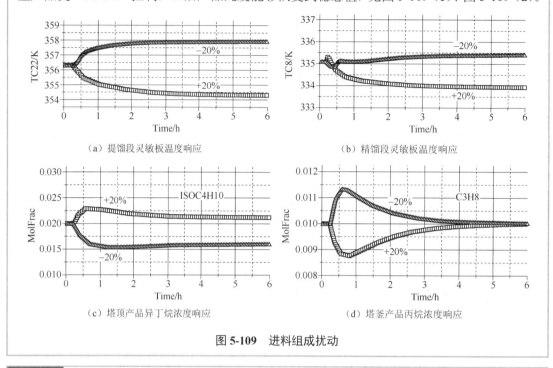

图 5-109　进料组成扰动

例 5-16　塔釜热负荷与进料流率比例控制（QR/F）的精馏塔控制结构。

在例 5-15 控制结构基础上，添加塔釜热负荷与进料流率比例控制（"QR/F"）模块，考察其控制性能。

解　Aspen Plus Dynamics 的后台运算中都是使用公制单位，热负荷的单位是 GJ/h，流率的单位是 kmol/h。在稳态模拟中，塔釜热负荷 $QR=97.75$GJ/h，进料流率 $F=3600$kmol/h。因此 QR/F 的数值是 0.02715 GJ/kmol。

（1）建立控制结构　选取模块库中的信号相乘模块"Multiply"，改名为"QR/F"。输入信号"Input1"是进料物流的摩尔流率"Total mole flow"，输入信号"Input2"是比例系数 0.02715，由人工输入到"TC22"Tuning 页面的"Initial output"栏目内，点击屏幕顶部工具栏中的"Initialization"按钮予以确认，完成数据从"TC22"控制器传递到"QR/F"模块。"QR/F"模块的输出信号是塔釜热负荷，见图 5-110，含塔釜热负荷与进料流率比

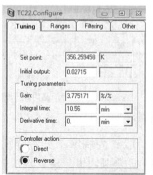

（a）输入比例系数 0.02715

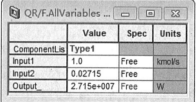

（b）"QR/F"模块的输出信号

图 5-110　安装"QR/F"控制模块

例控制的丙烷-异丁烷精馏塔控制结构见图 5-111。

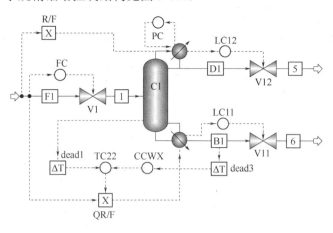

图 5-111　含"QR/F"的丙烷-异丁烷精馏塔动态模拟流程

（2）动态模拟结果

① 进料流率扰动　扰动过程分两次进行：0.2h 分别阶跃到 1.2kmol/s 或 0.8kmol/s，6h 模拟结束，结果见图 5-112。当进料流率扰动时，塔顶回流量和塔釜热负荷均迅速响应，确保了精馏段和提馏段灵敏板温度的稳定，塔顶塔底两股产品纯度达标且波动很小。由图 5-112（a）、图 5-112（b）可知，进料流率扰动后，比例控制模块"QR/F"发挥前馈控制作用，塔釜热负荷均迅速响应，提馏段灵敏板温度得到很好的控制，波动非常小；由图 5-112（c）、图 5-112（d）可知，虽然没有直接控制精馏段灵敏板温度 TC8，但由于比例控制器（R/F）的前馈控制作用，塔顶回流量及时响应，TC8 仍然控制得很好；由图 5-112（e）、图 5-112（f）可知，塔顶塔釜两股产品纯度均控制在稳态值左右。

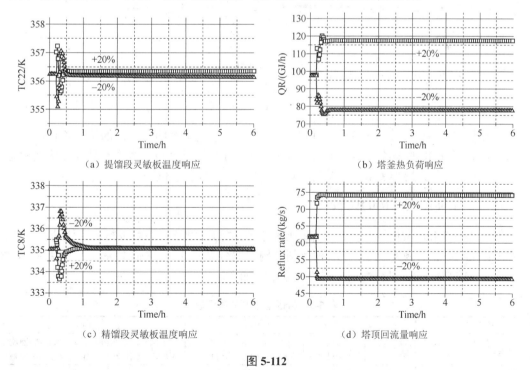

（a）提馏段灵敏板温度响应　　　　　　（b）塔釜热负荷响应

（c）精馏段灵敏板温度响应　　　　　　（d）塔顶回流量响应

图 5-112

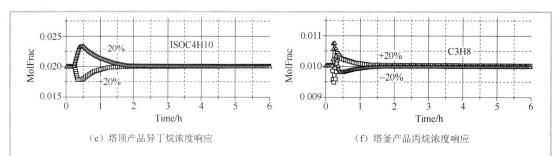

（e）塔顶产品异丁烷浓度响应   （f）塔釜产品丙烷浓度响应

图 **5-112**　进料流率扰动

② 进料组成扰动　扰动过程也分两次进行：0.2h 丙烷摩尔分数分别阶跃±20%达到 0.48 或 0.32；6h 模拟结束，结果如图 5-113 所示。进料组成扰动后，塔釜热负荷基本没有变化，回流量变化极小，基于进料流率扰动而响应的两个控制模块"R/F"和"QR/F"不能发挥作用。

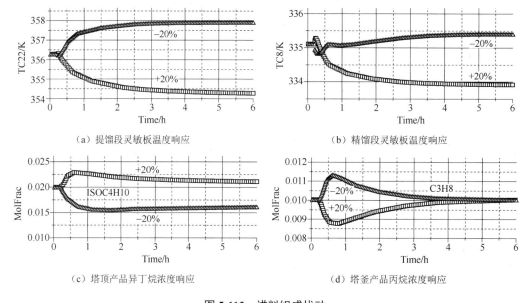

（a）提馏段灵敏板温度响应   （b）精馏段灵敏板温度响应

（c）塔顶产品异丁烷浓度响应   （d）塔釜产品丙烷浓度响应

图 **5-113**　进料组成扰动

由图 5-113（a）、图 5-113（b）可知，提馏段灵敏板温度约有±2K 的偏离，精馏段灵敏板温度约有±1K 的偏离；由图 5-113（c）、图 5-113（d）可知，塔顶产品纯度接近稳态值，塔釜产品纯度受"CCWX"控制，经 4h 波动后达到稳态值。

5.4.6　几种控制结构的比较

在 5.4.3～5.4.5 节中介绍了 5 种精馏塔的控制结构，以及它们对进料流率扰动、进料组成扰动的控制效果。为便于比较，5 种控制结构的编号见表 5-3，它们对灵敏板温度控制、塔顶产品组成控制、塔釜产品组成控制的效果汇总如下。

表 **5-3**　精馏塔控制效果汇总

控制结构	TC	CC	CC/TC	R/F+ CC/TC	QR/F+ R/F+ CC/TC
控制原理	灵敏板温度控制	产品组成控制	组成/温度串级控制	回流量与进料流率比例控制+组成/温度串级控制	塔釜热负荷与进料流率比例控制+回流量与进料流率比例控制+组成/温度串级控制
结构编号	1	2	3	4	5

（1）灵敏板温度控制　在 5 种精馏塔的控制结构中，TC 控制结构对精馏段和提馏段的灵敏板温度均进行了控制，其他 4 种控制结构只对提馏段灵敏板温度进行了控制，以下仅就提馏段灵敏板温度的控制效果进行比较。5 种控制结构抵御进料流率扰动和进料组成扰动的提馏段灵敏板温度控制效果比较见图 5-114。由图 5-114 可见，对进料流率扰动的初始 1.5h，控制结构 1、3、5 均好，控制结构 4 稍次，控制结构 2 因为不含温度控制，故效果最差，见图 5-114（a）。对进料组成扰动，控制结构 1 很好，控制结构 3~5 较差，控制结构 2 最差。总的来说，控制结构 2 不能控制塔板温度。

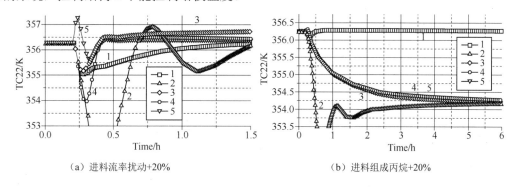

（a）进料流率扰动+20%　　　　　　　　（b）进料组成丙烷+20%

图 5-114　灵敏板温度控制效果

（2）塔顶产品组成控制　5 种控制结构抵御进料流率扰动和进料组成扰动的塔顶产品组成控制效果比较见图 5-115。对于进料流率扰动，因为控制结构 1、4 和 5 均含有对塔顶回流量的控制，故塔顶产品纯度控制效果较好，其他两种控制结构的效果不理想，见图 5-115（a）。对于进料组成扰动，控制结构 4 和 5 仍然是相对最好，控制结构 1~3 较差，见图 5-115（b）。

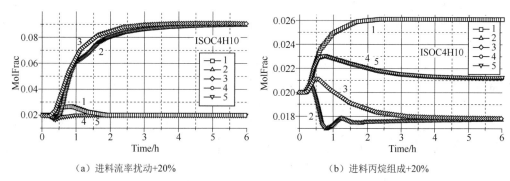

（a）进料流率扰动+20%　　　　　　　　（b）进料丙烷组成+20%

图 5-115　塔顶产品组成控制效果

（3）塔釜产品组成控制　5 种控制结构抵御进料流率扰动和进料组成扰动的塔釜产品组成控制效果比较见图 5-116。对于进料流率扰动，控制结构 1、3~5 的控制效果较好，控制结构 2 经过大幅度波动后也能够恢复到稳态值，见图 5-116（a）。对于进料组成扰动，控制结构 2~5 相对较好，塔釜产品组成能够恢复到稳态值，控制结构 1 对塔釜产品组成控制失效，见图 5-116（b）。

由图 5-114~图 5-116 的比较可以看出，5 种控制结构各有特点，各有不足，单一的控制结构一般不能满足精馏塔的控制需求，需要多种控制结构共同作用才能构成满意的精馏塔控制方案。

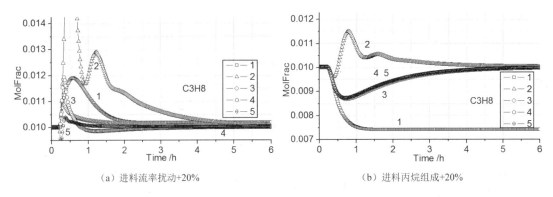

（a）进料流率扰动+20%　　　　　　　　　（b）进料丙烷组成+20%

图 5-116　塔釜产品组成控制效果

5.4.7　压差控制

在精馏塔的操作中，精馏塔压差的控制对精馏塔的稳定运行有着重要影响。精馏塔的压差有一定的控制范围，压差太大太小都会使精馏塔的操作变得困难。压差大，气液混合好，但容易液泛。压差小，气液混合不好，容易漏液。有两个主要因素影响精馏塔的压差，一个是塔自身的固有压差，另一个是工艺操作因素形成的压差。进料量、回流量、塔底再沸器热负荷或进料温度等对这两个因素均有影响，其他如原料组成、环境温度、回流温度、冷却水量、冷却水压力等的变化以及仪表故障、设备和管道的冻堵等，都会引起精馏塔压差的变化。

在用 Aspen Plus 进行精馏塔的严格计算时，可以获得稳态条件下塔内各块塔板上的温度、压力、流率与组成的稳态分布，而若了解工艺操作因素对精馏塔压差的影响，则需要应用 Aspen Plus Dynamics 软件进行动态模拟。

> **例 5-17**　精馏塔压差监测结构。
>
> 在例 5-16 丙烷-异丁烷精馏塔控制结构基础上，添加压差监测结构，考察进料流率扰动、进料组成扰动时的压差响应。
>
> **解　（1）建立控制结构**　精馏塔压差是塔顶压力与塔釜压力的差值，在 Aspen Plus Dynamics 中，应用"Comparator"模块可以方便地计算塔釜压力信号和塔顶压力信号的差值。添加了"Comparator"模块的丙烷-异丁烷精馏塔控制结构如图 5-117（a）所示。"Comparator"模块面板如图 5-117（b）所示，其中"Input1"是塔釜压力信号，"Input2"是塔顶第 2 块塔板压力信号，输出信号是两信号差值。
>
>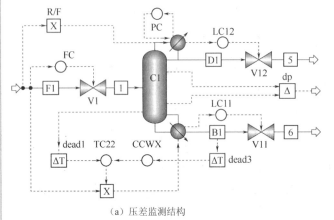
>
> （a）压差监测结构　　　　　　　　　（b）压差监测模块面板
>
> 图 5-117　丙烷-异丁烷精馏塔压差监测动态模拟流程

（2）动态模拟结果 进料流率扰动。扰动过程为：0.2h 阶跃到 1.3kmol/s，6h 模拟结束，结果如图 5-118 所示。由图 5-118（a）、图 5-118（b）可知，当进料流率扰动+30%后，塔釜热负荷立即响应，也增加 30%，提馏段灵敏板温度控制良好，短暂波动后即回归稳态值；由图 5-118（c）、图 5-118（d）可见，塔顶、塔釜产品组成经短暂波动后恢复到稳态值，精馏塔压差由稳态的 24300N/m^2 增加到 29700N/m^2，增加了 5400N/m^2。图 5-118 的控制结构虽然能够监测精馏塔的压差波动，但不能控制压差波动，如果要求把精馏塔的压差波动控制在一定范围之内，则可借鉴储罐液位控制方法，对精馏塔压差进行控制。

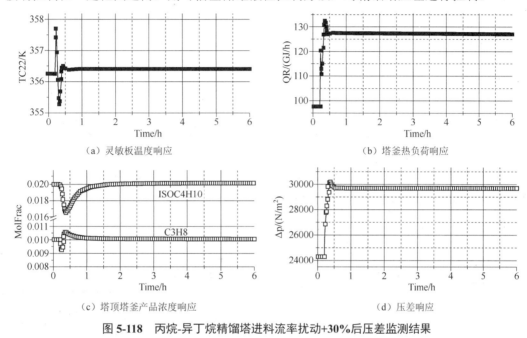

(a) 灵敏板温度响应

(b) 塔釜热负荷响应

(c) 塔顶塔釜产品浓度响应

(d) 压差响应

图 5-118 丙烷-异丁烷精馏塔进料流率扰动+30%后压差监测结果

例 5-18 精馏塔压差越权控制结构。

把例 5-17 的精馏塔压差监测结构修改为压差越权控制结构，当进料流率波动+30%后，要求精馏塔的最大压差不超过 29000N/m^2。

解 （1）建立控制结构 在例 5-17 的基础上添加压差越权控制器"DPC"、信号低选器"LS"，用信号线连接相关模块与控制器，见图 5-119（a）。"DPC"接受压差信号，

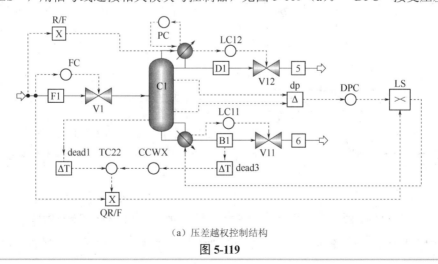

(a) 压差越权控制结构

图 5-119

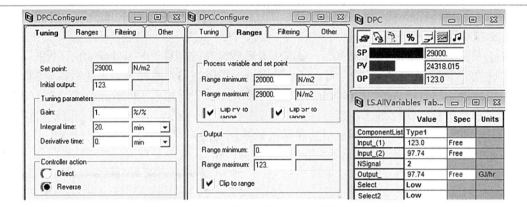

（b）压差越权控制模块参数与面板

图 5-119　丙烷-异丁烷精馏塔压差越权控制动态模拟流程

输出塔釜热负荷信号；人为设置最大压降 29000N/m²，最大加热热负荷 123GJ/h，控制方式为反作用。"LS"接受"DPC"和"QR/F"的两个热负荷信号，选择低值信号输出。"DPC"和"LS"的参数设置如图 5-119（b）所示。

（2）动态模拟结果　进料流率扰动。扰动过程为：0.2h 阶跃到 1.3kmol/s，5h 阶跃到 1.0kmol/s，12h 模拟结束，结果如图 5-120 所示。

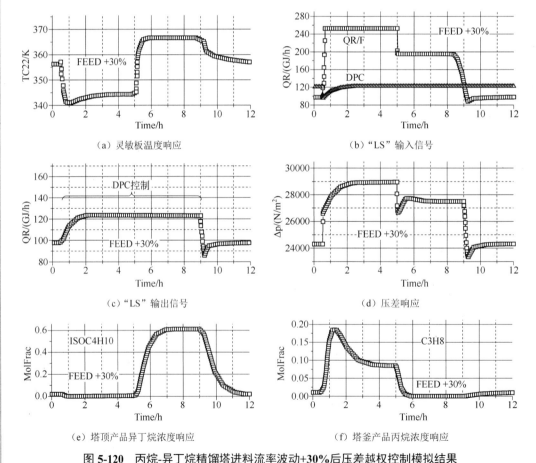

（a）灵敏板温度响应　　　　　　　　　　　（b）"LS"输入信号

（c）"LS"输出信号　　　　　　　　　　　（d）压差响应

（e）塔顶产品异丁烷浓度响应　　　　　　　（f）塔釜产品丙烷浓度响应

图 5-120　丙烷-异丁烷精馏塔进料流率波动+30%后压差越权控制模拟结果

由图 5-120（a）～图 5-120（c）可知，当进料流率扰动+30%后，灵敏板温度降低，

"QR/F"要求把塔釜再沸器热负荷增加到258GJ/h，但"DPC"输出信号是123GJ/h，因此"LS"输出"DPC"的输出信号，精馏塔被"DPC"越权控制，实际再沸器热负荷是123GJ/h；5h后进料流率恢复到稳态值，由于塔釜产品中丙烷浓度太高，组成控制器仍然要求较高的塔釜热负荷，此时"QR/F"输出信号是200GJ/h，仍高于"DPC"输出信号123GJ/h，精馏塔仍在123GJ/h热负荷下运行。在9h时，"QR/F"输出信号值低于"DPC"，此时"LS"输出"QR/F"的输出信号，精馏塔再沸器热负荷重新为"QR/F"控制。

由图 5-120（d）可知，当进料流率扰动+30%后，压差信号增加到29000N/m²最高限制值；5h后进料流率恢复到稳态值，压差信号立即降低，但塔釜热负荷123GJ/h远高于稳态值97.74GJ/h，压差值稳定在27500N/m²；在9h时，塔釜热负荷恢复到稳态值，压差信号也恢复到稳态的24318N/m²。

由图 5-120（e）、图 5-120（f）可知，当进料流率扰动+30%后，由于精馏塔的塔釜热负荷受到压差越权控制的干扰，产品组成控制作用被抑制，前5h塔釜产品组成不合格，后5h塔顶产品组成不合格。

5.5 耦合精馏塔控制

在设计单一精馏塔控制结构时，主要考虑精馏塔自身的控制效率与效果，并没有考虑该精馏塔参数调节对所关联的上下游设备的影响。如多组分混合物的分离过程，往往需要多座精馏塔构成分离序列共同完成分离任务，这时某一精馏塔的出料就成为下一精馏塔的进料。对某一精馏塔操作参数的调节可能会使得该精馏塔的出料流率或组成产生波动，从而对下一精馏塔的稳定操作形成干扰。因此，在复杂精馏流程的控制结构设计中，需要考虑的因素更多。下面用一个双塔耦合流程的控制结构设计为例，说明两精馏塔参数调节时的相互关系。

例 5-19 精馏塔耦合汽提塔时的控制结构。

用一精馏塔耦合一汽提塔的双塔流程分离一股含二甲醚（DME）-甲醇（MEOH）-水（H2O）的混合物，进料流率与组成见图 5-121。精馏塔52块理论板，进料位置11板。从精馏塔31板处引出一股汽相侧线物流进入一具有12块理论板的汽提塔底部，汽提塔底流出液经泵增压后返回精馏塔的32板。从精馏塔顶取出二甲醚馏分，从汽提塔顶取出甲醇馏分，从精馏塔底取出水，分离要求已标绘在图 5-121 流程图上。试设计该双塔流程的控制结构，考察进料流率与进料组成扰动时的控制效果。

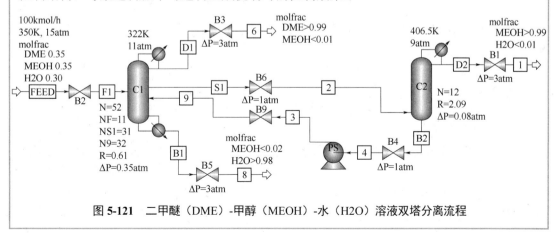

图 5-121 二甲醚（DME）-甲醇（MEOH）-水（H2O）溶液双塔分离流程

解 （1）稳态模拟　DME-MEOH-H2O 是极性混合物，两塔加压操作，选用"NRTL-RK"性质方法。因软件中缺乏 DME-H2O 的二元交互作用参数，该参数值选用 UNIFAC 方程估算。按图 5-121 的参数设置说明，把 Aspen Plus 稳态模拟程序调至收敛，模拟结果如图 5-122 所示。

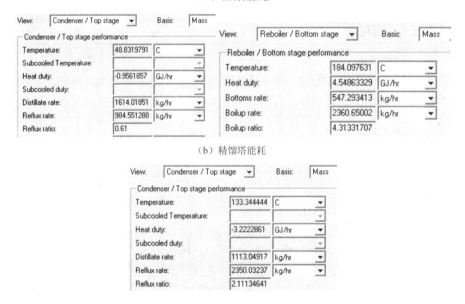

（a）产品物流信息

（b）精馏塔能耗

（c）汽提塔能耗

图 5-122　DME-MEOH-H2O 溶液双塔分离稳态模拟结果

（2）求取灵敏板位置　根据稳态模拟结果，精馏塔温度分布如图 5-123（a）所示，温度斜率分布如图 5-123（b）所示，精馏塔的温度灵敏板是第 6、第 12、第 50 板，汽提塔没有温度灵敏板。

（3）确定设备尺寸　在精馏塔模块的"Profiles|Hydraulics"页面上查到冷凝器的液体流率是 $v_1 = 0.00117565 \text{m}^3/\text{s}$，釜液的流率是 $v_2 = 0.00100334 \text{m}^3/\text{s}$。用 D_1、D_2 表示精馏塔冷凝器储罐和再沸器储罐的直径，取储罐长度为直径的 2 倍，按 5.4.2 节方法计算储罐体积，圆整后取 $D_1 = 0.77\text{m}$，$D_2 = 0.75\text{m}$。把储罐尺寸填入精馏塔模块"Dynamic"文件夹对应的页面中，选用椭圆形封头，垂直安装，数据填写见图 5-124（a）、图 5-124（b）。塔盘选用单流道筛板塔，板间距 600mm，堰高 50mm，由精馏塔模块的"Tray Sizing"和"Tray Rating"功能核算为直径 0.5m，最大液泛系数 0.727，把精馏塔尺寸填入"Dynamic"文件夹对应

的页面中，如图 5-124（c）所示。

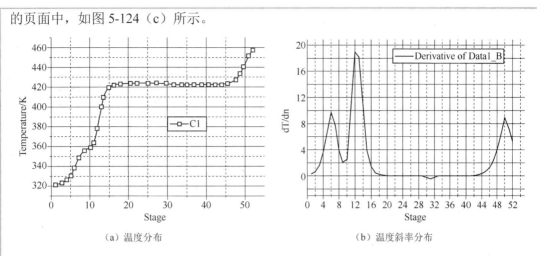

（a）温度分布　　　　　　　　　　　　　　（b）温度斜率分布

图 5-123　求取精馏塔的温度灵敏板

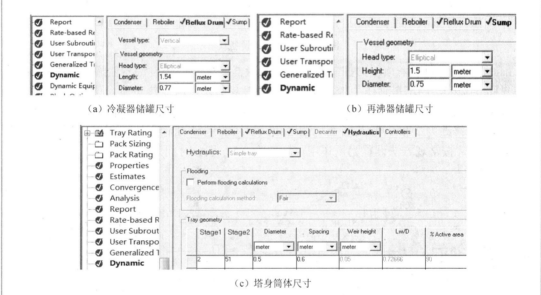

（a）冷凝器储罐尺寸　　　　　　　　　　　　（b）再沸器储罐尺寸

（c）塔身筒体尺寸

图 5-124　精馏塔设备尺寸

在汽提塔模块的"Profiles|Hydraulics"页面上查到冷凝器的液体流率是 v_1= 0.00148821 m³/s。用 D_1 表示汽提塔冷凝器储罐的直径，取储罐长度为直径的 2 倍，近似取 D_1=0.85m。汽提塔虽然没有再沸器，但塔釜储罐尺寸仍然需要填写，可直接取 D_2=0.85m。把储罐直径填入汽提塔模块"Dynamic"文件夹对应的页面中，选用椭圆形封头，垂直安装，填写结果见图 5-125（a）、图 5-125（b）。塔盘选用单流道筛板塔，板间距 600mm，堰高 50mm，由"RadFrac"模块的"Tray Sizing"和"Tray Rating"功能核算直径为 0.45m，最大液泛系数 0.727，数据填写见图 5-125（c）。

在精馏塔模块的"Profiles"页面上查到第 11、第 32 塔板压力分别是 11.069atm 和 11.213atm，赋值给双塔模拟流程中 B2 和 B9 阀的出口压力，重新稳态模拟，然后进行压力驱动检查，无错后把稳态模拟结果向 Aspen Plus Dynamics 传递。

（4）控制结构一　打开软件自动生成的原始动态模拟文件，在原始动态模拟流程图上

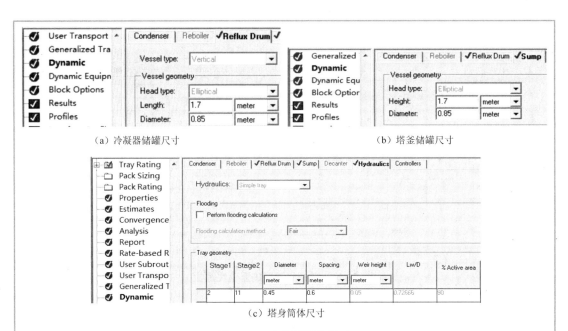

（a）冷凝器储罐尺寸　　　　　　　　　　　　　　（b）塔釜储罐尺寸

（c）塔身筒体尺寸

图 5-125　汽提塔设备尺寸

已经自动安装了两塔塔顶压力控制器、塔顶冷凝器储罐和塔釜再沸器储罐的液位控制器
（参见图 5-126）。两塔塔顶压力控制器默认的控制参数是冷凝器热负荷，其默认增益和积
分时间不需要修改。两塔的塔顶、塔底 4 个液位控制器是正作用，把软件默认的增益和积
分时间分别修改为 2 和 9999min。在精馏塔和汽提塔的进料物流线上安装流率控制器"FC"
和"FCS"，按常规方法设置为反作用、增益为 0.5、积分时间为 0.3min。

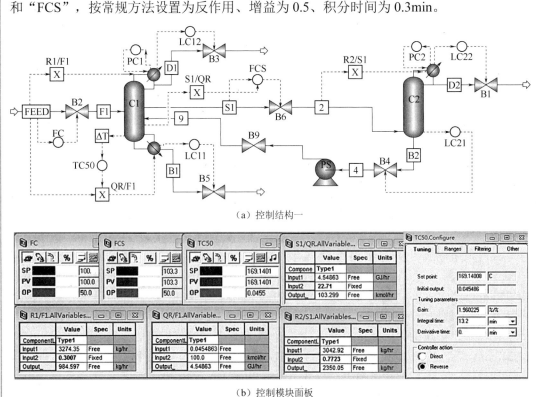

（a）控制结构一

（b）控制模块面板

图 5-126　DME-MEOH-H2O 溶液双塔分离动态模拟流程 1

在两塔塔顶设置回流量比例控制"R1/F1"和"R2/S1",两塔回流量与进料量的质量比例由稳态模拟结果获得:

$$R_1/F_1=984.55/3274.35=0.3007$$

$$R_2/S_1=2350/3042.923=0.7723$$

在精馏塔塔底设置加热热负荷(GJ/h)与进料流率(kmol/h)比例控制"QR/F1"(GJ/kmol),其数值由稳态模拟结果获得:

$$QR/F_1=4.5486/100=0.045486$$

在精馏塔汽相侧线出料管线上设置出料量(kmol/h)与塔釜热负荷(GJ/h)的比例控制"S1/QR"。"S1/QR"与"FCS"串级,"S1/QR"是主控制器,"FCS"是副控制器,"FCS"控制器以"串级"模式运行。"S1/QR"数值由稳态模拟结果获得:

$$S_1/QR=103.3/4.5486=22.71$$

由稳态模拟结果,精馏塔有 3 块温度灵敏板,分别是第 6、第 12、第 50 板。现在第 50 塔板上设置温度控制器"TC50",通过调节塔釜热负荷控制塔板温度,经过参数整定,增益为 1.96,积分时间 13.2min,温度控制范围设置为 120～220℃。"TC50"与"QR/F1"串级控制,"TC50"是主控制器,"QR/F1"是副控制器。汽提塔没有塔釜再沸器,相应减少了控制自由度。添加以上控制模块的控制结构如图 5-126 所示。

进料流率扰动。扰动过程为:0.2h 分别阶跃到 120kmol/h 或 80kmol/h,5h 模拟结束,动态模拟结果如图 5-127 所示。

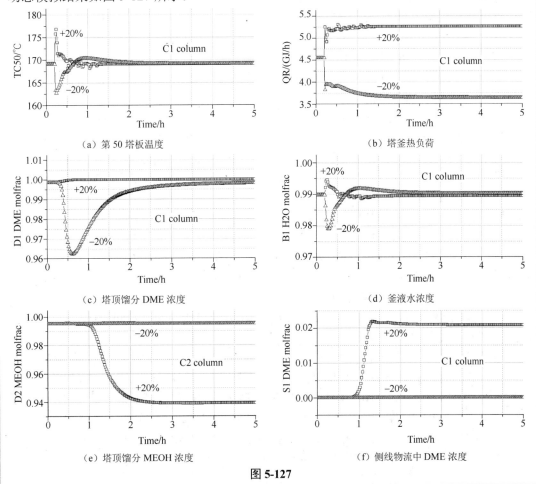

(a)第 50 塔板温度　　　　　　　　　(b)塔釜热负荷

(c)塔顶馏分 DME 浓度　　　　　　　(d)釜液水浓度

(e)塔顶馏分 MEOH 浓度　　　　　　(f)侧线物流中 DME 浓度

图 5-127

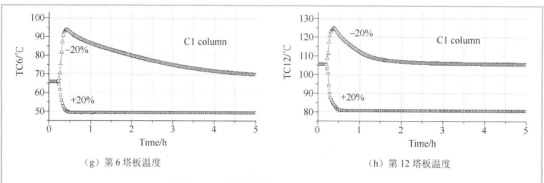

（g）第6塔板温度　　　　　　　　　　　　　（h）第12塔板温度

图5-127　控制结构一的动态模拟结果

由图5-127（a）、图5-127（b）可知，进料流率扰动±20%后，C1塔的第50塔板温度初始波动、但在2h后恢复稳态值，塔釜热负荷的波动范围也在±20%左右。

由图5-127（c）～图5-127（e）可知，C1塔的塔顶、塔釜产品组成经2h波动后也恢复到稳态值，但C2塔的塔顶产品甲醇浓度在进料流率扰动1h后开始降低，见图5-127（e），2h后降低到0.94（摩尔分数）才开始稳定，不满足甲醇浓度>0.99的分离要求。就DME-MEOH-H2O溶液双塔分离方案而言，C1塔是DME-H2O的分离塔，C2塔是MEOH-H2O分离塔。DME是轻组分，应该从C1塔的塔顶馏出，如果DME串入C2塔，就只能从塔顶馏出，必然使得C2塔塔顶馏分中甲醇浓度降低。

由图5-127（f）可知，在进料流率扰动后，C1塔侧线物流S1的DME浓度由10^{-9}增加到0.02左右，导致C2塔塔顶甲醇馏分不达标。在图5-126的控制结构中，各个控制模块对C1塔的塔顶、塔底产品组成控制是有效的，但没有控制好C1塔侧线出口物流组成波动对C2塔的影响，因此图5-126的控制结构失效。仔细分析失效原因，可能是没有对C1塔的第6、第12板的灵敏板温度进行控制。

由图5-127（g）、图5-127（h）可知，这两板的温度在进料流率扰动后均明显降低。第12板靠近侧线出料位置，其温度降低可能会导致侧线出口物流的DME浓度增加。

（5）控制结构二　根据以上分析，对图5-126的控制结构进行修改，在精馏塔12板设置温度控制器"TC12"，通过调节侧线出料流率控制12板的温度。"TC12"与侧线流率控制器"FCS"串级，"TC12"是主控制器，"FCS"是副控制器，"FCS"控制器以"串级"模式运行。对"TC12"进行参数整定，增益为0.09，积分时间18.5min，温度调节范围设置为55～155℃；重新对"TC50"进行参数整定，增益为0.43，积分时间13.2min，温度调节范围设置为120～220℃。与图5-126控制结构中的"TC50"参数比较，积分时间未变，增益不到原值的1/4，表明第50板的温度控制效率降低。改进后的控制结构二及动态模拟流程如图5-128所示。

① 进料流率扰动　扰动过程为：0.2h分别阶跃到120kmol/h或80kmol/h，5h模拟结束，动态模拟结果见图5-129。

由图5-129（a）、图5-129（b）可知，精馏塔第50板的温度波动范围与图5-126控制结构一动态模拟结果相比有所放大，但波动2h后趋于稳定，塔釜热负荷经2h波动后也趋于稳定。由图5-129（c）、图5-129（d）可知，精馏塔的塔顶、塔釜馏分组成波动后趋于稳态值，且均≥0.99（摩尔分数）。由图5-129（e）、图5-129（f）可知，由于限制了侧线物流中DME浓度增加，汽提塔塔顶馏分的甲醇含量>0.99（摩尔分数）。至此，在进料流率波动±20%后，两塔三股产品的纯度均达到分离要求。由图5-129（g）、图5-129（h）可

知，精馏塔第6、第12两灵敏板温度大幅波动后也趋于稳定值，这是保证三股产品纯度

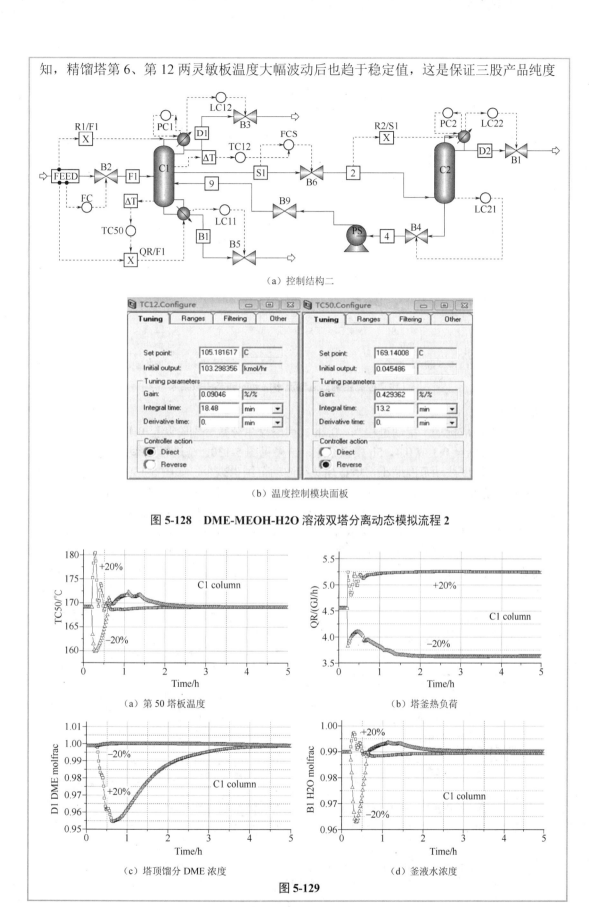

（a）控制结构二

（b）温度控制模块面板

图 5-128　DME-MEOH-H2O 溶液双塔分离动态模拟流程 2

（a）第 50 塔板温度

（b）塔釜热负荷

（c）塔顶馏分 DME 浓度

（d）釜液水浓度

图 5-129

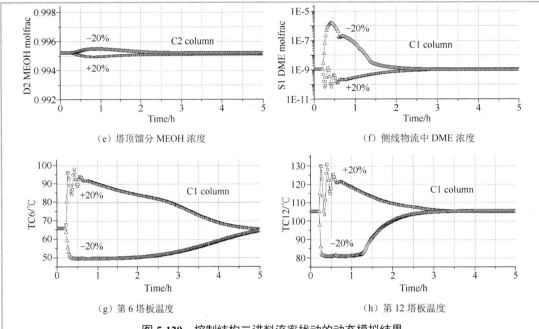

（e）塔顶馏分 MEOH 浓度　　　　　　　　（f）侧线物流中 DME 浓度

（g）第 6 塔板温度　　　　　　　　　　（h）第 12 塔板温度

图 **5-129**　控制结构二进料流率扰动的动态模拟结果

达标的基础。

　　② 进料组成扰动　扰动过程为：0.2h 二甲醚摩尔分数分别阶跃至 0.4 或 0.3，甲醇摩尔分数同时阶跃至 0.3 或 0.4，5h 模拟结束，结果见图 5-130。与进料流率扰动相比，精馏塔的第 50 板温度波动范围缩小，塔釜热负荷波动范围也减少，如图 5-130（a）、图 5-130（b）所示。精馏塔塔顶、塔釜产品浓度波动范围小于进料流率扰动，且两产品纯度均大于0.99（摩尔分数），见图 5-130（c）、图 5-130（d）。进料组成扰动后，侧线物流中的 DME浓度波动不大，但与进料组成（摩尔分数）有关，当进料中 DME 0.4（摩尔分数）时，侧线物流中的 DME 浓度低于 1×10^{-9}（摩尔分数），当进料中 DME 0.3（摩尔分数）时，侧线物流中的 DME 浓度反而高于 1×10^{-9}（摩尔分数）。汽提塔塔顶馏分中甲醇的浓度与侧

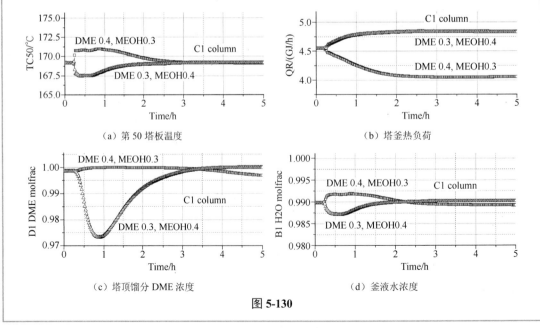

（a）第 50 塔板温度　　　　　　　　　　（b）塔釜热负荷

（c）塔顶馏分 DME 浓度　　　　　　　　（d）釜液水浓度

图 **5-130**

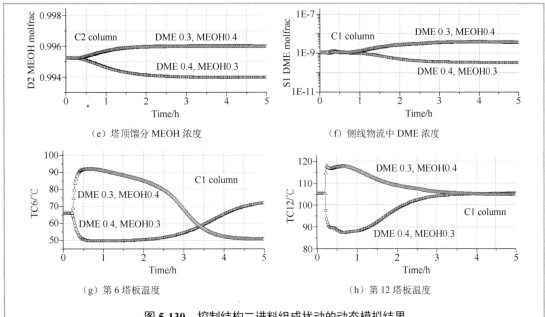

（e）塔顶馏分 MEOH 浓度 | （f）侧线物流中 DME 浓度

（g）第 6 塔板温度 | （h）第 12 塔板温度

图 5-130　控制结构二进料组成扰动的动态模拟结果

线物流中的 DME 浓度正相关，但在两种进料组成扰动条件下，甲醇含量均高于 0.99（摩尔分数），见图 5-130（e）、图 5-130（f）。精馏塔第 6、第 12 两灵敏板温度波动幅度类似于进料流率扰动，但也趋于稳定，见图 5-130（g）、图 5-130（h）。

至此，可以认为图 5-128 的控制结构对于双塔耦合分离 DME-MEOH-H2O 溶液的流程控制是有效的。

5.6　动态换热器与精馏塔联合控制

在 5.4～5.5 节中对单一精馏塔和双塔耦合精馏塔控制结构的设计进行了介绍，其中冷凝器和再沸器的热量传递并没有特别设置，采用的是默认设置。因此，冷凝器和再沸器的热量传递过程被认为是"瞬时热量"或"直接热量"。在动态模拟过程中既没有考虑冷凝器和再沸器设备空间滞留物料的热容量对传热响应时间的影响，也没有考虑冷凝器和再沸器设备的金属部件热容量对传热响应时间的影响。因此，在精馏塔的控制结构设计中，没有考虑冷凝器和再沸器动态响应的控制方案是不完备的，有时候甚至是不安全的。例如，冷凝器冷却水的扰动、再沸器加热蒸汽的扰动都会引起塔压波动或塔顶塔釜的产品组成波动。模拟这些扰动因素对全流程装置稳定操作的影响，掌握这些扰动发生到系统响应时间的长短，对于安全保护装置的选型设计、操作人员的配置与培训是非常重要的。下面以一甲醇精馏塔的控制结构设计为例，说明如何进行精馏塔与动态冷凝器、动态再沸器的联合控制结构设计。

例 5-20　甲醇精馏塔的动态冷凝器与动态再沸器控制结构。

一甲醇精馏塔有 40 块理论塔板，冷凝器和再沸器独立设置。顶压 1.1bar，塔釜 1.5bar，进料位置为第 32 板。要求塔顶馏分中甲醇摩尔分数（下同）0.999，釜液中水 0.999。进料、冷凝器冷却水、再沸器加热蒸汽的参数见图 5-131，试设计该流程的控制结构，考察冷却水流率、蒸汽流率、进料流率和组成扰动时精馏塔操作参数的响应。

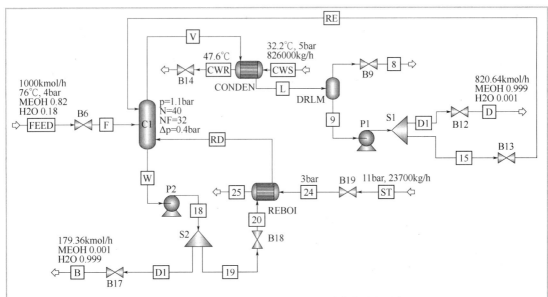

图 5-131　含动态换热器的甲醇精馏塔稳态模拟流程

解　（1）稳态模拟　甲醇和水是极性混合物，近常压操作，选用"NRTL"性质方法。冷凝器中冷却水、再沸器中加热蒸汽、B14 阀门、B19 阀门的物性计算选用"STEAM-TB"性质方法。塔釜选用釜式再沸器，冷凝器、再沸器均选用管壳式换热器，水平安装，冷却水和加热蒸汽均走管程。按图 5-131 的参数设置说明，把 Aspen Plus 稳态模拟程序调至收敛，并把计算结果输出到 Aspen Plus Dynamics 软件中，主要物流信息见图 5-132。

	F	D	B	RE	RB
Temperature C	76.0	65.3	111.3	65.3	113.0
Pressure bar	1.42	1.00	1.00	1.10	1.58
Vapor Frac	0.000	0.000	0.000	0.000	0.984
Mole Flow kmol/hr	1000.000	820.640	179.360	683.332	1325.668
Mass Flow kg/hr	29517.322	26283.034	3234.291	21885.413	23904.968
Volume Flow cum/hr	39.596	35.369	3.571	29.451	26452.687
Enthalpy MMBtu/hr	-229.388	-182.215	-47.449	-151.727	-300.851
Mole Flow kmol/hr					
METHANOL	820.000	819.781	0.219	682.617	1.618
H2O	180.000	0.859	179.141	0.715	1324.050
Mole Frac					
METHANOL	0.820	0.999	0.001	0.999	0.001
H2O	0.180	0.001	0.999	0.001	0.999

（a）主要物流信息

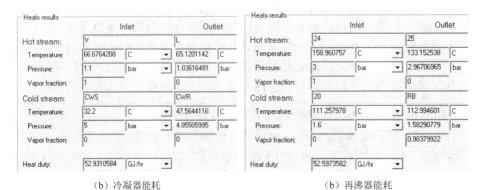

（b）冷凝器能耗　　　　　（b）再沸器能耗

图 5-132　甲醇精馏塔稳态模拟结果

（2）求取灵敏板位置 甲醇精馏塔温度分布如图 5-133（a）所示，温度斜率分布如图 5-133（b）所示，可见甲醇精馏塔的温度灵敏板是 37 板。

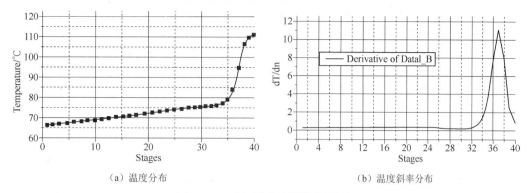

（a）温度分布 （b）温度斜率分布

图 5-133 求取甲醇精馏塔的灵敏板

（3）确定设备尺寸

① 冷凝器 用 Aspen Plus 的"HeatX"模块，经过"Shortcut"、"Detailed"和 EDR 软件三步计算，选择冷凝器型号为 AEL1400-2.5/1.6-1055.0-9/25-2I，壳径 1400mm，公称换热面积 1055m^2，换热管 ϕ25mm×2.5mm，管长 9m，管数 1510 根，双管程单壳程，三角形排列，管心距 32mm，挡板 4 块，切率 0.4。由冷凝器结构数据，估计管程体积为 8.5m^3，壳程体积为 6.5m^3，管束质量 20354kg，封头和筒体质量 8653kg，金属的热容取 460J/(kg·K)。把冷凝器尺寸填入"Dynamic"文件夹对应的页面中，见图 5-134（a）、图 5-134（b），其

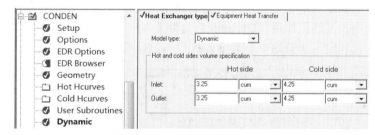

（a）冷凝器管/壳程体积

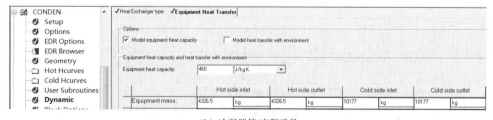

（b）冷凝器管/壳程质量

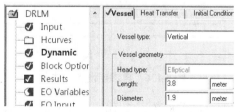

（c）冷凝液储罐

图 5-134 冷凝器设备尺寸

中管（壳）程体积和设备质量均平分后填入进口与出口栏目中。

② 冷凝液储罐　由稳态模拟结果，进入冷凝液储罐的液体流率 v_1=64.7m³/h，取储罐长度为直径的 2 倍，计算出冷凝液储罐直径 D_1=1.9m，选用椭圆形封头，垂直安装。把冷凝液储罐尺寸填入"Dynamic"文件夹对应的页面中，见图 5-134（c）。

③ 塔釜与塔径　由稳态模拟结果，釜液流率是 v_2=0.0083243m³/s，计算出塔釜直径 D_2=1.47m。选用 2 流道筛板塔盘，板间距 600mm，堰高 50mm，核算塔径为 2.8m。把塔釜和塔径设备计算结果填入精馏塔模块"Dynamic"文件夹对应的页面中，见图 5-135。

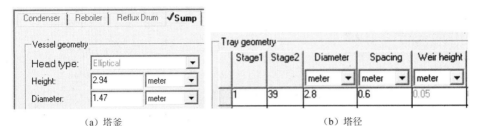

（a）塔釜　　　　　　　　　　　　　（b）塔径

图 5-135　精馏塔设备尺寸

④ 再沸器　用 Aspen Plus 的"HeatX"模块，经过"Shortcut"、"Detailed"和 EDR 软件三步计算，选择釜式再沸器型号为 AKT1600/2400-2.5/1.6-722.3-6/25-2I，壳径 1600/2400mm，公称换热面积 722.3m²，换热管 ϕ25mm×2.5mm，管长 6m，管数 1592 根，三角形排列，管心距 32mm，双管程单壳程，挡板 5 块，切率 0.4。由再沸器结构数据，估计管程体积为 6m³，壳程体积为 21m³，管束质量 16514kg，封头和筒体质量 15395kg。把再沸器尺寸填入再沸器模块"Dynamic"文件夹对应的页面中，如图 5-136 所示，其中管（壳）程体积和设备质量均平分后填入进口与出口栏目中。

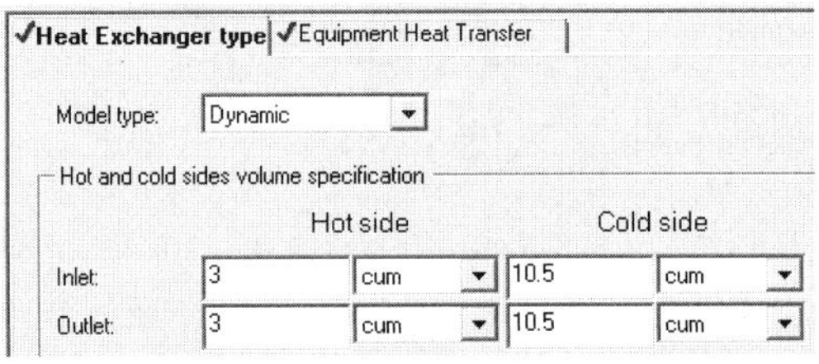

（a）管/壳程体积

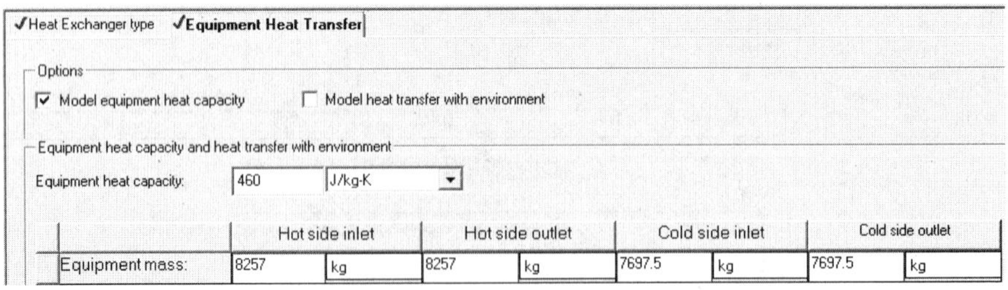

（b）管/壳程质量

图 5-136　再沸器设备尺寸

如果缺乏换热器的详细机械结构数据，不能准确计算换热器管程与壳程体积，Aspen Plus Dynamics 软件提供了一个简捷估算式，即 $V=\tau v/2$，式中，V 是换热器的管程或壳程体积，m³；τ 是停留时间，s（可以按表 5-4 选取）；v 是稳态时物流的体积流量，m³/s。

表 5-4　换热器物流停留时间估计值

项　　目	液相混合态/min	汽相/s
壳程	15	3
管程	5	1

（4）控制结构　打开软件自动生成的原始动态模拟文件，原始动态模拟流程图上已经自动安装了冷凝液储罐压力控制器"DRLM_PC"。影响冷凝液储罐压力最重要的因素是塔顶汽相是否完全冷凝，即冷却水流率能否保证汽相冷凝，用调节 B9 阀门开度控制冷凝液储罐压力会导致汽相大量流失。因此，需要修改软件自动安装的冷凝液储罐压力控制器。另外，还需要对原始动态模拟流程图添加若干控制模块进行完善，添加了若干控制模块后的含动态冷凝器和动态再沸器的甲醇精馏塔控制结构如图 5-137（a）所示，各模块参数设置说明如下。

① 修改凝液罐压力控制方式　把调节 B9 阀门开度控制凝液罐压力，修改为通过调节冷却水流率的 B14 阀门开度控制凝液罐压力，"DRLM_PC"的原始参数不变。把 B9 阀门开度设置为 0，见图 5-137（b）。

② 添加凝液罐液位控制器"LC12"和塔釜液位控制器"LC11"　修改两个液位控制器的增益值为 2、积分时间为 9999min，正作用控制，过滤时间常数 0.1min。

③ 添加进料流率、回流流率、加热蒸汽流率的控制器"FC"、"FCRE"和"FCST"　设置 3 个控制器的增益为 0.5、积分时间为 0.3min，反作用控制，过滤时间常数为 0.1min。

④ 添加加热蒸汽流率与进料流率比例控制模块"ST/F"　由稳态模拟结果，"ST/F"

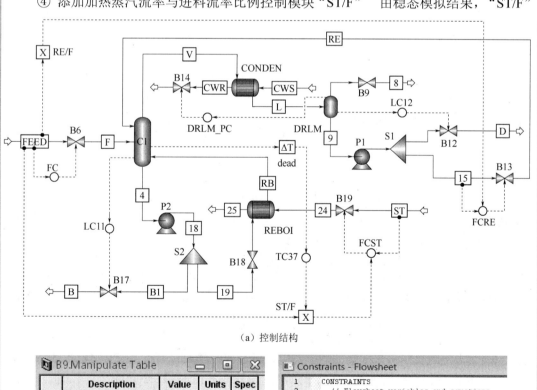

（a）控制结构

（b）关闭冷凝液储罐汽相阀门　　　　（c）设置蒸汽全部冷凝

图 5-137

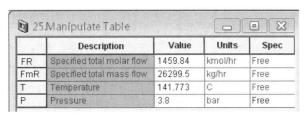

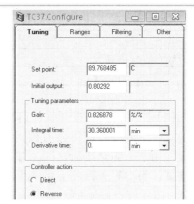

（d）设置冷凝水出口压力属性"Free"　　　　　　　　（e）"TC37"模块参数

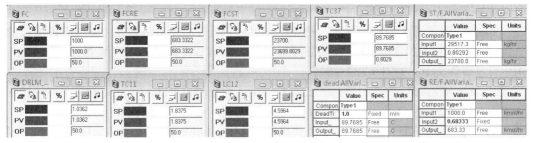

（f）模块面板

图 5-137　甲醇精馏塔动态模拟流程

的质量比为 ST/F=23700/29517.3=0.80292，把"ST/F"与"FCST"串级控制，"ST/F"是主控制器，"FCST"是副控制器，"FCST"设置为串级模式运行。

⑤ 添加回流流率与进料流率的比例控制模块"RE/F"　由稳态模拟结果可知，"RE/F"的摩尔比为 RE/F=683.33/1000=0.68333，"RE/F"与"FCRE"串级控制，"RE/F"是主控制器，"FCRE"是副控制器，"FCRE"设置为串级模式运行。

⑥ 设置蒸汽全部冷凝　在实际生产装置上，再沸器冷凝水出口端都安装疏水阀，其功能是只能排出蒸汽冷凝水，阻止蒸汽逃逸。在动态模拟时，为保证蒸汽在再沸器内全部冷凝，需要添加一流程控制性语句：

BLOCKS("REBOI").HOTSIDE.VF=0;

如图 5-137（c）所示。这时，冷凝水出口压力属性需要修改为自由状态，如图 5-137（d），以使整个控制系统的自由度设置恢复平衡。

⑦ 添加精馏塔灵敏板温度控制器"TC37"　反作用控制，温度控制范围 40～140℃。在"TC37"之前设置一个 1min 的死时间模块"dead"。设置"TC37"与"ST/F"、"FCST"串级控制。"TC37"是主控制器，"ST/F"的比例系数由主控制器"TC37"输入；"FCST"是副控制器，其加热蒸汽流率由"ST/F"调节。

经过参数整定，"TC37"的增益值为 0.83，积分时间 30.4min，见图 5-137（e），可见第 37 板温度对加热蒸汽扰动的响应缓慢。对于本例题，若采用"瞬时热量"或"直接热量"的再沸器控制结构，"TC37"的增益值 2.05、积分时间 9.24min，其灵敏板温度对塔釜热负荷扰动的响应比动态再沸器明显快得多，但与实际生产装置的控制状态存在较大差异，故动态再沸器更接近真实装置的运行状态。

各模块控制面板汇总如图 5-137（f）所示，注意"FCRE"和"FCST"为串级模式运行。

（5）动态模拟结果　下面逐一观察含动态换热器的甲醇精馏塔对扰动因素的响应情况，这些扰动因素包括冷却水流率或加热蒸汽流率降低、进料流率与组成变化等。

① 冷凝器的冷却水阀门开度–20%　当塔釜再沸器加热蒸汽供应正常，塔顶冷凝器冷却水流率突然减少后，考察甲醇精馏塔系统各参数的响应。扰动过程为：稳定运行 0.5h 后暂停，再沸器加热蒸汽控制器"FCST"和压力控制器"DRLM_PC"均设置为手动，把"DRLM_PC"的输出信号改为 40%，此时冷凝器冷却水回水管道阀门 B14 的开度被减小 20%，再沸器加热蒸汽流率基本不变，运行 10h 模拟结束，动态模拟结果见图 5-138。

由图 5-138（a）可知，冷却水回水管道阀门 B14 的开度下降 20%后，对应冷却水的实际流率由稳态时的 826000kg/h 下降到 665821kg/h，减少了 19.4%，冷却水回水 CWR 的

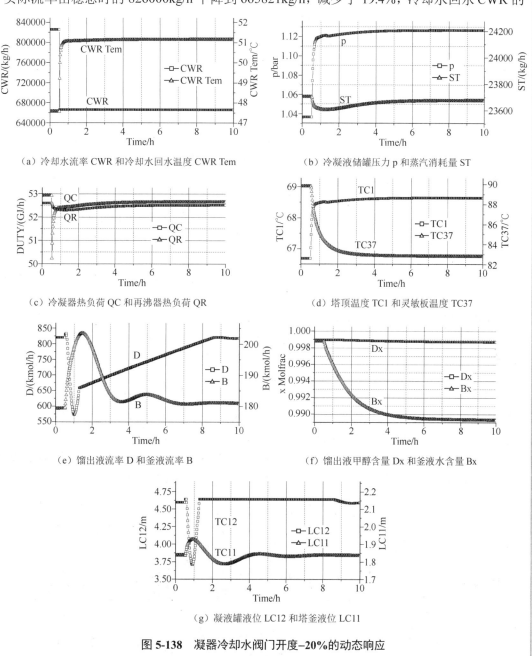

（a）冷却水流率 CWR 和冷却水回水温度 CWR Tem

（b）冷凝液储罐压力 p 和蒸汽消耗量 ST

（c）冷凝器热负荷 QC 和再沸器热负荷 QR

（d）塔顶温度 TC1 和灵敏板温度 TC37

（e）馏出液流率 D 和釜液流率 B

（f）馏出液甲醇含量 Dx 和釜液水含量 Bx

（g）凝液罐液位 LC12 和塔釜液位 LC11

图 5-138　凝器冷却水阀门开度–20%的动态响应

温度从 47.6℃升高到 51.2℃。

由于冷凝器和再沸器都是用详细设计参数输入，冷凝器的冷却速率和再沸器的加热速率都受到换热器机械结构、流体流动状态等的限制。由图 5-138（b）可知，冷凝器冷却水流率降低后，塔顶汽相不能及时冷凝，冷凝液储罐压力由 1.03bar 上升到近 1.13bar；再沸器换热速率受到塔压影响而降低，加热蒸汽流率初始被迫减少，5h 后趋于稳定，逐步恢复到稳态值。对于本例题若采用非动态冷凝器模拟的情形，即以"瞬时热量"或"直接热量"模拟的情形，若冷凝器热负荷–20%，冷凝液储罐压力迅速上升到了 2.1bar。这也部分显示了动态换热器模拟过程中，冷凝器设备空间滞留物料的热容量和设备金属部件的热容量对冷凝器传热过程的影响。

由图 5-138（c）可知，冷凝器热负荷由 52.9GJ/h 降低到 52.6GJ/h，与稳态相比仅降低了 0.57%。究其原因，是冷却水回水温度的升高补偿了冷却水进口流率的降低。再沸器热负荷随着加热蒸汽的波动初始降低，后逐步恢复。

由图 5-138（d）可知，冷凝器回水温度升高引得塔顶汽相温度 TC1 升高了近 2℃。由于再沸器加热蒸汽手动控制，灵敏板温度不再受控，全塔分离效率降低，进料板下方塔板上甲醇含量上升，使得灵敏板温度 TC37 降低了 6℃。

由图 5-138（e）、图 5-138（f）可知，塔顶塔底产品出口流率经过 9h 剧烈波动后趋于稳定，两股产品的流率和塔顶产品的纯度与稳态近似，但塔釜组成降低到 0.989（摩尔分数），未达到分离要求的 0.999（摩尔分数）。

由图 5-138（g）可知，冷凝液储罐液位和塔釜液位初始剧烈波动，经过 9h 后趋于稳定。液位的波动与产品出口流率的波动相互呼应，当冷却水流率突然减少后，塔顶冷凝液量减少，冷凝液储罐液位突降，塔顶产品出口流率也突降；在冷凝液储罐恢复正常液位过程中，塔顶产品出口流率也缓慢增加。

② 再沸器蒸汽进口阀门开度+10% 当塔顶冷凝器冷却水供应正常，塔釜再沸器加热蒸汽突然增加后，考察甲醇精馏塔系统各参数的响应。扰动过程为：稳定运行 0.5h 后暂停，再沸器加热蒸汽控制器"FCST"和压力控制器"DRLM_PC"均设置为手动，把"FCST"的输出信号改为 55%，此时再沸器加热蒸汽阀门 B19 的开度被增加 10%，冷凝器冷却水流率不变，运行 3h 模拟结束，动态模拟结果见图 5-139。

由图 5-139（a）及图 5-139（b）可知，再沸器加热蒸汽管道阀门 B19 的开度增加 10%后，对应加热蒸汽流率变为 25185kg/h，与稳态相比实际增加了 6.3%。再沸器加热蒸汽增加，冷凝器冷却水流率因为手动控制未变，冷却水出口温度从 47.6℃增加到 48.4℃，塔顶冷凝液储罐汽相压力增加到 1.11bar。

由图 5-139（c）可知，加热蒸汽增加后，再沸器热负荷 QR 由 52.6GJ/h 上升到 55.3GJ/h，增加了 5.13%；冷凝器热负荷 QC 由 52.9GJ/h 上升到 55.9GJ/h，增加了 5.67%，冷却水流

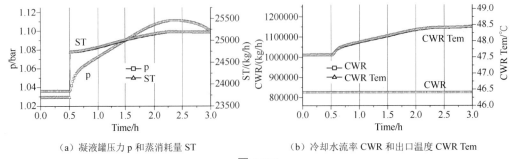

（a）凝液罐压力 p 和蒸消耗量 ST　　　　　　（b）冷却水流率 CWR 和出口温度 CWR Tem

图 5-139

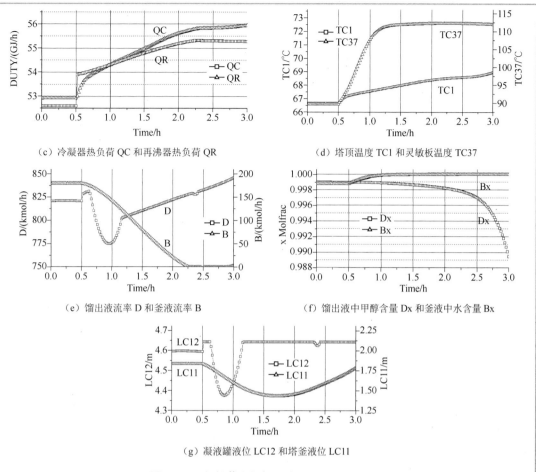

（c）冷凝器热负荷 QC 和再沸器热负荷 QR

（d）塔顶温度 TC1 和灵敏板温度 TC37

（e）馏出液流率 D 和釜液流率 B

（f）馏出液中甲醇含量 Dx 和釜液中水含量 Bx

（g）凝液罐液位 LC12 和塔釜液位 LC11

图 5-139 加热蒸汽阀门开度+10%的动态响应

率未变，冷凝器热负荷的增加值由回水温度上升得以补偿。

由图 5-139（d）可知，塔顶汽相温度 TC1 从 66.7℃上升到 69.0℃，增加了 2.3℃；由于再沸器加热蒸汽阀门 B19 手动控制，精馏塔灵敏板温度 TC37 没法调节，温度从 89.8℃上升到 112℃，增加了 22.2℃。

由图 5-139（e）、图 5-139（f）可知，由于塔釜加热蒸汽增加，更多的物料从塔顶蒸出，塔顶馏出率 D 初始波动后持续增加，釜液流率 B 持续减少直至为 0；由于蒸发量增加，塔顶馏分的甲醇含量从 0.999（摩尔分数）直降到 0.99 以下，产品不合格，釜液中水的含量则从 0.999（摩尔分数）增加到 1.0。

由图 5-139（g）可知，塔顶冷凝液储罐液位 LC12 在初始大幅波动后恢复稳定；塔釜液位 LC11 持续降低，后通过控制釜液出料流率使塔釜液位恢复到稳态值。

③ 进料流率-20% 冷凝器储罐压力控制器 "DRLM_PC" 设置为自动控制，再沸器加热蒸汽控制器 "FCST" 设置为串级控制，考察图 5-137 控制结构对进料流率扰动的响应。扰动过程为：稳定运行 0.5h 后暂停，把进料流率降低为 800kmol/h，运行 6h 模拟结束，动态模拟结果见图 5-140。

由图 5-140（a）、图 5-140（b）可知，进料流率降低后，塔顶冷凝液储罐汽相压力 P 也降低，压力控制器 "DRLM_PC" 减小冷凝器冷却水管道阀门 B14 开度，冷却水流率降低，回水温度升高，使冷凝液储罐汽相压力逐步恢复到稳态值；再沸器加热蒸汽流率由

23700kg/h 下降到 18555kg/h，与稳态相比实际降低了 27.7%。

由图 5-140（c）、图 5-140（d）可知，进料流率降低后，再沸器热负荷 QR 和冷凝器热负荷 QC 同步减少了约 20%；塔顶汽相温度 TC1 从 66.7℃下降到 66.1℃；灵敏板温度 TC37 经过上下约 5℃的波动后趋于稳态值。

由图 5-140（e）、图 5-140（f）可知，进料流率降低后，塔顶、塔釜出料量相应减少，经过约 5h 的波动趋于稳定；塔顶、塔釜产品组成有微量上升，均满足产品纯度要求。

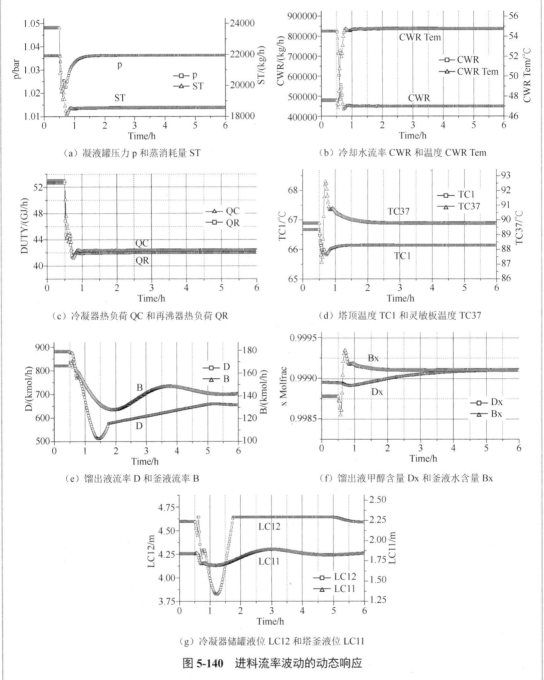

（a）凝液罐压力 p 和蒸消耗量 ST

（b）冷却水流率 CWR 和温度 CWR Tem

（c）冷凝器热负荷 QC 和再沸器热负荷 QR

（d）塔顶温度 TC1 和灵敏板温度 TC37

（e）馏出液流率 D 和釜液流率 B

（f）馏出液甲醇含量 Dx 和釜液水含量 Bx

（g）冷凝器储罐液位 LC12 和塔釜液位 LC11

图 5-140　进料流率波动的动态响应

由图 5-140（g）可知，进料流率降低后，塔顶冷凝液储罐液位 LC12 初始波动幅度较大，塔釜液位 LC11 波动较小，通过控制塔顶、塔釜出料流率使冷凝液储罐液位和塔釜液位恢复到稳态值。

④ 进料中水含量+20%　冷凝器储罐压力控制器"DRLM_PC"设置为自动控制，再沸器加热蒸汽控制器"FCST" 设置为串级控制，考察图 5-137 控制结构对进料组成扰动的响应。扰动过程为：稳定运行 0.5h 后暂停，在进料物流的"Manipulate"页面，把进料水含量由 0.18（摩尔分数）增加到 0.22，甲醇含量降低到 0.78（摩尔分数），运行 6h 模拟结束，动态模拟结果见图 5-141。

由图 5-141（a）、图 5-141（b）可见，进料水含量增加，进料中挥发量减少，塔顶冷凝液储罐汽相压力 P 初始降低，压力控制器"DRLM_PC"减少冷凝器冷却水流率，回水温度升高，使冷凝液储罐汽相压力恢复稳态值；再沸器加热蒸汽流率由 23700kg/h 下降到

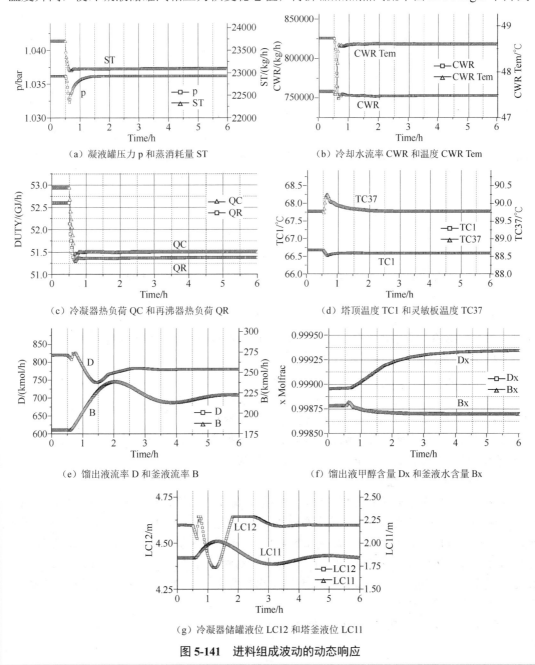

（a）凝液罐压力 p 和蒸消耗量 ST

（b）冷却水流率 CWR 和温度 CWR Tem

（c）冷凝器热负荷 QC 和再沸器热负荷 QR

（d）塔顶温度 TC1 和灵敏板温度 TC37

（e）馏出液流率 D 和釜液流率 B

（f）馏出液甲醇含量 Dx 和釜液水含量 Bx

（g）冷凝器储罐液位 LC12 和塔釜液位 LC11

图 5-141　进料组成波动的动态响应

23089kg/h，与稳态相比实际降低了 2.65%。

由图 5-141（c）、图 5-141（d）可见，进料水含量增加后，物料汽化量减少，再沸器热负荷和冷凝器热负荷同步减少了约 2.9%；塔顶汽相温度未变；灵敏板温度经过较小波动后趋于稳态值。

由图 5-141（e）、图 5-141（f）可见，进料水含量增加，塔顶甲醇产量相应减少，经 3h 波动后趋于稳定，产量减少了 5.13%；塔釜出料量也相应增加，经过约 5h 的波动趋于稳定，出料量增加了 24.0%。塔釜产品组成稳定，塔顶产品组成从 0.999（摩尔分数）上升到 0.9993（摩尔分数）。

由图 5-141（g）可见，进料水含量增加，塔顶冷凝液储罐液位 LC12 波动幅度较大，塔釜液位 LC11 波动较小，经过约 5h 波动，通过控制出料流率使冷凝液储罐液位和塔釜液位恢复到稳态值。

综上所述，通过设置冷却水流率或加热蒸汽流率降低、进料流率与组成变化等四种操作参数的波动，考察了图 5-137 含动态冷凝器与动态再沸器甲醇精馏塔控制结构的响应状态。图 5-138～图 5-141 的模拟数据表明，图 5-137 的控制结构设计是有效的，能够抵御这些操作参数在一定范围内的波动，维持生产装置的稳定运行。在实际装置的控制结构设计中，设计者既需要了解动态换热器的机械结构对精馏塔参数调节范围的限制，也需要关注动态换热器的机械结构对参数波动的响应状态和响应时间的长短，以便设计出实用可靠的精馏塔控制方案。

习题

5-1　烷烃混合物闪蒸器的液位控制。

一股压力为 20atm、温度为 343K 的烷烃混合物降压至 5atm 后进入一立式闪蒸器进行等压绝热闪蒸，混合物流率 100kmol/h，各组分的摩尔分数为乙烷 0.1、丙烷 0.2、异丁烷 0.3、正丁烷 0.4。规定闪蒸器高度是直径的 2 倍，椭圆形封头。求：（1）闪蒸器的尺寸；（2）设计常规液位控制结构，若原料流率有±30%的波动，考察该闪蒸器液位的动态响应。

5-2　烷烃混合物闪蒸器的越权液位控制。

数据同习题 5-1。若原料流率有+30%的波动，要求控制闪蒸器的液位在 2.6m 左右，试设计闪蒸器的越权液位控制结构，考察该闪蒸器液位的动态响应。

5-3　烷烃混合物闪蒸器带外部复位的越权液位控制。

数据同习题 5-1。若原料流率有+30%的波动，要求控制闪蒸器的液位在 2.6m 左右，试设计闪蒸器带外部复位的越权液位控制结构，考察该闪蒸器液位的动态响应。

5-4　绝热反应器的控制结构设计。

同例 5-7，采用绝热管式反应器进行丙烯氯化反应，比较含有与不含催化剂对动态模拟结果的影响。进料的温度与压力，流率与组成，反应器直径与长度，反应器操作压力见附图。反应器 1 内充填催化剂 15710kg，床层孔隙率 0.5，催化剂热容 0.5kJ/(kg·K)，假设催化剂与反应物温度相同。反应器 2 不充填催化剂。设计控制结构，当进料物流温度 +20K，求：（1）反应器 1 截面 5m，10m，15m，20m 处温度恢复稳定需要的时间；（2）比较两反应器出口端温度波动曲线有何异常现象。

5-5　冷剂并流管式反应器的控制结构设计。

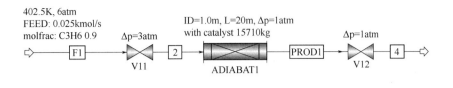

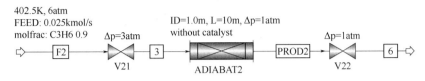

习题 5-4 附图　丙烯氯化绝热反应器流程

同例 5-8，设计控制反应器进口端 2m 处床层温度的控制结构，如本题附图。若以下参数波动：（1）反应物进料温度波动±20K；（2）反应物进料流率波动±20%；（3）反应物进料中氯气摩尔分数波动±0.05。求进口端 2m 处床层温度波动状况与恢复稳定需要的时间？与例 5-8 比较，需要的冷却水流率有何不同？冷却水流率变化率是多少？

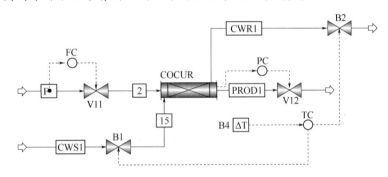

习题 5-5 附图　控制反应器床层热点温度的控制结构

5-6　管式反应器的控制结构设计。

同习题 5-5，反应器管道的总传热系数取符合实际的数值 142W/(m²·K)，若以下参数波动：（1）反应物进料温度波动±20K；（2）反应物进料流率波动±20%；（3）反应物进料中氯气摩尔分数波动±0.05。求进口端 2m 处床层温度波动状况与恢复稳定需要的时间；与例题 5-8 比较，需要的冷却水流率有何不同；冷却水流率变化率是多少。

5-7　冷剂逆流管式反应器的控制结构设计。

基本数据同例 5-9，反应器管道的总传热系数取符合实际的数值 142W/(m²·K)，试设计控制反应器床层 4m 处温度的控制结构。若以下参数波动，求床层 4m 处温度波动状况与恢复稳定需要的时间？（1）反应物进料温度波动±20K；（2）反应物进料流率波动±20%；（3）反应物进料中氯气摩尔分数波动±0.05。

5-8　灵敏板温度与塔顶组成串级控制的精馏塔控制结构。

基本数据同例 5-14，对本题附图精馏塔设置精馏段灵敏板温度 TC8 与塔顶馏分中的异丁烷组成串级控制结构，若进料流率或进料组成分别阶跃±20%，考察其控制性能。

5-9　灵敏板温度与塔釜组成串级控制的精馏塔控制结构。

基本数据同例 5-10，对本题附图精馏塔设置精馏段灵敏板温度 TC8 与塔釜馏分中的丙烷组成串级控制结构，若进料流率或进料组成分别阶跃±20%，考察其控制性能。

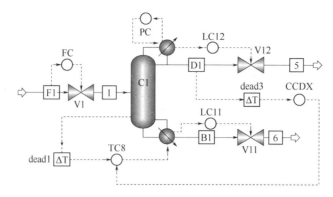

习题 **5-8** 附图　灵敏板温度与塔顶组成串级控制结构

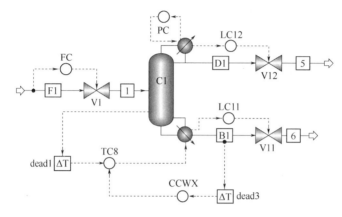

习题 **5-9** 附图　灵敏板温度与塔釜组成串级控制结构

5-10　醋酸甲酯（MEAC）-甲醇（MEOH）-水（H2O）三元混合物均相共沸精馏塔的综合控制结构。

原料温度 341K，压力 2atm，流率 0.1kmol/s，摩尔组成为 MEAC 0.30、MEOH 0.50、H2O 0.2。已知精馏塔理论板 27，筛板塔盘，摩尔回流比 1.02，进料位置 21，塔顶压力 1.1atm，塔板压降 1kPa，性质方法"WILSON"。分离要求为塔底产品中的醋酸甲酯浓度 0.001（摩尔分数），塔顶产品中含水 0.001（摩尔分数）。求：（1）灵敏板位置；（2）精馏塔回流罐、塔釜、塔径尺寸；（3）若进料流率扰动±20%或进料组成扰动（MECH/MEOH/H2O 变化为 0.3/0.4/0.3 或 0.25/0.55/0.2），给出合适的精馏塔控制结构。

5-11　水-甲酸-乙酸三元混合物均相共沸精馏塔的综合控制结构。

原料温度 390K，压力 5atm，流率 100kmol/s，原料组成水/甲酸/乙酸摩尔分数 0.2863/ 0.0537/0.6600。已知精馏塔理论板 100，筛板塔盘，摩尔回流比 1.02，进料位置 88，塔顶压力 1.0atm，塔板压降 0.7kPa，性质方法"UNIQ-HOC"。分离要求为塔顶馏出物中水的摩尔分数 0.995，釜液中水的摩尔分数 0.12。求：（1）灵敏板位置；（2）回流罐、塔釜、塔径尺寸；（3）若进料流率扰动±20%或进料组成扰动（水/甲酸/乙酸变化为 0.3263/0.0537/0.62 或 0.2463/0.0537/ 0.7），给出合适的精馏塔控制结构。

5-12　甲醇-水溶液双效并流精馏塔的综合控制结构。

采用双效并流精馏流程分离一股甲醇水溶液，两塔塔顶馏出物为甲醇，两塔釜液为水，稳态模拟流程如附图。原料温度 330K，压力 8.5atm，流率 1.0kmol/s，原料组成（摩尔分数）

甲醇/水为 0.6/0.4。已知 C1 塔理论板数 32，筛板塔盘，摩尔回流比 0.873，进料位置 22，塔顶压力 0.6atm，塔板压降 0.7kPa；C2 塔理论板 32，筛板塔盘，摩尔回流比 1.94，进料位置 25，塔顶压力 5.0atm，塔板压降 0.7kPa；性质方法 "WILS-RK"。分离要求为两塔塔顶馏出物甲醇含量 0.999（摩尔分数），两塔釜液水含量 0.999（摩尔分数）。求：（1）两塔各自的灵敏板位置；（2）两塔回流罐、塔釜、塔径尺寸；（3）若进料流率扰动±20%或进料组成扰动（水/甲醇变化为 0.3/0.7 或 0.5/0.5），给出合适的精馏塔控制结构。

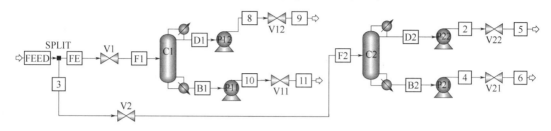

习题 5-12 附图　甲醇-水溶液双效并流精馏流程

5-13　乙醇-水-苯混合物非均相共沸精馏塔的综合控制结构。

以苯作为共沸剂，采用非均相共沸精馏方法分离乙醇-水溶液，稳态模拟流程如本题附图。其中 C1 塔是共沸精馏塔，塔釜出乙醇；C2 塔是废水处理塔，塔釜出水。原料温度 50℃，压力 5atm，流率 0.06kmol/s，组成乙醇/水/苯摩尔分数 0.84/ 0.16/0。C1 塔有机相回流液 R1 温度 40.3℃，压力 2atm，流率 0.0812kmol/s，组成乙醇/水/苯摩尔分数 0.1547/0.0164/0.8289。进入 C1 塔循环物流 D2-2 温度 69.2℃，压力 2.06atm，流率 0.05493kmol/s，组成乙醇/水/苯摩尔分数 0.6163/0.2377/0.1460。已知 C1 塔理论板数 32，筛板塔盘，进料位置由上往下分别为 1、10、15，塔顶压力 2atm，塔板压降 0.0068atm；C2 塔理论板 22，筛板塔盘，摩尔回流比 0.2，进料位置 11，塔顶压力 1.1atm，塔板压降 0.0068atm；性质方法为 "UNIQ-RK" 方程。分离要求为 C1 塔塔釜乙醇产品含量 0.999（摩尔分数），C2 塔釜液水含量 0.999（摩尔分数）。求：（1）两塔各自的灵敏板位置；（2）C2 塔回流罐、两塔塔釜、两塔塔径、分相器尺寸；（3）若原料流率扰动±20%或原料组成扰动（乙醇/水变化为 0.8/0.2 或 0.88/0.12），给出合适的精馏塔控制结构。

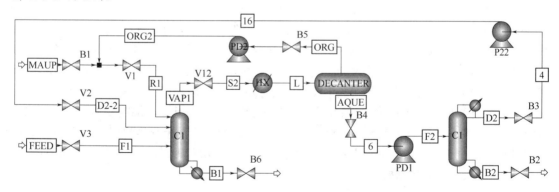

习题 5-13 附图　乙醇-水-苯混合物非均相共沸精馏流程

5-14　采用动态换热器的精馏塔控制结构。

进料混合物数据、主要工艺设计参数和分离要求如本题附图。试设计该流程的控制结构，考察冷却水流率、加热蒸汽流率、混合物进料流率与进料组成扰动时的控制效果。

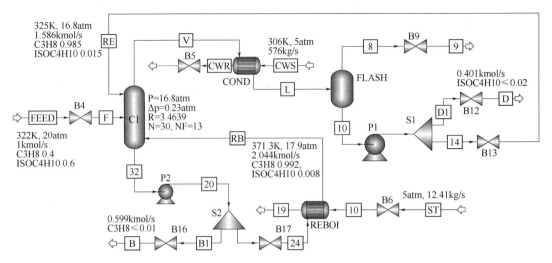

图中文字：

325K, 16.8atm
1.586kmol/s
C3H8 0.985
ISOC4H10 0.015

RE

V

306K, 5atm
576kg/s

COND

CWR   B5   CWS

CWS   L

FLASH

8   B9   9

0.401kmol/s
ISOC4H10≤0.02

D1   B12   D

FEED   B4   F

C1

P=16.8atm
Δp=0.23atm
R=3.4639
N=30, NF=13

322K, 20atm
1kmol/s
C3H8 0.4
ISOC4H10 0.6

RB

371.3K, 17.9atm
2.044kmol/s
C3H8 0.992,
ISOC4H10 0.008

10   P1   S1   14   B13

32   P2   20   S2

0.599kmol/s
C3H8≤0.01   B16   B1

B   B16   B1

B17   24

19   REBOI   10   B6   ST

5atm, 12.41kg/s

习题 5-14 附图　采用动态换热器的丙烷-异丁烷分离流程

5-15　采用动态换热器的丙烯氯化反应器控制结构。

反应原料气数据、各设备工艺设计参数如本题附图。

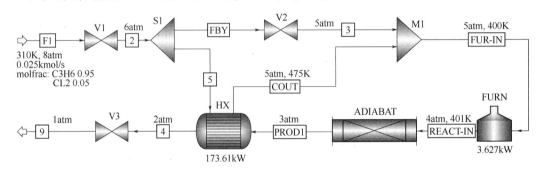

F1   V1   6atm   2   S1   FBY   V2   5atm   3   M1   5atm, 400K   FUR-IN

310K, 8atm
0.025kmol/s
molfrac: C3H6 0.95
CL2 0.05

5   COUT   5atm, 475K

9   V3   2atm   4   HX   3atm   PROD1   ADIABAT   REACT-IN   4atm, 401K   FURN   3.627kW

1atm   173.61kW

习题 5-15 附图　采用动态换热器的丙烯氯化反应流程

丙烯与氯气的混合物经分配器 S1 分成两股物流，一股物流进入换热器 HX 的壳程，与反应器出口物流换热升温至 475 K；离开分配器的旁路物流 FBY 与离开换热器壳程的预热物流 COUT 在混合器 M1 内混合成 400K 的反应器原料气物流 FUR-IN。假设分配器、混合器没有压降。加热炉 FURN 在装置开工时、或在生产波动时用于对反应原料气加热，装置生产正常时不需工作。为在动态模拟中应用，本题附图中加热炉设置为工作状态，把反应气加热升温至 401K。氯化反应器绝热操作，氯化反应动力学数据见本章 5.3.2 节例题。反应器直径 1m，长 20m，充填催化剂 15710kg，床层孔隙率 0.5，假设催化剂与反应物温度相同，催化剂热容 500J/(kg·K)。换热器总传热系数 142 W/(m²·K)，换热器的管程与壳程体积可以用表 5-4 估算。试设计该丙烯氯化反应流程的控制结构，考察进料流率波动±20%与进料氯气组成在 0.025～0.075 范围内波动时的控制效果。

参考文献

[1]　AspenTech. Aspen Plus Dynamics Help[Z]. Cambridge: Aspen Technology Inc, 2011.

[2]　AspenTech. Aspen Plus Dynamics™ 11.1 User Guide[Z]. Cambridge: Aspen Technology

Inc，2001.

[3]　William L L. Distillation Design and Control Using Aspen Simulation [M]. 2nd Ed. New Jersey: John Wiley & Sons Inc, 2013.

[4]　William L L. Chemical Reactor Design and Control[M]. New Jersey: John Wiley & Sons Inc, 2007.

[5]　William L L, CHIEN I L. Design & Control of Distillation Systems For Separating Azeotropes[M]. New Jersey: John Wiley & Sons Inc, 2010.

[6]　Chares I D, López J R G, Zapata J L G, et al. Process Analysis and Simulation in Chemical Engineering[M]. Springer International Publishing Switzerland, 2016.

[7]　李洪，孟莹，李鑫钢等. 乙酸戊酯酯化反应精馏过程系统控制模拟及分析[J]. 化工进展, 2016, 34(12): 4165-4171.

[8]　刘立新，陈梦琪，刘育良等. 共沸精馏隔壁塔与萃取精馏隔壁塔的控制研究[J]. 化工进展, 2017, 36(2): 756-765.

间歇过程模拟

当某一化工过程的工艺操作参数随时间作周期性变化时，人们常称之为间歇过程。在化工生产中，间歇过程因其生产方式灵活多变，可以满足小批量多品种高质量产品生产的需要，尤其适用于精细化学品、生物化学品的生产。

化工间歇过程包括间歇反应过程和间歇分离过程。间歇反应过程包括全间歇反应过程和半间歇反应过程，前者指反应物一次性加入反应釜内，达到反应条件并反应一定时间后，停止反应并将反应物料从反应釜中移除；后者指部分反应物一次性加入反应釜内，在反应过程中同时连续加入其他反应物料，或移除反应产物。间歇分离过程包括均相和非均相混合物的沉淀、结晶、蒸馏、吸附和解吸等分离操作过程。

在早先的 Aspen Plus 软件版本中，各个间歇过程都具有对应的流程模拟模块，如间歇反应器模块（RBatch）、间歇精馏塔模块（BatchSep）、结晶器模块（Crystallizer）等。它们一般是作为稳态流程模块库中的附属模块而设计的，其功能侧重于间歇模块与稳态模块的链接运行，因而它们独立的间歇过程模拟功能会受到一定的限制。相对于连续过程，间歇过程是一个非稳态过程，对间歇过程进行模拟需要联立求解代数方程组和微分方程组，数值计算工作量远大于稳态模拟。在 AspenONE V7.3.2 之后的软件版本中，推出了专用的间歇反应与间歇精馏联合使用的间歇流程模拟软件 Aspen Batch Modeler。对于气相与液相的固定床吸附与解吸过程，可以使用 Aspen Adsorption 软件。对于液相色谱过程、模拟移动床的逆流吸附与解吸过程，则需要使用 Aspen Chromatography 软件。以上各个专用软件均是在动态模拟系统 Aspen Custom Modeler 的基础上开发出来的，兼顾到了间歇过程的应用特性与其过程本质的动态特性，不仅工作界面类似于动态模拟软件，其对间歇过程的模拟功能也更加完善。

6.1 间歇反应

对于一个特定的间歇反应过程，在已知反应物料热力学性质和反应动力学性质、已知反应器结构形式及与环境的热交换方式、反应器控制方案确定的基础上，可以应用 Aspen Batch Modeler 软件对该过程进行模拟计算，为该过程的工艺设计提供基础数据。Aspen Batch Modeler 软件工作界面如图 6-1 所示，其左侧的导航栏"Exploring Simulation"在数据的输入与输出过程中会提供一定的便利，通过点击下拉菜单"Tools|Explorer"可使其显示在软件操作界面上；其右侧是间歇过程模拟主界面，通过填写一系列文件夹内的表页，完成对某一特定间歇反应过程数据的输入、模拟计算与结果输出。

了解某一化学反应过程的动力学性质，对该反应过程的模拟与放大设计至关重要，而这些动力学性质一般通过实验室小试研究获得，它们是离散的间歇反应过程数据，需要通过数学拟合手段把它们整理为符合化学反应基本规律的动力学方程式参数，这也可以借助于 Aspen Batch Modeler 软件来完成。

6.1.1　釜式反应器

间歇反应过程一般在搅拌釜式反应器中进行。在精细化学品生产过程中，搅拌釜式反应器数量占到反应器总数的 90%以上。搅拌釜式反应器处理的物料相态以液相为主，既包括均一的液相，也包括双液相、气液相、固液相和气液固三相等。搅拌釜式反应器的结构型式有卧式和立式之分，与环境的热交换方式有夹套换热、盘管换热和外置换热器等。

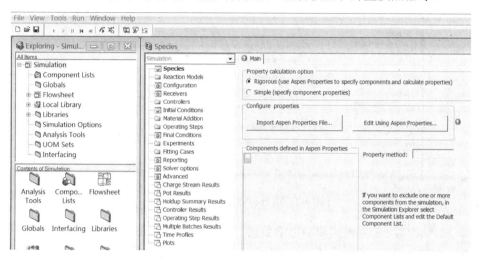

图 6-1　Aspen Batch Modeler 软件工作界面

例 6-1　醋酐水解间歇反应器模拟。

醋酐（$C_4H_6O_3$）遇水易发生水解反应，1mol 醋酐与 1mol 水反应生成 2mol 醋酸，同时放出热量。该水解反应在 5℃以下反应速率很慢，温度越高水解速率越快。醋酐水解的化学反应方程式见式（6-1）。25℃下醋酐水解为一级反应，反应速率方程式见式（6-2）。

$$C_4H_6O_3 + H_2O \xrightarrow{\ k\ } 2C_2H_4O_2 \tag{6-1}$$

$$-r_A = kx_A \quad [kmol/(m^3 \cdot s)] \tag{6-2}$$

式中，x_A 是溶液中醋酐摩尔分数；k 是 25℃下醋酐水解反应速率常数，数值为 0.115335kmol/$(m^3 \cdot s)$。

已知某醋酐水解反应在一夹套冷却的釜式搅拌反应器中进行间歇反应，反应器直径 0.508m，体积 0.1m^3，夹套内用进口温度 5℃的道生油冷却剂 "Dowtherm A" 移走反应热，通过调节夹套内冷却剂进口流率维持反应物温度 25℃。间歇反应开始时，首先在反应器内加入 65kg、温度为 25℃的水，然后以一定速率添加 5kg 的醋酐，搅拌反应 45min 后停止反应，求反应器内水解反应速率分布、温度分布和液相醋酸组成分布。

解　（1）数据输入

① 输入组分和选择性质方法　打开 Aspen Batch Modeler 软件，在 "Species|Main" 页面添加反应前后所有组分与物性。物性的输入有两种选择，一是调用 Aspen Properties 软件进行严格计算，点选 "Rigorous"；二是直接人工输入组分的物性数据，点选 "Simple"。用 Aspen Properties 软件进行物性的严格计算也有两个选项，一是输入已经存在的物性数

据计算文件，点击"Import Using Aspen Properties Files…"导入；二是直接调用 Aspen Properties 软件，点击"Edit Using Aspen Properties…"进行物性的严格计算。若点选"Simple"，准备人工输入组分的物性数据，软件会弹出一个物性数据表格供操作者填写，包括组分名称、相态、分子量、密度、热容和亨利系数。在本例中，采用严格方法计算物性。点击"Edit Using Aspen Properties…"按钮，启动 Aspen Properties 软件，添加醋酸（AA）、醋酐（AANH）和水（H_2O）三个组分，性质方法选用 WILS-GLR，运行 Aspen Properties 软件，保存后退出。组分和物性输入完成后的界面如图 6-2 所示，可以看到反应前后组分名称的代号和性质方法名称。

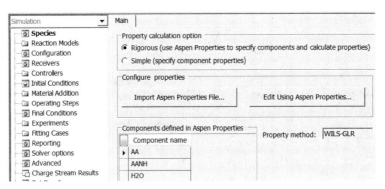

图 6-2　组分和物性输入完成界面

② 输入化学反应方程式和动力学数据　在文件夹"Reaction Models"的"Reaction Models"页面，点击"New"按钮，弹出一个询问反应模型名称的对话框，此处可填写"hydrolyzation"表示水解反应，然后点击"OK"按钮关闭对话框。这时，可在文件夹"Reaction Models"下面看到一个新生成的名称为"hydrolyzation"的文件夹，该文件夹有 4 个页面需要填写数据。在"Configuration"页面，点击"New Reaction" 按钮，弹出一个输入化学反应方程式的对话框，要求输入化学反应方程式的计量系数，可按式（6-1）填写，见图 6-3。

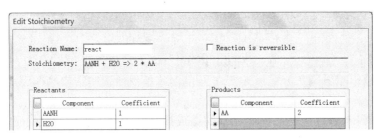

图 6-3　输入化学反应方程式的计量系数

在"Kinetics"页面，填写反应物的相态、动力学方程式的类型、浓度和反应速率的量纲、反应速率常数估计值和反应速率表达式，见图 6-4。

在"Heat of Reaction"页面，点选"Compute heat of reaction"即可，由 Aspen Properties 计算反应热。在"Activity"页面，一般不需要填写，本例中液相的非理想性由"WILS-GLR"计算。

③ 输入反应器结构　反应器结构数据填入"Configuration"文件夹的 3 个页面中。在"Main"页面，有两个栏目需要填写。在"Configuration"栏目中选择设备的外部结构，

有 3 个选项。本例中反应器结构选择"Pot only"，说明仅仅是反应器模拟计算，不含冷凝器或蒸馏塔板；反应物相态选择"Liquid-Only"，说明化学反应仅在液相发生；勾选"Reactions present"，说明包含化学反应。

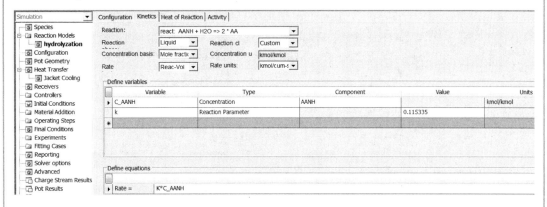

图 6-4　输入反应动力学数据

在"Main"页面的"Pot-only options"栏目中，对反应器的计算方式进行进一步规定。若在"Model detail"栏目中勾选"Shortcut"，表示对反应器进行简捷计算；若勾选"Detailed"表示对反应器进行详细计算，需要提供更多的反应器结构数据，本例中勾选"Detailed"，见图 6-5。

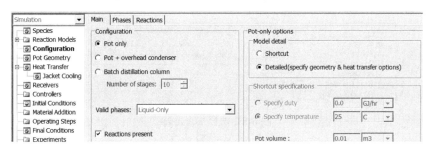

图 6-5　选择反应器计算方式

本例中，"Phases"页面不需要填写数据。在"Reactions"页面，选择步骤②建立的反应动力学模型名称"hydrolyzation"，见图 6-6。

图 6-6　选择反应动力学模型名称

④ 输入反应器规格　把题给的反应器规格数据填入 Pot Geometry 文件夹的"Main"页面，见图 6-7。如果不清楚反应器的规格，可以点击页面下方的"Load vessel from library…"按钮，从软件自带的反应器数据库中选择合适的反应器规格，也可以点击页面下方的"Save vessel to library"按钮，把自己设计的非标反应器规格储存到软件的用户容器数据库中备用。

⑤ 确定反应器换热方式　在换热方式文件夹"Heat Transfer"中，有 5 个页面可供操

作者填写数据，在本例中只需要对"Configuration"页面进行填写，见图6-8。在"Jacket"栏目中，勾选"Cooling"，告诉软件间歇反应器是夹套冷却；勾选"Jacket covers bottom"，表示夹套包覆反应器底部，软件自动计算夹套高度。

图6-7　输入反应器规格数据

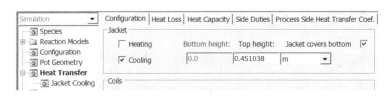

图6-8　选择夹套冷却

在"Heat Transfer|Jacket Cooling"页面，填写冷却速率计算方式和冷却剂品种。间歇反应器夹套冷却速率计算方式有 3 种，分别是指定对数平均温差（LMTD）、指定热负荷（Specified Duty）、指定介质温度（Specified medium　Temperature）。本例中选择第 1 种，填写冷却剂进口温度 5℃，冷却剂流率可以不填写，由温度控制器调节。在"Heat transfer coefficient"栏目，选择"Use overall heat transfer coefficient"，具体数值不必填写，由软件计算。在"Thermal fluid properties"栏目，选择"Select thermal fluid from library"，在下拉菜单中选择冷却剂品种"DOWTHERM-A"，见图6-9。

⑥ 设置反应器温度控制器　在控制器文件夹"Controllers"的"Controllers"页面，点击"New"按钮，建立一个反应器温度控制文件"control"。该控制文件有两个页面需要填写，在"Connections"页面，填写控制器输入信号，即被控参数（反应器温度25℃），以及输出信号，即调节参数（夹套冷却剂质量流率），"Connections"页面数据填写见图 6-10。

在"Parameters"页面，设置被控参数的波动范围 0～100℃，冷却剂质量流率调节范围 0～500kg/h，控制器结构参数增益 5，积分时间 0.5min，勾选控制器作用方式是正作用"Direct"，表示反应器温度升高，冷却剂流率将增大，以维持反应器液相温度 25℃，数据填写见图6-11。

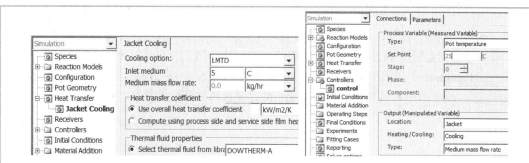

图 6-9　选择冷却速率计算方式与冷却剂品种　　　　　图 6-10　设置被控参数和调节参数

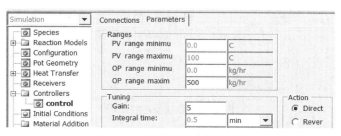

图 6-11　控制器操作参数设置

⑦ 设置反应器初始状态　在"Initial Conditions"文件夹中，有 4 个数据页面可以填写数据。对于间歇反应器来说，填写前两个页面即可。在"Main"页面，填写反应器初始温度 25℃，见图 6-12；在"Initial Charge"页面，填写反应器内添加了 65kg 水，见图 6-13。

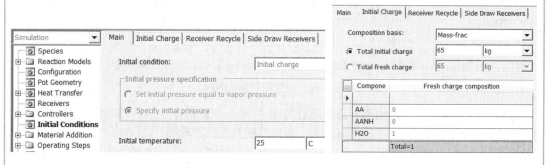

图 6-12　设置初始温度　　　　　　　　　图 6-13　设置初始物料质量与浓度

⑧ 设置反应物的纯度　在"Material Addition"文件夹的"Material Addition"页面，点击"New"按钮，建立一个添加反应物的文件"charge_AANH"。在该文件的"Main"页面，填写反应物苯酐纯度，见图 6-14。

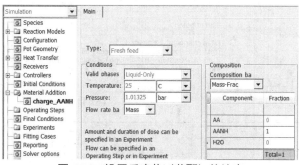

图 6-14　设置反应物（苯酐）的纯度

⑨ 设置间歇反应器的操作步骤 在"Operation Steps"文件夹的"Operation Steps"页面，点击"New"按钮，可以建立起设置间歇反应器操作步骤的各个文件。对于本例来说，第1个步骤是设置向反应器添加苯酐的速率，该步骤的文件名为"Charge"，该文件"Changed Parameters"页面填写见图6-15（a）。由题义，反应器中添加5kg苯酐后即开始水解反应，这时反应器中物料总量应该为70kg，设置停止添加苯酐的操作控制值见图6-15（b）。

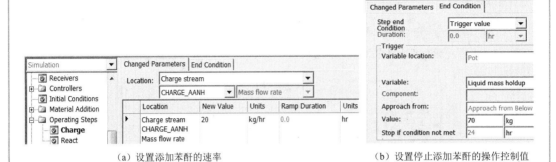

（a）设置添加苯酐的速率　　　　　　　　（b）设置停止添加苯酐的操作控制值

图6-15　添加反应物苯酐

⑩ 设置反应时间 题目规定反应物添加结束后，苯酐水解反应时间45min。在"Operation Steps"文件夹中设置第2个操作步骤文件"React"。在该步骤中，苯酐添加速率为0，搅拌45min后停止反应，对应此步骤的数据填写见图6-16。

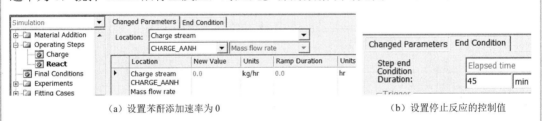

（a）设置苯酐添加速率为0　　　　　　　　（b）设置停止反应的控制值

图6-16　设置间歇反应时间

（2）模拟计算与结果输出 点击运行按钮" ▶ "，软件首先进行初始化检查，若无错误，接着自动进行间歇反应器模拟计算。若仍然无错误，软件弹出一个窗口显示模拟完成，见图6-17（a）。在模拟过程的任何时刻，都可以在下拉菜单"View"的"Message"窗口观察提示信息，见图6-17（b），或在软件操作界面底部的状态栏观察运行状态，见图6-17（c）。若在模拟过程中出现错误需要修改，或需要对运行之前的输入数据进行修改，必须将软件模拟过程退回到反应时间的初始状态，即通过点击软件操作界面左上方运行栏的回退按钮" ◄◄ "予以实现。当右下角状态栏显示" Dynamic at 0.00 Hours "后，才可以修改输入数据。

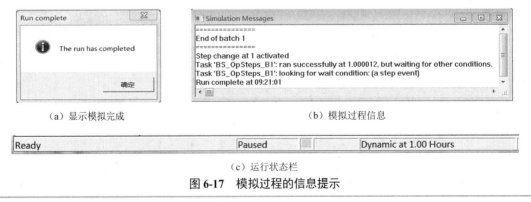

（a）显示模拟完成　　　　　　　　　　（b）模拟过程信息

（c）运行状态栏

图6-17　模拟过程的信息提示

间歇反应器模拟结果可以在文件夹"Pot Results"中的若干个页面中看到，"Main"页面的输出数据见图6-18，给出了反应器当前温度、压力、液位、体积，总质量、组分质量与浓度。

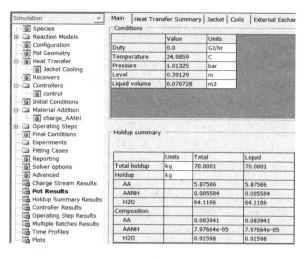

图6-18　苯酐水解间歇反应模拟结果

软件的"Plot|Main"页面提供了数据绘图功能，可以利用软件提供的绘图模板，绘制反应模拟过程各种参数的分布图，如图6-19所示。由图6-19（a）可知，反应产物醋酸（AA）的反应速率是正值，原料水的反应速率是负值。反应开始时，反应物浓度高反应速率快，随着反应的进行，反应速率逐渐降低到零。由图6-19（b）可知，反应物温度初始有波动，但趋于稳定，表明温度控制器运行良好。图6-19（c）显示反应产物醋酸（AA）浓度随时间增加并趋稳的趋势。

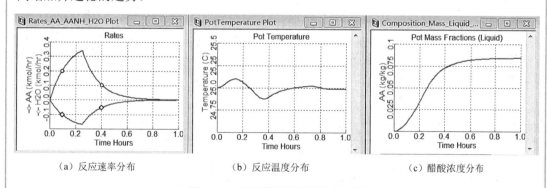

　（a）反应速率分布　　　　　　　（b）反应温度分布　　　　　　　（c）醋酸浓度分布

图6-19　反应模拟过程参数分布图

图6-19的3个图均经过图面编辑与修饰，选取了合适的坐标量程和坐标间距，使图面清晰美观，软件自动把它们保存在导航文件夹内。点击导航栏的"Flowsheet"文件夹，在"Content of Flowsheet"页面上，可以看到储存的这3个图名称，双击任意一个图名，该图即可显示在主界面上。

6.1.2　反应动力学模型参数拟合

在对化学反应器进行稳态或动态模拟时，均需要输入反应动力学模型和模型参数，在此基础上并结合反应条件，模拟软件的计算程序可以确定反应物系中各组分浓度、温度与反应速率之间的关系。模型参数的来源是基于化学反应实验数据，在选定反应动力学模型后，通过数学拟合方法求取模型参数。由于动力学模型的复杂性，数学拟合求取模型参数的计算工作量很大，人工难以承担，但借助于 Aspen Batch Modeler 软件，反应动力学模型参数的拟合工作将变得简单快捷。采用该软件可以拟合的反应动力学模型参数有指前因子、活化能、组分的浓度指数、化学反应热、非平衡过程的气液传质系数等。

例 6-2 合成乙酰水杨酸平行反应动力学模型参数拟合。

醋酐（A）与水杨酸（B）在催化剂吡啶作用下发生酯化反应生成乙酰水杨酸（aspirin，阿司匹林）与醋酸，同时伴随一定程度的醋酐水解，两个平行的化学反应方程式见式（6-3）和式（6-4），均为二级反应，两个反应速率方程式见式（6-5）。

$$C_4H_6O_3(A) + C_7H_6O_3(B) \xrightarrow{k_1} C_9H_8O_4(\text{aspirin}) + C_2H_4O_2 \qquad (6\text{-}3)$$

$$C_4H_6O_3(A) + H_2O(C) \xrightarrow{k_2} 2C_2H_4O_2 \qquad (6\text{-}4)$$

$$-r_1 = k_1 C_A C_B, \qquad -r_2 = k_2 C_A C_C \quad [\text{kmol}/(\text{m}^3 \cdot \text{s})] \qquad (6\text{-}5)$$

式中，C_A、C_B、C_C 分别是溶液中醋酐、水杨酸和水的体积摩尔浓度，kmol/m^3；k_1 和 k_2 是两个平行反应的速率常数，拟合初始值可取 $0.01\text{m}^3/(\text{kmol}\cdot\text{s})$ 和 $0.001\text{m}^3/(\text{kmol}\cdot\text{s})$。反应生成的阿司匹林在液相中的浓度大于其溶解度时会结晶，固（S）液（L）平衡可用式（6-6）表示，式中，K_{eq} 是溶解平衡常数，由式（6-7）计算。

$$C_9H_8O_4(\text{aspirin - S}) \xrightarrow{K_{eq}} C_9H_8O_4(\text{aspirin - L}) \qquad (6\text{-}6)$$

$$\ln K_{eq} = 6.8 - \frac{2795.82}{T} \qquad (6\text{-}7)$$

式中，T 为热力学温度，K。

间歇酯化反应温度 25℃、压力 1.1bar，反应物总量 8.5kmol，反应物组成见例 6-2 附表 1。反应物投入到反应器后即开始搅拌反应，在反应的同时，每间隔一定时间取样分析液相中醋酸、阿司匹林和醋酐的浓度，实验数据见例 6-2 附表 2。考虑到醋酸的缔合性质，选择"NRTL-HOC"性质方法计算反应体系的物性。试根据例 6-2 附表 1 和例 6-2 附表 2 的数据，拟合式（6-5）的反应速率常数 k_1 和 k_2。详细解题步骤请扫右侧二维码阅读。

例 6-2 解题步骤

例 6-2 附表 1 反应物组成

组分	醋酸	醋酐	水杨酸	吡啶	水	合计
摩尔分数	0.12	0.35	0.35	0.12	0.06	1

例 6-2 附表 2 阿司匹林合成动力学实验数据

时间/min	醋酸	阿司匹林	醋酐	时间/min	醋酸	阿司匹林	醋酐
0	0.12	0	0.35	1.2	0.616341	0.062341	0.036356
0.12	0.296232	0.074341	0.21663	1.32	0.622902	0.062056	0.032692
0.24	0.405946	0.070776	0.154546	1.44	0.62839	0.061816	0.029629
0.36	0.473773	0.068244	0.116323	1.56	0.633045	0.061613	0.027033
0.48	0.517882	0.066489	0.091526	1.68	0.637038	0.061438	0.024807
0.6	0.54812	0.065245	0.074554	1.8	0.6405	0.061286	0.022878
0.72	0.56983	0.064335	0.062382	1.92	0.643528	0.061152	0.021192
0.84	0.586032	0.063647	0.053307	2.04	0.646197	0.061035	0.019707
0.96	0.59851	0.063112	0.046324	2.16	0.648568	0.06093	0.018388
1.08	0.608371	0.062687	0.04081	2.28	0.650685	0.060837	0.017211

时间/min	醋酸	阿司匹林	醋酐	时间/min	醋酸	阿司匹林	醋酐
2.4	0.652588	0.060752	0.016153	4.32	0.668436	0.060048	0.007372
2.52	0.654308	0.060676	0.015198	4.44	0.668959	0.060024	0.007084
2.64	0.655868	0.060607	0.014332	4.56	0.669452	0.060002	0.006811
2.76	0.65729	0.060544	0.013543	4.68	0.669919	0.059981	0.006554
2.88	0.658591	0.060486	0.012821	4.8	0.670362	0.059961	0.006309
3	0.659784	0.060433	0.01216	4.92	0.670781	0.059943	0.006078
3.12	0.660885	0.060384	0.01155	5.04	0.671179	0.059925	0.005859
3.24	0.661901	0.060339	0.010986	5.16	0.671558	0.059908	0.00565
3.36	0.662843	0.060297	0.010465	5.28	0.671918	0.059892	0.005452
3.48	0.663717	0.060258	0.009981	5.4	0.672261	0.059876	0.005263
3.6	0.664532	0.060222	0.00953	5.52	0.672588	0.059861	0.005083
3.72	0.665292	0.060188	0.00911	5.64	0.672899	0.059848	0.004911
3.84	0.666003	0.060156	0.008716	5.76	0.673197	0.059834	0.004747
3.96	0.666669	0.060127	0.008348	5.88	0.673483	0.059821	0.00459
4.08	0.667294	0.060099	0.008003	6	0.673755	0.059809	0.004441
4.2	0.667883	0.060072	0.007678				

注：浓度单位为摩尔分数。

6.2 间歇精馏

间歇精馏过程的优势是分离操作的灵活性好，同一精馏塔可以对不同的原料进行分离，也可以把一股多组分混合物在同一精馏塔内通过多次间歇精馏分离成为多股产品。间歇精馏是化工间歇过程的重要方面，其操作特征是投料的间歇性和出料的间歇性。投料的间歇性包括原料一次性全部投入精馏釜或部分原料边反应边投入，出料的间歇性指精馏塔操作过程中全部物料间歇出料或部分物料间歇出料。

Aspen Batch Modeler 软件不仅继承了早期间歇精馏模块"BatchFrac"、"BatchSep"的模拟功能，而且增加了很多基于动态模拟软件开发的模拟、输入与输出功能，使得间歇精馏模拟更加准确和接近实际生产过程。

间歇精馏一般都是单塔运行，加料和出料方式简单，因此不需要画出工艺流程图，在 Aspen Batch Modeler 软件的操作界面上也不出现间歇精馏塔的图形，间歇精馏数据的输入和输出直接在一系列文件夹的页面上进行。Aspen Batch Modeler 软件默认的间歇精馏塔结构如图 6-29 所示。塔顶蒸汽经冷凝器冷凝后的流向有两种可能，一是进入凝液罐（Drum），再经分配器分成回流液入塔和产品入收集罐；二是冷凝液绕过凝液罐直接入分配器（Reflux Splitter）。在间歇精馏塔的工艺设计时，必须说明是否采用凝液罐。作为塔设备的一部分，凝液罐的持液量将会纳入到间歇精馏的模拟计算中，其数量与体积大小需要明确说明。

与连续精馏的稳态操作不同，间歇精馏是典型的动态过程。操作过程中，间歇精馏塔内任一塔板上的汽液相组成都随时间而变。为达到预定的分离要求，间歇精馏塔的操作参数往往也需要进行相应的调整，以保证获得合格的塔顶、塔釜产品质量或规定的分离要求。间歇精馏的操作模式有多种，而回流比是一个常用的调节参数。对于一个特定的间歇精馏过程，既可以设置恒定的回流比操作运行，也可以设置变化的回流比操作运行。但不同的回流比操作方案，对应着不同的产品纯度和收率，需要设计人员进行仔细地权衡，而 Aspen Batch

Modeler 软件是一个很好的权衡工具。

图 6-29　间歇精馏塔结构

6.2.1　恒定回流比操作

恒定回流比操作方法简单易行，是实际生产中广泛采用的操作方法。随着间歇精馏的持续进行，在恒定回流比作用下，塔顶产品浓度是一个随时间降低的过程。因此，在确定恒定操作回流比时，必须考虑到间歇精馏结束时塔顶收集罐中馏出物的平均浓度是否满足产品质量要求。

例 6-3　苯-甲苯混合物恒定回流比分离。

用间歇精馏方法把等摩尔浓度的苯-甲苯溶液分离为塔顶苯和釜液甲苯两个产品。原料温度 25℃，每批投料量 100kmol，要求分离后两产品纯度≥0.9（摩尔分数）。间歇精馏塔共 6 块理论板（包含分凝器和再沸器），塔顶压力 1atm，摩尔回流比 5。分凝器换热面积 20m^2，总传热系数 1000 W/(m^2·K)。分凝器蒸汽进口管径 0.2m，冷却水进口温度 10℃，流率 20000kg/h。设置两个收集罐，一个存放苯馏分，一个存放未冷凝汽相。设置 1 个凝液罐，凝液罐直径 1m，高 1m，垂直安装，椭圆形封头。塔径 3m，板间距 0.5m，堰高 0.05m。塔釜直径 3m，高 2m，垂直安装，平板形封头，塔釜夹套用 140℃饱和蒸汽加热，夹套包覆釜底，夹套高度 2m。环境温度 25℃，估计塔体散热面积 4.5m^2/塔板，总散热系数 0.5 W/(m^2·K)。初始时刻塔内充填 1atm、20℃的氮气。当釜液中苯摩尔分数降低到 0.1 时结束精馏，性质方法选用"RK-SOAVE"。求：（1）塔顶、塔釜和过渡馏分的量与浓度分布；（2）主要操作参数分布。

解　（1）数据输入

① 组分及其物性输入　打开 Aspen Batch Modeler 软件，在"Species|Main"页面，点选"Rigorous"，拟用严格方法计算物性。点击"Edit Using Aspen Properties..."按钮，打开 Aspen Properties 软件，添加原料混合溶液的两个组分苯和甲苯，再添加氮气，选择"RK-SOAVE"性质方法，运行后保存并退出。这时，在"Species|Main"页面的下方可看到添加的组分和选择的性质方法名称，如图 6-30 所示。添加氮气的目的是用于开工前充

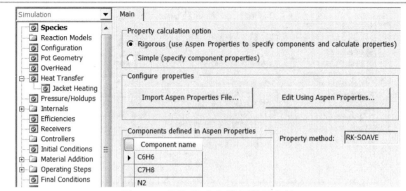

图 6-30　添加组分和选择性质方法

填精馏塔的内部空间。

② 精馏塔结构数据输入　文件夹"Configuration"有 3 个输入数据页面，对于物理分离，只需要填写第 1 个页面。在"Main|Configuration"栏目中选择"Batch distillation column"，说明是间歇精馏塔模拟计算；理论板数选择 6 块，有效相态选择"Vapor-Liquid"，说明是汽液分离过程，见图 6-31。

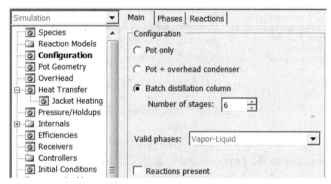

图 6-31　设置塔板数量

在文件夹"Pot Geometry"中输入题给塔釜规格，塔釜直径 3m，高 2m，垂直安装，平板形封头，数据填写见图 6-32。在文件夹"OverHead"中设置分凝器概况，见图 6-33。

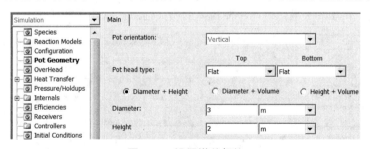

图 6-32　设置塔釜规格

由图 6-33（a）可知，在"Condenser"页面，填写冷凝器类型是分凝器，总传热系数 1000W/(m^2·K)，分凝器换热面积 20m^2，冷却水进口温度 10℃，流率 20000kg/h。如图 6-33（b）所示，在"Reflux"页面，设置恒定回流比 5，勾选"Reflux drum present"，表示设置凝液罐。设置凝液罐的安装方式、尺寸的栏目"Reflux drum geometry"，将在后续的文件夹"Pressure/Holdups"中把精馏塔塔板压降和塔板持液量设置为"Calculated"后被激活。

在文件夹"Heat Transfer"中进行再沸器加热设置。在"Configuration"页面，勾选夹

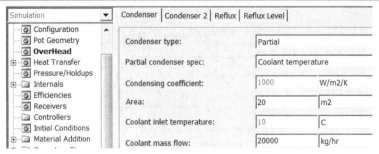

（a）分凝器结构

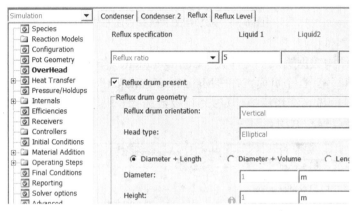

（b）回流比及凝液罐设置

图6-33　塔顶分凝器设置

套加热"Heating"，再勾选夹套包覆釜底"Jacket covers bottom"，填写夹套高度2m，勾选页面下方"Model heat loss to the environment"，表示需要计算塔设备的热损失，如图6-34（a）所示。在"Heat Loss"页面，填写环境温度25℃，塔体散热面积4.5m²/塔板，塔的各部件散热系数都是0.5W/(m²·K)，如图6-34（b）所示。在"Jacket Heating"页面，填写加热蒸汽温度140℃，点选"Use overall heat transfer coefficient"，默认软件设置的夹套总传热系数500 W/(m²·K)，如图6-34（c）所示。若点选"Compute using process side and …"，页面上会弹出两个栏目，供填写夹套热侧与冷侧流体的相关信息，以便详细计算夹套总传热系数。

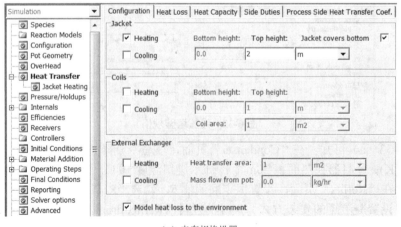

（a）夹套规格设置

图6-34

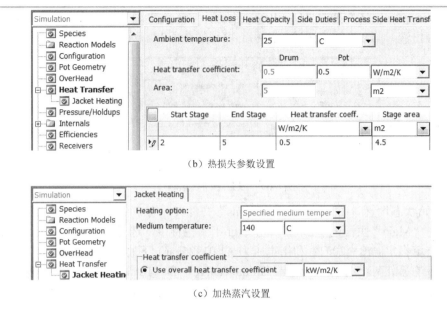

（b）热损失参数设置

（c）加热蒸汽设置

图 6-34　夹套加热设置

在文件夹"Pressure/Holdups"中设置塔板压降计算参数。在"Pressure"页面的"Pressure profile and holdups："栏目中有 3 个选项，本例中选择"Calculated"，表示塔板压降和塔板持液量均是经过严格计算获得。软件建议，若间歇精馏模拟计算是从空塔或初始进料开始，更应该选择此项。另外的两个选项分别是"Fixed"和"Fixed with flooding calcs"，两者均假定塔板压降和持液量是恒定值，但后者要求至少对部分塔段规定塔板或填料结构并进行液泛计算，而不是全部塔板或填料都使用假定计算。在"Top pressures"栏目中填写塔顶压力和分凝器进口管径，如图 6-35 所示。

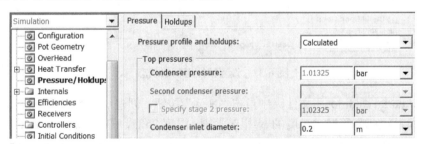

图 6-35　塔顶压力与压降设置

在"Internals"文件夹中点击"New"按钮，创建一个塔板结构数据文件夹"1"，填写题给塔板结构数据，塔径 3m，板间距 0.5m，堰高 0.05m。如图 6-36 所示。

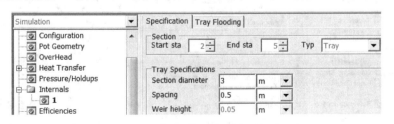

图 6-36　输入塔板结构数据

在"Receivers"文件夹的"Distillate"页面,输入收集罐数据,共两个收集罐,第 1个接受苯馏出液,第 2 个接受未冷凝汽相,填写如图 6-37 所示。

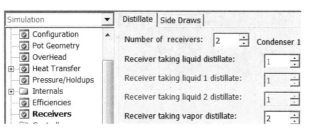

图 6-37　设置塔顶收集罐

③ 初始状态设置　在"Initial Conditions"文件夹,有 5 个页面用来填写精馏塔的初始状态。在"Main"页面的"Initial condition:"栏目中,选择"Empty",表示在初始时刻塔内充填指定温度(20℃)和指定压力(1.01325bar)下的氮气,数据填写见图 6-38。在此栏目下的另外两个选项,分别是"Initial charge"和"Total reflux",前者表示塔釜已经添加初始物料,塔身充填惰性气体;后者表示精馏塔处于全回流的稳定运行状态。本例中选择"Empty",只需填写第 1 个页面,若选择后两个选项,还需要继续填写后续的几个页面。

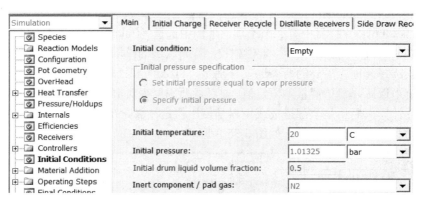

图 6-38　设置精馏塔初始状态

在"Material Addition"文件夹中点击"New"按钮,创建一个原料数据文件"feed",填写题给原料组成为等摩尔浓度的苯-甲苯溶液,温度 25℃,直接入塔釜,如图 6-39 所示。

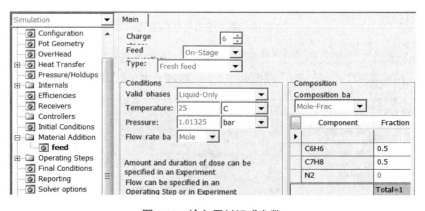

图 6-39　输入原料组成参数

（2）精馏操作步骤设置　共需要设置两个精馏操作步骤，即加料与精馏。在"Operating Steps"文件夹中创建一个原料添加过程文件"charge"，描述原料添加速率和持续时间。在"Changed Parameters"页面，设置3个动作，第1个动作是设置进料流率100kmol/h，第2个动作是夹套加热暂时不要启动，第3个动作是塔顶冷凝器冷却水流率暂时为0，见图6-40（a）。在"End Condition"页面，设置1h加料时间，见图6-40（b）。

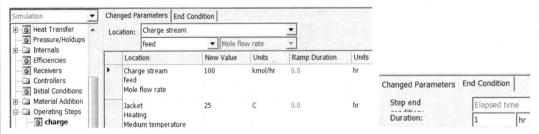

（a）设置添加原料操作步骤　　　　　　　（b）设置原料添加时间

图6-40　设置原料添加参数

在"Operating Steps"文件夹中创建1个精馏过程文件"disti"，描述精馏过程和停止精馏判据。在"Changed Parameters"页面，设置3个动作，第1个动作是停止进料；第2个动作是夹套通入140℃加热蒸汽；第3个动作是塔顶冷凝器通入20000kg/h冷却水，见图6-41（a）。在"End Condition"页面，设置塔釜液相苯的摩尔分数降低到0.1时精馏停止，见图6-41（b）。

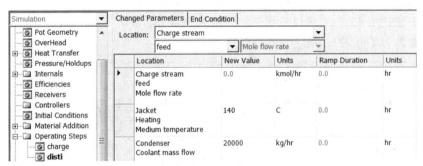

（a）设置第1精馏阶段操作步骤

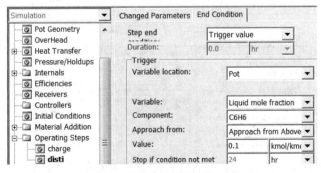

（b）设置精馏停止的判据

图6-41　设置第1精馏阶段参数

（3）运行并观察模拟结果　有多个文件夹和页面可以显示间歇精馏的模拟结果。在"Charge Stream Results|Main"页面，可以看到入塔釜原料的参数。在"Pot Results"文件

夹中有 5 个页面，汇集了关于塔釜的模拟结果。在"Holdup"页面，可以看到塔釜中液量、液位的信息；在"Heat Transfer Summary"页面，可以看到塔釜最终温度、夹套热负荷与热损失的信息，见图 6-42（a）；在"Jacket"页面，可以看到夹套加热面积与传热系数的信息，见图 6-42（b）。

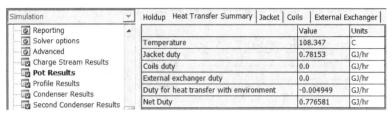

（a）塔釜最终温度、夹套热负荷与热损失

（b）夹套加热面积与传热系数

图 6-42　塔釜加热结果数据

在"Holdup Summary Results"文件夹中可以看到塔釜、塔身和收集罐中的物料参数，见图 6-43。由图 6-43（a）可以看到釜液中甲苯摩尔分数 0.9，由图 6-43（b）可以看到馏出液中苯摩尔分数 0.927，均达到题目分离要求。

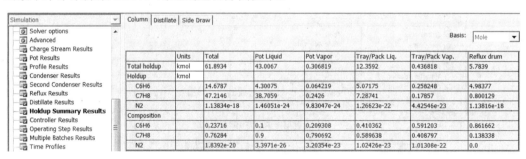

（a）塔釜、塔身的物料量与组成

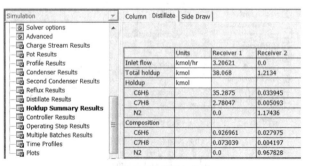

（b）收集罐的物料量与组成

图 6-43　精馏产品物料量与组成

（4）数据绘图　利用模拟结果数据，可以绘制精馏塔各项参数随时间的分布图。在"Plots Main"页面，软件提供了多组绘图模板，见图6-44。

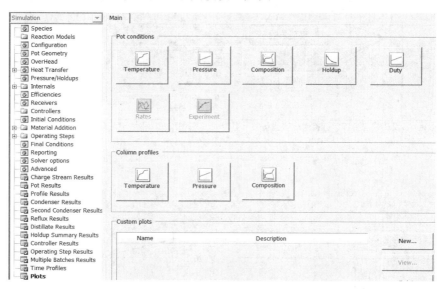

图6-44　绘图模板

在"Pot conditions"栏目中是塔釜参数绘图模板，在"Column profiles"栏目中是塔身参数绘图模板。若分别点击两栏的第1个模板，立即得到该参数分布图，如图6-45所示。

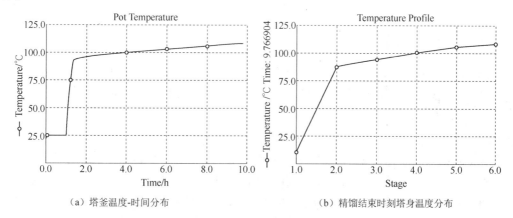

（a）塔釜温度-时间分布　　　　　　　　（b）精馏结束时刻塔身温度分布

图6-45　间歇精馏温度分布

若需要把塔的不同部位参数绘制在同一图上，可以点击"Custom plots"栏目中的"New…"按钮，弹出空白图框，可以把不同文件夹页面数据拖拽到图面上，形成复合图。图6-46是精馏塔各项参数随时间的分布图，图6-46（a）显示塔顶收集罐中苯浓度和釜液中甲苯浓度的分布。间歇精馏开始后，收集罐中苯摩尔分数从0迅速增加，达到最高点后趋于稳定；釜液甲苯摩尔分数从0.5单调增加到0.9；图6-46（b）显示冷凝液和釜液的温度分布，冷凝液温度基本稳定在12℃左右，釜液温度从环境温度逐渐增加到109℃；图6-46（c）、图6-46（d）显示回流比分布和回流量分布，间歇精馏是非稳态过程，虽然回流比恒定，但回流量却随着塔顶汽相量的减少而降低。

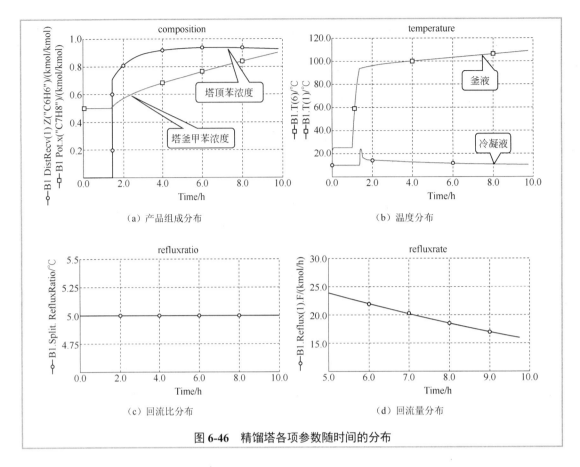

图 6-46 精馏塔各项参数随时间的分布

6.2.2 变回流比操作

由于恒定回流比操作时塔顶馏出物浓度随时间的增加而降低，若要保持塔顶馏出物浓度相对稳定，则必须不断提高回流比，这种变回流比恒定塔顶馏出物浓度的操作方法也是间歇精馏传统操作方法之一。

例 6-4 己烷-庚烷-辛烷混合物变回流比分离。

用间歇精馏塔分离己烷-庚烷-辛烷 3 组分等摩尔混合物。原料 20℃，常压，一次加料量 2.5kmol，加料速率 50kmol/h，加料时间 3min。间歇精馏塔共 10 块理论板（包含分凝器和再沸器）。塔顶分凝器常压，分凝器进口管径 0.1m，冷凝液出口温度 20℃。塔径 0.5m，板间距 0.6m，堰高 0.05m。再沸器直径 1m，高 1m，盘管加热，盘管高度 0.1m，加热面积 2m²，加热蒸汽 140℃。无凝液罐，设置 3 个收集罐，前两个分别接受正己烷和正庚烷馏出液，第 3 个接受未冷凝汽相，塔釜存留辛烷馏分。用回流比控制塔顶第一块塔板温度 100℃，性质方法选择 "NRTL"。求 3 个收集罐和塔釜中物料组成分布。

解 （1）数据输入

① 输入组分和选择物性　打开 Aspen Properties 软件，添加进料混合溶液的 3 个组分和氮气，选择 "NRTL" 性质方法，运行后保存并退出，结果如图 6-47 所示。

② 精馏塔结构数据输入　在 "Configuration" 文件夹的 "Main|Configuration" 栏目中选择 "Batch distillation column"，理论板数选择 10 块，有效相态选择 "Vapor-Liquid"。在文件夹 "Pot Geometry" 中输入题给塔釜规格，如图 6-48 所示。

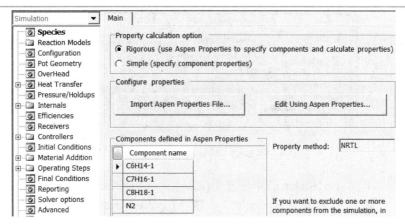

图 6-47 添加组分和性质方法

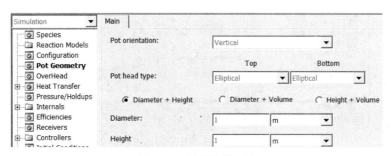

图 6-48 设置塔釜规格

在文件夹"OverHead"中设置分凝器概况。填写冷凝液出口温度 20℃，如图 6-49（a）所示；在"Reflux"页面，暂时设置回流比为 1，无凝液罐，如图 6-49（b）所示。

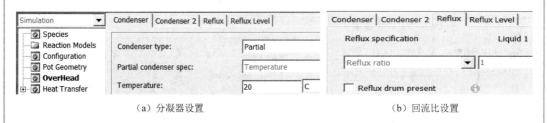

（a）分凝器设置   （b）回流比设置

图 6-49 塔顶分凝器设置

在文件夹"Heat Transfer"中设置再沸器加热概况。在"Configuration"页面，勾选盘管加热，填写盘管高度和换热面积，见图 6-50（a）；在"Coils Heating"页面，填写加热蒸汽温度，见图 6-50（b）。

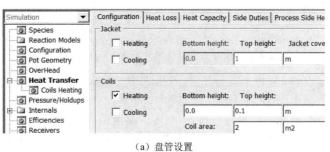

（a）盘管设置

图 6-50

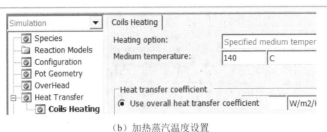

（b）加热蒸汽温度设置

图 6-50　塔釜再沸器设置

在文件夹"Pressure/Holdups"中设置塔压参数。在"Pressure"页面的"Pressure profile and holdups："栏目中选择"Calculated"，在"Top pressures"栏目中填写塔顶压力与压降及分凝器进口管径，见图 6-51。

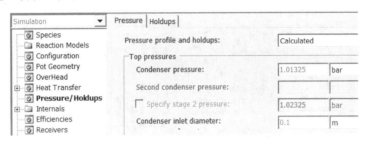

图 6-51　塔顶压力与压降及分凝器进口管径设置

在"Internals"文件夹中创建一个塔内件结构数据文件夹"1"，输入题给塔板结构数据，见图 6-52。在"Receivers"文件夹的"Distillate"页面，填写 3 个收集罐，前两个分别接受正己烷和正庚烷馏出液，第 3 个接受未冷凝汽相，如图 6-53 所示。

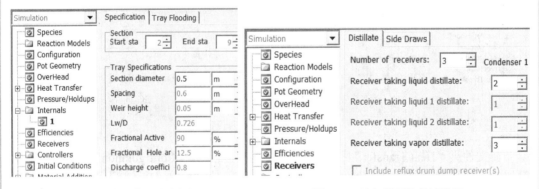

图 6-52　输入塔板结构数据　　　　　图 6-53　输入塔顶收集罐数据

③ 塔顶温度控制器参数设置　在"Controllers"文件夹中创建一个控制结构数据文件夹"tc1"。在其"Connections"页面，输入题目控制要求"用回流比控制塔顶第一块塔板温度100℃"。因为塔顶收集罐收集正己烷和正庚烷馏分，正己烷、正庚烷、正辛烷沸点分别是 68.73℃、98.43℃和 125.7℃。控制塔顶第一块塔板温度 100℃，可以不让正辛烷进入塔顶，数据填写见图 6-54（a）。在"Parameters"页面，"Ranges"栏目中设置控制器输入与输出参数的范围。设置过程变量（PV）温度范围 0～150℃，输出变量（OP）回流比范围 1～10。"Tuning"栏目中设置控制器增益 6，积分时间 2min。"Action"栏目中点选控制器动作方式为正作用"Direct"，表示若塔顶温度上升，则增加回流比予以控

制，数据填写见图 6-54（b）。

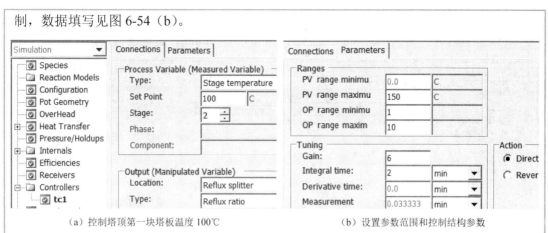

（a）控制塔顶第一块塔板温度 100℃　　　　（b）设置参数范围和控制结构参数

图 6-54　设置塔顶温度控制器

④ 初始状态设置　在"Initial Conditions|Main"页面的"Initial condition:"栏目中，选择"Empty"，见图 6-55。

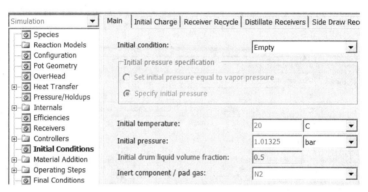

图 6-55　设置精馏塔初始状态

在"Material Addition"文件夹中点击"New"按钮，创建一个原料数据文件"feed"，输入题给原料组成参数，见图 6-56。

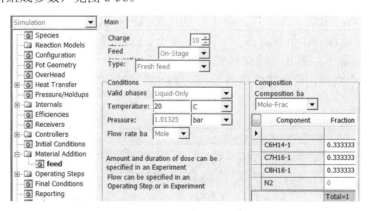

图 6-56　输入原料组成参数

（2）精馏操作步骤设置　共需要设置 4 个精馏操作步骤，即加料"charge"，加热"heat"，精馏 1"disti1"，精馏 2"disti2"。在"charge"步骤中，描述原料添加速率和加料时间。在"Changed Parameters"页面，设置两个动作，第 1 个动作是设置进料流率，第 2 个动作是把塔顶温度控制器置于手动，见图 6-57（a）。在"End Condition"页面，设置 0.05h 加料时间，见图 6-57（b），加料量 50×0.05=2.5kmol，达到题目规定。

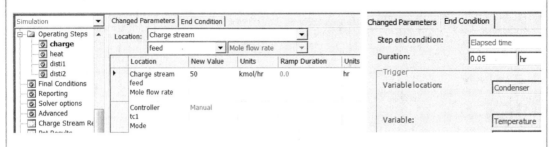

（a）设置添加原料操作步骤　　　　　　　　　　（b）设置原料添加截止时间

图 6-57　设置原料添加操作参数

在"heat"步骤中，描述冷态原料加热过程和开始精馏判据。在"Changed Parameters"页面，设置两个动作，第 1 个动作是设置进料流率为 0，停止加料；第 2 个动作是设置盘管蒸汽加热，见图 6-58（a）。在"End Condition"页面，设置第 9 塔板温度达到 70℃判据，见图 6-58（b）。因为正己烷沸点 68.73℃，当第 9 塔板温度达到 70℃时，可以收集塔顶正己烷馏分。

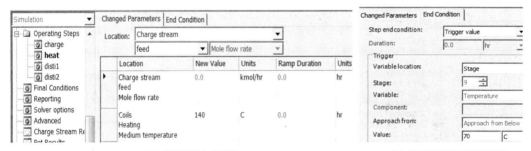

（a）设置塔釜加热步骤　　　　　　　　　　（b）设置温度达到 70℃判据

图 6-58　设置原料加热过程操作参数

在"disti1"步骤中，描述收集塔顶正己烷馏分过程和停止收集判据。在"Changed Parameters"页面，设置 3 个动作，第 1 个动作是把塔顶温度控制器投入自动运行；第 2 个动作是把塔顶温度控制值设置在 73℃，略高于正己烷沸点，远低于正庚烷沸点，使正己烷尽量从塔顶蒸出；第 3 个动作是把塔顶馏出液引入 1 号收集罐，见图 6-59（a）。在"End Condition"页面，设置第 2 塔板温度达到 84℃判据，见图 6-59（b），防止正辛烷进入塔顶。

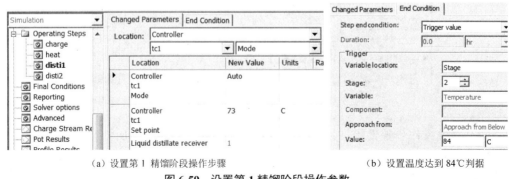

（a）设置第 1 精馏阶段操作步骤　　　　　　　　　　（b）设置温度达到 84℃判据

图 6-59　设置第 1 精馏阶段操作参数

在"disti2"步骤中，描述收集塔顶正庚烷馏分过程和停止收集判据。在"Changed Parameters"页面，设置2个动作，第1个动作是把塔顶馏出液引入2号收集罐；第2个动作是把塔顶温度控制值设置在100℃，略高于正庚烷沸点，远低于正辛烷沸点，使正庚烷尽量蒸出，见图6-60（a）。在"End Condition"页面，设置第2塔板温度达到105℃判据，见图6-60（b），间歇精馏结束。

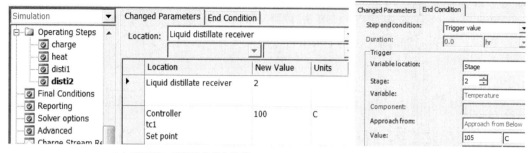

（a）设置第2精馏阶段操作步骤　　　　　　　　（b）设置温度达到105℃判据

图6-60　设置第2精馏阶段操作参数

（3）运行并观察模拟结果　在"Holdup Summary Results"中可以看到塔釜、塔身和收集罐的物料参数，见图6-61；利用软件绘图功能绘制的精馏塔各项参数随时间的分布，见图6-62。由图6-62可见，4个精馏操作步骤中，前两个步骤用时很短，只有0.11h，精馏时间都用在后两个步骤中。

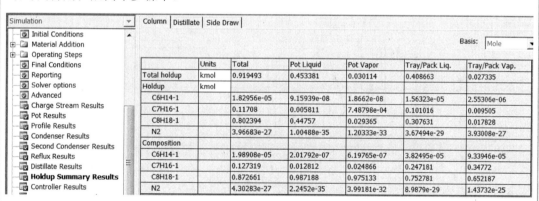

（a）塔釜、塔身的物料量与组成

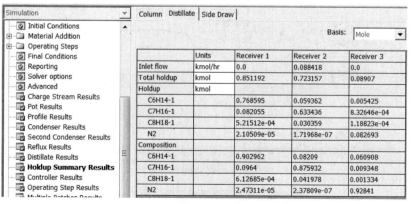

（b）收集罐的物料量与组成

图6-61　精馏产品物料量与组成

由图 6-62（a）可知，在"disti1"阶段，正己烷摩尔分数迅速增加并维持在 0.9 以上直至该阶段结束；在"disti2"阶段，正庚烷摩尔分数迅速增加并维持在 0.87 以上直至该阶段结束；塔釜正辛烷摩尔分数在两个阶段都持续增加直至精馏结束时接近 0.99。由图 6-62（b）可知，在"disti1"阶段，回流比有大幅波动，开始精馏时，塔釜物料中轻组分多，回流比小，但 1h 后回流比稳定在 10 左右；在"disti2"阶段，回流比开始是线性增加，3h 后也稳定在 10 左右直至精馏结束。图 6-62（c）显示塔顶 T（2）、第 9 塔板 T（9）和塔釜 T（10）的温度分布，注意 T（2）和 T（9）曲线与温度控制器的控制值相对应，T（9）和 T（10）因仅相差 1 块塔板，故温度比较接近。

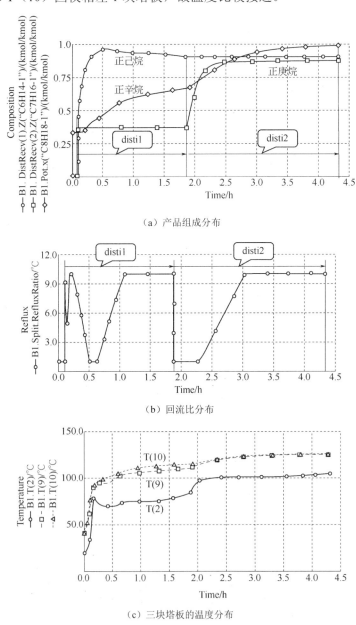

（a）产品组成分布

（b）回流比分布

（c）三块塔板的温度分布

图 6-62　精馏塔各项参数随时间的分布

6.2.3 均相共沸精馏

间歇精馏塔也常用于均相共沸物的分离。对于正偏差共沸物，共沸点温度低，共沸物优先从塔顶蒸出，塔釜可以得到纯度高的产品；对于负偏差共沸物，共沸点温度高，共沸物存留在塔釜，塔顶可得到纯度高的产品。

例 6-5 水-异丁酸-正丁酸均相共沸精馏。

已知常压下水-异丁酸-正丁酸之间存在二元和三元均相共沸现象，试利用间歇精馏方法分离一股水-异丁酸-正丁酸混合物，原料温度 40℃，每批投料量 5000kg，其中水的质量分数（下同）0.04，异丁酸 0.95，正丁酸 0.01，要求得到含量>0.995 的异丁酸产品。间歇精馏塔共 35 块理论板（包含全凝器和再沸器）。全凝器压力 1.1bar，全凝器摩尔回流比 1.5，汽相进口管径 0.1m。设置 1 个凝液罐，凝液罐直径 1m，高 1m，垂直安装，椭圆形封头。塔径 1m，板间距 0.6m，堰高 0.05m。再沸器垂直安装，椭圆形封头，直径 1.8m，高 2m；夹套加热，夹套高度 1.5m，夹套包覆釜底，热负荷 150kW。设置两个收集罐，分别接受不同纯度的异丁酸馏出液，塔釜存留正丁酸物料，性质方法选择 "NRTL"。求：（1）相图分析；（2）塔顶、塔釜和过渡馏分的数量与浓度；（3）主要操作参数分布。

解 （1）数据输入

① 输入组分和选择物性　打开 Aspen Properties 软件，添加进料混合溶液的 3 个组分，选择 "NRTL" 性质方法，运行后保存并退出，结果如图 6-63 所示。

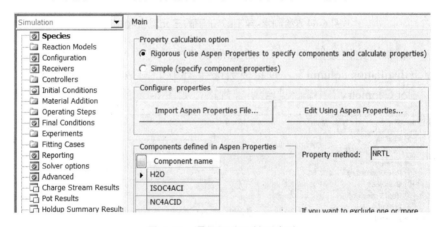

图 6-63　添加组分和性质方法

② 相图分析　在菜单栏 "Home" 下的 "Analysis" 栏目中，点击 "Ternary Diag" 图标，在弹出的 "Distillation Synthesis" 图框中选择 "Use Distillation Synthesis Ternary Maps"，软件显示相图绘制页面。在绘图页面 "Property Model" 栏目中，选择汽液体系相态 "AVP-LIQ"，设置体系压力 1.1bar、质量分数浓度单位，点击 "Ternary Plot" 按钮完成绘图，如图 6-64 所示。

由图 6-64（a）可见，水-异丁酸-正丁酸三元混合物在 1.1bar 下存在两个二元共沸点，一个三元共沸点。其中，水-正丁酸形成正偏差共沸物，共沸点（102.13℃）是发散点；水-异丁酸形成负偏差共沸物，共沸点（160.68℃）是稳定点；水-异丁酸-正丁酸三元共沸物（160.03℃）是鞍点。交叉经过三元共沸点的两条剩余曲线构成四条精馏边界，把三角相图分成四个精馏区域。点击相图页面右侧绘图工具条中的添加数据点按钮 "🔖"，在弹出的数据点赋值图框 "Add Item Value" 中填写进料组成，在相图中会出现一个空心圆点；

类似地,可以在图上添加产品组成点,相图局部放大见图 6-64(b)。由图 6-64(b)可见,本例中的进料组成位于三角形的右下方,塔顶、塔釜的产品组成也被精馏边界局限在右下方很小的区域之内。由于塔顶产品要求异丁酸质量分数 0.995,接近于纯组分点,故塔釜组成应该趋于负偏差共沸点(160.68℃)。

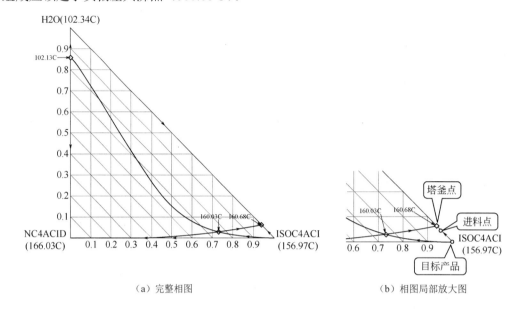

（a）完整相图　　　　　　　　　　　　（b）相图局部放大图

图 6-64　绘制水-异丁酸-正丁酸三元混合物相图

③ 输入精馏塔结构数据　在"Configuration"文件夹的"Main|Configuration"栏目中选择"Batch distillation column",理论板数选择 35 块,有效相态选择"Vapor-Liquid"。在文件夹"Pot Geometry"中输入题给塔釜规格,如图 6-65 所示。

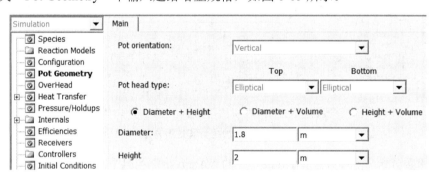

图 6-65　设置塔釜规格

在文件夹"OverHead"中设置冷凝器概况。冷凝器类型选择全凝器"Total";在"Reflux"页面,设置回流比为 1.5,勾选"Reflux drum present",见图 6-66。在文件夹"Heat Transfer"中设置再沸器加热概况。在"Configuration"页面,勾选夹套加热,勾选夹套包覆釜底,填写夹套高度,如图 6-67 所示;在"Jacket Heating"页面,填写加热热负荷 150kW。

在文件夹"Pressure/Holdups"中设置塔压参数。在"Pressure"页面的"Pressure profile and holdups:"栏目中选择"Calculated",在"Top pressures"栏目中填写塔顶压力和分凝器进口管径,见图 6-68。在"Internals"文件夹中创建一个塔内件结构数据文件夹"1",输入题给塔板结构数据,见图 6-69。在"Receivers"文件夹的"Distillate"页面,填写两个塔顶收集罐数据，见图 6-70。

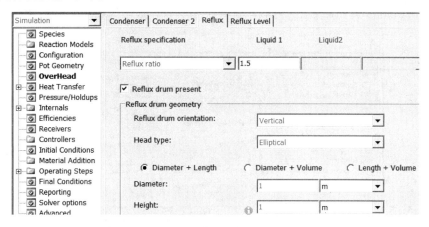

图 6-66　塔顶全凝器设置

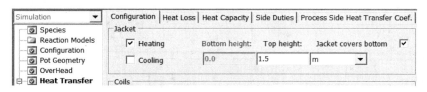

图 6-67　塔釜夹套设置

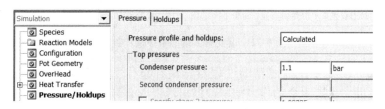

图 6-68　塔顶压力与压降设置

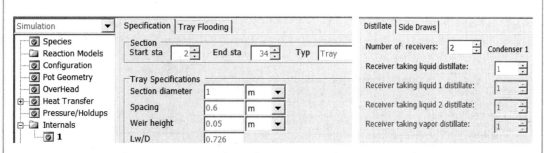

图 6-69　输入塔板结构数据　　　　　　图 6-70　输入塔顶收集罐数据

④ 初始状态设置　在 "Initial Conditions|Main" 页面的 "Initial Condition：" 栏目中，选择精馏塔初始状态为全回流 "Total reflux"；在 "Initial Charge" 页面，选择 "Total initial charge"，输入进料质量与组成，如图 6-71 所示。

（2）精馏操作步骤设置　共需要设置两个精馏操作步骤，即 "disti1" 和 "disti2"。在 "disti1" 步骤中，描述收集质量分数 0.995 异丁酸馏分过程和停止收集判据。在 "Changed

Parameters" 页面，设置 1 个动作，把塔顶馏出液引入 1 号收集罐，如图 6-72（a）所示。在 "End Condition" 页面，设置 1 号收集罐异丁酸质量分数达到 0.995 判据，如图 6-72（b）所示。

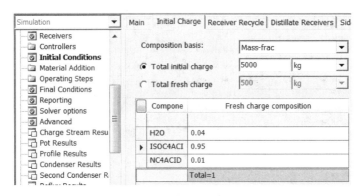

图 6-71　设置原料质量与组成

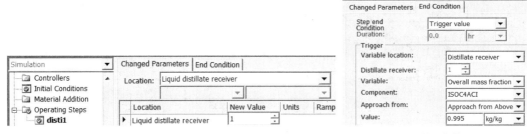

（a）设置第 1 精馏阶段操作步骤　　　　　　　　　（b）设置停止收集判据

图 6-72　设置第 1 精馏阶段操作参数

在 "disti2" 步骤中，描述精馏过程及釜液存量作为结束精馏判据。在 "Changed Parameters" 页面，设置 1 个动作，把塔顶馏出液引入 2 号收集罐，如图 6-73（a）所示。在 "End Condition" 页面，设置釜液存量达到 500kg 判据，如图 6-73（b）所示，间歇精馏结束。

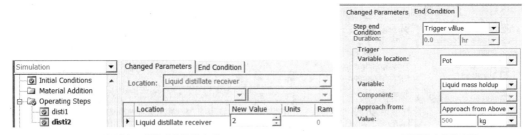

（a）设置第 2 精馏阶段操作步骤　　　　　　　　　（b）设置釜液存量判据

图 6-73　设置第 2 精馏阶段操作参数

（3）运行并观察模拟结果　在 "Hold Summary Results" 中可以看到塔釜、塔身和收集罐的物料参数，见图 6-74。由图 6-74（a）可知，釜液存量 499.998kg，异丁酸质量分数 0.9274，还可以看到塔釜汽相、塔身、凝液罐的持液量与组成；由图 6-74（b）可知，1 号收集罐物料质量 1430.86kg，异丁酸质量分数 0.995；2 号收集罐物料质量 1659.95kg，异丁酸质量分数 0.9375。异丁酸质量分数<0.995 的物料，作为过渡馏分可以汇聚后作为原

料再次精馏。

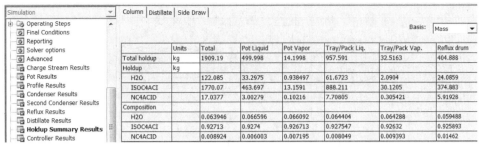

(a) 塔釜、塔身的物料量与组成

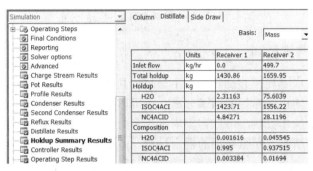

(b) 收集罐的物料量与组成

图 6-74　精馏产品物料量与组成

利用软件绘图功能绘制的精馏塔各项参数随时间的分布，如图 6-75 所示。由图 6-75 可见，两个精馏操作步骤用时相当。由图 6-75 (a) 可知，在 "disti1" 阶段，1 号收集罐异丁酸质量分数缓慢降低并维持在 0.995 以上直至该阶段结束；在 "disti2" 阶段，2 号收集罐异丁酸质量分数缓慢降低并维持在 0.93 以上直至该阶段结束，塔釜异丁酸质量分数在全部精馏时间内缓慢降低。本例采用恒定回流比操作，因此操作回流比不随精馏时间变化，但回流量与塔顶出料量有关，见图 6-75 (b)。间歇精馏模拟从全回流开始，故开始时回流量较大，但迅速降低至 830kg/h 左右；随着塔顶采出量的减少，在 "disti2" 阶段，回流量降低至 750kg/h 左右。图 6-75 (c) 显示塔顶 T (2) 和塔釜 T (35) 的温度分布。由图 6-75 (c) 可见，塔釜温度变化不大，塔顶温度在 "disti2" 阶段因产品正丁酸浓度增加而上升。

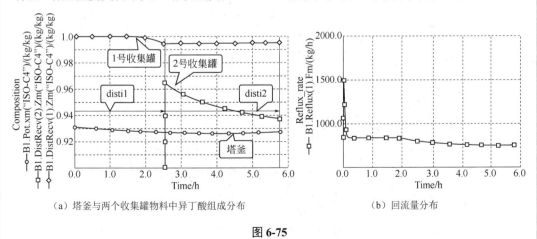

(a) 塔釜与两个收集罐物料中异丁酸组成分布　　　　　　(b) 回流量分布

图 6-75

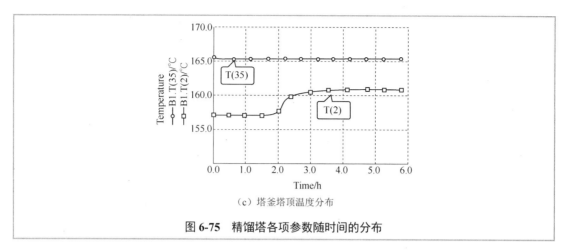

(c) 塔釜塔顶温度分布

图 6-75 精馏塔各项参数随时间的分布

6.2.4 非均相共沸精馏

若二组分溶液形成非均相共沸物，则不必另加共沸剂便可实现二组分的完全分离。可以采用连续过程进行非均相共沸物的精馏分离，也可以采用间歇过程进行非均相共沸物的精馏分离，后者的优点是操作灵活，可依靠单塔进行多组分混合物的分离。非均相间歇共沸精馏过程可以看成是共沸精馏与间歇精馏的耦合过程，本质上是非稳态过程。连续过程的非均相共沸精馏可以使用 Aspen Plus 软件模拟（如例 2-15），而间歇过程的非均相共沸精馏则必须使用 Aspen Batch Modeler 软件进行模拟。

例 6-6 丁醇-水非均相间歇共沸精馏。

拟在间歇精馏塔上常压非均相共沸精馏分离丁醇-水溶液。原料温度 20℃，含丁醇摩尔分数（下同）0.7，每批投料量 100kmol。要求塔釜产品丁醇含量≥0.95，塔顶水相收集罐中水含量≥0.98。

间歇精馏塔共 9 块理论板（包含冷凝器和再沸器），塔顶全凝器，常压，汽相冷凝后分层成为两相液体存留在凝液罐中，有机相入 1 号收集罐，水相入 2 号收集罐。有机相全回流，水相外排。凝液罐容积 0.057m³，塔板滞液量 0.017m³。再沸器垂直安装，椭圆形封头，直径 3m，高 3m，夹套加热，夹套高度 1.75m，热负荷 1.0GJ/h。全塔压降 0.1bar，初始状态全回流，性质方法选择"NRTL"。求丁醇回收率、收集罐与釜液的各参数分布。

解 （1）数据输入

① 输入组分及选择性质方法 打开 Aspen Properties 软件，添加原料的两个组分，选择"NRTL"性质方法，运行后保存并退出，结果如图 6-76 所示。常压下丁醇-水的温度-

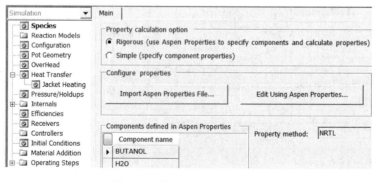

图 6-76 添加组分和性质方法

组成相图参见例 2-15 中图 2-113（a）。

② 输入精馏塔结构数据　在"Configuration"文件夹的"Main|Configuration"栏目中选择"Batch distillation column"，理论板数选择 9 块，有效相态选择"Vapor-Liquid-Liquid"。在"Configuration"的"Phases"页面，指定水作为第 2 液相的关键组分，如图 6-77 所示。在文件夹"Pot Geometry"中输入题给塔釜规格，如图 6-78 所示。在文件夹"OverHead"中设置冷凝器概况。冷凝器类型选择全凝器"Total"；在"Reflux"页面，设置有机相全回流（1000）和水相回流（0）；勾选"Reflux drum present"，如图 6-79 所示。

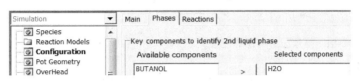

图 6-77　指定第 2 液相关键组分

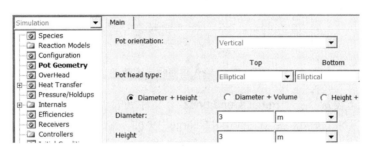

图 6-78　设置塔釜规格

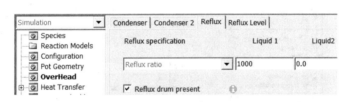

图 6-79　塔顶全回流设置

在文件夹"Heat Transfer"中设置再沸器加热概况。在"Configuration"页面，勾选夹套加热，勾选夹套包覆釜底，填写夹套高度 1.75m；在"Jacket Heating"页面，填写加热热负荷，如图 6-80 所示。

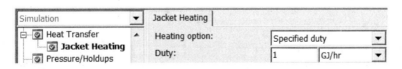

图 6-80　塔釜再沸器设置

在文件夹"Pressure/Holdups"中设置塔压参数。在"Pressure"页面的"Pressure profile and holdups："栏目中选择"Fixed"，假定塔板压降和持液量是恒定值，默认页面的塔顶压力和全塔压降，见图 6-81。在"Holdups"页面，填写凝液罐和塔板持液量，见图 6-82。在"Receivers"文件夹的"Distillate"页面，设置两个收集罐，指定有机相（liquid 1）入1 号罐，水相（liquid 2）入 2 号罐，如图 6-83 所示。

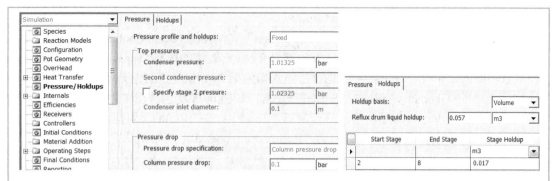

图 6-81　塔顶压力与压降设置　　　　　　图 6-82　凝液罐和塔板持液量设置

图 6-83　输入塔顶收集罐数据

③ 初始状态设置　在"Initial Conditions"文件夹的"Main"页面，选择精馏塔初始状态为全回流"Total reflux"；在"Initial Charge"页面，输入进料数量与组成，见图 6-84。

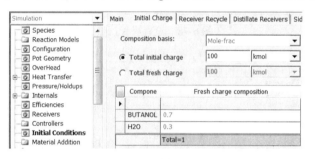

图 6-84　设置精馏塔进料

（2）精馏操作步骤设置　仅设置 1 个精馏操作步骤，描述塔釜加热过程和釜液中丁醇浓缩到 0.95 时精馏停止判据。在"Changed Parameters"页面，设置夹套加热操作，见图 6-85（a）；在"End Condition"页面，设置釜液丁醇浓度达到 0.95 判据，如图 6-85（b）所示。

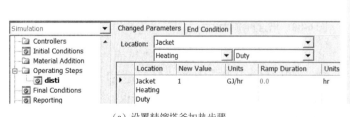
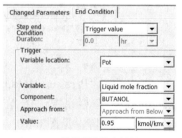

（a）设置精馏塔釜加热步骤　　　　　　（b）设置精馏结束判据

图 6-85　设置精馏操作参数

（3）运行并观察模拟结果　在"Hold up Summary Results"中可以看到塔釜、塔身和收集罐的物料参数，如图 6-86 所示。由图 6-86（a）可知，釜液存量 71.47kmol，丁醇浓度 0.95，达到分离要求，丁醇收率 71.47×0.95/70=97.0%；由图 6-86（b）可知，1 号收集罐有机相存留 0.037kmol；2 号收集罐拟外排水相存留 26.22kmol，水浓度＞0.98，也达到分离要求。存留在塔板和凝液罐的物料汇聚后可作为原料再次间歇精馏。

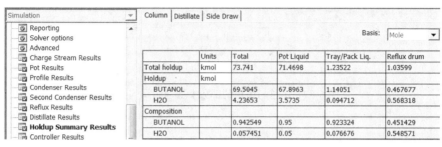

（a）塔釜、塔身的物料量与组成

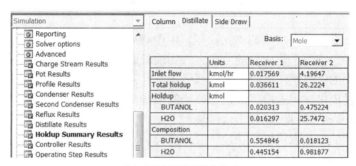

（b）收集罐的物料量与组成

图 6-86　精馏产品物料量与组成

塔釜与塔顶部分参数随时间的分布见图 6-87。图 6-87（a）显示釜液和 2 号收集罐中物料存留量分布，随着精馏的进行，釜液量逐渐减少，水相量逐渐增加。图 6-87（b）显示釜液丁醇浓度和 2 号收集罐中水浓度分布。随着精馏的进行，釜液丁醇浓度逐渐增加到 0.95，2 号收集罐中水浓度受温度和溶解度制约基本不变。图 6-87（c）显示釜液温度和冷凝液温度分布。随着釜液中丁醇浓度增加，釜液温度逐渐上升，冷凝温度基本不变。

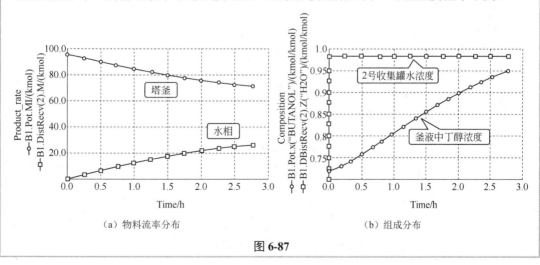

（a）物料流率分布　　　　　　　　　　（b）组成分布

图 6-87

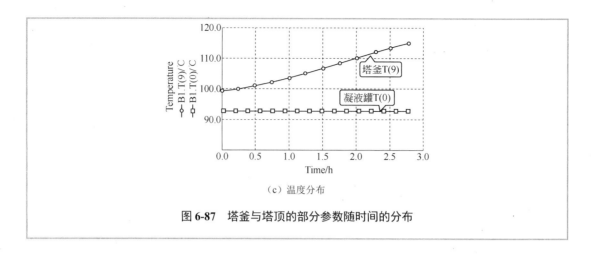

（c）温度分布

图 6-87 塔釜与塔顶的部分参数随时间的分布

6.3 吸附过程

吸附过程是化学工业中常见的单元操作，用于对均相流体混合物的分离。工业应用实例包括气相或液相混合物中主体成分的分离、气相或液相物流中杂质的脱除净化。受吸附容量的限制，吸附过程的吸附操作与吸附剂的解吸操作往往成对出现，从而构成完整的吸附操作循环流程，这两种操作过程本质上来说都属于间歇分离过程。离子交换过程也可看成吸附过程的一部分，其处理的原料仅局限于水溶液。

由于吸附过程的非稳态属性，在设计吸附分离装置时，其严格计算方法因工作量太大而难以手工完成。AspenOne 系列产品中有一个专门软件用于固定床吸附和离子交换过程的模拟计算，早期的软件名称为 Aspen Adsim，AspenONE V7.0 之后的软件名称为 Aspen Adsorption。该软件也是在动态模拟系统 Aspen Custom Modeler 的基础上开发出来的，因此具有与基于动态模拟系统开发出来的系列模拟软件近似的操作界面与操作方法。Aspen Adsorption 软件操作界面如图 6-88 所示，左侧上方是导航栏，左侧下方是导航栏文件夹的操作模块；主界面上方是模拟吸附流程主操作窗口，下方是信息栏，显示吸附模拟过程的提示信息。

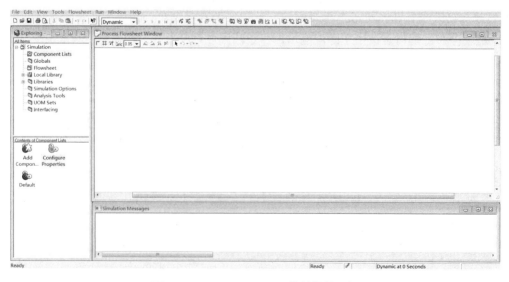

图 6-88 Aspen Adsorption 软件操作界面

由于吸附操作过程的间歇性与周期性，软件模拟过程也显得复杂。Aspen Adsorption 软件把固定床吸附流程的复杂程度分成三等，即简单流程、复杂流程和完整流程。简单流程只有一个固定床吸附器模块和各一个进、出口物流，常用于模拟床层的吸附波、浓度波和透过曲线，也用于吸附方程式的参数拟合。复杂流程考虑阀门压降、封头死体积对吸附过程的影响，除了增加进、出口阀门，还增加床层两端的封头。完整流程则包含两个及以上的固定床吸附器，并能进行吸附与解吸的周期性操作。使用者根据模拟要求，可以选择不同的模块构建吸附工艺流程，从而进行固定床吸附过程模拟。

6.3.1　固定床的吸附波、浓度波与透过曲线

吸附波是任一时刻床层内吸附剂的吸附质负荷在床层轴向上的分布；浓度波是任一时刻床层内流体相中吸附质浓度在床层轴向上的分布；以固定床出口端流出物中吸附质浓度为纵坐标，以吸附时间为横坐标所绘制出的吸附质浓度-时间曲线则称为透过曲线。吸附波、浓度波与透过曲线是固定床吸附器的 3 个重要技术参数。由于吸附波、浓度波难以测定，而透过曲线易于测定，且其形状与吸附波成镜面对称相似。因此，在工业实践中常通过透过曲线来了解固定床内吸附波的形状、传质区长度和吸附剂吸附容量的利用率，并作为固定床吸附器的设计依据。

模拟软件可以对床层吸附剂的各种参数进行严格的计算，不易实验测定的吸附剂床层参数可以通过模拟计算获得。若已知床层结构，吸附剂基本性质，吸附等温线方程，吸附质传质系数，原料流率、组成与流动状态等固定床吸附器基础数据，可以利用 Aspen Adsorption 软件模拟计算出该固定床吸附剂的吸附波、浓度波分布与透过曲线，从而了解该吸附体系的基本性质。

> **例 6-7**　求氧气在简单吸附床层上的吸附波、浓度波与透过曲线。
>
> 　　空气流经碳分子筛吸附柱进行氧气与氮气的分离。假定空气组成为氮气 0.79（摩尔分数），其余为氧气；吸附剂表面均匀，空气在吸附剂表面是单分子层吸附，凝聚相中分子之间无作用力。这样，空气在固定床碳分子筛上的吸附行为可以用 Aspen Adsorption 软件中编号为"Extended Langmuir 1"的多组分吸附等温线描述，方程形式如式（6-8）。
>
> $$w_i = IP_{1,i} p_i / \left(1 + \sum_{j=1}^{C} IP_{2,j} p_j \right) \tag{6-8}$$
>
> 式中，w_i 是吸附剂负荷，kmol/kg；i 是组分代号；p_i 是组分气相分压，bar；C 是组分数；方程参数 $IP_{i,j}$ 见例 6-7 附表。
>
> 例 6-7 附表　吸附等温线方程参数
>
> | 组　分 | $IP_{1,j}$ | $IP_{2,j}$ |
> |:---:|:---:|:---:|
> | $j=1$（N_2） | 0.0090108 | 3.3712 |
> | $j=2$（O_2） | 0.0093652 | 3.5038 |
>
> 　　床层参数：床层直径 0.035m，高 0.35m，床层孔隙率 0.4，吸附剂颗粒孔隙率 0，床层密度 592.62kg/m³，吸附剂颗粒半径 1.05mm，形状因子 1.0。在温度 25℃、压力 3.045bar下，氮气和氧气在吸附床层的总传质系数分别为 0.007605/s 和 0.04476/s。吸附工艺条件：在吸附初始状态，固定床气相充填纯氮气。进料空气流率 5×10^{-7} kmol/s。假设固定床径向上的气相浓度相等。求：（1）氧气在简单吸附床层上的透过曲线；（2）在吸附时间为 70s、150s、300s、600s、1200s 时，床层内氧气的浓度波和吸附波曲线。

解 （1）输入组分和选择性质方法　打开 Aspen Adsorption 软件，在导航栏的"Component Lists"文件夹中添加组分。该文件夹的组分信息有两种类型：一种是简单信息，仅包含组分名称；另一种是详细信息，包含组分的全部物性。组分的详细信息可以通过编制用户的组分物性子程序，链接到床层模拟程序运行，更方便的方法是调用 Aspen Properties 软件计算组分物性。在本例中，采用后者计算组分的物性。

双击导航栏"Component Lists"文件夹的"Configure Properties"图标，软件弹出"Physical Properties Configuration"窗口。点选"Use Aspen property system"，点击"Edit Using Aspen properties"按钮，这时 Aspen Properties 软件自动打开，输入原料中的组分氮气和氧气，选择性质方法"PENG-ROB"，运行 Aspen Properties 后保存并退出。在保存的本例运行程序文件夹中，可以看到新生成的组分物性数据文件"PropsPlus. aprbkp"。

双击文件夹"Component Lists"中的"Default"图标，弹出"Build Component List-Default"对话框，把氮气和氧气从"Available Components"栏移动到"Components"栏，点击"OK"关闭对话框，完成吸附组分的激活，如图 6-89 所示。

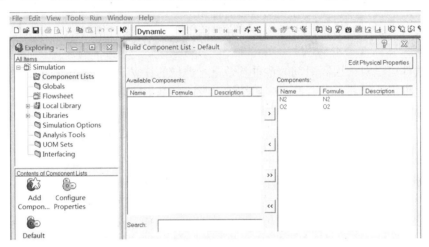

图 6-89　激活吸附组分

（2）构建吸附流程并设置模拟方法

① 构建吸附流程　打开导航栏的树状结构，选择模块库"Libraries"，再选择气相动态吸附子模块库"Adsim|Gas_Dynamic"，分别选中"gas_bed"、"gas_feed"、"gas_product"三个模块，逐个拖放到吸附流程操作窗口的适当位置。然后在子模块库"Adsim|Stream Types"中，分别引出两条气相物流线"gas_Material_ Connection"，与 3 个气相吸附模块连接起来，修改默认的模块名称，就构成了简单固定床吸附流程，如图 6-90 所示。

图 6-90 也可以由软件自带的模板构建。在下拉菜单"File"中点击"Template"，弹出模板选择窗口"Flowsheet Template Organizer"，如图 6-91 所示。选择"Simple gas flowsheet"，点击"Copy"，弹出模拟文件保存窗口，填写文件名后点击"OK"保存，同时在软件的主操作窗口出现与图 6-90 类似的简单吸附流程。

双击流程图上的固定床图标，弹出床层设置对话框，如图 6-92 所示。在此页面上，可以设置吸附剂的充填层数、床层的安放方向、床层模拟维数，以及是否进行静态水力学计算等信息。在本例中，默认此页的原始设置，即只有一层吸附剂，床层垂直安装，一维模拟，不进行静态水力学计算。

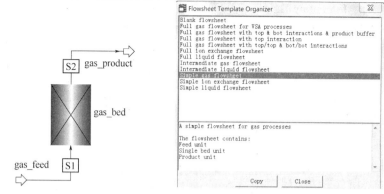

图 6-90　用模块构建简单吸附流程　　图 6-91　由软件模板构建简单吸附流程

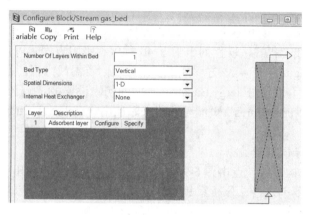

图 6-92　床层设置对话框

② 设置模拟方法　点击图 6-92 上的固定床图标，弹出模拟方法设置对话框，共有 7 个填写数据页面。根据不同情况，有些页面可以直接采用默认数据，有些页面不需要填写数据。在 "General" 页面上，有两个涉及微分方程数值计算的选项，一个是偏微分方程离散化方法的选项，另一个是固定床轴向网格化数量的选项。对于前者，软件中有 10 种方法可供选择，选择的依据是模拟吸附过程的类型、计算过程的准确性、收敛稳定性和程序运行时间的长短，其中 UDS、QDS、Mixed 可以看作是标准的偏微分方程求解方法，它们兼顾了求解过程的准确性、稳定性和适中的计算时间。对于强非理想体系，或床层透过曲线陡峭的情况，建议选择 BUDS 方法。对于后者，软件默认的床层轴向网格点数是 20。对于床层透过曲线陡峭的情形，或强极性非理想体系，建议增加网格点数。网格点数增加虽然会提高求解过程的准确性，但增加了程序运行时间，操作者可以自己确定一个与吸附体系性质和偏微分方程离散化方法相对应的网格点数。在本例中，氮气和氧气是近理想体系，偏微分方程离散化方法和网格点数选择选择默认方法，如图 6-93 所示。

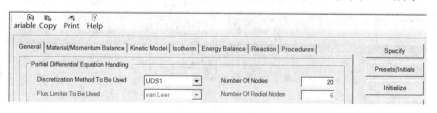

图 6-93　设置数学求解方法

在"Material/Momentum Balance"页面，确定有关床层质量衡算和动量衡算的方法。有两个选项需要选择，分别是关于质量与动量衡算的假定，本例的选择如图 6-94 所示。质量衡算选择"Convection Only"，假定床层内气相流动是平推流，质量衡算时不计轴向扩散；动量衡算选择"Karman-Kozeny"，假定床层内流体流动是层流，并据此进行流速与压降的计算。

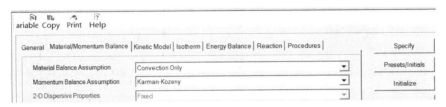

图 6-94　设置床层质量和动量衡算参数

在"Kinetic Model"页面，默认软件的初始设置。在"Isotherms"页面，确定吸附体系适用的吸附等温线方程式，软件列出了近 40 种气相吸附方程式可供选择。在本例中，选择"Extended Langmuir 1"，该方程式是多组分吸附等温线方程，方程形式见式（6-8）。由于本例是等温过程，默认"Energy Balance"页面的初始设置；本例无化学反应，"Reaction"页面不需要填写；"Procedures"页面可以用来添加用户自编的 Fortran 附加子程序，在本例中不需要设置。

（3）输入吸附床层基础数据

① 输入床层结构参数　点击图 6-94 右侧"Specify"按钮，弹出床层参数对话框，把题给的固定床和吸附剂规格、传质系数、等温线方程参数填入对应的栏目内，如图 6-95（a）所示。如果固定床是由不同吸附剂构成的多床层结构，则需要对每一床层分别填写床层结构参数。

② 输入床层初始参数　点击图 6-94 右侧"Presets/Initials"按钮，弹出床层初始状态设置对话框。床层初始状态参数主要有两个，一个是气相浓度，一个是吸附剂负荷。本例气相充填纯氮气，故氮气浓度为 1，氧气浓度为 0，吸附剂负荷不随时间变化，故导数值为 0。把数据填入对应的栏目内，见图 6-95（b）。点击图 6-94 右侧"Initialize"按钮，使床层各截面参数都初始化。点击"Save"按钮，可以把床层数据保存，文件扩展名为".ads"。同样，点击图 6-94 右侧"Open"按钮，也可以调用已经存在的"*.ads"文件数据应用于本床层。

gaas_bed.Layer(1).Specify Table

	Value	Units	Des
Hb	0.35	m	Height of adsorbent layer
Db	0.035	m	Internal diameter of adsorbent layer
Ei	0.4	m3 void/m3 bed	Inter-particle voidage
Ep	0.0	m3 void/m3 bead	Intra-particle voidage
RHOs	592.62	kg/m3	Bulk solid density of adsorbent
Rp	1.05	mm	Adsorbent particle radius
SFac	1.0	n/a	Adsorbent shape factor
MTC(*)			
MTC("N2")	0.007605	1/s	Constant mass transfer coefficients
MTC("O2")	0.04476	1/s	Constant mass transfer coefficients
IP(*)			
IP(1,"N2")	0.0090108	n/a	Isotherm parameter
IP(1,"O2")	0.0093652	n/a	Isotherm parameter
IP(2,"N2")	3.3712	n/a	Isotherm parameter
IP(2,"O2")	3.5038	n/a	Isotherm parameter

gas_bed.Layer(1).Initials_YVWC Table

	Value	Units	Spec	Derivative	Des
ProfileType	Constan				Is the bed initia
Y_First_Node(*)					
Y_First_Node("N2")	1.0	kmol/kmol	Initial		Mole fraction w
Y_First_Node("O2")	0.0	kmol/kmol	Initial		Mole fraction w
Vg_First_Node	3.55e-004	m/s	Initial		Gas velocity wi
W_First_Node(*)					
W_First_Node("N2")	0.0	kmol/kg	RateInitial	0.0	Solid loading w
W_First_Node("O2")	0.0	kmol/kg	RateInitial	0.0	Solid loading w

（a）结构参数　　　　　　　　　　（b）初始参数

图 6-95　输入床层参数

③ 修改进出口物流属性　点击图 6-90 的进料物流模块"gas_feed"，弹出进料模块性质设置对话框，默认页面设置选项，即进料模块是流程边界，流体可逆流动，也作为物料储罐存在。点击"Specify"按钮，弹出进料物流数据对话框，输入题给进料数据，把进料流率属性修改为固定值，如图 6-96（a）所示；床层出口的物料性质会变化，需要把出料模块的流率和压力属性修改为自由值，如图 6-96（b）所示。

gas_feed.Specify Table

	Value	Units	Spec	Description
F	5.e-007	kmol/s	Fixed	Flowrate
Y_Fwd(*)				
Y_Fwd("N2")	0.79	kmol/kmol	Fixed	Composition in forward direction
Y_Fwd("O2")	0.21	kmol/kmol	Fixed	Composition in forward direction
T_Fwd	298.15	K	Fixed	Temperature in forward direction
P	3.045	bar	Fixed	Boundary pressure

（a）进料模块参数

gas_product.Specify Table

	Value	Units	Spec	Description
F	5.e-006	kmol/s	Free	Flowrate
Y_Rev(*)				
Y_Rev("N2")	0.5	kmol/kmol	Fixed	Composition in reverse direction
Y_Rev("O2")	0.5	kmol/kmol	Fixed	Composition in reverse direction
T_Rev	298.15	K	Fixed	Temperature in reverse direction
P	3.0	bar	Free	Boundary pressure

（b）出料模块参数

图 6-96　修改进出口模块参数

（4）运行吸附程序并查看结果

① 运行程序准备　吸附程序的初始化。点击下拉菜单"Flowsheet"的"Check & Initial"，完成吸附程序的初始化。若没有错误，这时屏幕右下方状态栏"Ready"的右侧显示绿色小方块，表示吸附程序可以运行，如图 6-97 所示。如果显示其他颜色或其他图形，则表明吸附系统的自由度设置存在问题，软件不能运行，需要从头开始仔细检查并校正。也可以从屏幕右侧下方的信息栏中查看提示信息，根据提示信息修改不正确的参数设置。

| Ready | | | Dynamic at 0 Seconds |

图 6-97　程序初始化检查

背景设置。为了方便吸附模拟结果输出和图形显示，最好把吸附流程主操作窗口设置为屏幕背景。在下拉菜单"Window"中勾选"Flowsheet as Wallpaper"，这时主操作窗口变成了屏幕背景，以后在输出模拟结果的图形和表格时都不会被主操作窗口掩盖。

调整积分步长。在下拉菜单"Run"中点击"Solver Options..."，弹出数值计算选项对话框。在"Integrator"页面，把最大积分步长设置为 50，以加快模拟过程，如图 6-98 所示。

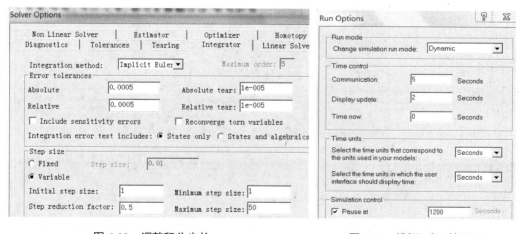

图 6-98　调整积分步长　　**图 6-99　模拟运行时间设置**

设置模拟时间。在下拉菜单"Run"中点击"Run Options"，弹出模拟运行的时间选项。在本例中，选择输出模拟数据的时间间隔5s，总运行时间1200s，以便输出吸附床层完整的透过曲线，设置方法见图6-99。

② 设置模拟结果输出图形文件　设置3个输出图形文件，分别是床层出口气相中氧气的透过曲线、不同时间床层流体相内氧气的浓度波分布曲线和不同时间床层内固相吸附剂的吸附波分布曲线。

首先参照5.2节动态数据图设置方法，建立一个床层出口端气相中氧气浓度随时间分布（透过曲线）的图形文件，取名为"product_composition"。其次，创建一个床层内流体相中氧气浓度轴向分布（浓度波）的图形文件，取名为"axial_O2_composition"，图形的数据性质选择"Profile Plot"，见图6-100（a），生成的浓度波图形坐标见图6-100（b）。右击图6-100（b）空白处，选择"Profile Variables"，弹出图形设计对话框，见图6-100（c），在其左侧"Profile Builder"的"Profile"栏目中，点击右上方图标"□"，输入x、y坐标名称"distance/m"和"O2"，分别表示床层截面轴向位置和对应截面上气相氧气浓度。选择"Profile Builder|Profiles"栏目中x坐标"distance/m"，点击左下方的"Find Variables…"，弹出寻找数据窗口"Variable Find"，见图6-100（d）。点击数据浏览按钮"Browse"，选中"Blocks|gas_bed.Layer（1）"，点击"Find"，这时在"Variable Find"页面下方出现大量床层模拟数据，从中找到不同床层截面的位置数据，拖拽20个截面位置数据中的任何一个数据点，比如第7截面位置数据"gas_bed. Layer（1）. Axial_Distance（7）"，释放到图6-100（c）的"Profile Variables"内。然后把截面位置编号"7"用通配符"*"代替，以确定任意截面的位置坐标，这样就完成了x坐标轴向数据的设置工作。用同样的方法，寻找到y坐标的床层气相氧气浓度分布数据，也拖拽一个数据点到图6-100（c）的

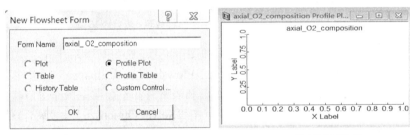

（a）设置图形数据性质　　　　　　　　　（b）浓度波图形坐标

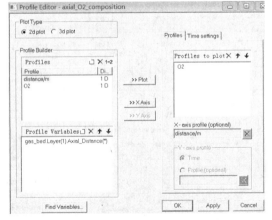

（c）设置图面x、y坐标

图6-100

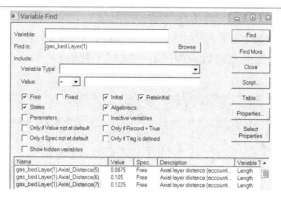

（d）选择床层截面距离数据

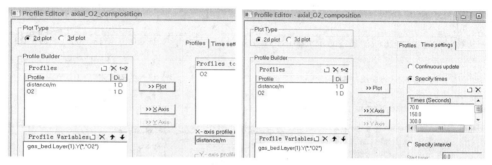

（e）设置床层浓度波分布数据　　　（f）设置床层浓度波输出时间

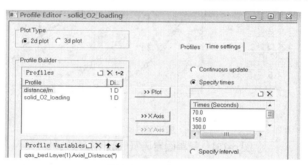

（g）设置床层吸附波分布数据

图 6-100　设置床层轴向参数分布图

"Profile Variables"内，用通配符"*"修改数据点编号，完成 y 坐标数据的设置工作，并选送到右侧对应的位置，见图 6-100（e）。

按题目要求，输出 5 个时间点的床层气相氧气浓度波分布曲线。点击图 6-100（c）右侧的"Time settings"按钮，选择"Specify times"，逐次点击右上方图标" "，输入 5 个时间点数值，见图 6-100（f）。类似地，参照图 6-100（f）设置方法，创建一个不同时间床层内各截面上固相吸附剂的氧气负荷曲线（吸附波）图形文件，取名"solid_O2_loading"，见图 6-100（g）。

③ 运行吸附程序　点击屏幕上方工具栏的运行按钮" "，程序开始运行并至 1200s 后停止，输出模拟结果如图 6-101 所示。由图 6-101（a）可知，在吸附时间接近 70s 时床层被氧气穿透，600s 后氧气的透过曲线上升减缓，直到 1200s 吸附剂才达到饱和，这时床层进出口氧气浓度相等。图 6-101（b）与图 6-101（c）显示了床层轴向气相氧气浓度波分布和固相吸附剂的吸附波分布。横坐标零点是床层气体进口，横坐标 0.35m 是床层气体出

口。从两组分布曲线来看，床层内传质区的长度较长，在 70s 时传质区的前沿已经接近床层出口位置，显示了该吸附体系具有非优惠型吸附等温线的特征。这两组分布曲线不易通过吸附实验测定，但软件模拟可以方便地获得床层内部数据。

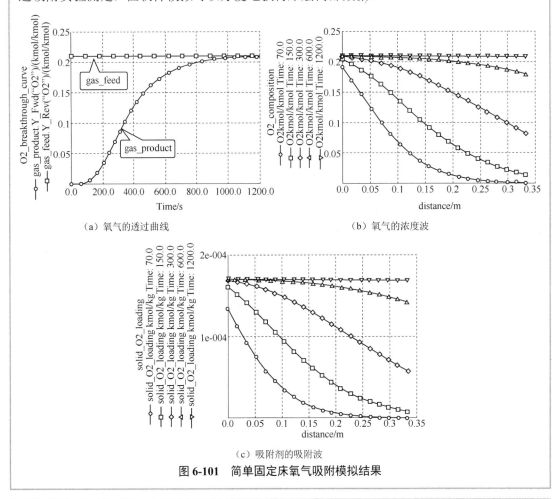

（a）氧气的透过曲线　　　　　　　　　　（b）氧气的浓度波

（c）吸附剂的吸附波

图 6-101　简单固定床氧气吸附模拟结果

例 6-8　求氧气在复杂吸附床层上的透过曲线、浓度波与吸附波。

床层规格、吸附剂、进料气体同例 6-7。（1）在例 6-7 简单吸附床层两端增加模块，使之更改为复杂吸附床层，求氧气的透过曲线；（2）把吸附床层进出口物流压力倒置，模拟床层气体逆向流动过程，进出口物流流率由阀门流率系数控制，求氧气的透过曲线、浓度波与吸附波，并与图 6-101 比较。Aspen Adsorption 软件中线性调节阀的操作代号"0"表示阀门全关，"1"表示阀门全开（相当于流率系数非常大），"2"表示流率系数控制阀门开度，"3"表示流率控制阀门开度。

解　（1）构建吸附流程　在气相动态吸附子模块库"Gas_Dynamic|gas_tank_void"中，分别选中固定床的上封头"Top_Deadspace"和下封头"Bottom_Deadspace"，逐个拖拽到吸附流程操作窗口的适当位置。然后在子模块库"Gas_Dynamic"中，分别拖拽出两个气相阀门模块"gas_valve"，用气相物流线把各个模块连接起来，构成复杂固定床吸附流程。为便于识别，对新增加的 4 个模块改名，见图 6-102（a），也可以由软件模板构建类似的流程，选择方法见图 6-102（b）。

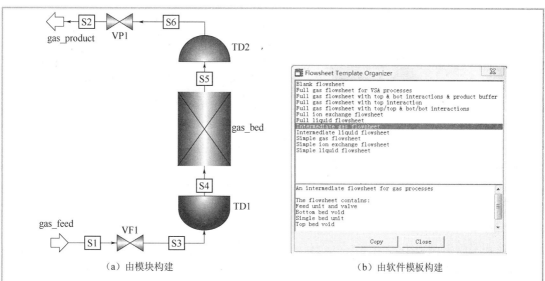

（a）由模块构建	（b）由软件模板构建

图 6-102　构建复杂吸附床层

（2）吸附模块参数修改

① 进料和出料模块参数修改　进料模块的流率属性修改为"Free"，见图 6-103（a）；假设阀门、床层的压降均为 1×10^{-4} bar，则气相出口压力应该修改为 3.0447bar，把出料模块的压力属性修改为"Fixed"，见图 6-103（b）。

<table>
<tr><th colspan="5">gas_feed.Specify Table</th></tr>
<tr><th></th><th>Value</th><th>Units</th><th>Spec</th><th>Description</th></tr>
<tr><td>F</td><td>5.e-007</td><td>kmol/s</td><td>Free</td><td>Flowrate</td></tr>
<tr><td>Y_Fwd(*)</td><td></td><td></td><td></td><td></td></tr>
<tr><td>Y_Fwd("N2")</td><td>0.79</td><td>kmol/kmol</td><td>Fixed</td><td>Composition in forward direction</td></tr>
<tr><td>Y_Fwd("O2")</td><td>0.21</td><td>kmol/kmol</td><td>Fixed</td><td>Composition in forward direction</td></tr>
<tr><td>T_Fwd</td><td>298.15</td><td>K</td><td>Fixed</td><td>Temperature in forward direction</td></tr>
<tr><td>P</td><td>3.045</td><td>bar</td><td>Fixed</td><td>Boundary pressure</td></tr>
</table>

<table>
<tr><th colspan="5">gas_product.Specify Table</th></tr>
<tr><th></th><th>Value</th><th>Units</th><th>Spec</th><th>Description</th></tr>
<tr><td>F</td><td>0.01</td><td>kmol/s</td><td>Free</td><td>Flowrate</td></tr>
<tr><td>Y_Rev(*)</td><td></td><td></td><td></td><td></td></tr>
<tr><td>Y_Rev("N2")</td><td>0.5</td><td>kmol/kmol</td><td>Fixed</td><td>Composition in reverse direction</td></tr>
<tr><td>Y_Rev("O2")</td><td>0.5</td><td>kmol/kmol</td><td>Fixed</td><td>Composition in reverse direction</td></tr>
<tr><td>T_Rev</td><td>298.15</td><td>K</td><td>Fixed</td><td>Temperature in reverse direction</td></tr>
<tr><td>P</td><td>3.0447</td><td>bar</td><td>Fixed</td><td>Boundary pressure</td></tr>
</table>

（a）进料模块参数	（b）出料模块参数

图 6-103　进出料模块参数修改

② 设置阀门参数　双击进料阀门图标，默认原始阀门属性设置，见图 6-104（a），表明此阀门为流体可逆流动的线性调节阀。点击"Specify"按钮，设置阀门操作方式。在"Active_Specification"栏目设置"3"，表示进料流率控制阀门开度；在"Flowrate"栏目把进料气体流率赋值给阀门，见图 6-104（b）。默认出料阀门的所有原始参数设置。

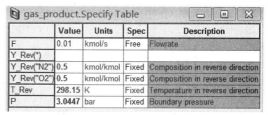

	Value	Units	Description
VF1.Specify Table			
Active_Specification	3.0	n/a	Operation spec (Off-0/On-1/Cv-2/Flow
Cv	100.0	kmol/s/bar	(AS=2) Container for specified Cv
Flowrate	5.e-007	kmol/s	(AS=3) Container for specified flowra

（a）原始阀门属性	（b）阀门属性设置

图 6-104　进料阀门操作参数设置

③ 封头参数设置　双击下封头图标，默认原始封头运行方式设置。添加封头死体积，可按半椭球体积或半球体体积估算，参数设置见图 6-105（a）；初始时刻封头空间内的气相浓度、温度与床层相同，压力是考虑进料阀门压降后的数值，参数设置见图 6-105（b）。

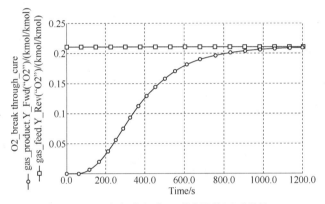

TD1.Specify Table				
	Value	Units	Spec	Description
Tank_Volume	1.e-005	m3	Fixed	Total volume of tank/void

TD1.Initials Table					
	Value	Units	Spec	Derivative	Description
Y(*)					
Y("N2")	1.0	kmol/kmol	Free		Composition within tank/void
Y("O2")	0.0	kmol/kmol	Initial		Composition within tank/void
T	298.15	K	Initial		Temperature within tank/void
P	3.0449	bar	Initial		Pressure within tank/void

（a）设置下封头死体积　　　　　　　　　（b）设置下封头初始参数

图 6-105　下封头模块参数设置

上封头的参数设置与下封头相同，但操作压力要减去床层压降，为 3.0448bar。封头参数设置完毕后，分别点击"Initialize"按钮完成封头数据的初始化。

（3）运行吸附程序　在下拉菜单"Flowsheet"中点击"Check & Initial"，进行程序检查，若无错误，点击"Run"按钮进行吸附柱动态模拟。氧气在复杂吸附床层上的透过曲线见图 6-109，可见与简单床层的模拟结果非常近似，说明本例中添加的阀门和封头模块对床层吸附影响较小。

（4）模拟床层气体逆向流动　为使固定床吸附柱连续运行，吸附柱吸附饱和后需要后续的放压、吹扫、充压等步骤，使吸附柱恢复吸附能力，其中吹扫过程流体的流动方向与吸附过程相反。为使图 6-102 中吸附柱中的气体能够逆向流动，需要对各模块参数进行重新设置。

图 6-106　氧气在复杂吸附床层的透过曲线

① 设置阀门流率系数控制进、出口物流流率　阀门流率系数 C_v 值表示阀门对介质的流通能力，本例中按简化式（6-9）计算。

$$C_v = F / \Delta p \qquad [\text{kmol}/(\text{s} \cdot \text{bar})] \qquad (6-9)$$

式中，F 是气相流率；Δp 是阀门两侧的压差。

把模块"gas_product"作为气体进口，压力 3.045bar，气体流率 5×10^{-7}kmol/s，氮气浓度 0.79（摩尔分数），其余为氧气。阀门操作方式设置"2"，由阀门流率系数控制。由式（6-9），阀门 VP1 的 C_v 值为$(5 \times 10^{-7})/(1 \times 10^{-4}) = 5 \times 10^{-3}$kmol/(s·bar)。模块"gas_product"和阀门 VP1 模块的参数设置见图 6-107。

gas_product.Specify Table				
	Value	Units	Spec	
F	5.e-007	kmol/s	Free	Flowrate
Y_Rev(*)				
Y_Rev("N2")	0.79	kmol/kmol	Fixed	Composi
Y_Rev("O2")	0.21	kmol/kmol	Fixed	Composi
T_Rev	298.15	K	Fixed	Tempera
P	3.045	bar	Fixed	Boundary

VP1.Specify Table			
	Value	Units	Description
Active_Specification	2.0	n/a	Operation spec (Off-0/On-1/Cv-2/Flow
Cv	0.005	kmol/s/bar	(AS=2): Container for specified Cv
Flowrate	5.e-007	kmol/s	(AS=3): Container for specified flowra

（a）模块"gas_product"参数设置　　　　　　（b）阀门 VP1 参数设置

图 6-107　床层逆向流动气体进口模块设置

把模块"gas_feed"作为气体出口，压力 1.014bar，气体流率 $5×10^{-7}$kmol/s，初始氮气浓度 1.0（摩尔分数）。阀门操作方式设置"2"，由阀门流率系数控制，阀门 VF1 的 C_v 值为$(5×10^{-7})/(3.0448–1.014)=2.462×10^{-7}$kmol/(s·bar)。模块"gas_feed"和阀门 VF1 模块的参数设置如图 6-108 所示。

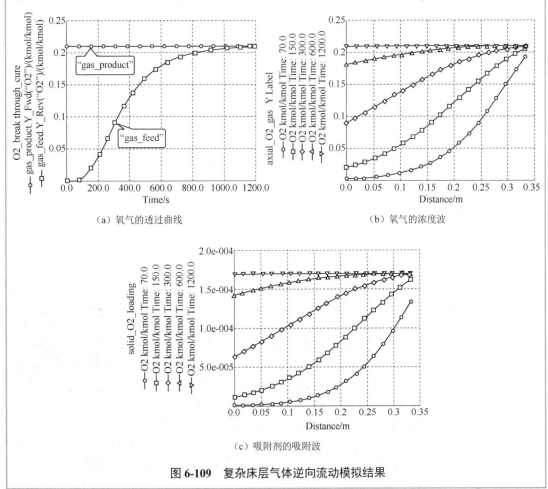

gas_feed.Specify Table			
	Value	Units	Spec
F	5.e-007	kmol/s	Free	Flowrate
Y_Fwd(*)			
Y_Fwd("N2")	1.0	kmol/kmol	Fixed	Composi
Y_Fwd("O2")	0.0	kmol/kmol	Fixed	Composi
T_Fwd	298.15	K	Fixed	Temperat
P	1.014	bar	Fixed	Boundary

（a）模块"gas_feed"参数设置

VF1.Specify Table			
	Value	Units	Description
Active_Specification	2.0	n/a	Operation spec (Off-0/On-1/Cv-2/Flowra
Cv	2.462e-007	kmol/s/bar	(AS=2): Container for specified Cv
Flowrate	5.e-007	kmol/s	(AS=3): Container for specified flowrate

（b）阀门 VF1 参数设置

图 6-108　床层逆向流动气体出口模块设置

② 修改封头参数设置　修改封头 TD2 压力为 3.0449bar，初始氮气浓度 1.0（摩尔分数）。修改封头 TD1 压力为 3.0448bar，初始氮气浓度 1.0（摩尔分数）。封头参数设置完毕后，分别点击"Initialize"按钮完成封头数据的初始化。

③ 运行模拟程序并比较结果　点击"Run"按钮，进行吸附柱床层气体逆向流动模拟，结果见图 6-109。

（a）氧气的透过曲线　　　　　　　　　　　　　（b）氧气的浓度波

（c）吸附剂的吸附波

图 6-109　复杂床层气体逆向流动模拟结果

比较图 6-101（a）与图 6-109（a），虽然两图线条几乎相同，但线条的起始模块和结束模块刚好相反。图 6-109（a）中，空气从 gas_product 模块进入，空气中氧浓度 0.21（摩尔分数），且不随时间变化；透过曲线从"gas_feed"模块流出，氧浓度从 0 逐渐增加到 0.21（摩尔分数），展示了吸附柱从破点到饱和点的全过程。

比较图 6-101（b）与图 6-109（b）、图 6-101（c）与图 6-109（c），四图均两两镜面对称，显示了吸附柱原料气体进出口位置互换后的吸附模拟结果。

6.3.2 吸附实验数据拟合

在进行吸附装置的工艺设计时，必须依赖可靠的吸附热力学性质和传递性质的支持。对于新的吸附体系，往往需要通过小型的有限数量的吸附实验，以确定新吸附体系的性质，或用易测量性质经过推算获得难测量性质，这些都离不开实验数据的拟合工作。人工进行吸附实验数据拟合费时耗力，可靠性难以保证。可用 Aspen Adsorption 软件的"Estimation"功能对吸附实验数据进行拟合，该功能既可拟合纯组分的吸附实验数据，也可拟合混合物的吸附实验数据。

按照吸附实验数据是否与时间相关，可以分成稳态吸附实验和动态吸附实验两类。稳态吸附实验与吸附工艺条件无关，与时间无关，已经达到了热力学吸附平衡状态。动态吸附实验则尚未达到吸附平衡，动态吸附实验结果是影响床层吸附各因素的综合体现，包括轴向返混、传质阻力、吸附剂负荷、吸附时间等。以下用两个例子（扫描二维码阅读解析步骤）分别介绍 Aspen Adsorption 软件在稳态吸附实验数据拟合和动态吸附实验数据拟合方面的应用。

例 6-9 由吸附平衡数据拟合 Langmuir 方程参数。

在一稳态吸附实验装置上，氮气在 5A 分子筛吸附柱上达到吸附平衡，吸附温度 25℃，实验数据如例 6-9 附表。若吸附过程可用吸附等温线方程（6-10）描述（Aspen Adsorption 编号 Langmuir 1），求方程参数 IP_1 和 IP_2。

例 6-9 解题步骤

例 6-9 附表　吸附平衡实验数据

氮气分压/bar	吸附剂负荷/kmol·kg	氮气分压/bar	吸附剂负荷/kmol·kg
1	0.000321	4	0.000885
2	0.000558	5	0.001002
3	0.00074	6	0.001099

$$w_i = IP_1 p_i / (1 + IP_2 p_i) \tag{6-10}$$

例 6-10 由吸附动力学实验数据拟合床层总传质系数。

空气流经碳分子筛吸附柱进行氧气与氮气的分离。假定空气在吸附剂表面是单分子层吸附，氧气与氮气吸附过程互相独立，则空气在固定床碳分子筛上的吸附行为可以用 Aspen Adsorption 软件中编号为"Extended Langmuir 1"的多组分吸附等温线方程描述，方程形式如本书式（6-8），方程参数见例 6-7 附表。进料空气温度 25℃，压力 3.045bar，氮气组成 0.79，氧气 0.21，空气流率 $1×10^{-6}$kmol/s。

例 6-10 解题步骤

固定床吸附柱直径 0.035m，高 0.35m，床层孔隙率 0.4，吸附剂颗粒孔隙率 0，床层密度 592.62kg/m³，吸附剂颗粒半径 1.05mm，形状因子 1.0。在吸附初始状态，固定床气相充填纯氮气。不同吸附时间下，实验测定吸附柱出口气相中氮气和氧气的浓度见例 6-10

附表。若吸附过程用以固体吸附剂负荷为基准的吸附速率模型描述，求氮气和氧气在吸附柱上的总传质系数。

例 6-10 附表　吸附动力学实验数据

时间/s	N_2	O_2	时间/s	N_2	O_2
0	1	0	420	0.801	0.199
60	0.9865	0.0135	480	0.7973	0.2027
120	0.9358	0.0642	540	0.7949	0.2051
180	0.8789	0.1211	680	0.792	0.208
240	0.8403	0.1597	820	0.7908	0.2092
300	0.8189	0.1811	940	0.7904	0.2096
360	0.8073	0.1927			

注：浓度单位为摩尔分数。

6.3.3　固定床变压吸附过程

变压吸附（Pressure Swing Adsorption，PSA）是以压力为热力学参数，在等温条件下借吸附剂的吸附量随压力变化特性而实现吸附分离的过程。操作方法是加压吸附、减压脱附。最简单的变压吸附流程是在两个并联的吸附床中实现的，该过程不用加热变温，而是通过增加压力或降低压力完成吸附分离循环。一个吸附床在加压下吸附，而另一个吸附床在较低压力下解吸。变压吸附只能用于气体吸附，如气体的主体成分分离、脱除气体杂质等。具有两个吸附床的变压吸附循环称为 Skarstrom 循环，操作过程包括充压、吸附、放压、吹扫等四个步骤。原料气用于充压，流出床层产品气体的一部分用于另外一个床层的吹扫，吹扫方向与吸附方向相反。因为充压和放压进行很快，吸附和吹扫阶段所用时间在整个吸附循中占比较大，所以变压吸附循环周期短，一般是数秒至数分钟。因此，小的床层能达到相当高的生产能力。下面以氮气与氧气的双塔吸附分离为例，简介 Aspen Adsorption 软件在变压吸附方面的应用。

例 6-11　碳分子筛固定床变压吸附从空气中分离氮气。

床层规格、吸附剂、进料气体同例 6-7，采用双床吸附循环，从空气中制备 ≥0.95（摩尔分数）的氮气。两床吸附剂规格相同，均采用充压、吸附、放压、吹扫四个操作步骤。两床对应步骤操作时间相同，但执行步骤相差一定时间间隔，两床大致的操作步骤与执行时间安排如图 6-129 所示，图中粗线条表示有气体流动。吸附压力 3.045bar，解吸压力 1.1bar，空气进料流率 $5×10^{-7}$kmol/s，吸附阶段氮气产品气体排出流率 $5.2×10^{-9}$kmol/s，其余产品气体作为吹扫气送入另一个床层内。试用 Aspen Adsorption 软件建立双床吸附循环流程，运行 10 个操作周期，求床层压力分布、产品气体流率和组成分布。

解　（1）构建双塔吸附循环流程　由图 6-129 的操作步骤与时间安排，双塔变压吸附循环流程中应该设置两个吸附塔。但由于这两个吸附塔规格相同，操作工艺条件相同，仅仅在操作周期上存在一定的相位差，因而两塔在相同的操作步骤时其工艺操作参数也应该相同。为了简化计算，提高模拟速度，Aspen Adsorption 软件设计了一个相互作用模块"gas_interaction"，假设相互作用模块中的吸附剂与单塔中的吸附剂相同，因此该模块可作为一个虚拟的吸附塔，用来接收 1 塔输送到 2 塔的物流信息，比如反冲洗物流的流率与组成数据。根据循环流程安排，相互作用模块在规定时刻又可以把已经接收的信息输出，比如把反冲洗物流数据再返回到 1 塔，使 1 塔吸附剂解吸。这样，循环流程可以用一个相互作用模块代替一个吸附塔，使模拟流程简化，但模拟准确性不降低，模拟速率加快，可以节省近一半的模拟计算工作量。

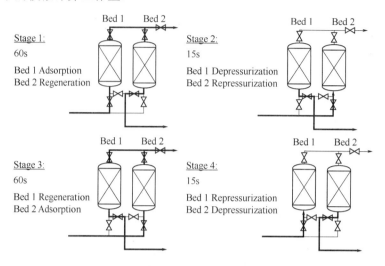

图 6-129　变压吸附操作步骤与执行时间

在图 6-102 基础上，在下封头 TD1 上添加 1 个气体调节阀"gas_valve"，取名 VW1，添加 1 个废气排出模块"gas_product"，取名 W1；在上封头 TD2 上添加 1 个气体调节阀，取名 VD1，添加 1 个相互作用模块"gas_interaction"，取名 D1；用气体物流连接线"gas_Material_Connection"把各模块连接起来，如图 6-130（a）所示，也可以由软件模板构建类似的流程，选择方法见图 6-130（b）。图 6-130（a）中 D1 相当于一个并联的吸附塔。原料空气从 F1 进入，产品氮气从 P1 流出，冲洗床层废气从 W1 排出，各个阀门按照图 6-129 的操作步骤和执行时间或开或闭，以模拟固定床双塔变压吸附循环过程。把两个封头和床层内部空间气体浓度修改为氮气 0.79（摩尔分数），氧气 0.21（摩尔分数），进行数据初始化后保存。

（2）应用循环组织器设置循环任务　固定床双塔变压吸附循环过程的参数设置由软件的循环组织器完成。在下拉菜单"Tools"中选择"Cycle_Organizer"，循环组织器图标就会出现在流程图面上，见图 6-130（a）；同时弹出循环步骤操作参数输入窗口，如图 6-131 所示。

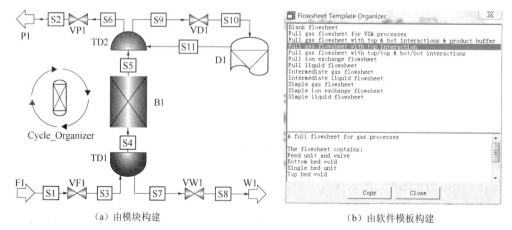

（a）由模块构建　　　　　　　　　　（b）由软件模板构建

图 6-130　空气分离固定床双塔变压吸附循环流程

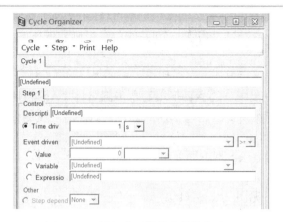

图 6-131　循环步骤操作参数输入窗口

① 步骤一：1 塔吸附，并对 2 塔反冲洗。执行时间：60s。

流程描述。在此期间，1 塔执行吸附操作，2 塔执行解吸再生操作。空气流经吸附剂 1 塔后氧气被吸附，氮气排出。排出的氮气分为两部分，一部分作为产品从 P1 流出，另一部分作为冲洗气进入 2 塔。

模块参数设置。原料空气进口阀 VF1 全开，即 Active_Specification=1；产品氮气出口阀 VP1 用物流流率控制，即 Active_Specification=3，流率 Flowrate= 5.2×10^{-9} kmol/s；排放废气阀 VW1 全闭，即 Active_Specification=0。

双击"D1"模块，弹出参数设置对话框，见图 6-132（a）。点击"Estimate Notional Volume"按钮，估算床层空隙体积；点击"Specify"按钮，在弹出的参数表中填写起始床层压力和实际压力均为 1.013bar，床层有效空隙体积校正因子 XFac 取值 100，见图 6-132（b）。

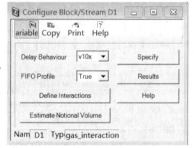

（a）参数设置对话框

	Value	Units	Description
Notional_Volume	1.34696e-004	m3	Notional bed volume for use in pressure estimation
P_Stage_Start	1.013	bar	Estimated sink pressure
XFac	100.0	n/a	Notional bed volume correction factor
F_Initial_Reverse	0.0	kmol/s	Initial molar flowrate for reversed interaction
Y_Initial_Reverse(*)			Initial mole fraction for reversed interaction
Y_initial_reverse("N2")	0.5	kmol/kmol	Initial mole fraction for reversed interaction
Y_initial_reverse("O2")	0.5	kmol/kmol	Initial mole fraction for reversed interaction
T_Initial_Reverse	298.15	K	Initial temperature for reversed interaction
P_Initial_Reverse	3.5	bar	Initial pressure for reversed interaction
P	1.013	bar	Actual pressure of the sink

（b）模块参数

图 6-132　"D1"模块参数设置

"D1"模块的进料阀门 VD1 是一个虚拟阀门，用来向相互作用模块"gas_ interaction"传递物流的流率和组成信息；阀门属性设置为"non-reversible delay"，控制方式选择流率系数控制，即"Active_ Specification" =2，取流率系数 C_v=1.8×10^{-7} kmol/(bar·s)。在本例中，阀门流率系数按式（6-11）计算。

$$C_v = 100V \ln \frac{\left(\dfrac{p_{\text{high}}^{\text{start}} - p_{\text{low}}^{\text{start}}}{p_{\text{high}}^{\text{end}} - p_{\text{low}}^{\text{end}}} \right)}{RT\Delta t} \tag{6-11}$$

式中，V 是床层空隙体积，m^3；T 是气体平均温度，K；R 是气体常数，$(bar \cdot m^3)/(kmol \cdot K)$；$\Delta t$ 是该步骤操作时间，s；p_{high} 和 p_{low} 分别是阀门高压侧和低压侧操作压力，上角 start 和 end 分别表示起始和结束。

　　循环步骤控制参数填写方法。在循环组织器的 "Cycle1" 栏目下填写本例吸附循环流程名称 "N2 PSA"；在步骤一的栏目下填写本步骤名称 "Adsorption & supply to purge"，即 1 塔吸附并提供 2 塔吹扫气；点选 "Time driv"，在对应空格内填写 60s，表示步骤一为时间控制步骤，持续时间 60s，见图 6-133（a）。

　　模块操作参数填写方法。点击循环组织器的下拉菜单 "Step"，选择 "Maniputated"，弹出模块控制变量表；点击循环组织器的下拉菜单 "Variables"，选择 "Add Variables"，弹出控制变量选择表，见图 6-133（b）；逐一选择步骤一各模块的控制变量，分别点击 "Select"，把它们选择到模块操作参数表中，并填写各变量数值，见图 6-133（c）。

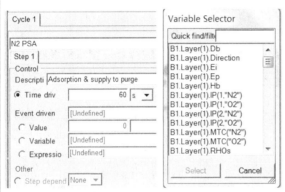

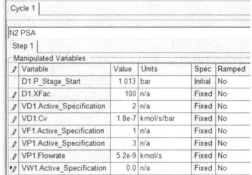

（a）步骤控制参数　　　　　（b）模块参数选择　　　　　（c）模块操作参数

图 6-133　步骤一参数设置

　　② 步骤二：1 塔逆放，2 塔升压。执行时间：当 1 塔下封头 TD1 压力≤1.1bar 时结束。

　　流程描述。在此期间，1 塔执行逆向泄压，排放的废气从 W1 模块排出；2 塔执行进料空气增压。

　　模块参数设置。原料空气进口阀 VF1 全闭，产品氮气出口阀 VP1 全闭，"D1" 模块的进料阀 VD1 全闭，即各阀门的 Active_Specification=0；排放废气阀 VW1 用流率系数控制，即 Active_Specification=2，取流率系数 $C_v=6 \times 10^{-6} kmol/(bar \cdot s)$。

　　循环步骤控制参数填写方法。点击循环组织器的下拉菜单 "Step"，选择 "Add/Insert Step"，弹出询问窗口关于新增步骤安放顺序，选择 "After"，表示安放在步骤一之后；软件又弹出询问窗口关于是否复制步骤一的模块控制参数，选择 "N"，表示重新选择本步骤各模块的控制变量。这时，在循环组织器的 "Cycle1" 栏目下增加了一个操作步骤 "Step2"。在步骤二的栏目下填写本步骤名称 "Counter_current blow down"，表示逆向泄压；在 "Event driven" 栏目中填写 "TD1.P"，并选择 "<=" 运算符，点选 "Value"，填写 "1.1bar"，表示步骤二为事件控制，控制参数是 1 塔下封头 TD1 压力 TD1.P≤1.1bar，如图 6-134（a）所示；参照步骤一模块操作参数填写方法，填写步骤二各模块操作参数，如图 6-134（b）所示。

　　③ 步骤三：2 塔吸附，并对 1 塔反冲洗。执行时间：60s。

　　流程描述。在此期间，2 塔执行吸附操作，1 塔执行解吸再生操作。空气流经吸附剂 2 塔后氧气被吸附，排出的氮气一部分作为产品从 P1 流出，大部分作为冲洗气进入 1 塔。

在此步骤中，2 塔使用了相互作用模块"D1"，该模块并未进行吸附模拟计算，只是把步骤一对 2 塔反冲洗的物流数据记录下来，并在步骤三把此数据再反馈给 1 塔。

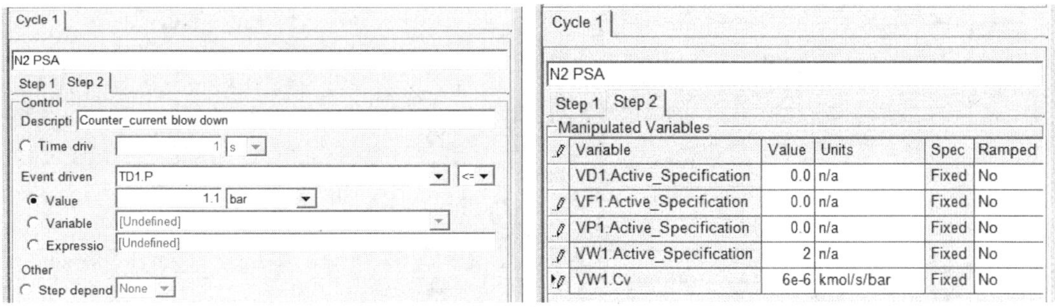

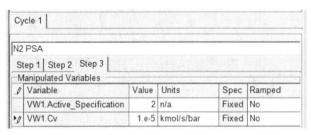

（a）步骤控制参数　　　　　　　　　　　　　　　　（b）模块操作参数

图 6-134　步骤二参数设置

模块参数设置。排放废气阀 VW1 用流率系数控制，即 Active_Specification=2，取流率系数 C_v=1×10^{-5}kmol/(bar·s)，见图 6-135。

图 6-135　步骤三模块操作参数设置

循环步骤控制参数填写方法。点击循环组织器的下拉菜单"Step"，添加第三步骤，填写本步骤名称"Purge with product"，表示用 2 塔产品气反冲洗 1 床。本步骤控制方法在后续的相互作用模块"D1"中进行参数设置。

④ 步骤四：用进料气体对 1 塔升压，2 塔逆向泄压。执行时间与步骤二相同。

模块参数设置。进料阀 VF1 用流率系数控制，即 Active_Specification=2，取流率系数 C_v=1.4×10^{-5}kmol(bar·s)；废气排放阀 VW1 全闭，即 Active_Specification=0。

循环步骤控制参数填写方法。点击循环组织器的下拉菜单"Step"，添加第四步骤，填写本步骤名称"Repressurize with feed"，表示用进料气对 1 塔升压。在控制方法栏目，点选其他控制方法的"Step depend"，选择 2，表示本步骤控制方法同步骤二，见图 6-136（a）；步骤四各模块操作参数设置，见图 6-136（b）。

⑤ 步骤五：相互作用模块"D1"参数设置。点击循环组织器的下拉菜单"Step"，选择"Interactions"，弹出相互作用模块"D1"参数设置窗口，把模块"D1"步骤一（"Step 1"）的空格选择 3，见图 6-137（a），把模块"D1"的"Step 2"和"Step 4"填写 None 表示"D1"模块无第二和第四步骤，第三步骤（"Step 3"）复制 1 塔第一步骤数据；"D1"模块第一步骤与第三步骤数据相同。然后观察步骤三的控制页面，显示"This step is time controlled by step1"，表示步骤三与步骤一的时间控制相同，如图 6-137（b）所示。

⑥ 步骤六：生成循环任务。在下拉菜单"Cycle"中点击"Cycle Options"，弹出循环次数设置窗口，见图 6-138（a）。在"Maximum cyc"栏目中把最大循环次数设置为 10 次，循环 10 次后模拟停止；"Record initial"栏目中的"1"表示从第 1 次循环开始输出

数据；"Record frequen" 栏目中的 "1" 表示输出频率为单次循环输出。

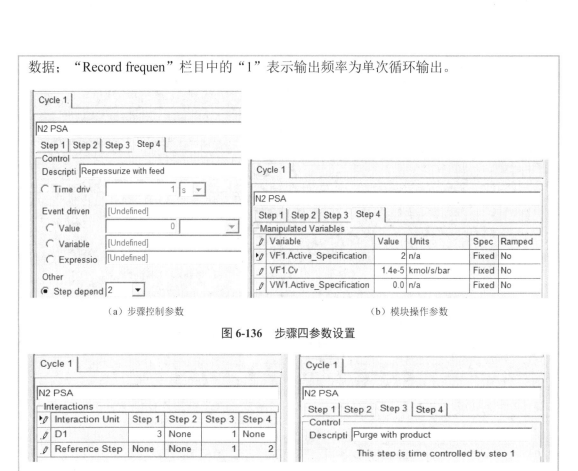

（a）步骤控制参数　　　　　　　　　　　　　　（b）模块操作参数

图 6-136　步骤四参数设置

（a）相互作用模块参数设置　　　　　　　　　　　（b）显示步骤三控制参数

图 6-137　设置相互作用模块

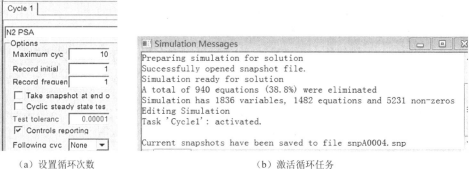

（a）设置循环次数　　　　　　　　　　　　　　（b）激活循环任务

图 6-138　循环任务设置

在下拉菜单 "Cycle" 中点击 "Generate Task"，经过数秒钟运行，在屏幕底部状态栏显示 "Ready"，在信息栏内显示吸附循环任务已经激活，见图 6-138（b），激活的循环任务将控制图 6-130 变压吸附流程的模拟。

（3）运行参数调整　调整积分步长。在模拟动态过程时，涉及时间变量的离散化，稳妥的数学方法是采用较小的积分步长。因此，在下拉菜单 "Run" 中点击 "Solver Options"，把最大积分步长从 50 降低到 5，如图 6-139（a）所示。

调整模拟时间。在下拉菜单 "Run" 中点击 "Run Options"，弹出模拟运行时间选项。选择输出模拟数据的时间间隔 2.5s，如图 6-139（b）所示；取消总运行时间限制，如图 6-139

（c）所示，由循环组织器控制变压吸附运行时间。

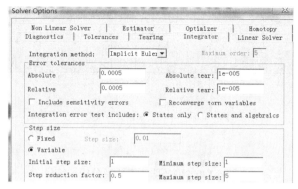

（a）设置最大迭代步长

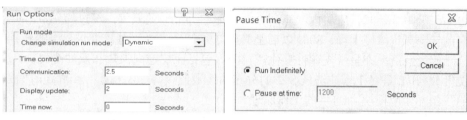

（b）设置输出时间间隔　　　　　　　　　　（c）取消总运行时间限制

图 6-139　循环任务设置

（4）设置变压吸附流程模拟结果输出图形文件　设置 3 个输出图形文件，一个是 1 塔下封头 TD1 压力分布曲线，反应床层内部压力周期性变化情况；一个是输出产品气体浓度波分布曲线，反应变压吸附效果的动态显示；一个是两塔之间吹扫气流率和排放废气流率分布曲线，反应两塔之间物流互动情况和排气情况；进料气流率和出料产品气流率是定值，故不需要显示。

（5）模拟吸附循环与结果输出　至此，变压吸附流程运行准备步骤完毕，保存模拟文件，运行变压吸附动态模拟，变压吸附循环运行 10 个周期后自动停止，模拟结果见图 6-140。由图 6-140（a）可知，床层内部压力呈现规律性的变化，在 3.045bar 吸附 60s，逆

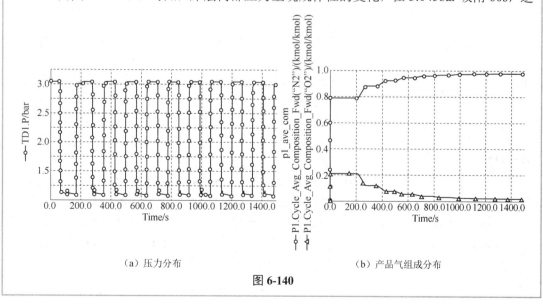

（a）压力分布　　　　　　　　　　　　　　（b）产品气组成分布

图 6-140

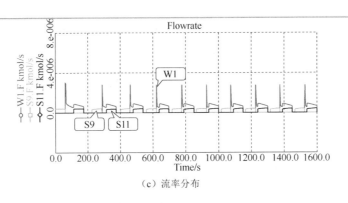

（c）流率分布

图 6-140　变压吸附流程部分模拟结果

向泄压至 1.1bar 转入反冲洗 60s，再进行原料气升压至 3.045bar，完成一个循环；由图 6-140（b）可知，吸附开始时，床层内部充满 0.79（摩尔分数）的氮气，经过约 180s 的运行，出口产品气中氮气浓度上升，800s 以后上升到 0.97 以上，达到分离要求；由图 6-140（c）可知，排放废气流率亦呈现规律性变化，排放气包括床层逆向泄压和反冲洗气；1 塔对 2 塔冲洗气 S9 和 2 塔对 1 塔冲洗气 S11 的分布曲线数值相等，仅相差一个固定时间差，这也说明了相互作用模块"D1"的工作原理。

6.4　色谱过程

色谱是一种混合物分离和分析的工具，在化学化工领域有着广泛应用。色谱法利用混合物中组分在不同相态间的选择性分配，以流动相对固定相中的混合物进行洗脱，因不同的组分在流动相和固定相间的分配系数不同，各组分会以不同的速度沿固定相移动，最终达到分离的效果。根据流动相物理形态的不同，可分为气相色谱和液相色谱，本节中仅讨论液相色谱。根据固定相形态的不同，又可分为柱色谱、纸色谱和薄层色谱，本节中仅讨论柱色谱。利用 Aspen Chromatography 软件模拟色谱过程，可以降低研究成本，提高工作效率。

6.4.1　色谱柱的流出曲线

在液相洗脱液的驱动下，各组分在液相和固相吸附剂之间作反复多次分配，亲固定相的组分在系统中移动速率较慢，而亲流动相的组分则随流动相移动速率较快，进柱混合液样品经过一定的柱长后便得到分离，依次流出色谱柱。把液相色谱系统的操作参数输入到 Aspen Chromatography 软件中，可以对色谱分离过程进行模拟，输出各组分的色谱流出曲线。

例 6-12　两种苏氨酸在色谱柱上的流出曲线。

已知色谱柱长 25cm，直径 0.46cm，床层孔隙率 0.53，估计该色谱柱有理论塔板数 400 块。两种苏氨酸 D- Threonine 和 L-Threonine 在色谱柱内的传质系数均为 1000min[-1]；在吸附剂上吸附行为可以用吸附等温线方程（6-8）描述，方程参数见例 6-12 附表。洗脱液流率 0.5mL/min，样品注入量 250μL，样品中含两种苏氨酸各 1.5g/L，每 20min 重复进样一次，连续进样 5 次。吸附温度 20℃，压力 20bar，求色谱柱的流出曲线。

例 6-12 附表　吸附等温线方程参数

组　　分	$IP_{1, j}$	$IP_{2, j}$
$j=1$（D-Threonine）	75	75
$j=2$（L-Threonine）	0.024	0.04

解　（1）构建单柱色谱分离流程　打开 Aspen Chromatography 软件，在下拉菜单"File"中点击"Templates…"，弹出模拟流程模板选择窗口，如图 6-141（a）所示，其中有 9 个流程模板可供选择。本例中选择"Multi-inject trace liquid flowsheet"，根据图 6-141（a）下方文字提示，该流程模板中包含 1 个色谱柱，1 个进料单元，一个样品注入单元，一个出料单元。点击"Copy"后软件弹出模拟流程命名窗口，如图 6-141（b）所示，填写"例 6-12"后点击"OK"，该模拟流程自动保存在"C：/Administrator/我的文档/Aspentech/Aspen Chromatography V*.*"中，其中"V*.*"是软件版本号。同时，软件调出选择的模板流程，如图 6-142 所示，该流程也可以在导航栏的"Libraries"模块库中选择相应的模块和物流线组合构成。

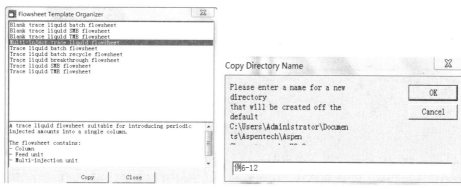

（a）选择色谱流程模板　　　　　　　　　　（b）命名模拟文件

图 6-141　创立色谱模拟文件

（2）添加组分　因软件数据库中缺乏苏氨酸 D-Threonine 组分性质数据，参照 6.3.2 节，采用简单物性输入方法输入两种苏氨酸 D-Threonine 和 L-Threonine，如图 6-143 所示。

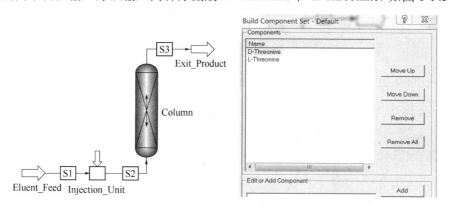

图 6-142　建立色谱模拟流程　　　　　**图 6-143　添加样品组分**

（3）设置模拟方法　双击图 6-142 中色谱柱图标，弹出色谱柱参数设置窗口，有若干个页面需要填写数据。在"General"页面上，偏微分方程离散化方法和固定床轴向网格化数据填写如图 6-144（a）所示；"Material Balance"页面填写如图 6-144（b）所示；"Isotherm"

第 6 章　间歇过程模拟　　**359**

页面填写如图 6-144（c）所示；"Kinetic Model"页面、"Energy Balance"页面、"Plot Profiles"页面均采用软件的默认值。

（a）选择数学方法

（b）选择物料衡算方法

（c）选择吸附方程式

图 6-144　设置模拟方法

（4）输入色谱柱基础数据　点击图 6-144 右侧"Specify"按钮，弹出床层参数对话框，把题给的色谱柱规格、吸附剂规格、传质系数和等温线方程参数填写入对应的栏目内，见图 6-145（a）。点击图 6-144 右侧"Presets/Initials"按钮，弹出床层初始状态设置对话框，床层初始状态参数均为 0，如图 6-145（b）所示。点击图 6-144 右侧"Initialize"按钮，使床层各截面参数都初始化。

Column.Specify Table

	Value	Units	Description
Hb	25.0	cm	Length of packed section
Db	0.46	cm	Internal diameter of packed section
Ei	0.53	m3 void/m3 bed	Inter-particle/external voidage
Ep	0.0	m3 void/m3 bead	Intra-particle voidage/porosity
Np(*)			
Np("D-Threonine")	400.0	n/a	Number of plates
Np("L-Threonine")	400.0	n/a	Number of plates
MTC(*)			
MTC("D-Threonine")	1000.0	1/min	Constant mass transfer coefficient
MTC("L-Threonine")	1000.0	1/min	Constant mass transfer coefficient
IP(*)			
IP(1,"D-Threonine")	75.0	n/a	Isotherm parameter
IP(1,"L-Threonine")	75.0	n/a	Isotherm parameter
IP(2,"D-Threonine")	0.024	n/a	Isotherm parameter
IP(2,"L-Threonine")	0.04	n/a	Isotherm parameter

（a）结构参数

Column.Initials Table

	Value	Units	Spec	Derivative	Description
C(1,*)					
C(1,"D-Threonine")	0.0	g/l	Initial	0.0	Bulk concentration
C(1,"L-Threonine")	0.0	g/l	Initial	0.0	Bulk concentration
W(1,*)					
W(1,"D-Threonine")	0.0	n/a	RateInitial	0.0	Solid loading, g/g(MassBase) or
W(1,"L-Threonine")	0.0	n/a	RateInitial	0.0	Solid loading, g/g(MassBase) or

（b）初始参数

图 6-145　输入床层参数

（5）设置色谱柱进样任务　点击图 6-142 所示的进料模块"Eluent_Feed"，弹出洗脱液进料模块设置对话框，默认页面设置选项，点击"Specify"按钮，弹出进料物流数据对话框，输入题给进料流率数据，见图 6-146（a）。点击图 6-142 所示的样品注射模块"Injection_Unit"，弹出进样模块设置对话框，默认页面设置选项，点击"Specify"按钮，弹出进样物流数据对话框，输入题给进样流率和进样频率数据，见图 6-146（b）。

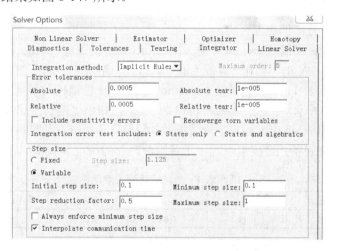

	Value	Units	Spec	Description
Flowrate	0.5	ml/min	Free	Feed flowrate
Component_Concentration(*)				
Component_Concentration("D-Threonine")	0.0	g/l	Fixed	Component concentration of the fe
Component_Concentration("L-Threonine")	0.0	g/l	Fixed	Component concentration of the fe
Pressure	20.0	bar	Fixed	Feed pressure
Cref(*)				
Cref("D-Threonine")	1.0	g/l	Fixed	Reference concentration
Cref("L-Threonine")	1.0	g/l	Fixed	Reference concentration

（a）洗脱液进料参数

	Value	Units	Description
Injection_Volume	250.0	ul	Volume of injected material
Injection_Concentration(*)			
Injection_Concentration("D-Threonine")	1.5	g/l	Component concentration of injected material
Injection_Concentration("L-Threonine")	1.5	g/l	Component concentration of injected material
Injection_Start_Time	0.0	min	Injection start time
Injection_Repeat_Time	20.0	min	Injection repeat interval
Outlet_Flowrate	0.5	ml/min	Total outlet flowrate

（b）样品进料参数

图 6-146　输入色谱柱操作参数

（6）流程模拟准备　选择积分方法和调整积分步长。在下拉菜单"Run"中点击"Solver Options…"，弹出数值计算选项对话框。在"Integrator"页面，选择积分方法，调整积分步长，结果如图 6-147 所示。

图 6-147　设置积分方法和调整积分步长

（7）运行吸附程序并查看结果　设置模拟程序运行时间 100min；设置色谱柱流出端"Exit_Product"中两种苏氨酸的浓度分布图形文件；点击"Initialize"按钮完成色谱柱模拟参数设置，若无错误，点击"Run"按钮进行模拟，结果如图 6-148 所示。原料样品中两种苏氨酸的浓度相同，但经过色谱柱吸附分离后，出口端流出液中两种苏氨酸已经得到了初步的分离，但没有完全分开。在图 6-146（b）中设定 20min 进样一次，运行 100min可以进样 5 次，故图 6-148 中出现了 5 组苏氨酸的色谱峰。

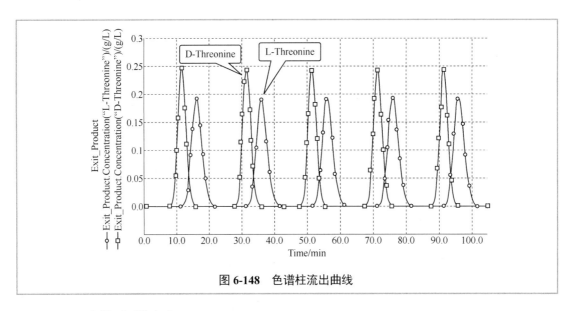

图 6-148　色谱柱流出曲线

6.4.2　制备色谱分离

制备色谱是采用色谱技术从难分离混合物中制取一种或多种纯物质的方法。相对于分析色谱，制备色谱的色谱柱直径粗，进样量大，以便获得一定数量的纯物质产品。

在色谱柱的出口端按组分流出顺序分别加以收集，即可实现对样品中不同组分的分离。根据色谱柱流出曲线的分布状态，可以为制备色谱出口端旋转阀的切换操作提供依据。用 Aspen Chromatography 软件可以模拟色谱制备过程，为色谱制备工艺过程提供设计依据。

例 6-13　制备色谱分离糖类混合物。

一股溶液中含有果糖（Fructose）、葡萄糖（Glucose）、麦芽糖（Maltose）、三碳糖（Triose）和高碳糖（Higher）成分，拟用一制备色谱予以分离。溶液进样的总浓度 $765kg/m^3$，脱溶剂组成见例 6-13 附表 1，一次进样量 6mL/min。各组分在色谱柱吸附剂上的吸附等温线方程可以用亨利定律表示，亨利系数见例 6-13 附表 2。已知色谱柱长 91.44cm，直径 2.54cm，床层孔隙率 0.35，估计该色谱柱有理论塔板数 400 块。各组分在色谱柱内的传质系数均为 $1000min^{-1}$。试建立制备色谱模拟流程，求各组分产品的纯度和收率。

例 6-13 附表 1　原料糖溶液脱溶剂组成

组分	Fructose	Glucose	Maltose	Triose	Higher	合计
质量分数	0.45	0.48	0.04	0.01	0.02	1.00

例 6-13 附表 2　吸附等温线方程参数

组分	$IP_{1,j}$	$IP_{2,j}$	组分	$IP_{1,j}$	$IP_{2,j}$
$j=1$（Fructose）	0.8334	0	$j=4$（Triose）	0.2288	0
$j=2$（Glucose）	0.5046	0	$j=5$（Higher）	0.1083	0
$j=3$（Maltose）	0.3529	0			

解　（1）选择模板　打开 Aspen Chromatography 软件，选择"Blank trace liquid batch flowsheet"模板，如图 6-149 所示。根据提示，该模板包含默认的溶剂和运行时间选择，一般而言，默认溶剂是水。

（2）添加组分　采用简单物性输入方法输入各个组分，如图 6-150 所示。

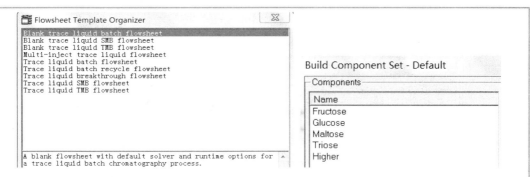

图 6-149　选择流程模板　　　　　　　　图 6-150　添加样品组分

（3）构建制备色谱流程　在导航栏的"Libraries/Chromatography/Chrom_Reversible"
模块库中，选择色谱模块"chrom_r_column"，拖放到模拟流程主操作窗口；在"Libraries/
Chromatography/Chrom_NonReversible"模块库中，选择进料模块"chrom_feed"，拖放到
色谱柱入口端；在"Libraries/Chromatography/Chrom_ NonReversible"模块库中，选择流
出液分配器模块"chrom_spliter"，拖放到色谱柱出口端；再在同一模块库中连续 6 次选
择产品模块"chrom_product"，拖放到色谱柱出口端作为 5 个糖组分产品和一个混合物产
品接收器；在"Libraries/Chromatography/Stream Types"模块库中，选择物流线"Chrom_
Material_Connection"把各个模块连接起来，构成制备色谱模拟流程，如图 6-151 所示。
图中分配器是为了轮流向各个产品模块输送高组分含量流出物，起着切换阀门作用。图中
添加了一个循环组织器，以便根据色谱柱出峰情况对分配器操作进行控制。

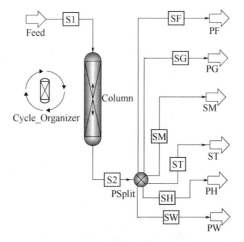

图 6-151　制备色谱模拟流程

（4）设置模拟方法　双击图 6-151 中色谱柱图标，弹出色谱柱参数设置窗口，有若干
个页面需要填写数据。在"General"页面上，偏微分方程离散化方法和色谱柱网格化数
据填写见图 6-152（a）；"Material Balance"页面填写见图 6-152（b）；"Isotherm"页面
填写见图 6-152（c）；"Kinetic Model"页面、"Energy Balance"页面、"Plot Profiles"
页面均采用软件的默认值。

（5）输入色谱柱基础数据　点击图 6-152 右侧"Specify"按钮，弹出床层参数对话框，
把题给的色谱柱规格和吸附剂规格、传质系数、等温线方程参数填写入对应的栏目内，见
图 6-153。点击图 6-152 右侧"Presets/Initials"按钮，弹出床层初始状态设置对话框，床

层初始状态参数均为 0。点击图 6-152 右侧"Initialize"按钮,使床层各截面参数初始化。

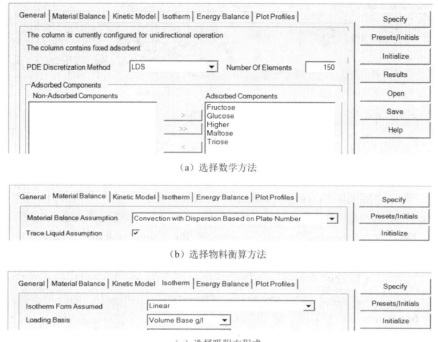

（a）选择数学方法

（b）选择物料衡算方法

（c）选择吸附方程式

图 6-152　设置数学求解方法

（6）设置色谱柱进样任务　点击图 6-151 的进料模块"Feed",弹出进料模块设置对话框,选择"Total Concentration & Fracton",点击"Specify"按钮,弹出进料物流数据对话框,输入题给进料流率和组成数据,见图 6-154。

Column.Specify Table	Value	Units	Description
Hb	91.44	cm	Length of packed section
Db	2.54	cm	Internal diameter of packed secti
Ei	0.35	m3 void/m3 bed	Inter-particle/external voidage
Ep	0.0	m3 void/m3 bead	Intra-particle voidage/porosity
Np(*)			
Np("Fructose")	400.0	n/a	Number of plates
Np("Glucose")	400.0	n/a	Number of plates
Np("Higher")	400.0	n/a	Number of plates
Np("Maltose")	400.0	n/a	Number of plates
Np("Triose")	400.0	n/a	Number of plates
MTC(*)			
MTC("Fructose")	1000.0	1/min	Constant mass transfer coefficien
MTC("Glucose")	1000.0	1/min	Constant mass transfer coefficien
MTC("Higher")	1000.0	1/min	Constant mass transfer coefficien
MTC("Maltose")	1000.0	1/min	Constant mass transfer coefficien
MTC("Triose")	1000.0	1/min	Constant mass transfer coefficien
IP(*)			
IP(1,"Fructose")	0.8334	n/a	Isotherm parameter
IP(1,"Glucose")	0.5046	n/a	Isotherm parameter
IP(1,"Higher")	0.1083	n/a	Isotherm parameter
IP(1,"Maltose")	0.3529	n/a	Isotherm parameter
IP(1,"Triose")	0.2288	n/a	Isotherm parameter

图 6-153　输入床层结构参数

Feed.Specify Table	Value	Units	Spec	Descriptio
Flowrate	6.0	ml/min	Fixed	Feed flowrate
Overall_Concentration	1.0	g/l	Fixed	Total concentration
Material_Fraction(*)				
Material_Fraction("Fructose")	45.0	%	Fixed	Mass fraction of the
Material_Fraction("Glucose")	48.0	%	Fixed	Mass fraction of the
Material_Fraction("Higher")	2.0	%	Fixed	Mass fraction of the
Material_Fraction("Maltose")	4.0	%	Fixed	Mass fraction of the
Material_Fraction("Triose")	1.0	%	Fixed	Mass fraction of the
Pressure	20.0	bar	Fixed	Feed pressure
Cref(*)				
Cref("Fructose")	1.0	g/l	Fixed	Reference concentra
Cref("Glucose")	1.0	g/l	Fixed	Reference concentra
Cref("Higher")	1.0	g/l	Fixed	Reference concentra
Cref("Maltose")	1.0	g/l	Fixed	Reference concentra
Cref("Triose")	1.0	g/l	Fixed	Reference concentra

图 6-154　输入进料参数

（7）应用循环组织器设置循环任务　图 6-151 制备色谱出口端分配器的操作参数设置由软件的循环组织器完成,根据色谱柱流出曲线中各组分的分布状态制定分配器转向设置。首先进行分配器的初始设置,见图 6-155。根据色谱柱的流出曲线,本例题制备色谱操作过程共 12 个步骤,步骤 1 和 2 操作参数见图 6-156,其他步骤的进样总浓度均为 0,操作时间和分配器位置的设置见例 6-13 附表 3。12 个操作步骤参数设置完成后,对循环组织器进行激活。在下拉菜单"Cyle"中点击"Generate Task",经过数秒运行,当屏幕底部状态栏显示"Ready"时,表示循环组织器已经激活,将由循环组织器控制图 6-151 制备色谱系统的各步操作。

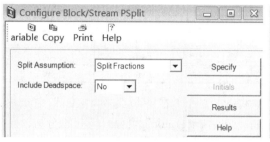

(a) 选择操作模式　　　　　　　　　　(b) 初始位置

图 6-155　分配器参数设置

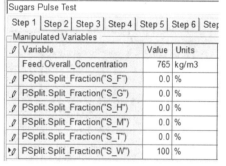

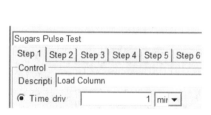

(a) 步骤 1 操作时间　　　　　　　　(b) 步骤 1 进样浓度和分配器切换位置

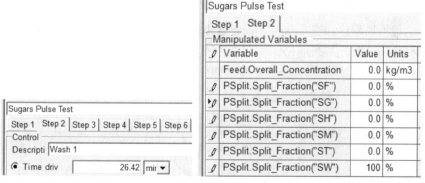

(c) 步骤 2 操作时间　　　　　　　　(d) 步骤 2 进样浓度和分配器切换位置

图 6-156　分配器步骤 1 和步骤 2 操作参数

例题 6-13 附表 3　色谱出口端分配器操作参数

步骤编号	步骤内容	操作时间/min	累计时间/min	分配器位置
1	Load Column	1	1	SW
2	Wash 1	26.42	27.42	SW
3	Collect 99% Higher	7.62	35.04	SH

步骤编号	步骤内容	操作时间/min	累计时间/min	分配器位置
4	Wash 2	1.08	36.12	SW
5	Collect 60% Triose	6.55	42.67	ST
6	Wash 3	0.28	42.95	SW
7	Collect 60% Maltose	5.36	48.31	SM
8	Wash 4	2.52	50.83	SW
9	Collect 99.9% Glucose	5.54	56.37	SG
10	Wash 5	5.05	61.42	SW
11	Collect 99.9% Fructose	23.76	85.18	SF
12	Wash 6	4.82	90	SW

（8）流程模拟准备　选择积分方法和调整积分步长。在下拉菜单"Run"中点击"Solver Options…"，弹出数值计算选项对话框。在"Integrator"页面，选择积分方法，调整积分步长，如图 6-157 所示。

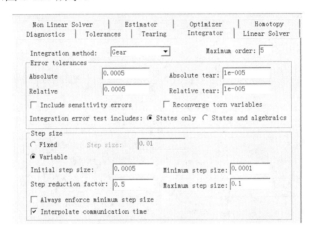

图 6-157　选择积分方法和调整积分步长

（9）运行模拟程序并查看结果　设置输出模拟数据的时间间隔 0.25min；设置色谱柱流出端各组分的浓度分布图形文件。点击"Initialize"按钮完成色谱柱模拟参数设置，若无错误，点击"Run"按钮进行模拟，结果如图 6-158 所示。为了凸显低含量组分的峰形，

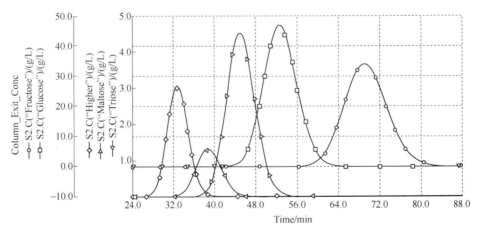

图 6-158　制备色谱流出曲线

组分 Higher，Triose，Maltose 采用了较小的浓度纵坐标。进样中 5 种组分流出制备色谱柱的先后顺序是 Higher，Triose，Maltose，Glucose，Fructose，可见两种主要成分 Glucose 与 Fructose 得到了较好分离。

双击图 6-151 的产品模块"PF"，弹出模块结构对话框，点击"Accumulation"按钮，显示制备色谱一个进样周期"PF"模块收集得到的 Fructose 产品数据，如图 6-159 所示。类似地，可以得到其他 5 个产品模块收集的产品数据。各个产品模块得到的产品数据汇总如例 6-13 附表 4。由例 6-13 附表 4 可知，产品馏分 Fructose 和 Glucose 的纯度都达到 0.999（质量分数），Fructose 的质量收率达到 0.99 以上，Glucose 的出峰位置与前后两个组分有重合，为保证纯度，质量收率只有 0.6737。

P_F.Accumulation Table			
	Value	**Units**	**Description**
CompAccum("Fructose")	2.04872	g	Mass of component received from system
CompAccum("Glucose")	0.00205484	g	Mass of component received from system
CompAccum("Higher")	-2.79987e-020	g	Mass of component received from system
CompAccum("Maltose")	1.37053e-012	g	Mass of component received from system
CompAccum("Triose")	-1.08576e-020	g	Mass of component received from system
TotCompAccum	2.05078	g	Total mass of components received from system
CCompAccum(*)			
CompConcAccum("Fructose")	14.371	g/l	Average concentration of each component received from system
CompConcAccum("Glucose")	0.0144138	g/l	Average concentration of each component received from system
CompConcAccum("Higher")	-1.96399e-019	g/l	Average concentration of each component received from system
CompConcAccum("Maltose")	9.61373e-012	g/l	Average concentration of each component received from system
CompConcAccum("Triose")	-7.61614e-020	g/l	Average concentration of each component received from system
CCompConcAccum(*)			
CompFraction(*)			
CompFraction("Fructose")	99.8998	%	Average mass fraction of component received from system
CompFraction("Glucose")	0.100198	%	Average mass fraction of component received from system
CompFraction("Higher")	1.36527e-018	%	Average mass fraction of component received from system
CompFraction("Maltose")	6.68299e-011	%	Average mass fraction of component received from system
CompFraction("Triose")	5.29437e-019	%	Average mass fraction of component received from system

图 6-159　一个进样周期"PF"模块收集得到的 Fructose 产品数据

例 6-13 附表 4　制备色谱产品模块数据汇总

组分			Fructose	Glucose	Higher	Maltose	Triose	Total
样品进料/g			2.0658	2.2036	0.0918	0.1836	0.0459	4.5907
产品模块	PF	质量/g	2.0487	0.0021	0	0	0	2.0508
		质量分数	0.999	0.001	0	0	0	1
	PG	质量/g	0	1.4845	0	0.0015	0	1.4859
		质量分数	0	0.999	0	0.001	0	1
	PM	质量/g	0	0.0906	0	0.1375	0.0011	0.2292
		质量分数	0	0.3951	0	0.6001	0.0047	1
	PT	质量/g	0	0	0.0027	0.0247	0.0412	0.0687
		质量分数	0	0	0.0395	0.36	0.5999	0.9993
	PH	质量/g	0	0	0.0825	0	0.0008	0.0833
		质量分数	0	0	0.9904	0	0.01	1.0002
	PW	质量/g	0.0171	0.6265	0.0066	0.0199	0.0028	0.6729
		质量分数	0.0255	0.931	0.0098	0.0295	0.0041	1
组分收率			0.9917	0.6737	0.899	0.8978	0.8978	

6.5　模拟移动床吸附

移动床吸附器（True Moving Bed，TMB）中的原料气体与固体吸附剂逆流运动，基于固体吸附剂对原料各组分吸附能力的强弱差异进行分离。TMB 优点是传质推动力大，处理气体量大，吸附剂可循环使用，缺点是固体吸附剂循环困难、流速较难控制且易磨损。

液体原料的吸附分离也可使用 TMB，但目前广泛使用的是模拟移动床（Simulated Moving Bed，SMB）。在 SMB 中，吸附剂颗粒装填后不再移动，而是由原料进口和产品出口不断切换的方法，形成吸附剂颗粒和液流相对逆流运动来模拟固定相的移动。SMB 吸附分离原理可由图 6-160 说明，该吸附塔由 12 层塔板构成，每层塔板上安放一定高度的固体吸附剂，因此每层塔板可以看作一个色谱分离柱。根据塔身上进出料位置的间隔，吸附塔可分成 4 个区，每个区具有数量不等的吸附柱。RV 为旋转阀，通过 RV 的周期性的转动使物料的进出口位置也周期性地移动；数字 1～12 代表 12 个色谱柱的进出口，AC、EC、RC 分别代表吸附塔、萃取液精馏塔和萃余液精馏塔。

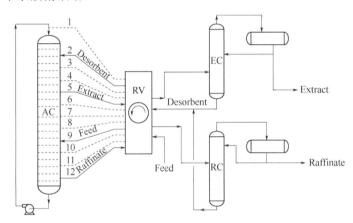

图 6-160　SMB 吸附分离原理

Aspen Chromatography 软件可用于 TMB 和 SMB 的模拟过程，TMB 是稳态过程，操作参数与时间无关，模拟过程易于收敛；SMB 是动态过程，操作参数与时间相关，模拟过程有时不易收敛。因这两种过程的输入数据相同且切换方便，常常在首次运行时用 TMB 模式，得到稳态数据后再切换为 SMB 模式，以协助模拟过程收敛。

例 6-14　模拟移动床分离混合二甲苯。

某混合二甲苯溶液中含有乙苯（EB）、间二甲苯（MX）、对二甲苯（PX）、邻二甲苯（OX）等四个组分，溶液组成见例 6-14 附表 1，拟采用模拟移动床提取原料中的 PX。混合二甲苯原料总浓度 713.857kg/m³，流率 87m³/h，压力 12bar；以 1,4-二乙苯（PDEB）作为洗脱剂，PDEB 进料总浓度 722.877kg/m³，流率 173.4m³/h，压力 12bar；液体循环量 323.4m³/h。各组分在模拟移动床吸附剂上的吸附等温线方程可以用多组分吸附等温线方程式（6-8）表示，方程系数见例 6-14 附表 2。

例 6-14 附表 1　原料混合二甲苯溶液组成

组分	EB	MX	PX	OX	合计
质量分数	0.140	0.497	0.236	0.127	1.00

例 6-14 附表 2　吸附等温线方程参数

组分	$IP_{1,j}$	$IP_{2,j}$	组分	$IP_{1,j}$	$IP_{2,j}$
$j=1$（EB）	0.1303	0.3067	$j=4$（OX）	0.1303	0.1844
$j=2$（MX）	0.1303	0.2299	$j=5$（PDEB）	0.1077	1.2935
$j=3$（PX）	0.1303	1.0658			

已知模拟移动床共有 24 层塔板，洗脱液和混合二甲苯分别在第 1 层和第 7 层进料，萃取液和萃余液分别在第 16 层和第 22 层出料，旋转阀动作时间 1.16min。每层塔板上吸附剂高度 113.5cm，吸附柱直径 411.7cm，床层孔隙率 0.39，吸附剂颗粒平均粒径 0.46mm，吸附剂表观密度 2253kg/m³。各组分在床层的 Peclet 数均为 2000，有效传质系数均为 0.031cm/min，全塔平均吸附温度 180℃。在吸附开始时，床层充满纯洗脱液 PDEB，床层吸附剂 PDEB 负荷为 0.1077g/g。试建立移动床模拟流程，若萃取液流率 97m³/h，萃余液流率 161.4m³/h，求萃取液和萃余液中各组分的浓度分布。

解 （1）选择模板　打开 Aspen Chromatography 软件，选择"Blank trace liquid SMB flowsheet"模板，表示选择动态移动床模拟流程的空白模板，如图 6-161 所示。

（2）添加组分　调用 Aspen Properties 软件计算组分物性，性质方法为"PENG-ROB"，结果如图 6-162 所示。

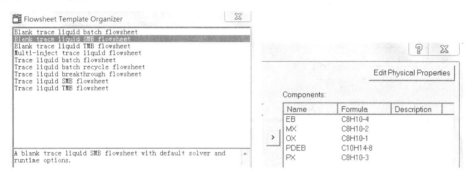

图 6-161　选择流程模板　　　　　　图 6-162　添加组分

（3）构建移动床模拟流程　在导航栏的"Libraries/Chromatography/Chrom_NonReversible/"模块库中，选择"chrom_ccc_separator2"，把其中的移动床模块"Chamber"拖放到模拟流程主操作窗口；继续选择两个进料模块"chrom_feed"和两个出料模块"chrom_product"，拖放到模拟流程主操作窗口；用物流线"Stream_Material_Connection"把各个模块连接起来，构成移动床模拟流程。为便于识别，可以对各个模块进行更名，见图 6-163（a）。

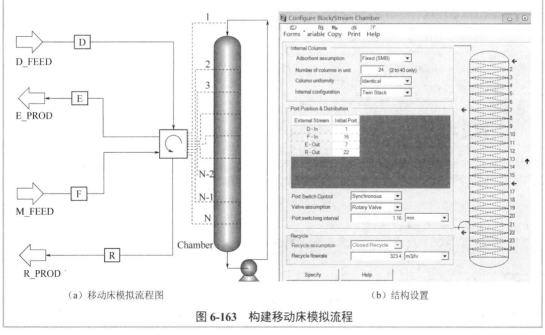

（a）移动床模拟流程图　　　　　　　　　（b）结构设置

图 6-163　构建移动床模拟流程

（4）设置模拟方法 双击图 6-163（a）中"Chamber"图标，弹出移动床初始接口核查窗口，点击"确定"予以确认。这时软件弹出移动床结构参数设置界面，数据填写见图6-163（b）。

在图 6-163（b）下拉菜单"Forms"中点击"Column"，弹出移动床吸附剂参数设置窗口。在"General"页面上，偏微分方程离散化方法和固定床轴向网格化数据填写见图6-164（a）；"Material Balance"页面填写见图 6-164（b）；"Kinetic Model"页面填写见图 6-164（c）；"Isotherm"页面填写见图 6-164（d）；"Energy Balance"页面填写见图6-164（e）；"Plot Profiles"页面均采用软件的默认值。

（5）输入吸附剂基础数据 点击图 6-164 右侧"Specify"按钮，弹出床层参数对话框，把题给的吸附柱规格和吸附剂规格、传质系数、等温线方程参数填写入对应的栏目内，见图 6-165。点击图 6-164 右侧"Presets/Initials"按钮，弹出床层初始状态参数设置对话框，数据填写见图 6-166。点击图 6-164 右侧"Initialize"按钮，使床层各截面参数初始化。

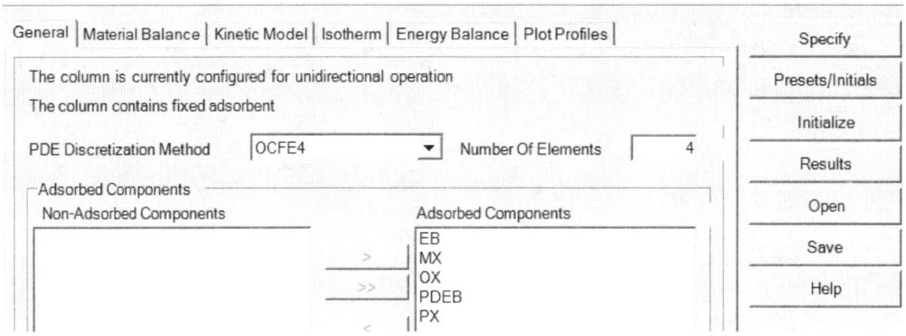

（a）选择数学方法

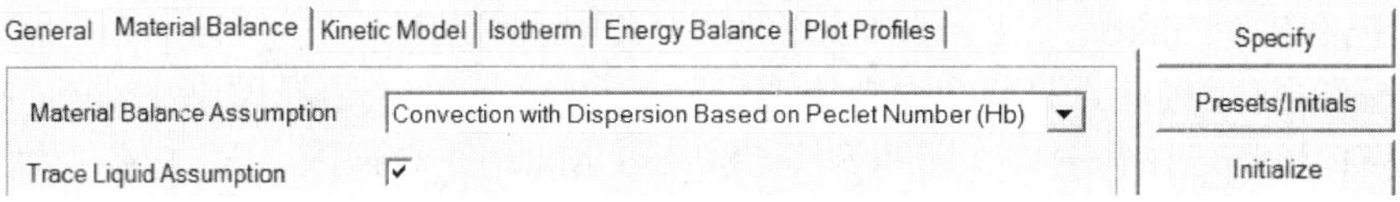

（b）选择物料衡算方法

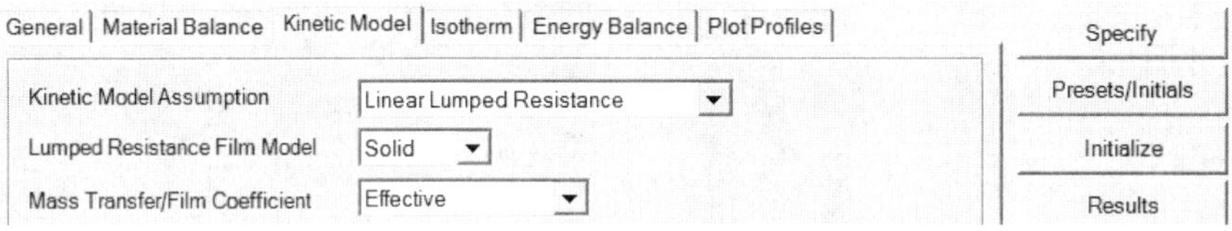

（c）选择传质阻力计算方法

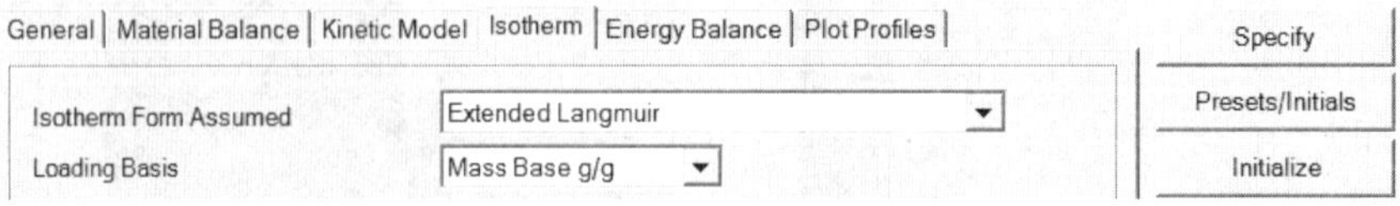

（d）选择吸附等温线方程式

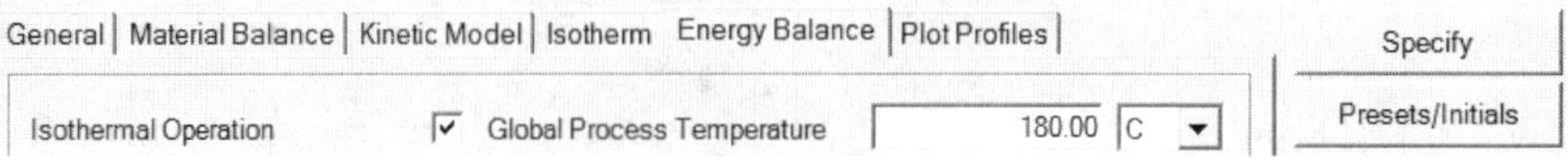

（e）选择吸附温度

图 6-164 设置数学求解方法

Chamber.Specify Table	Value	Units	Description
Hb	113.5	cm	Common length of packed section
Db	411.7	cm	Internal diameter of packed section
Ei	0.39	m3 void/m3 bed	Common inter-particle/external void
Ep	0.0	m3 void/m3 bead	Common intra-particle/internal void
Rp	0.46	mm	Particle radius of adsorbent
RHOs	2253.0	kg/m3	Common apparent density of adso
Pe(*)			
Pe("EB")	2000.0	n/a	Peclet number for dispersion
Pe("MX")	2000.0	n/a	Peclet number for dispersion
Pe("OX")	2000.0	n/a	Peclet number for dispersion
Pe("PDEB")	2000.0	n/a	Peclet number for dispersion
Pe("PX")	2000.0	n/a	Peclet number for dispersion
Kf(*)			
kf("EB")	0.031	cm/min	Effective mass transfer coefficient
kf("MX")	0.031	cm/min	Effective mass transfer coefficient
kf("OX")	0.031	cm/min	Effective mass transfer coefficient
kf("PDEB")	0.031	cm/min	Effective mass transfer coefficient
kf("PX")	0.031	cm/min	Effective mass transfer coefficient
IP(*)			
IP(1,"EB")	0.1303	n/a	Common isotherm parameter
IP(1,"MX")	0.1303	n/a	Common isotherm parameter
IP(1,"OX")	0.1303	n/a	Common isotherm parameter
IP(1,"PDEB")	0.1077	n/a	Common isotherm parameter
IP(1,"PX")	0.1303	n/a	Common isotherm parameter
IP(2,"EB")	0.3067	n/a	Common isotherm parameter
IP(2,"MX")	0.2299	n/a	Common isotherm parameter
IP(2,"OX")	0.1884	n/a	Common isotherm parameter
IP(2,"PDEB")	1.2935	n/a	Common isotherm parameter
IP(2,"PX")	1.0658	n/a	Common isotherm parameter
Recycle_Pressure	12.0	bar	Recycle pump inlet pressure

图 6-165　输入床层结构参数

Chamber.Initials Table	Value	Units	Spec	Derivative	Description
Column_(1).C(1,*)					
Column_(1).C(1,"EB")	0.0	g/l	RateInitial	0.0	Bulk concentration
Column_(1).C(1,"MX")	0.0	g/l	RateInitial	0.0	Bulk concentration
Column_(1).C(1,"OX")	0.0	g/l	RateInitial	0.0	Bulk concentration
Column_(1).C(1,"PDEB")	722.877	g/l	RateInitial	0.0	Bulk concentration
Column_(1).C(1,"PX")	0.0	g/l	RateInitial	0.0	Bulk concentration
Column_(1).W(1,*)					
Column_(1).W(1,"EB")	0.0	n/a	RateInitial		Solid loading, g/g(Ma
Column_(1).W(1,"MX")	0.0	n/a	RateInitial		Solid loading, g/g(Ma
Column_(1).W(1,"OX")	0.0	n/a	RateInitial		Solid loading, g/g(Ma
Column_(1).W(1,"PDEB")	0.1077	n/a	RateInitial		Solid loading, g/g(Ma
Column_(1).W(1,"PX")	0.0	n/a	RateInitial		Solid loading, g/g(Ma

图 6-166　输入床层初始状态参数

（6）设置移动床进出口物流参数　分别点击图 6-163 的进料模块"D_FEED"和"M_FEED"，弹出洗脱液进料模块和混合二甲苯进料模块设置对话框，选择"Total Concentration & Fracton"输入格式，点击"Specify"按钮，弹出进料物流数据对话框，输入题给进料流率和组成数据，见图 6-167。分别点击图 6-163 的出料模块"E_PROD"和"R_PROD"，弹出萃取液出料模块和萃余液出料模块设置对话框，数据填写见图 6-168。

（7）流程模拟准备　选择积分方法和调整积分步长。在下拉菜单"Run"中点击"Solver Options…"，弹出数值计算选项对话框。在"Integrator"页面，选择积分方法，调整积分步长，见图 6-141。

D_Feed.Specify Table	Value	Units	Spec	Description
Flowrate	173.4	m3/hr	Free	Feed flowrate
Overall_Concentration	722.877	g/l	Fixed	Total concentration of the feed
Material_Fraction(*)				
Material_Fraction("EB")	0.0	%	Fixed	Mass fraction of the feed
Material_Fraction("MX")	0.0	%	Fixed	Mass fraction of the feed
Material_Fraction("OX")	0.0	%	Fixed	Mass fraction of the feed
Material_Fraction("PDEB")	100.0	%	Fixed	Mass fraction of the feed
Material_Fraction("PX")	0.0	%	Fixed	Mass fraction of the feed
Pressure	12.0	bar	Free	Feed pressure
Cref(*)				
Cref("EB")	1.0	g/l	Fixed	Reference concentration
Cref("MX")	1.0	g/l	Fixed	Reference concentration
Cref("OX")	1.0	g/l	Fixed	Reference concentration
Cref("PDEB")	1.0	g/l	Fixed	Reference concentration
Cref("PX")	1.0	g/l	Fixed	Reference concentration

（a）洗脱液进料

M_Feed.Specify Table	Value	Units	Spec	Description
Flowrate	87.0	m3/hr	Fixed	Feed flowrate
Overall_Concentration	713.857	g/l	Fixed	Total concentration of the feed
Material_Fraction(*)				
Material_Fraction("EB")	14.0	%	Fixed	Mass fraction of the feed
Material_Fraction("MX")	49.7	%	Fixed	Mass fraction of the feed
Material_Fraction("OX")	12.7	%	Fixed	Mass fraction of the feed
Material_Fraction("PDEB")	0.0	%	Fixed	Mass fraction of the feed
Material_Fraction("PX")	23.6	%	Fixed	Mass fraction of the feed
Pressure	12.0	bar	Free	Feed pressure
Cref(*)				
Cref("EB")	1.0	g/l	Fixed	Reference concentration
Cref("MX")	1.0	g/l	Fixed	Reference concentration
Cref("OX")	1.0	g/l	Fixed	Reference concentration
Cref("PDEB")	1.0	g/l	Fixed	Reference concentration
Cref("PX")	1.0	g/l	Fixed	Reference concentration

（b）混合二甲苯进料

图 6-167　进料模块操作参数

E_Prod.Specify Table	Value	Units	Spec	Description
Flowrate	99.0	m3/hr	Fixed	Sink flowrate
Pressure	12.0	bar	Free	Sink pressure
Cref(*)				
Cref("EB")	1.0	g/l	Fixed	Reference concentration
Cref("MX")	1.0	g/l	Fixed	Reference concentration
Cref("OX")	1.0	g/l	Fixed	Reference concentration
Cref("PDEB")	1.0	g/l	Fixed	Reference concentration
Cref("PX")	1.0	g/l	Fixed	Reference concentration

（a）萃取液出料

R_Prod.Specify Table	Value	Units	Spec	Description
Flowrate	161.4	m3/hr	Fixed	Sink flowrate
Pressure	12.0	bar	Free	Sink pressure
Cref(*)				
Cref("EB")	1.0	g/l	Fixed	Reference concentration
Cref("MX")	1.0	g/l	Fixed	Reference concentration
Cref("OX")	1.0	g/l	Fixed	Reference concentration
Cref("PDEB")	1.0	g/l	Fixed	Reference concentration
Cref("PX")	1.0	g/l	Fixed	Reference concentration

（b）萃余液出料

图 6-168　出料模块操作参数

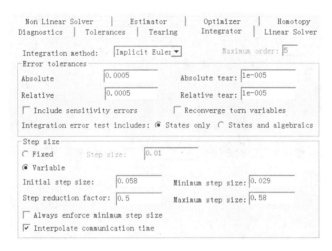

图 6-169　选择积分方法和调整积分步长

（8）运行模拟程序并查看结果　设置移动床动态运行 100min 暂停；设置萃取液和萃余液中各组分的浓度分布图形文件。点击"Initialize"按钮完成移动床模拟参数设置，若无错误，点击"Run"按钮进行模拟，结果见图 6-170。由于是动态模拟，移动床出口产品浓度不是定值，而是波动值。图中各组分浓度分布曲线由折线构成，通过累计计算可得到一定时间范围内的产品平均浓度。混合二甲苯进料中 PX 质量分数是 0.236，由图 6-170（a）可见，萃取液中杂质浓度很小，PX 平均质量分数已达到 0.996；由图 6-170（b）可见，萃余液中 MX 得到一定程度的浓缩，PX 浓度很小，说明 PX 回收率较高。

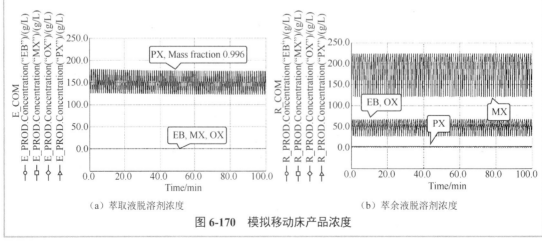

（a）萃取液脱溶剂浓度　　　　　　　　　（b）萃余液脱溶剂浓度

图 6-170　模拟移动床产品浓度

化工计算与软件应用

习题

6-1 乙酸正丙酯间歇反应器模拟。

用含有乙酸（A）和正丙醇（B）的两股原料在一间歇反应器中由固体催化剂非均相催化反应合成乙酸正丙酯（C）和水（D），反应器内加入固体催化剂 122.9kg。原料温度 60℃，常压，原料质量与组成见本题附表 1。

习题 6-1 附表 1　反应原料质量与组成

原料	质量分数 kg/kg				质量/kg
	乙酸正丙酯	乙酸	正丙醇	水	
原料 1	0	0.5	0.49	0.01	3795
原料 2	0.5	0	0.3	0.2	630

酯化反应方程式为：

$$C_2H_4O_2\,(A) + C_3H_8O\,(B) \underset{k_2}{\overset{k_1}{\rightleftharpoons}} C_5H_{10}O_2\,(C) + H_2O\,(D)$$

反应速率表达式为：

$$-r_1 = k_1 C_A C_B = 12556\exp\left(\frac{-50791}{RT}\right)C_A C_B \quad [\text{kmol}/(\text{m}^3\cdot\text{s})]$$

$$-r_2 = k_2 C_C C_D = 38.55\exp\left(\frac{-50791}{RT}\right)C_C C_D \quad [\text{kmol}/(\text{m}^3\cdot\text{s})]$$

式中，k_1、k_2 为正、逆反应速率常数，$\text{m}^3/(\text{kmol}\cdot\text{s})$；$-r_1$、$-r_2$ 为正、逆反应速率，$\text{kmol}/(\text{m}^3\cdot\text{s})$；活化能的计量单位为 kJ/kmol，浓度计量单位 kmol/m^3。间歇反应器直径和高度均为 2m，夹套内通入 33℃的循环冷却水除去反应热，温度控制器调节冷却水流率控制反应温度 60℃，控制器增益 5，积分时间 15min。性质方法选择 "UNIQUAC-HOC"。当液相中乙酸质量分数下降到 0.125 时停止反应，求反应器液相组成分布和温度分布。

6-2 合成阿司匹林间歇反应器模拟。

题目数据同例 6-2，两个平行反应的速率常数 k_1 和 k_2 取 0.02536m^3/(kmol·s)和 0.0004777m^3/(kmol·s)，求反应结束时反应器液相中阿司匹林结晶的质量。

6-3 乙酸乙酯间歇反应器模拟。

乙醇（A）和乙酸（B）合成乙酸乙酯（C）和水（D）的反应方程式为：

$$CH_3CH_2OH(A) + CH_3COOH(B) \underset{k_2}{\overset{k_1}{\rightleftharpoons}} CH_3COOC_2H_5(C) + H_2O(D)$$

正、逆反应均为二级反应，反应速率常数与温度的关系为（活化能单位 J/kmol）：

$$k_1 = 0.2479\exp\left(\frac{-3.211\times10^7}{RT}\right) \quad [\text{m}^3/(\text{kmol}\cdot\text{s})]$$

$$k_2 = 2.433\times10^{18}\exp\left(\frac{-1.711\times10^8}{RT}\right) \quad [\text{m}^3/(\text{kmol}\cdot\text{s})]$$

反应原料量 2000kg，50℃，3bar，含乙醇（质量分数，下同）0.55，乙酸 0.28，水 0.17。间歇反应器直径 1m、高度 2m，夹套内通入 2bar 饱和水蒸气加热，总传热系数 500 W/(m²·K)，温度控制器调节水蒸气流率控制反应温度 95℃。控制器增益 5，积分时间 0.5min。性质方法选择 "UNIQUAC-HOC"。当液相中乙酸质量分数下降到 0.185 时停止反应，求间歇反应器出口液相组成分布和温度分布。

6-4　三氯甲烷氯化合成四氯化碳反应动力学模型参数拟合。

三氯甲烷和氯气在光照条件下，按以下化学反应方程式发生取代反应生成四氯化碳和氯化氢：

$$CHCl_3(A) + Cl_2(B) \xrightarrow{k} CCl_4 + HCl$$

三氯甲烷和氯气的取代反应为二级反应，温度一定时，反应速率方程式为：

$$-r_A = kC_A C_B \quad [kmol/(m^3 \cdot s)]$$

式中，C_A，C_B 是溶液中三氯甲烷和氯气的体积摩尔浓度，$kmol/m^3$；k 是反应速率常数，$m^3/(kmol \cdot s)$。在一体积为 $20m^3$ 的间歇反应器上，三氯甲烷（A）和氯气（B）反应生成四氯化碳和氯化氢。先向反应器中加入 26.5℃、5bar 液态三氯甲烷 2460.52kg。然后在 3.5h 内通入 50℃、5bar 的纯净氯气，氯气流率 200kg/h，氯气鼓泡通过液态三氯甲烷发生取代反应生成四氯化碳。反应器顶部放空阀通过放出部分未反应气体维持反应器顶部压力 5bar。在反应的同时，间隔 0.1h 对反应液取样，测定四氯化碳和三氯甲烷的浓度，实验数据见本题附表。在温度 26.5℃时反应速率常数的指前因子初始值 $k=8.7×10^{-6}m^3/(kmol \cdot s)$。试根据附表实验数据，拟合指前因子值。

习题 6-4 附表　四氯化碳合成动力学实验数据

时间 /h	液相质量分数		时间 /h	液相质量分数		时间 /h	液相质量分数	
	CCl₄	CHCl₃		CCl₄	CHCl₃		CCl₄	CHCl₃
0	0	1	1.2	0.148511	0.8006	2.4	0.302388	0.624295
0.1	0.00219	0.992552	1.3	0.162195	0.784383	2.5	0.314333	0.611131
0.2	0.009839	0.978201	1.4	0.175703	0.768481	2.6	0.326163	0.598159
0.3	0.021095	0.960846	1.5	0.18904	0.752884	2.7	0.337882	0.585372
0.4	0.03427	0.9424	1.6	0.202213	0.737578	2.8	0.349492	0.572761
0.5	0.048375	0.923704	1.7	0.215229	0.722552	2.9	0.360995	0.560322
0.6	0.062865	0.905128	1.8	0.228092	0.707794	3	0.372395	0.548046
0.7	0.077448	0.886831	1.9	0.240809	0.693294	3.1	0.383693	0.535928
0.8	0.091973	0.868872	2	0.253386	0.67904	3.2	0.39489	0.523963
0.9	0.106368	0.851273	2.1	0.265828	0.665022	3.3	0.405989	0.512145
1	0.120596	0.834034	2.2	0.278139	0.651232	3.4	0.41699	0.50047
1.1	0.134645	0.817146	2.3	0.290325	0.637659	3.5	0.427896	0.488932

6-5　苯-氯苯-邻二氯苯混合物的间歇精馏。

原料温度 20℃，组成为苯 0.25（摩尔分数，下同），氯苯 0.5，邻二氯苯 0.25，每批投料量 100kmol。间歇精馏塔共 12 块理论板（包含冷凝器和再沸器），塔顶全凝器，摩尔回流比 3.0，凝液罐容积 $0.0056m^3$，塔板滞液量 $0.00056m^3$。再沸器直径 3m，高 1m，热负荷 2000kW。全凝器常压，第一塔板压力 1.076bar，塔釜 1.207bar。设置 3 个馏出液储罐。性质方法选择 "RK-Soave"。两种分离要求：（1）要求第一储罐中苯浓度 0.95、第二储罐中氯苯浓度 0.9、釜液中邻二氯苯浓度 0.95。操作方法：当第一储罐中苯摩尔分数降低到 0.95 时暂停，馏出液进入第二储罐；当第二储罐中氯苯摩尔分数达到 0.9 时暂停，馏出液进入第三储罐；当釜液中邻二氯苯摩尔分数达到 0.95 时精馏停止。（2）要求第一储罐中苯浓度 0.99，第二储罐中氯苯浓度 0.65，第三储罐中氯苯浓度 0.99。操作方法：当第一储罐中苯摩尔分数降低到 0.99 时暂停，馏出液进入第二储罐；当第二储罐中氯苯摩尔分数达到 0.65 时暂停，馏出液进入第三储罐；当第三储罐中氯苯摩尔分数达到 0.99 时精馏停止。求两种操作条件下各收集罐和塔釜物料的流率与组成分布、回流比分布。

6-6　苯-甲苯-对二甲苯（PX）混合物变回流比间歇精馏模拟。

原料总量 100kmol，温度 20℃，组成为苯 0.5（摩尔分数，下同），甲苯 0.25，PX0.25。要求塔顶馏出物苯摩尔分数≥0.95，回收率>0.6。间歇精馏塔共 5 块塔板（包含冷凝器和再沸器），1 个凝液罐，凝液罐持液量 10kmol，塔顶 1 个收集罐，收集苯馏分，塔板持液量 1kmol。再沸器直径 3m，高 1m，夹套加热，热负荷 5.0GJ/h。全凝器常压，全塔压降 0.1bar，性质方法 "RK-SOAVE"。用控制器调节塔顶出料量维持塔顶馏出物苯浓度≥0.95（摩尔分数），初始状态全回流。求收集罐和塔釜物料的流率与组成分布、回流比分布。

6-7　二氯甲烷-甲醇-氯化苄混合物均相共沸精馏。

先将二氯甲烷与甲醇以共沸物形式蒸出收集到 1 号罐，切换收集罐后蒸出甲醇收集到 2 号罐，氯化苄残留在塔釜，釜液中甲醇（质量分数，下同）0.1。原料温度 20℃，组成为二氯甲烷 0.25，甲醇 0.69，氯化苄 0.06，每批投料量 850kg，要求得到的甲醇馏分含甲醇≥0.95。间歇精馏塔共 20 块塔板（包含冷凝器和再沸器），无凝液罐，塔板持液量 5kg。再沸器直径 1m，高 1m，夹套加热，热负荷 150kW。全凝器常压，恒定回流比 3，全塔压降 0.14bar，性质方法 "RK-SOAVE"。求：（1）含量 0.95 甲醇收率；（2）收集罐和塔釜物料的流率与组成分布及塔釜温度分布。

6-8　丁烷-戊烷-水混合物非均相共沸精馏。

原料温度 20℃，组成为丁烷(摩尔分数，下同)0.3，戊烷 0.3，水 0.4，每批投料量 100kmol。间歇精馏塔共 5 块理论板（包含冷凝器和再沸器），塔顶全凝器，汽相冷凝后分层成为两相液体存在凝液罐中，有机相入收集罐，水相全回流，凝液罐容积和塔板滞液量均为 0.006m³。再沸器直径 2m，高 2m，夹套加热，夹套高度 2.5m，热负荷 300kW。全凝器常压，全塔压降 0.1bar。初始状态全回流。设置 1 个收集罐。性质方法 "UNIQUAC"。分离要求：釜液中水含量>0.98。求收集罐与釜液的浓度分布。

6-9　丙烷-丁烷-己烷-庚烷混合物中途加料间歇精馏。

原料 25℃，14.7bar，组成为丙烷（摩尔分数，下同）0.1，丁烷 0.3，戊烷 0.1，己烷 0.5，每批投料量 100kmol。分离要求：第 1 收集罐为丙烷丁烷混合物，第 2 收集罐中丁烷浓度 0.99，第 3 收集罐中戊烷浓度 0.90，釜液中己烷浓度 0.998。开始收集丁烷时，同时第 2 次加料 20kmol，组成为丁烷 0.4，己烷 0.6，1h 加料完毕。间歇精馏塔共 10 块理论板（包含冷凝器和再沸器），塔顶全凝器，采用分阶段恒定回流比操作，凝液罐容积 0.00566m³，塔板滞液量 0.000566m³。再沸器直径 2.7m，高 4m，夹套加热，夹套高度 4.5m，热负荷 1.06GJ/h。全凝器常压，全塔压降 0.138bar，初始状态全回流，设置 4 个收集罐，性质方法 "RK-Soave"。求各收集罐物料与釜液的浓度分布。

6-10　含甲苯废水的固定床透过曲线、浓度波与吸附波模拟。

一股含甲苯废水经过常温气提塔处理后，再用固定床活性炭吸附剂进一步脱除微量的溶解甲苯。已知甲苯液相吸附等温线编号为 "Langmuir 1"，方程参数 IP_1=0.00039791，IP_2=208163。固定床直径 0.486m，高 0.857m，床层孔隙率 0.35，吸附剂颗粒孔隙率 0，床层密度 690kg/m³，吸附剂颗粒半径 0.9mm，形状因子 1.0。吸附温度 25℃、压力 10bar，废水流率 453.532m³/h，含甲苯 $4.6851×10^{-6}$kmol/m³，含氮气 0.00505076kmol/m³，含氧气 0.0026265 kmol/m³。液相中各组分的传质系数均取 $1.0s^{-1}$。在吸附初始状态，固定床空隙内充满纯水，固定床径向上的液相浓度相等。求：（1）甲苯在该固定床吸附剂上的透过曲线；（2）在吸附时间为 1000h 和 8000h 时，甲苯在该固定床吸附剂上的浓度波和吸附波分布。

6-11　乙醇水溶液吸附固定床的透过曲线、浓度波和吸附波模拟。

在温度 30℃、1.1bar 条件下，液相乙醇和水在活性炭吸附剂上的吸附过程可由液相多组分吸附等温线方程描述（Aspen Adsorption 编号 Stoichiometric Equilibrium 1）：

$$w_i = IP_{1,j} IP_{2,j} c_i / \sum_{k=1}^{NC} IP_{2,k} c_k$$

式中，w_i 是活性炭吸附剂的吸附容量，kmol/kg，c_i 是液相体积摩尔浓度，kmol/m^3，$IP_{i,j}$ 是吸附等温线方程参数，数值见本题附表。

习题 **6-11** 附表　吸附等温线方程参数

组　　成	$IP_{1,j}$	$IP_{2,j}$
j=1（乙醇）	0.0055	2.35494
j=2（水）	0.0055	0.056072

固定床结构如图 6-102（a）所示，直径 0.05m，高 2.13m，床层孔隙率 0.476，不计吸附剂颗粒孔隙率，床层密度 840kg/m^3，吸附剂颗粒半径 1.05mm，形状因子 1.0。在床层吸附条件下，乙醇和水在液相中的传质系数均为 0.018s^{-1}。在吸附初始状态，固定床空隙内充填纯水。进料流率 1.0775×10^{-5}m^3/s，含乙醇 6.998kmol/m^3，水 30.268kmol/m^3。设固定床径向上的液相浓度相等，求：（1）乙醇在吸附床层上的透过曲线；（2）在吸附时间 60s、150s、300s 和 600s 时，乙醇在吸附床层上的浓度波和吸附波分布。

6-12　丙烷和丙烯吸附平衡数据拟合。

已知纯丙烷和纯丙烯分别在硅胶上的吸附平衡数据如本题附表，用 Aspen Adsorption 编号 "Freundlich 1" 和编号 "Langmuir 1" 的吸附等温线方程式拟合，求拟合方程参数。

习题 **6-12** 附表　丙烷和丙烯吸附平衡实验数据（25℃）

p/kPa	$w_{C_3H_8}$/(kmol/kg)	p/kPa	$w_{C_3H_6}$/(kmol/kg)
1.48	5.64E-05	4.56	0.00456
3.33	0.000125	9.52	0.00952
5.8	0.000198	12.21	0.01221
9.52	0.000299	25.9	0.0259
13.33	0.000385	26.44	0.02644
21.18	0.000544	36.2	0.0362
30.33	0.000702	47.09	0.04709
40.56	0.000843	73.42	0.07342
51.6	0.00101	74.02	0.07402
62.39	0.001138	101.4	0.1014
75.86	0.001288		
90.37	0.001434		
103.32	0.001562		

6-13　甲烷吸附平衡数据拟合。

纯甲烷气体在活性炭上的吸附平衡实验数据如本题附表，求 Aspen Adsorption 编号 "Freundlich 1" 和编号 "Langmuir 1" 吸附等温线方程式的拟合参数，问哪个方程拟合效果更好。

习题 6-13 附表　甲烷和一氧化碳气体吸附平衡实验数据（296 K）

吸附剂负荷/(cm^3/g)	45.5	91.5	113	121	125	126
甲烷分压/kPa	275.8	1137.6	2413.2	3757.6	5240	6274.2

6-14　甲烷和一氧化碳气相混合物吸附平衡数据拟合。

已知甲烷和一氧化碳气相混合物在某吸附柱上的吸附平衡数据如本题附表所示，求"Aspen Adsorption"编号"Extended Langmuir 1"的吸附方程拟合参数。

习题 6-14 附表　甲烷和一氧化碳气体吸附平衡实验数据

p/bar	y_{CH_4}	y_{CO}	w_{CH_4}	w_{CO}
8.6138	0.506	0.494	0.0025	8.36E-04
12.621	0.644	0.356	0.003351	7.06E-04
16.766	0.758	0.242	0.0040959	4.75E-04
21.3798	0.802	0.198	0.0052577	4.39E-04
25.124	0.696	0.304	0.00444162	6.77E-04
26.972	0.88	0.12	0.0049899	2.52E-04

注：组成单位为摩尔分数。

6-15　碳八芳烃液相吸附和解吸循环流程模拟。

拟用吸附方法回收液相混合物中的碳八芳烃。原料含乙苯（EB）、间二甲苯（MX）和对二甲苯（PX），冲洗液为异丙苯（IPB），组成见本题附表。原料和冲洗液温度 70.5℃，压力 3bar，流率均为 2.95×10^{-7} m^3/s。吸附柱高度 1m，柱直径 0.015m，颗粒孔隙率 0.42，床层孔隙率 0.21，吸附剂球形，颗粒直径 0.65mm，颗粒密度 1490kg/m^3。假设吸附温度与原料温度相同，各组分的扩散系数均为 0.086cm^2/s，传质系数均为 0.045s^{-1}。吸附开始时床层充填纯 IPB，假设初始液膜浓度与流体主体浓度相同。吸附等温线编号为"Stoichiometric Equilibrium 1"，方程参数和吸附剂负荷见本题附表。

习题 6-15 附表　原料组成和方程参数及吸附剂负荷

组分	原料浓度/(kmol/m^3)	冲洗液浓度/(kmol/m^3)	等温线方程参数		吸附剂负荷 /(kmol/kg)
			$IP_{1,j}$	$IP_{2,j}$	
EB	2.04158	0	0.0015	1.34	1.808×10^{-9}
MX	4.06902	0	0.0015	1.00	1.500×10^{-3}
PX	2.02745	0	0.0015	2.20	1.673×10^{-9}
IPB	0	7.17168	0.0015	1.50	1.723×10^{-7}

吸附工艺流程如本题附图，为两步等时间双向液体流动吸附与解吸。第 1 步吸附时间 14min，原料正向流动经过床层，原料中 EB、MX、PX 被吸附；第 2 步逆冲洗时间也是 14min，冲洗液 IPB 逆向流动经过床层，IPB 冲洗吸附剂上的 EB、MX、PX，使吸附剂再生。试用 Aspen Adsorption 软件构建吸附流程，给出 3 次循环过程的 EB、MX、PX 和 IPB 浓度分布。

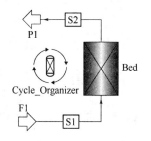

习题 6-15 附图　液相碳八芳烃固定床吸附循环流程

6-16　固定床 5A 分子筛变压吸附提纯氢气。

拟用变压吸附方法对含甲烷的粗氢混合气体进行提纯，原料气体流率 0.0706kmol/s，压力 26bar，温度 298.15 K，含氢气 0.98（摩尔分数），其余为甲烷。要求提纯后氢气含量大于 0.995（摩尔分数）。吸附等温线方程为 "Extended Langmuir-Freundlich 1"，方程参数 $IP_{i,j}$ 见本题附表。采用双塔吸附循环，两塔吸附剂规格相同，吸附流程参照例 6-11。床层直径 1m，高 8m，床层孔隙率 0.433，吸附剂颗粒孔隙率 0.61，床层密度 482kg/m^3，吸附剂颗粒半径 1.15mm，形状因子 1.0。在温度 298.15K、压力 26bar 下，甲烷和氢气在吸附床层的总传质系数分别为 0.0001s^{-1} 和 0.1s^{-1}。变压吸附操作步骤与执行时间参照例 6-11 设置。试用 Aspen Adsorption 软件模拟双塔吸附循环流程，运行 10 个操作周期，求床层压力分布、产品气体流率和组成分布。

习题 6-16 附表　吸附等温线方程参数

组分	$IP_{1,j}$	$IP_{2,j}$	$IP_{3,j}$	$IP_{4,j}$	$IP_{5,j}$	$IP_{6,j}$
$j=1$（CH$_4$）	60	60	60	60	60	60
$j=2$（H$_2$）	0.01068	0.0000625	1.1243	1.0000	0.0000625	1.0000

6-17　两种苏氨酸在含孔隙吸附剂的色谱流出曲线。

苏氨酸种类、色谱柱尺寸同例 6-12。床层孔隙率 0.42，吸附剂颗粒孔隙率 0.19，当量直径 25 μm，形状因子 1.0。洗脱剂密度 996kg/m^3，液体黏度 0.89×10^{-3}Pa·s。两种苏氨酸分子尺寸均大于吸附剂微孔，液体相扩散系数均为 0.005cm^2/min，吸附温度 20℃，吸附等温线方程式和参数同例 6-12。洗脱液进料流率 0.5mL/min，压力 10bar；进样时间 0.5min，进样量 250μL，进样总浓度 3g/L，其中两种苏氨酸浓度各一半。求色谱柱流出曲线。

6-18　两种苏氨酸在可逆流动色谱柱上的流出曲线。

同习题 6-17 条件，可逆流动色谱柱模拟流程如本题附图，样品从 F1 或 Fr1 进入，从 P1 或 Pr1 流出。进样和洗脱顺序、液体流动方向由循环组织器控制。进样流率 0.5mL/min，压力 10bar，进样时间 0.5min，进样总浓度 3g/L，其中两种苏氨酸浓度各一半。洗脱液流率 0.5mL/min，压力 10bar，洗脱时间 29.5min。求可逆流动色谱柱流出曲线。

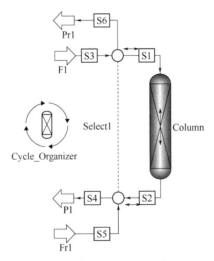

习题 6-18 附图　可逆流动色谱柱模拟流程

6-19　模拟移动床分离果糖（Fructose）与葡萄糖（Glucose）。

原料含果糖 0.228（质量分数，下同），葡萄糖 0.286，水 0.486，拟采用模拟移动床分离果糖与葡萄糖。原料进料流率 1.667mL/min，压力 5.7bar；洗脱液是水，进料流率 2.75mL/min，压力 5.7bar；液体循环量 5.8mL/min。各组分在吸附剂上的吸附等温线方程可以用亨利定律表示，亨利系数见本题附表。

习题 6-19 附表　吸附等温线方程参数

组　分	$IP_{1,j}$	$IP_{2,j}$
$j=1$（Fructose）	0.60997	0
$j=2$（Glucose）	0.55055	0

已知模拟移动床共有 8 层塔板，洗脱液和原料分别在第 1 层和第 5 层进料，萃取液和萃余液分别在第 3 层和第 7 层出料，顺序阀动作时间 4.5min。每层塔板上吸附剂高度 10cm，吸附柱直径 2.54cm，床层孔隙率 0.4，操作压力 5.7bar。组分在床层的平均传质系数分别是果糖 22.5683min^{-1} 和葡萄糖 1.37476min^{-1}。在吸附开始时，床层充满纯洗脱液 1,4-二乙苯（PDEB），床层吸附剂 PDEB 负荷为 0.1077g/g。试建立移动床模拟流程，若萃取液流率 2.75mL/min，萃余液流率 1.67282mL/min，求萃取液和萃余液中各组分的浓度分布。

参考文献

[1] AspenTech. Aspen Batch Modeler Help[Z]. Cambridge: Aspen Technology Inc, 2015.

[2] AspenTech. Aspen Adsorption Help[Z]. Cambridge: Aspen Technology Inc, 2015.

[3] Aspen Tech. Aspen Adsim Adsorption Reference Guide[Z]. Cambridge: Aspen Technology Inc, 2005.

[4] AspenTech. Aspen Chromatography Help[Z]. Cambridge: Aspen Technology Inc, 2015.

[5] 刘本旭，宋宝东. 用 Aspen Adsorption 模拟氯化氢脱水[J]. 化学工业与工程, 2012, 29(2): 58-63.

[6] 赵静喃，王晓睿，武玉峰等. 应用 Aspen Batch 对年产 25 吨鲁拉西酮原料药工艺设计优化[J]. 化工进展, 2016, 35(A2): 407-414.

[7] 张德仕. 模拟移动床分离果葡糖浆工业过程模拟和计算[D]. 南京：南京工业大学, 2013.

工业装置流程模拟案例

化工装置除了设备外，还包含管道、阀门、管件、仪表以及采样、放净、排空、连通等设施。除了主生产流程，还包含开车、停车、事故时的备用设备与管线。所以，反映真实化工过程的管道及仪表流程图（PID）会看上去密密麻麻，繁复异常。用流程模拟软件模拟一真实化工过程，有可能在 PID 图完成之前，也可能在 PID 图完成之后。在化工设计之初，常用 Aspen Plus 软件进行化工流程的物料衡算与能量衡算，由此产生工艺物料流程图（PFD），进而产生 PID 图，这是设计型模拟计算。在对一现实化工流程进行核算时，则是在 PID 图完成之后，模拟人员要从 PID 图抽象出模拟流程，要把实际的工艺流程图转化为模拟流程图，这是核算型模拟计算。设计型模拟计算与核算型模拟计算，二者有一定的区别。如实际工艺流程图中的贮罐，在进行稳态模拟计算时可以不作考虑。而且，实际流程图中的一些设备往往需要进行分解或组合建模，即流程图上的一个单元设备有时需要用一个以上的单元模块来模拟，也有时却可以用一个软件单元模块来模拟一个以上的实际流程图中的单元设备。例如，可以用软件单元模块换热器和气液分离器来模拟有不凝气存在的实际换热器。可以用软件单元模块换热器、气液分离器和分配器来模拟实际蒸发器。

不管是设计型模拟计算还是核算型模拟计算，模拟人员首要任务是充分理解基本工艺路线，明确本流程的主干与枝干，选择软件中合适的模块或模块组合构成流程，以反映流程的模拟需求。对于设计型模拟计算，其计算结果对工艺流程的设计有重要影响。因此，模拟人员要根据工艺流程设计的原则，从技术、经济、社会、安全和环保等多方面进行综合考虑，确定模拟流程。对于核算型模拟计算，流程是确定的，模拟人员要仔细阅读流程图，理解原设计思路，搞清楚原流程中各设备的功能，删繁就简，抽象出模拟流程。

案例一 环己烷-环己酮-环己醇混合物的高效分离过程

环己酮是重要的有机化工原料和工业溶剂，广泛应用于医药、油漆、涂料、农药和橡胶等领域，主要用于生产己内酰胺和己二酸。工业上合成环己酮的工艺路线主要有苯酚加氢法和环己烷空气氧化法，后者是较经济的工艺路线。该方法又分为无催化氧化法和催化氧化法（包括钴盐催化法和硼酸催化法）。目前有 90%的环己酮产品是通过环己烷空气氧化法获得的。环己烷空气氧化法生产环己酮的主要特点是转化率低，循环量大。但环己烷单程氧化的转化率只有 5%左右，约95%的环己烷需要与产物（环己酮、环己醇）分离后再循环利用，这种工艺将导致较大的分离成本，因此该分离工序的能耗高低直接影响到环己酮生产成本的大小。相关例题及解答可扫描二维码阅读。

案例一例题及解答

案例二　75t/h 丙烯腈工艺废水四效蒸发浓缩过程

丙烯腈生产装置的工艺废水主要来自两段急冷塔和脱氰组分塔的废水，该废水中含有丙烯腈、乙腈、氢氰酸、丙烯醛、乙醛、丙腈及聚合物等。丙烯腈生产废水属于公认的难降解高浓度有机废水，其中丙烯腈属于我国确定的 58 种优先控制和美国 EPA 规定的 114 种优先控制的有毒化学品之一。目前大型丙烯腈生产装置都采用四效蒸发方法处理废水，不仅提浓了原料液，使其满足后续工序的要求，而且节省了大量的水资源和一定量的蒸汽，对系统的节能减排具有实际意义。丙烯腈废水经四效蒸发预处理后，废水量大大减少。四效蒸发方法减少了蒸汽用量，做到了节能减排，在丙烯腈工业废水处理中应用广泛。相关例题及解答可扫描二维码阅读。

案例二例题及解答

案例三　300kt/a 规模硫黄制酸过程

硫酸装置工程设计因采用的原料不同其形式各异，形成了以硫铁矿和硫黄为主，冶炼烟气为辅的三足鼎立多元原料结构。随着硫黄供应的增加，愈来愈多的新建工程从环境治理、生产简便和经济角度考虑，选用以硫黄为原料生产硫酸。硫黄制酸具有工艺流程简单、投资少、热能利用率高、环境效益好等优点，相同规模的硫黄制酸装置的投资约为硫铁矿制酸的50%，且动力消耗和公用工程费用低，无废渣、废水排放，装置建设周期短，操作管理方便。相关例题及解答可扫描二维码阅读。

案例三例题及解答

案例四　从醚后 C₄ 烃中提取高纯异丁烯过程

异丁烯是生产丁基橡胶的共聚单体，丁基橡胶具有抗老化特性，用于子午线轮胎的生产。脱除 1,3-丁二烯后的混合 C₄ 烃中含有高浓度的异丁烯与 1-丁烯，但异丁烯与 1-丁烯的沸点差仅有 0.66℃，简单精馏难以分离。

异丁烯的工业生产方法主要有硫酸萃取法、吸附分离法、异丁烷丙烯共氧化联产法、甲基叔丁基醚（MTBE）裂解和正丁烯异构化法等。与其他方法相比，以 MTBE 裂解法生产异丁烯，具有转化率高、对设备无腐蚀、对环境无污染，工艺流程合理，操作条件缓和，能耗低，产品纯度高等特点。相关例题及解答可扫描二维码阅读。

案例四例题及解答

参考文献

[1]　Suresh A K, Sharma M M, Sridhar T. Engineering aspects of industrial liquid-phase air oxidation of hydrocarbons[J]. Ind Eng Chem Res, 2000, 39(11): 3958-3997.

[2]　吴鑫干，刘含茂. 环己烷氧化制环己酮工艺及研究进展[J]. 化工科技, 2002, 10(2): 48-53.

[3] 谢文莲，李玲，郭灿城. 环己烷氧化制环己酮工艺技术进展[J]. 精细化工中间体，2003, 33(1): 8-10.

[4] 范会芳，包宗宏. 环己酮装置环己烷精馏工段的模拟与优化[J]. 化学工程，2011, 39(8):6-11.

[5] 麻思平，顾平. 丙烯腈生产废水处理研究进展[J]. 工业水处理，2013, 33(5): 13-17.

[6] 刘立有. 蒸发在丙烯腈行业中的应用[J]. 广州化工，2010, 38(3): 12-14.

[7] 巩志海. 硫黄制酸转化工序 Aspen Plus 流程模拟[J]. 硫磷设计与粉体工程，2010, (4): 4-11.

[8] 王冰旭，包宗宏. 乙酸正丙酯装置回流工艺的优化与生产成本核算[J]. 南京工业大学学报（自然科学版），2013, 35(1), 117-121.

[9] 王程琳，包宗宏. 三种萃取精馏法生产 1,3-丁二烯的经济评价[J]. 当代化工，2014, 43(7): 1252-1256.

附　　录

附录1　综合过程数据包"Datapkg"中物性数据文件简介

序号	名　称	内　容
1	ethylene.bkp 聚乙烯过程	物性方法：SR-POLAR；由蒸气压估算纯组分参数、液体热容和液体密度，二元参数由 VLE 和 LLE 数据回归得到
2	flue_gas.bkp 燃料气体净化	用于燃料气体净化过程；物性方法：ELECNRTL；温度 0～100℃ 表观组分：H_2O, N_2, O_2, CO_2, CO, SO_2, SO_3, NO, NO_2, HCl, HF, HNO_3, HNO_2, H_2SO_4, H_2SeO_3, $HgCl_2$, Hg_2Cl_2, Hg, C, Se, SeO_2, $Hg(OH)_2$, $CaSO_4 \cdot 2H_2O$, CaF_2, CaO, $Ca(OH)_2$ 亨利组分：CO, CO_2, SO_2, HCl, O_2, N_2, NO, HA
3	formaldehyde.bkp 甲醛浓缩	组分：H_2O, CH_4O, CH_2O；物性方法：UNIFAC 温度 0～100℃；压力 0～3bar；甲醛浓度 0～0.6（摩尔分数）
4	glycols.bkp 乙二醇气体脱水	用于乙二醇（或其他二醇）气体脱水过程（加压过程），内含各组分的二元交互作用参数。性方法：Schwartzentruber-Renon（SR-POLAR）
5	keamp.bkp 一乙醇胺（AMP）溶液脱碳	组分：H_2O, AMP, H_2S, CO_2；物性方法：ELECNRTL，含动力学数据 温度 40～100℃；AMP 浓度 2.47～4.44mol/kg H_2O CO_2 负荷≤1.715（mol CO_2/mol AMP，40℃）
6	kedea.bkp 二乙醇 胺（DEA）溶液脱碳	组分：H_2O, DEA, H_2S, CO_2；物性方法：ELECNRTL，含动力学数据 温度≤140℃，DEA 浓度≤30%（质量分数）
7	kedga.bkp 二甘醇胺（DGA） 溶液脱硫脱碳	组分：H_2O, DGA, H_2S, CO_2；物性方法：ELECNRTL，含动力学数据 温度≤100℃；DGA 溶液浓度≤65%（质量分数）
8	kemdea.bkp 甲基二乙醇胺（MDEA） 溶液脱硫脱碳	组分：H_2O, MDEA, H_2S, CO_2；物性方法：ELECNRTL，含动力学数据 温度 25～120℃；压力≤64.8atm（CO_2） MDEA 溶液浓度 11.72～51.40%（质量分数）
9	kemea.bkp 一乙醇胺 溶液脱硫脱碳	组分：H_2O, MEA, H_2S, CO_2；物性方法：ELECNRTL，含动力学数据 温度≤120℃；一乙醇胺溶液浓度≤50%（质量分数）
10	methylamine.bkp 甲胺过程模拟	组分：NH_3, H_2O, CH_3OH, CH_5N, C_2H_7N, C_3H_9N 物性方法：SR-POLAR，由高压 VLE 数据回归 NH_3-H_2O 和 CH_3OH-H_2O 二元交互作用参数；用液体密度、液体热容和蒸气压数据估算纯组分参数
11	pitzer_1.bkp	组分：H_2O, $NaHCO_3$, Na_2SO_4, NaCl, NaOH, $Na_2CO_3 \cdot 10H_2O$, $Na_2SO_4 \cdot 10H_2O$, $Na_2CO_3 \cdot NaHCO_3 \cdot 2H_2O$, $Na_2CO_3 \cdot 7H_2O$, $Na_2CO_3 \cdot H_2O$, $KHCO_3$, K_2CO_3, K_2SO_4, $KHSO_4$, KCl, KOH, $K_2CO_3 \cdot 1.5H_2O$, $CaCl_2$, $CaSO_4$, $Ca(OH)_2$, $CaCl_2 \cdot 6H_2O$, $CaSO_4 \cdot 2H_2O$, $CaCl_2 \cdot 4H_2O$, $MgCl_2$, $MgSO_4$, $MgCl_2 \cdot 6H_2O$, $MgCl_2 \cdot 7H_2O$, $MgCl_2 \cdot H_2O$, $MgSO_4 \cdot 6H_2O$, HCl, H_2SO_4；物性方法：PITZER；温度 25℃左右

序号	名 称	内 容
12	pitzer_2.bkp	组分：H_2O，NaCl，KCl，$CaCl_2$，$CaCl_2 \cdot 4H_2O$，$CaCl_2 \cdot 6H_2O$，$BaCl_2$，$BaCl_2 \cdot 2H_2O$ 物性方法：PITZER；温度≤200℃；压力 1atm
13	pitzer_3.bkp	组分：H_2O，Na_2SO_4，NaCl，$Na_2CO_3 \cdot 10H_2O$，$Na_2Ca(SO_4)_2$，$Na_4Ca(SO_4)_3 \cdot 2H_2O$，$NaNO_3$，$K_2SO_4$，KCl，$KNO_3$，$CaCl_2$，$K_2Ca(SO_4)_2 \cdot H_2O$，$CaCl_2 \cdot 6H_2O$，$CaSO_4 \cdot 2H_2O$，$2(CaSO_4) \cdot H_2O$，$CaCl_2 \cdot 4H_2O$，$Ca(NO_3)_2$，$Ca(NO_3)_2 \cdot 4H_2O$ 物性方法：PITZER；温度 0～250℃
14	pitzer_4.bkp	组分：H_2O，NaCl，Na_2SO_4，KCl，K_2SO_4，$CaCl_2$，$CaSO_4$，$MgCl_2$，$MgSO_4$，$CaCl_2 \cdot 6H_2O$，$MgCl_2 \cdot 6H_2O$，$MgCl_2 \cdot 8H_2O$，$MgCl_2 \cdot 12H_2O$，$KMgCl_3 \cdot 6H_2O$，$Mg_2CaCl_6 \cdot 12H_2O$，$Na_2SO_4 \cdot 10H_2O$，$MgSO_4 \cdot 6H_2O$，$MgSO_4 \cdot 7H_2O$，$K_2Mg(SO_4)_2 \cdot 6H_2O$；物性方法：PITZER；温度–60～25℃
15	pmdea.bkp 加压 MDEA 液脱硫脱碳	组分：H_2O，MDEA，H_2S，CO_2；物性方法：ELECNRTL 温度 25～120℃；压力≤ 64.8atm（CO_2）；MDEA 溶液浓度：11.72～51.40 %（质量分数）

附录 2　电解质过程数据包"Elecins"中物性数据文件简介

序号	名 称	溶 液 组 分	物性方法
1	eh2ohc.aprbkp	H_2O，HCl（作为 Henry 组分）	ELECNRTL
2	ehno3.aprbkp	H_2O，HNO_3	ELECNRTL
3	enaoh.aprbkp	H_2O，NaOH	ELECNRTL
4	eso4br.aprbkp	H_2O，H_2SO_4，HBr	ELECNRTL
5	ehbr.aprbkp	H_2O，HBr	ELECNRTL
6	ehi.aprbkp	H_2O，HI	ELECNRTL
7	eh2so4.aprbkp	H_2O，H_2SO_4	ELECNRTL
8	ehclmg.aprbkp	H_2O，HCl，$MgCl_2$	ELECNRTL
9	enaohs.aprbkp	H_2O，NaOH，SO_2	ELECNRTL
10	eso4cl.aprbkp	H_2O，H_2SO_4，HCl	ELECNRTL
11	ecauts.aprbkp	H_2O，NaOH，NaCl，Na_2SO_4，$10H_2O$	ELECNRTL
12	ekoh.aprbkp	H_2O，KOH	ELECNRTL
13	ecaust.aprbkp	H_2O，NaOH，NaCl，Na_2SO_4	ELECNRTL
14	ehcl.aprbkp	H_2O，HCl（作为溶剂）	ELECNRTL
15	ehclff.aprbkp	H_2O，HCl（作为 Henry 组分）	ELECNRTL
16	ehclle.aprbkp	H_2O，HCl（作为溶剂，适用于液液平衡）	ELECNRTL
17	eamp.aprbkp	H_2O，AMP，H_2S，CO_2	ELECNRTL
18	edea.aprbkp	H_2O，DEA，H_2S，CO_2	ELECNRTL
19	emdea.aprbkp	H_2O，MDEA，CO_2，H_2S	ELECNRTL
20	pmdea.aprbkp	H_2O，MDEA，CO_2，H_2S	ELECNRTL
21	emea.aprbkp	H_2O，MEA，H_2S，CO_2	ELECNRTL
22	ehotde.aprbkp	H_2O，DEA，K_2CO_3，H_2S，CO_2	ELECNRTL
23	ecl2.aprbkp	H_2O，Cl_2，HCl	ELECNRTL
24	enh3co.aprbkp	H_2O，NH_3，CO_2	ELECNRTL
25	enh3co.aprbkp	H_2O，NH_3，CO_2	ELECNRTL
26	enh3so.aprbkp	H_2O，NH_3，SO_2	ELECNRTL
27	esouro.aprbkp	H_2O，NH_3，H_2S，CO_2，NaOH	ELECNRTL
28	enh3h2.aprbkp	H_2O，NH_3，H_2S	ELECNRTL
29	ehotca.aprbkp	H_2O，K_2CO_3，CO_2，$KHCO_3$	ELECNRTL（无盐沉淀）
30	enh3hc.aprbkp	H_2O，NH_3，HCN	ELECNRTL

序号	名 称	溶 液 组 分	物性方法
31	ebrine.aprbkp	H_2O，CO_2，H_2S，NaCl	ELECNRTL
32	ebrinx.aprbkp	H_2O，CO_2，H_2S，NaCl	ELECNRTL
33	eclscr.aprbkp	H_2O，Cl_2，CO_2，HCl，NaOH，NaCl，Na_2CO_3	ELECNRTL
34	ekohx.aprbkp	H_2O，KOH	ELECNRTL
35	ehf.aprbkp	H_2O，HF	ELECNRTL
36	ehotcb.aprbkp	H_2O，K_2CO_3，CO_2，$KHCO_3$	ELECNRTL
37	enh3po.aprbkp	H_2O，NH_3，H_3PO_4，H_2S	ELECNRTL
38	esour.aprbkp	H_2O，NH_3，H_2S，CO_2	ELECNRTL
39	brine.aprbkp	H_2O，CO_2，H_2S，NaCl	SYSOP15M
40	caust.aprbkp	H_2O，NaOH，NaCl，Na_2SO_4	SYSOP15M
41	causts.aprbkp	H_2O，NaOH，NaCl，Na_2SO_4，$Na_2SO_4 \cdot 10H_2O$	SYSOP15M
42	dea.aprbkp	H_2O，DEA，H_2S，CO_2	SYSOP15M
43	dga.aprbkp	H_2O，DGA，H_2S，CO_2	SYSOP15M
44	flue_g.aprbkp	H_2O，N_2，O_2，CO_2，CO，SO_2，SO_3，NO，NO_2，HCl，HF，HNO_3，HNO_2，H_2SO_4，H_2SeO_3，$HgCl_2$，Hg_2Cl_2，Hg，C，Se ，SeO_2，$Hg(OH)_2$ $CaSO_4 \cdot 2H_2O$，CaF_2，CaO，$Ca(OH)_2$	ELECNRTL
45	hna2co.aprbkp	H_2O，Na_2CO_3，$Na_2CO_3 \cdot 10H_2O$，$Na_2CO_3 \cdot 7H_2O$，$Na_2CO_3 \cdot H_2O$	ELECNRTL
46	h2ohbr.aprbkp	H_2O，HBr	SYSOP15M
47	h2ohcl.aprbkp	H_2O，HCl	SYSOP15M
48	h2ohf.aprbkp	H_2O，HF	SYSOP15M
49	h2ohi.aprbkp	H_2O，HI	SYSOP15M
50	hotca.aprbkp	H_2O，K_2CO_3，CO_2	SYSOP15M
51	hotcb.aprbkp	H_2O，K_2CO_3，CO_2，$KHCO_3$	SYSOP15M
52	hotcb.aprbkp	H_2O，K_2CO_3，CO_2，$KHCO_3$	SYSOP15M
53	hotdea.aprbkp	H_2O，DEA，K_2CO_3，H_2S，CO_2	SYSOP15M
54	kdea.aprbkp	H_2O，DEA，H_2S，CO_2	SYSOP15M 含动力学数据
55	kmdea.aprbkp	H_2O，MDEA，H_2S，CO_2	SYSOP15M 含动力学数据
56	kmea.aprbkp	H_2O，MEA，H_2S，CO_2	SYSOP15M 含动力学数据
57	keamp.aprbkp	$H2O$，AMP，H_2S，CO_2	ELECNRTL 含动力学数据
58	kedea.aprbkp	H_2O，DEA，H_2S，CO_2	ELECNRTL 含动力学数据
59	kedga.aprbkp	H_2O，DGA，H_2S，CO_2	ELECNRTL 含动力学数据
60	kemdea.aprbkp	H_2O，MDEA，H_2S，CO_2	ELECNRTL 含动力学数据
61	kemea.aprbkp	H_2O，MEA，H_2S，CO_2	ELECNRTL 含动力学数据
62	mcl2.aprbkp	H_2O，Cl_2	SYSOP15M
63	mdea.aprbkp	H_2O，MDEA，H_2S，CO_2	SYSOP15M
64	mea.aprbkp	H_2O，MEA，H_2S，CO_2	SYSOP15M
65	mh2so4.aprbkp	H_2O，H_2SO_4	SYSOP15M
66	mhbr.aprbkp	H_2O，HBr	SYSOP15M
67	mhcl.aprbkp	H_2O，HCl	SYSOP15M
68	mhcl1.aprbkp	H_2O，HCl	SYSOP15M

序号	名　称	溶 液 组 分	物性方法
69	mhclmg.aprbkp	H_2O, HCl, $MgCl_2$	SYSOP15M
70	mhf.aprbkp	H_2O, HF	SYSOP15M
71	mhf2.aprbkp	H_2O, HF（至 100% HF）	ENRTL, HF 考虑汽相缔合
72	mhno3.aprbkp	H_2O, HNO_3	SYSOP15M
73	mnaoh.aprbkp	H_2O, NaOH（采用真实组分 H_5O_3，不用 OH）	SYSOP15M
74	mnaoh1.aprbkp	H_2O, NaOH	SYSOP15M
75	mso4br.aprbkp	H_2O, H2SO4, HBr	SYSOP15M
76	mso4cl.aprbkp	H_2O, H_2SO_4, HCl	SYSOP15M
77	naohso.aprbkp	H_2O, NaOH, SO_2	SYSOP15M
78	nh3co2.aprbkp	H_2O, NH_3, CO_2	SYSOP15M
79	nh3h2s.aprbkp	H_2O, NH_3, H_2S	SYSOP15M
80	nh3o2o.aprbkp	H_2O, NH_3（作为溶剂，浓度至 100%）	ELECNRTL
81	nh3hcn.aprbkp	H_2O, HCN	SYSOP15M
82	nh3po4.aprbkp	H_2O, NH_3, H_2S, H_3PO_4	SYSOP15M
83	nh3so2.aprbkp	H_2O, NH_3, SO_2	SYSOP15M
84	pitz_1.aprbkp	H_2O, $NaHCO_3$, Na_2SO_4, NaCl, NaOH, HCl, $Na_2CO_3 \cdot 10H_2O$, $Na_2SO_4 \cdot 10H_2O$, $MgSO_4 \cdot 6H_2O$, $Na_2CO_3 \cdot NaHCO_3 \cdot 2H_2O$, $Na_2CO_3 \cdot 7H_2O$, $Na_2CO_3 \cdot H_2O$, $KHCO_3$, K_2CO_3, K_2SO_4, $KHSO_4$, KCl, $MgCl_2 \cdot H_2O$ KOH, $K_2CO_3 \cdot 1.5H_2O$, $CaCl_2$, $CaSO_4$, $Ca(OH)_2$, $CaCl_2 \cdot 6H_2O$, $CaSO_4 \cdot 2H_2O$, $CaCl_2 \cdot 4H_2O$, $MgCl_2$, $MgSO_4$, H_2SO_4 $MgCl_2 \cdot 6H_2O$, $MgCl_2 \cdot 7H_2O$	PITZER
85	pitz_2.aprbkp	H_2O, NaCl, KCl, $CaCl_2$, $CaCl_2 \cdot 4H_2O$, $CaCl_2 \cdot 6H_2O$, $BaCl_2$, $BaCl_2 \cdot 2H_2O$	PITZER
86	pitz_3.aprbkp	H_2O, Na_2SO_4, NaCl, $Na_2CO_3 \cdot 10H_2O$, $Na_2Ca(SO_4)_2$, $Na_4Ca(SO_4)_3 \cdot 2H_2O$, $NaNO_3$, K_2SO_4, KCl, KNO_3, $K_2Ca(SO_4)_2 \cdot H_2O$, $CaCl_2$, $CaCl_2 \cdot 6H_2O$, $Ca(NO_3)_2 \cdot 4H_2O$ $CaSO_4 \cdot 2H_2O$, $2(CaSO_4) \cdot H_2O$, $CaCl_2 \cdot 4H_2O$, $Ca(NO_3)_2$	PITZER
87	pitz_4.aprbkp	H_2O, NaCl, Na_2SO_4, KCl, K_2SO_4, $CaCl_2$, $CaSO_4$, $MgCl_2$, $MgSO_4$, $CaCl_2 \cdot 6H_2O$, $MgCl_2 \cdot 6H_2O$, $KMgCl_3 \cdot 6H_2O$, $MgCl_2 \cdot 8H_2O$, $MgCl_2 \cdot 12H_2O$, $Mg_2CaCl_6 \cdot 12H_2O$, $Na_2SO_4 \cdot 10H_2O$, $MgSO_4 \cdot 6H_2O$, $MgSO_4 \cdot 7H_2O$, $2Mg(SO_4)_2 \cdot 6H_2O$	PITZER
88	pnh3co.aprbkp	H_2O, NH_3, CO_2	SYSOP16
89	pnh3h2.aprbkp	H_2O, NH_3, H_2S	SYSOP16
90	pnh3so.aprbkp	H_2O, NH_3, SO_2	SYSOP16
91	psour.aprbkp	H_2O, NH_3, H_2S, CO_2	SYSOP16
92	sour.aprbkp	H_2O, NH_3, H_2S, CO_2	SYSOP15
93	souroh.aprbkp	H_2O, NH_3, H_2S, CO_2, NaOH	SYSOP15